Historia, enseñanza y difusión de la biología

Manuales Complutenses es un proyecto editorial desarrollado en colaboración con las facultades de la Universidad Complutense de Madrid para la publicación en acceso abierto de los contenidos docentes para la enseñanza y el aprendizaje del alumnado universitario.

Historia, enseñanza y difusión de la biología

José Pedro Marín Murcia

EDICIONES
COMPLUTENSE

Primera edición: febrero 2026

© 2026, José Pedro Marín Murcia
© 2026, Ediciones Complutense
  Pabellón de Gobierno
  Isaac Peral s/n
  28015 Madrid
  913 941127
  info.ediciones@ucm.es
  http://www.ucm.es/ediciones-complutense

ISBN: 978-84-669-3972-0
Depósito Legal: M-23084-2025
DOI: https://dx.doi.org/10.5209/docm.006

Impresión
  Solana e Hijos Artes Gráficas
  San Alfonso, 26. Bº La Fortuna
  28917 Leganés (Madrid)

Ediciones Complutense garantiza un riguroso proceso de selección y evaluación de los trabajos que publica.

Ediciones Complutense es miembro de Unión de Editoriales Universitarias Españolas (UNE) y está asociado a Cedro.

Printed in Spain

Índice

BLOQUE III

Prólogo

En el año 2024 se conmemoró el quincuagésimo aniversario de la creación de la Facultad de Ciencias Biológicas, institución surgida a partir de la escisión de la antigua Facultad de Ciencias, así como el ochenta aniversario de la instauración de los estudios de Historia de las Ciencias en la Universidad Complutense de Madrid. Estos aniversarios representan momentos clave en la historia académica y científica de nuestra universidad, invitándonos a reflexionar sobre la evolución de estas disciplinas en nuestro contexto universitario y su impacto en la formación de generaciones de científicos y pensadores.

Es oportuno realizar una breve revisión histórica de la enseñanza de la Historia de las Ciencias en nuestra universidad y en nuestra facultad, en un manual dedicado, en parte, a la historia de la biología. La disciplina de la historia de las ciencias naturales ha sido parte integral de nuestra oferta académica desde hace mucho tiempo, desempeñando un papel fundamental en la formación científica y cultural de nuestros estudiantes.

Desde sus inicios, la enseñanza de esta materia ha evolucionado en respuesta a los cambios en los planes de estudio y a las necesidades sociales y científicas. La historia de la biología, en particular, que ya formaba parte de los programas del doctorado en Ciencias desde 1845, cuando las Ciencias se separaron de la antigua Licenciatura en Filosofía y Letras para adquirir autonomía académica, ha sido un pilar en la comprensión del desarrollo científico y en la valoración del conocimiento biológico en su contexto histórico.

La incorporación de la historia de las ciencias naturales en los estudios de Licenciatura en Ciencias comenzó con la aprobación del plan de estudios para el curso académico 1944/45, en el cual se estableció como materia propia del quinto curso. La primera impartición estuvo a cargo del catedrático Emilio Fernández Galiano (1885-1953), quien, debido a su fallecimiento repentino, fue sucedido por el catedrático José Pérez de Barradas Álvarez de Eulate (1897-1981), quien continuó su labor hasta su jubilación en 1967. Este período marcó un momento importante en la consolidación de la enseñanza de la

https://dx.doi.org/10.5209/docm.006.00
Historia, Enseñanza y Difusión de la Biología. José Pedro Marín Murcia.
© Ediciones Complutense, 2026.

historia de la ciencia en nuestra universidad, sentando las bases para futuras generaciones.

Con la modificación del plan docente aprobada en 1976, se actualizó el temario de la asignatura y se modificó su denominación, pasando a denominarse Historia de la Biología. Evolución de las Teorías y Métodos en Biología. Esta asignatura, que se ofrecía como optativa en los cursos de cuarto y quinto, alcanzó en su momento una matrícula superior a los quinientos estudiantes, reflejando su importancia y relevancia en la formación de los futuros biólogos. Durante este período, tuve la oportunidad de conocer a los docentes responsables de su impartición, ya que coincidió con mi etapa estudiantil en la universidad. La docencia fue inicialmente asumida por el profesor Benjamín Fernández Ruiz (1941-2022), pero su consolidación y desarrollo posterior estuvieron a cargo de los profesores Joaquín Fernández Pérez y José Fonfría Díaz, quienes realizaron una labor destacada tanto en la enseñanza como en la investigación, estableciendo una sólida línea de trabajo que fue continuada por el profesor Alfredo Baratas Díaz (1963-2022). Este proceso permitió configurar el formato actual de la asignatura, que en el grado en Biología se mantiene como optativa de cuarto curso, siendo coordinada e impartida por el propio profesor hasta su fallecimiento.

El panorama de la enseñanza de la historia de la biología en otras universidades muestra diferentes enfoques y configuraciones que reflejan las prioridades y necesidades de cada institución. Por ejemplo, en la Universidad de Valencia, esta materia es obligatoria, lo que indica su importancia en la formación integral de los estudiantes. En la Universidad de Granada, la historia de la biología está integrada en la asignatura biología, Universidad y Sociedad, resaltando la relación entre la ciencia y su contexto social. Por otro lado, en la Universidad Autónoma de Madrid, se imparte bajo el título Desarrollo conceptual de la Biología, centrada en la evolución de las ideas y teorías en esta disciplina.

En nuestro grado en Biología en la Universidad Complutense de Madrid, la enseñanza de la historia de la biología tiene un enfoque específico: está orientada a la formación del profesorado y a la capacitación de futuros comunicadores científicos. La idea es ofrecer una visión completa que permita a los egresados entender cómo se ha desarrollado el conocimiento científico y cuál ha sido su impacto en la sociedad. Este enfoque resulta especialmente relevante en la sociedad actual, donde las redes sociales y otros medios digitales juegan un papel fundamental en la difusión de información. La capacidad de comunicar ciencia de manera clara, ética y fundamentada se vuelve imprescindible, ya que en muchas ocasiones la información que circula puede ser infundada o incluso inventada.

En el ámbito de la biología, nos enfrentamos a una serie de desafíos de gran magnitud que requieren ser comunicados de manera efectiva a la población general. La capacidad de explicar con claridad y precisión los problemas científicos y sociales relacionados con la biología es fundamental para que la sociedad pueda comprender su importancia, implicaciones y posibles soluciones. Solo a través de una comunicación adecuada y accesible, podemos lograr que la ciudadanía apoye y participe activamente en la resolución de estos retos, lo cual resulta esencial para el éxito de las políticas públicas, la adopción de comportamientos responsables y la promoción de una cultura científica sólida. La educación y la divulgación científica, por tanto, juegan un papel estratégico en la formación de una ciudadanía crítica, informada y capaz de tomar decisiones fundamentadas en conocimientos científicos.

En este contexto, José Pedro Marín Murcia, especialista en historia de la biología y su enseñanza, ha llegado recientemente a nuestro centro y actualmente ejerce como coordinador de esta asignatura en el grado en Biología. Su incorporación representa un valioso refuerzo para nuestro compromiso con la formación integral de los futuros biólogos y biólogas, dotándolos de una perspectiva histórica que enriquece su comprensión de la disciplina y su papel en la sociedad.

El grupo de docentes e investigadores dedicados a la historia de la biología en nuestra facultad continúa siendo especialmente activo en diversas iniciativas destinadas a promover la cultura científica y a poner en valor el patrimonio científico. Participan de manera significativa en diferentes titulaciones, donde la adquisición de competencias en difusión y enseñanza de la biología resulta imprescindible para formar profesionales capaces de comunicar eficazmente los avances científicos y su impacto social. Entre estas iniciativas, destaca la colaboración en el Máster de Formación de Profesorado que se imparte en la Universidad Complutense de Madrid, donde se fomenta la preparación de futuros docentes con una sólida base en la historia y la divulgación de la biología, aspectos esenciales para la enseñanza en los niveles educativos obligatorios y superiores.

Además, el grupo participa activamente en la creación de publicaciones divulgativas que, en los últimos años, han contribuido a dar a conocer el recorrido histórico de la biología en nuestra institución. Estas publicaciones no solo sirven para difundir conocimientos, sino que también ayudan a valorar el patrimonio científico de la Universidad Complutense, promoviendo un sentido de identidad y pertenencia en la comunidad académica. La colaboración con otros miembros de la comunidad universitaria, en el marco del grupo de investigación Heuresis, ha sido fundamental para potenciar estos esfuerzos y ampliar su alcance, logrando que la historia de la biología sea accesible y relevante para diferentes públicos.

El presente texto constituye, además, una muestra más del trabajo dedicado a desarrollar en los estudiantes una conciencia crítica respecto a los problemas sociales y culturales relacionados con la ciencia. La formación que ofrecemos en nuestra universidad busca preparar a los futuros biólogos y biólogas para afrontar los desafíos del futuro desde una perspectiva renovada, fundamentada en los conocimientos científicos, pero también en una comprensión profunda de su historia y su impacto en la sociedad. La integración de la Historia, Enseñanza y Difusión de la Biología en la formación académica pretende dotar a los estudiantes de las herramientas necesarias para comprender la ciencia en su contexto social, valorar su evolución y promover una actitud responsable y comprometida con la sociedad.

En definitiva, nuestro objetivo es formar profesionales que no solo sean competentes en su campo técnico, sino que también sean agentes activos en la divulgación y promoción del conocimiento científico, capaces de comunicar con claridad y ética los avances y desafíos de la biología. Solo así podremos contribuir a una sociedad más informada, crítica y participativa, preparada para afrontar los retos que nos plantea el siglo XXI.

Benito Muñoz Araujo
Decano de la Facultad de Ciencias Biológicas (UCM)

Introducción

Este libro surge ante la necesidad de dar a los estudiantes del grado en Biología unos conocimientos fundamentales acerca de la naturaleza de la ciencia y de la actividad de los científicos; sobre el conocimiento de las ciencias biológicas y el desarrollo de sus métodos, así como abordar la enseñanza y la difusión de la biología.

Existe la tendencia de tratar la ciencia como una serie de conocimientos acabados, con una evolución lineal, con cierta épica del descubrimiento y obviando las cuestiones sociales que la afectan. Los contenidos propuestos en este manual permiten la síntesis de los conocimientos adquiridos en el conjunto del grado con un enfoque en perspectiva histórica; esta perspectiva aporta un mayor nivel de maduración e interrelación de los conocimientos, también ofrece la capacidad para una reflexión equilibrada sobre el presente y futuro de la biología, su interrelación con las actividades socioeconómicas y la importancia de la actividad profesional de los biólogos y la necesidad de dar voz a los expertos.

Estudiar la naturaleza de las ciencias permite reflexionar acerca de la complejidad de la actividad científica, vista como un producto de la actividad humana, condicionada por el ambiente cultural, recursos y oportunidades propias de la sociedad y del momento histórico en el cual se desarrolla el trabajo. Otro aspecto fundamental de este manual es sacar a la luz aportes al conocimiento científico realizados por mujeres, aportes que hasta fechas relativamente recientes no han sido tenidos en cuenta. Científicas que realizaron sus investigaciones en un momento donde las mujeres no contaban, no podían participar de la vida académica e investigadora o estaban invisibilizadas por compañeros.

Una de las salidas laborales más demandadas de los biólogos es la docencia en la Enseñanza Secundaria y Obligatoria, en Bachillerato y Formación Profesional, siendo nuestra prioridad ofrecer un texto que sea una herramienta para los futuros docentes. En ese sentido, este libro no solo está orientado a los estudiantes del grado, sino que también puede servir de ayuda a los estudiantes del Papel Social de la Biología en el máster de Formación del Profesorado de

https://dx.doi.org/10.5209/docm.006.01
Historia, Enseñanza y Difusión de la Biología. José Pedro Marín Murcia.
© Ediciones Complutense, 2026.

la UCM. Para el docente de ciencias, la Historia de la ciencia constituye un posible criterio de selección y secuenciación de contenidos, un hilo conductor de las unidades didácticas, una herramienta para mostrar la ciencia como actividad humana.

En el ámbito de la enseñanza, estudiar el desarrollo de la biología a lo largo del tiempo nos alerta sobre la dificultad de comprensión de determinados conceptos biológicos, porque chocan con las ideas previas que los estudiantes mantienen de forma no consciente. En ese sentido la historia de la biología puede ser una herramienta muy valiosa para la detección de los obstáculos conceptuales y de conocimiento derivados de determinadas concepciones intuitivas o heredadas, algunas desde la prehistoria, que bloquean la mente de los estudiantes e impiden o dificultan el aprendizaje. Reconocer las ideas de los estudiantes al interpretar los fenómenos, permite descubrir que existe un cierto paralelismo entre estas y las explicaciones que se dieron en otros momentos históricos.

Desde el punto de vista de la comunicación de la ciencia, nos enfrentamos a un grave problema de veracidad, al peligro de las pseudociencias y la falta de calidad de la información en internet. También es preocupante la ausencia de obras de referencia de acceso libre con un tratamiento de temas clave para la biología del siglo XXI como son: el rol de la edición génica, el papel social de las enfermedades, las soluciones tecnológicas generadas para resolver problemas, el efecto de las noticias falsas, el debate de los expertos, la honestidad en ciencia o los retos de la bioética. En cuanto a la divulgación, desarrollamos los temas de museología y colecciones científicas.

Pueden surgir preguntas desafiantes entre los alumnos sobre la emergencia de situaciones y cómo generar una respuesta desde el mundo de la educación y la ciencia fomentando la alfabetización científica. Por ejemplo, en el ámbito de la construcción social de las enfermedades veremos cuestiones como la percepción del riesgo, las enfermedades reemergentes, la respuesta científica y tecnológica, y cómo se trata la ciencia en los medios para evitar la generación de ignorancia. Con relación a la visión social de la ecología tendrá mucho peso el conocer los beneficios y servicios que ofrecen los ecosistemas, el origen de las políticas de conservación, las figuras de protección y su desarrollo en el tiempo, el estudio de obras de difusión de emergencia y su impacto en el gran público.

Para concluir esta introducción, se espera que tras este curso los estudiantes tengan la capacidad de reunir e interpretar datos relevantes para emitir juicios que incluyan una reflexión sobre temas relacionados con la biología; de la parte de enseñanza y difusión, que los estudiantes conozcan los fundamentos de la transmisión de información, ideas, problemas y soluciones a un público tanto especializado como no especializado; para aquellos que deseen continuar la carrera en historia de la ciencia o en el campo de la enseñanza, este curso será un primer paso para emprender estudios posteriores con un alto grado de autonomía, especialmente a nivel de máster.

Historia, Enseñanza y Difusión de la Biología no solo es un manual de síntesis que aporta a los futuros biólogos y a los profesores de ciencias naturales una cartera de herramientas y ejemplos para las clases de secundaria o para la divulgación, también ofrece un marco disciplinar básico para aquellos estudiantes que se quieran aproximar a la biología desde otros ámbitos del saber cómo, por ejemplo, desde la historia, la filosofía o el periodismo.

1. Fundamentos de la ciencia y la biología: metodología y ética de los científicos. La bioética y sus retos

Antes de comenzar, es necesario hacer una aclaración. Este podría ser el tema más complejo del curso de Historia, Enseñanza y Difusión de la Biología, pero, al mismo tiempo, es el que nos proporcionará las bases fundamentales para entender la ciencia y su método, diferenciar entre ciencia y tecnología, analizar la biología como disciplina, comprender qué implica ser un profesional de la biología y acercarnos a la ética científica.

La actividad científica ha sido sumamente beneficiosa para la humanidad, y dentro de ella podemos identificar dos procesos clave: la investigación, que surge de la necesidad de resolver interrogantes que el conocimiento común no puede responder, y la resolución de problemas relacionados con cuestiones esenciales para la supervivencia, como la salud, el crecimiento o la necesidad de materias primas, entre otros. Sin embargo, como veremos, la ciencia tal y como la conocemos y su organización son relativamente recientes, datando su estructuración alrededor del siglo XVI.

1.1. Definición de ciencia

En torno a la definición de la ciencia y a la actividad científica ha existido un gran debate. Este término, tal y como advierte la historiadora Patricia Fara, es de los más resbaladizos y tramposos: «Es difícil definir qué es ciencia. Una de las definiciones obvias, aunque irritante, es decir que ciencia es lo que hacen los científicos, pero incluso esa definición cojea, ya que la palabra científico no se inventó hasta 1833»[1].

---

[1]   Patricia Fara, *Breve historia de la ciencia* (Barcelona: Editorial Ariel. 2009), 12.

https://dx.doi.org/10.5209/docm.006.02
Historia, Enseñanza y Difusión de la Biología. José Pedro Marín Murcia.
© Ediciones Complutense, 2026.

El filósofo de la ciencia Imre Lakatos (1922-1974), en su libro sobre la metodología científica, nos recuerda que, en latín, conocimiento se dice *scienta* y ciencia llegó a ser el nombre del conocimiento más respetable[2]. Para Lakatos la demarcación entre ciencia y pseudociencia no es un mero problema de tertulia filosófica, tiene una importancia social y política vital.

Podríamos encontrar el sentido de lo que es la ciencia indagando sobre dónde y cuándo se puede situar el inicio de esta. Pero veremos cómo es algo muy difuso y se va conformando de forma gradual con una cimentación que se basa en ideas y descubrimientos que, en su momento, trataban de responder a necesidades específicas, como la búsqueda de medicamentos, la optimización de cultivos, el conocimiento de la fauna, etc., y más adelante se incorporaron a una iniciativa de búsqueda de conocimiento más general.

Desde la filosofía de la ciencia tenemos aportaciones como la del físico y filósofo John D. Bernal (1901-1971)[3], que explicó que la ciencia podía ser contemplada desde distintos ángulos: como una institución, como un método, como una tradición acumulativa de conocimiento, como factor decisivo en el desarrollo de producción y como un poderoso factor en la modelación de las creencias y actitudes hacia todo lo que conocemos[4].

Por otro lado, el filósofo de la ciencia Mario Bunge (1919-2020), propuso que la ciencia se podía considerar como un estilo de pensamiento y de acción. En su libro *La investigación científica* defendía que la ciencia es una sistematización coherente de enunciados fundados y contrastables, vertebrados en teorías. Pero advertía que no se podía considerar a la ciencia como una mera prolongación del conocimiento ordinario[5].

[2]   Imre Lakatos, *La metodología de los programas de investigación científica* (Madrid: Alianza Universidad, 1983), 9.

[3]   John Bernal fue uno de los pioneros en la resolución de la estructura de la materia y en concreto de la biología estructural. Se enroló en la cristalografía de rayos X en los años 1920 en la Royal Institution, en 1927 como profesor titular en Cambridge abrió el campo para el estudio de proteínas. En su vertiente humanística, sus escritos sobre la historia y la filosofía de la ciencia y sus implicaciones sociales superan en volumen a sus obras de ciencia, y se le recordará por algunos de sus libros, como *The Social Function of Science* (1938) y *Science in History* (1954). Para saber más consultar: Harry Francis West Taylor, «Obituary J. D. Bernal 1901-1971», *Acta Cryst.* 28 (1972): 359-360.

[4]   John Bernal, *Historia social de la ciencia I, La ciencia en la historia* (Barcelona: Ediciones Península, 1968), 27.

[5]   Mario Bunge, *La investigación científica: su estrategia y su filosofía* (Barcelona: Siglo XXI editores, 2000), 19-20.

1.2. Características de la ciencia

Para entender ahondar más en la ciencia como estilo de pensamiento vamos a fijarnos en diversos fundamentos teóricos que caracterizan al pensamiento científico: el gradualismo, el naturalismo y el falibilismo.

El «gradualismo», sería una primera característica de la ciencia, mantiene que esta surge de un conocimiento previo no especializado, imperfecto, y admite perfeccionamientos sucesivos. Algunas de las concepciones sobre las que se construyen teorías parten de un conocimiento precientífico, más o menos acertado o intuitivo fuertemente marcado por prejuicios antropocéntricos, creencias o convicciones personales. Esto no invalida el proceso, y remarca el carácter gradual inherente al progreso científico.

En el siglo xvi, el *De revolutionibus orbium coelestium* de Nicolás Copérnico (1473-1543) presentó una discusión completa de un modelo heliocéntrico del universo proponiendo que el Sol era el centro del universo y que la Tierra giraba alrededor de este, de un modo opuesto a lo establecido por Ptolomeo en el s. ii d. C., en su *Syntaxis Mathematica*[6], su paradigma geocéntrico. La explicación inicial de una teoría puede parecer razonable y permitir entender cómo funciona el mundo, pero con la adquisición de nuevos datos se completa o, en el caso de la teoría geocéntrica, se desecha.

El desarrollo de la teoría celular es un ejemplo claro de cómo se puede encontrar en la historia de la biología ideas que en principio son «incorrectas», pero que pueden ser altamente productivas para los avances científicos, como puede ser el desarrollo de tecnologías de óptica y tinción en paralelo que van ayudando al avance en la comprensión microscópica de la estructura y función de los organismos.

Lakatos defendía que cualquier teoría científica debe ser evaluada en conjunción con sus hipótesis auxiliares, condiciones iniciales, etc., y especialmente en unión de sus predecesoras, de forma que se pueda apreciar la clase de cambio que la originó. Por tanto, lo que evaluamos es una serie de teorías, y no las teorías aisladas[7]. Las teorías son fruto de una búsqueda ideal de la objetividad (la construcción de explicaciones veraces e impersonales).

La segunda característica es el «naturalismo», que implica la negativa a aceptar entidades no naturales y fuentes o modos de conocimiento no naturales

---

[6] Se conoce popularmente a este texto como *Almagesto* por la traducción que hicieron los árabes del tratado de Ptolomeo.

[7] Lakatos, *La metodología de los programas de investigación científica*, 48.

(como, por ejemplo, la intuición metafísica). Debe existir una explicación natural que sea susceptible de ser analizada. Un ejemplo de naturalismo sería la crítica de Hipócrates a la causa divina de las enfermedades, la cual abordaremos en el capítulo 3. En ese mismo capítulo, también veremos las explicaciones de los filósofos naturales sobre el origen del cosmos, basadas en elementos naturales y alejadas de la religión y los mitos[8].

La tercera característica es el «falibilismo», que reconoce que nuestro conocimiento del mundo es provisional e incierto, susceptible de un examen y cuestionamiento continuo[9]. Si se encuentra un hecho que contradice una explicación aceptada, es necesario plantear, en términos científicos o históricos, la validez de la teoría. Cuando se dice que alguien es falible, esto implica que su juicio o conocimiento no es perfecto y puede equivocarse. De la misma manera, cuando se dice que algo es falible, significa que no es perfecto y puede ser erróneo. En este sentido, resulta interesante la analogía que hacía John Bernal al afirmar que la ciencia: «...destruye mucho de lo construido. El edificio del saber científico no se detiene jamás en su crecimiento. Podríamos decir que efectúa reparaciones constantemente, pero que nunca deja de utilizarse»[10].

El notable físico y filósofo de la ciencia Thomas Kuhn (1922-1996) planteó que las teorías científicas están encuadradas en lo que se denomina paradigmas de pensamiento, que son el marco conceptual que explica que un determinado conocimiento se plantee de una manera diferente[11]. La acumulación de observaciones y datos permite la contrastación del marco de explicación general. La aparición de un hecho o un conjunto de hechos no acordes con la teoría imperante propicia el desarrollo de un nuevo marco teórico más preciso, que engloba el conocimiento previo y los nuevos fenómenos que la anterior teoría no explicaba.

Tradicionalmente se ha llamado «revoluciones científicas» a estos cambios de paradigma. Como ejemplos tenemos: el sistema geocéntrico frente al sistema heliocéntrico o la mecánica newtoniana frente a la mecánica relativista. En el campo de la biología tenemos las teorías de la evolución, celular, herencia y homeostasis que se convirtieron en los paradigmas centrales de la biología actual.

---

[8]   Bunge, *La investigación científica: su estrategia y su filosofía*, 21.

[9]   Bunge, *La investigación científica: su estrategia y su filosofía*, 21.

[10]   Bernal, *Historia social de la ciencia I*, 40.

[11]   Thomas Kuhn, *La estructura de las revoluciones científicas* (Madrid: Fondo Cultural Económica, 1980).

Si ponemos como ejemplo el paso de la posición fijista a la evolucionista, veremos cómo este cambio de paradigma no solo afectó a cuestiones científicas sino también a cuestiones filosóficas: el darwinismo rompió con el concepto de escala en la naturaleza y la posición «superior» del hombre que llevaba imperando desde tiempos de Aristóteles (ver la escala natural, en el capítulo 3). Gracias al gradualismo y al falibilismo en los estudios biológicos se llegó a un enriquecimiento y diversificación del planteamiento fijista y antropocéntrico aristotélico. Se llegó con el pensamiento evolucionista a nuevas formas o términos de clasificar la vida: el árbol de la vida, árbol filogenético, árboles moleculares, complejidad o diversidad biológica, etc.

Es fundamental entender que cada época tiene su paradigma, por ejemplo en la época de Linneo, cuando desarrolla su esquema de clasificación, se tiene un paradigma y su marco conceptual global consistía en que los seres vivos fueron creados de una forma estable e inmutable. Este paradigma no cambia hasta la llegada de las ideas transformistas del caballero de Lamarck (1744-1829) y otros naturalistas como Félix de Azara (1742-1821), Erasmus Darwin (1731-1802), Charles Darwin (1809-1882) o Alfred Wallace (1823-1913).

Otro cambio de paradigma que transformó la biología moderna fue la molecularización. A lo largo de la historia, los seres vivos habían sido interpretados de diversas maneras, reflejando las creencias, conocimientos y perspectivas filosóficas, religiosas y culturales de cada época. Sin embargo, a partir del siglo XIX, con el creciente desarrollo de la microscopía se introduce el paradigma celular y, más tarde, con los avances de la química orgánica y el estudio de las sustancias químicas presentes en los organismos, el enfoque pasó a centrarse en las moléculas que conforman la estructura y regulan el funcionamiento de los seres vivos. Actualmente vivimos en el paradigma molecular, aunque esto no implica que en el futuro no surja un esquema explicativo diferente ni que modelos distintos no puedan coexistir.

Interesa recalcar la idea de que la ciencia es cambiante a lo largo del tiempo y que la ciencia, en cada momento, está estructurada en un paradigma, en un esquema de pensamiento. En el caso de la circulación sanguínea, el relato histórico nos recuerda que los investigadores de distintas épocas deben ser analizados en el contexto de su tiempo. Por otro lado, recordemos que la actividad científica es gradual y es difícil ponerse en el lugar de quienes no tenían las respuestas ni las adecuadas observaciones. Sin embargo, Galeno (129-c 201/216) fue un brillante investigador y pensador, no menos impulsado por la búsqueda de la verdad que William Harvey (1578-1657), pero sin tener la capacidad de experimentación y los conocimientos anatómicos del siglo XVII.

La filosofía de la ciencia se consolidó en los siglos XIX y XX, pero muchos científicos ya teorizaban acerca de las características de la actividad científica. Por ejemplo, Antonio de Ulloa (1716-1795), famoso por ser quién contribuyera a determinar la línea del ecuador, afirmaba en su libro *Noticias Americanas* lo siguiente:

> Las causas primeras de cuanto se registra sobre la tierra, se explican bastantemente por las reglas comunes; pero luego que se encuentra nueva observación que desdiga, varían enteramente los principios; y de aquí se origina que el juicio más bien fundado se hace falible[12].

George Sarton (18841956), historiador de la ciencia, ofreció una definición de ciencia como conocimiento positivo y sistemático. Escribió que, si tenemos en cuenta que la adquisición y sistematización del conocimiento positivo es la única actividad humana verdaderamente acumulable y progresiva, se puede comprender la importancia de los estudios en historia de la ciencia para explicar el progreso de la humanidad[13].

1.3. Establecimiento del método científico

Robert K. Merton[14], uno de los sociólogos más influyentes del siglo XX y profesor de Columbia, afirmaba que la definición sociológico-filosófica de «ciencia» es amplia y que se refiere a una variedad de cosas distintas, aunque relacionadas entre sí. Comúnmente, se la usa para denotar un conjunto de métodos característicos mediante los cuales se certifica el conocimiento; un acervo de conocimiento acumulado que surge de la aplicación de estos métodos; un conjunto de valores y normas culturales que gobiernan las actividades científicas, y finalmente, cualquier combinación de los elementos anteriores.

Mario Bunge afirmaba que los científicos usan la noción de método científico con total convicción, casi como si fuera equivalente o sinónimo de la propia ciencia. Sin embargo, como ya hemos señalado, la noción de ciencia es mucho más compleja.

---

12   Antonio de Ulloa, *Noticias americanas sobre la América Meridional y Septentrional Oriental* (Madrid: Imprenta de Don Francisco Manuel de Mena, 1772).

13   George Sarton, *Ensayos de historia de la ciencia* (México: Unión Tipográfica Editorial Hispano Americana, 1968), 1.

14   Robert King Merton (1910-2003) fue catedrático de la Universidad de Columbia desde 1974 hasta su jubilación. Columbia creó la Cátedra Robert K. Merton de Ciencias Sociales en 1990.

Conviene definir qué podemos entender como método o métodos: un método es un procedimiento para tratar un conjunto de problemas y cada clase de problemas requiere un conjunto de métodos o técnicas especiales. Por tanto, cada método de la ciencia es relevante para algún estadio particular de la investigación científica de los problemas planteados. En cambio, el método general de la ciencia es un procedimiento que se aplica al ciclo entero de la investigación en el marco de cada problema de conocimiento.

En ese método general se pueden distinguir esta serie ordenada de operaciones:

1. Enunciar preguntas de investigación bien formuladas y verosímiles.
2. Arbitrar conjeturas, fundadas y contrastables con la experiencia, para contestar a las preguntas.
3. Derivar consecuencias lógicas de las conjeturas.
4. Arbitrar técnicas para someter las conjeturas a contrastación.
5. Someter a su vez a contrastación esas técnicas para comprobar su relevancia y la confianza que merecen.
6. Llevar a cabo la contrastación e interpretar sus resultados.
7. Estimar la pretensión de verdad de las conjeturas y la fidelidad de las técnicas.
8. Determinar los dominios en los cuales valen las conjeturas y las técnicas, y formular los nuevos problemas originados por la investigación[15].

Se trata de formular el problema con precisión y de forma específica. Proponer conjeturas bien definidas y fundadas de algún modo, y no suposiciones que no comprometan o plantear ocurrencias sin un fundamento razonable (gráfico 1). Someter las hipótesis a contestación dura, no laxa. No declarar verdadera una hipótesis satisfactoria confirmada; considerarla, en el mejor de los casos, como parcialmente verdadera. Plantearse por qué la respuesta es como es, y no de otra manera.

Las conjeturas (todavía no elevadas a la categoría de hipótesis) deben ser susceptibles de explicaciones naturales (no sobrenaturales). Llegados a este extremo ¿qué consideramos una hipótesis de trabajo? Una hipótesis sería una propuesta o conjetura plausible que se formula como una posible explicación de un fenómeno o conjunto de fenómenos, y que debe ser verificable[16]. Es

---

[15] Bunge, *La investigación científica*, 26.

[16] Antes de que puedan haber tomado cuerpo de hipótesis evaluaremos si la o las conjeturas pueden responder a nuestro problema e intentaremos acumular experiencias previas y observaciones en el estado del arte.

decir, debe poder ser probada mediante la experiencia: a través de la observación, el experimento o el análisis de datos, y también debe ser susceptible de ser refutada si los resultados son contrarios a lo que sugiere. Si no la niegan constituye un marco teórico para explicar el hecho o fenómeno científico estudiado, si la niegan desechamos la hipótesis.

> El método científico es un rasgo característico de la ciencia, tanto de la pura como de la aplicada: donde no hay método científico no hay ciencia, Pero no es infalible ni autosuficiente. El método científico es falible; puede perfeccionarse mediante la estimación de los resultados a los que lleva y mediante el análisis directo. Tampoco es autosuficiente: no puede operar en un vacío de conocimiento, sino que requiere algún conocimiento previo que pueda luego reajustarse y elaborarse; y tiene que complementarse mediante métodos especiales adaptados a las peculiaridades de cada tema[17].

En el sentido lógico de la palabra son hipótesis todos los supuestos iniciales (axiomas) de una teoría, formal o factual[18]. Mario Bunge propuso un esquema (gráfico 1) en el que quedó reflejado que la importancia de una investigación científica se establece por los cambios que se producen el cuerpo de conocimientos y por los nuevos problemas que se desarrollan.

Han existido muchos filósofos, desde Francis Bacon a Descartes, que han pretendido conocer las reglas infalibles de la dirección de la investigación. Pero, hasta las reglas del método están muy lejos de ser infalibles y de no necesitar un perfeccionamiento posterior. Esta especie de receta de cómo hacer una investigación no puede sustituir a la inteligencia. Como advertía Mario Bunge:

> La capacidad de formular preguntas sutiles y fecundas, la de construir teorías fuertes y profundas y la de arbitrar contrastaciones empíricas finas originales no son actividades orientadas por reglas. La metodología científica es capaz de dar indicaciones y suministra de hecho medios para evitar errores, pero no puede suplantar a la creación original, ni siquiera ahorrarnos todos los errores.

---

[17] Bunge, *La investigación científica*, 29.

[18] La etimología de hipótesis es «punto de partida». En palabras de Bunge: «un enunciado fáctico general susceptible de ser verificado, lo que suena más respetable que corazonada, sospecha, conjetura suposición o presunción». Mario Bunge, *La ciencia su método y su filosofía* (Buenos Aires: Siglo Veinte, 1968), 63.

Gráfico 1. Esquema de la investigación científica

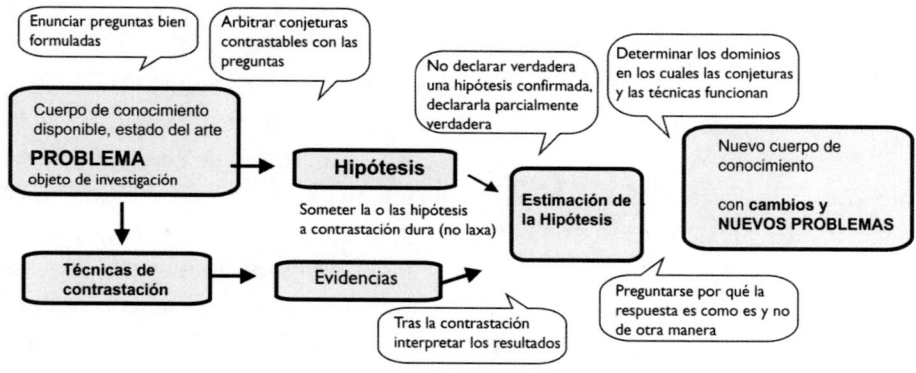

Fuente: elaboración propia basado en la propuesta de Mario Bunge[19].

Dentro de las reglas de la investigación opera el concepto de objetividad, un concepto que se va forjando en los orígenes de la ciencia moderna, siendo lo que legitima y da autoridad a una forma de conocimiento científico y técnico. Francis Bacon (1561-1626) fue pionero en promover la objetividad como un principio fundamental de la ciencia moderna, al proponer que el conocimiento debía ser inductivo, derivado de la observación sistemática y la experimentación, y no de teorías preconcebidas o dogmas.

En su libro *El mito de la objetividad* (1999) Bunge respondía a los ataques a la ciencia y la objetividad, defendiendo su concepción de que el conocimiento objetivo es posible a través de métodos científicos rigurosos y a partir de la verificación de las teorías mediante la experiencia.

Existe, además de la objetividad del método, la objetividad reguladora, pero esta la veremos en detalle con el ejemplo de Paul Ehrlich (1854-1915) en el capítulo 11. Esta produce sistemáticamente convenciones y protocolos de regulación de las actividades biomédicas.

1.4. Ciencia básica, aplicada y tecnología

Básicamente los discursos sobre el conocimiento científico distinguen tres tipos de ciencia: básica, aplicada y conocimiento tecnológico, que pueden parecer independientes entre sí, pero no lo son, ya que tienen zonas o espacios comunes

---

[19]   Bunge, *La investigación científica*, 26.

y no podrían existir sin la interacción entre sí. En función de la finalidad perseguida con la aplicación de estrategias de investigación racionales y objetivas se puede distinguir entre ciencia básica (aquella que persigue únicamente un fin cognitivo, cuya única finalidad es conocer más) y ciencia aplicada (aquella cuyos fines son, en última instancia, prácticos o utilitarios).

La ciencia básica es aquella área de estudio sobre la que se documentan otras ciencias. En relación con las ciencias naturales intenta explicar fenómenos y hechos. Frente a la certeza o resultados esperados de la ciencia aplicada, la ciencia básica se caracteriza por la incertidumbre de resultados. Incluso se puede llegar a distinguir entre la ciencia básica pura o fundamental (*knowledge-driven research*) generadora de conocimientos sin más y la ciencia básica orientada (*targeted-basic research*) como soporte de un cierto campo de investigación aplicada[20].

En cuanto a la falsa percepción de que la ciencia básica carece de interés económico, debemos ser capaces de contrarrestarla desde el ámbito de la educación y la difusión de la biología. Si bien es cierto que el resultado de la ciencia aplicada a corto o medio plazo pueden producir productos económicos tangibles, es imposible alcanzar esos objetivos sin la investigación básica. La industria depende de los fundamentos intelectuales proporcionados por la investigación básica, con la formación de personas con capacidades para la investigación que pueden ser la base para más adelante dedicarse a la investigación aplicada y el desarrollo hasta la puesta a punto de nuevos métodos y el desarrollo del instrumental necesarios para las actividades de I+D empresariales[21].

Al margen de estas clasificaciones de las ciencias en base a su finalidad, tiene que haber una estrecha interrelación entre ellas y un equilibrio; por ejemplo, en un país como España hay mucha ciencia básica pero menos aplicada y a nivel tecnológico poco desarrollada si se compara con países industrializados como Alemania, Suiza o en la actualidad la arrolladora China.

Si se toma como ejemplo la botánica como una ciencia o disciplina básica, veremos que apareció por la necesidad de conocer las plantas con diversos fines, principalmente la alimentación, el uso de plantas medicinales para sanar, la búsqueda de materiales de construcción y cuestiones más prosaicas como la ornamentación. La botánica fue consideraba una ciencia paralela a la medicina

---

[20] Agustín Zapata, *La generación del conocimiento: la función investigadora*, Comunicación personal (2024), 19.

[21] Zapata, *La generación del conocimiento: la función investigadora*, 20.

Fundamentos de la ciencia y la biología: metodología y ética de los científicos...

27

y ahí tuvieron su origen los jardines botánicos asociados a algunas universidades con estudios en medicina tales como Padua, Bolonia o Montpellier. Del conocimiento sistemático de las plantas surge el conocimiento aplicado de las sustancias que sirven para la medicina, en este caso la ciencia aplicada es la farmacognosia, con el estudio de la aplicación del principio y la finalidad de encontrar la dosis adecuada. En los aspectos tecnológicos llegaremos a la producción industrial del medicamento y a su comercialización.

1.4.1. ¿Cómo distinguir entre ciencia aplicada y tecnología?

Ciencia aplicada y tecnología son conceptos relacionados, pero no idénticos; la tecnología según Mario Bunge, es el desarrollo de técnicas e instrumentos que requiere la implicación de la ciencia. Esto se ve claro si pensamos en la diferencia entre un científico y un ingeniero, el hecho de que los ingenieros o tecnólogos hayan derivado de los científicos y que estén ligados a ellos no significa que ambos ámbitos no puedan distinguirse. De hecho, los aspectos funcionales del científico y del ingeniero son radicalmente diferentes. Según John Bernal la primera ocupación del científico consiste en el modo de hacer las cosas y la del ingeniero en hacerlas[22].

Se puede considerar a las técnicas precientíficas como una colección de recetas pragmáticas no entendidas, muchas de las cuales desempeñaban la función de ritos mágicos como el fuego o el empleo de remedios para curar. Estas técnicas primigenias pueden ser consideradas como procedimientos, habilidades o artefactos, desarrollados sin ayuda del conocimiento científico. Por ejemplo, la fabricación de hachas a partir de piedras, forja de metales, cerámica; es un desarrollo técnico pragmático, que se va trabajando poco o poco.

Como tecnología se puede entender aquellos sistemas desarrollados incorporando conocimientos científicos que producen técnicas científicas modernas. Requiere un conocimiento científico base, como estipuló Mario Bunge en 1959. La tecnología es más que ciencia aplicada ya que, en primer lugar, tiene sus propios procedimientos de investigación, adaptados a circunstancias concretas que distan de los casos puros que estudia la ciencia. En segundo lugar, porque toda rama de la tecnología contiene un cúmulo de reglas empíricas descubiertas antes que los principios científicos en los que, si dichas reglas se confirman, terminan por ser absorbidas.

---

[22] Bernal, *Historia social de la ciencia I*, 39.

Merton hizo una distinción entre la ciencia básica y la ciencia aplicada, que se alinea con la idea de que la ciencia busca comprender los principios fundamentales, mientras que la tecnología se orienta a la creación de productos útiles o procesos prácticos para la industria. No diferiría mucho un laboratorio científico de uno industrial, salvo que en el industrial se produce tecnología, ingenios y métodos destinados al desarrollo industrial y empresarial, con productos que deben responder a estándares requeridos.

1.5. De la historia natural a la biología

Es habitual empezar a analizar una disciplina tratando de la etimología o de la primera vez que se utilizó ese nombre. Sin embargo, por razones de método, realizaremos nuestro análisis con una especie de averiguación sobre el objeto de estudio y la evolución de la biología.

La biología como disciplina científica tiene como objeto de estudio a los seres vivos, abarcando su estructura, funcionamiento, evolución, distribución y relaciones. Sin embargo, el estudio de la vida no siempre se denominó de esta manera. Hasta el siglo xx, el análisis de los seres vivos se enmarcaba en una disciplina científica y académica conocida como historia natural, cuyo propósito era describir los procesos y leyes del universo, así como los efectos de dichos procesos sobre los materiales constituyentes independientes de la acción humana. Disciplinas como la botánica, la zoología y la geología formaban parte de la historia natural, que más tarde fue integrada en los planes de estudio bajo la denominación de Ciencias Naturales. Este era el caso de los antiguos licenciados en la Universidad Central de Madrid –hoy Universidad Complutense de Madrid–, quienes obtenían el título de licenciados en Ciencias, dentro de la sección de Ciencias Naturales.

No es hasta el plan de 1978 que aparece en nuestra universidad el título de licenciado en Ciencias Biológicas. De hecho, se empieza a hablar de biólogo como profesión en 1980, al ser reconocida y regulada por el Estado mediante la creación del Colegio Oficial de Biólogos (Ley 75/1980 BOE, 10/01/1981).

Como dato curioso, cabe mencionar que la palabra «biología», que alude a los procesos generales de la vida, ganó reconocimiento gracias al fisiólogo alemán Gottfried Reinhold Treviranus en su obra *Biologie oder Philosophie der lebenden Natur* (Biología o la filosofía de la naturaleza viva) de 1802, y también al caballero de Lamarck en su *Hydrogéologie*, publicada ese mismo año. Sin embargo, el primer uso documentado del término «biología» sigue siendo motivo de debate. Algunos lo atribuyen al médico y fisiólogo Karl Friedrich Burdach[23] en 1800, mientras que otros señalan a Michael Christoph Hanow, quien lo utilizó en 1766. Más allá de la disputa sobre su autoría, lo relevante es que el término simboliza un cambio de paradigma: el inicio de un análisis más preciso y metódico de la sustancia viva y de las leyes generales que rigen su funcionamiento. Este enfoque marcaría el descubrimiento de la unidad fundamental que subyace en el mundo vivo.

1.5.1. La biología: ciencia factual

Dentro de las ciencias podemos establecer el concepto de cientificidad como una clasificación en función de los objetos de estudio, distinguiendo entre ciencias formales y factuales. Las ciencias formales se mueven en el campo de las ideas abstractas como las Matemáticas o la Lógica. Las ciencias factuales, en cambio, se caracterizan por estudios que tienen dificultad en establecer leyes, con un menor grado de matematización en sus sistemas de clasificación, y la imposibilidad de falsar muchas de sus hipótesis[24]. La biología estaría dentro de un nivel intermedio y cada una de sus subdisciplinas tienen diferentes grados. La diferencia entre ciencia formal y factual la explica Mario Bunge de la siguiente forma:

> Las ciencias formales demuestran o prueban; las ciencias fácticas verifican (confirman o desconfirman) hipótesis que en su mayoría son provisionales. La demostración es completa y final; la verificación es incompleta y por ello temporaria. La naturaleza misma del método científico impide la confirmación final de las hipótesis fácticas[25].

A mayor grado de científico como las ciencias formales, el experimento es más repetible y esperables son los resultados. En el caso de las ciencias fac-

---

[23] Karl Friedrich Burdach (1776-1847), profesor de la Universidad de Leipzig, en 1811 profesor de fisiología y anatomía en la Universidad Dorpat, en 1814 profesor en la Universidad Königsberg. Su obra magna fue *Die Physiologie als Erfahrungswissenschaft* (La fisiología como ciencia de la experiencia). Abarca todo el conocimiento fisiológico de su época. Se centró especialmente en los procesos biológicos embrionarios y del desarrollo.

[24] La investigación es más eficiente cuando las hipótesis se basan en la totalidad de los conocimientos conocidos hasta la fecha. Los artículos de revisión sistemática se utilizan habitualmente para resumir los conocimientos existentes y contextualizar, por ejemplo, los datos experimentales.

[25] Bunge, *La ciencia, su método y su filosofía*, 16.

tuales los resultados no son tan predecibles debido a que puede haber muchas variables en juego.

John Bernal en su obra *Historia Social de la Ciencia* hablaba del rol de la biología en estos términos:

> Por su naturaleza misma la biología no puede ser tan sencilla como la física o la química, puesto que las incluye en su propio objeto. Tampoco puede expresarse en un lenguaje tan preciso como el de la matemática porque su multiplicidad es demasiado extensa para ser susceptible de enumeración[26].

La biología, en su dimensión social, es clave para abordar problemas humanos, proporcionando una base objetiva para reflexiones morales y filosóficas, como señalaron Mario Bunge y John Bernal. Esta disciplina sitúa al ser humano dentro del grupo de los seres vivos, desafiando su percepción de superioridad y mostrando su conexión con el universo. Además, ofrece una visión integral del ser humano, abordando temas como diversidad, desigualdad, personalidad e impacto de la civilización.

1.5.2. ¿Qué es la biotecnología?

En 1981, la Organización para la Cooperación y el Desarrollo Económico (OCDE) ofreció la siguiente definición para biotecnología: «la aplicación de principios científicos y de ingeniería al procesamiento de materiales por agentes biológicos para proporcionar bienes y servicios»[27]. El biólogo sueco Carl-Goran Hedén, posiblemente influido por los precedentes alemanes, se inclinó por el término «Biotechnologie» denominando a su nueva revista con el nombre de *Biotechnology and Biochemical Engineering*[28].

La biotecnología comprende tanto aplicaciones innovadoras de la biología como tecnologías útiles, mostrando soluciones de base biológica a problemas importantes y hace hincapié en cómo diseñar o adaptar sistemas

---

[26]   John Bernal, *Historia social de la ciencia II, La ciencia en nuestro tiempo* (Barcelona: Ediciones Península, 1976), 233.

[27]   Robert Bud, «History of Biotechnology», en *The Cambridge history of science, volume 6. The Modern Biological and Earth Sciences*, ed. por Peter J. Bowler y Fohn V. Pickstone (Cambridge: Cambridge University Press, 2009), 524-538.

[28]   Bud, «History of Biotechnology», 534.

vivos para beneficio de la sociedad. Entre las áreas de aplicación específicas se incluyen la salud y el bienestar humanos, las energías renovables, la alimentación y la agricultura, los recursos naturales y la producción de productos químicos.

Para poder tratar de biotecnología la investigación debe trascender la escala de laboratorio, y tratar la aplicación, la ampliación y las implicaciones a escala económica y social. Por ejemplo, trasladar o comercializar la biología experimental aplicada a productos, plataformas industriales, terapias o dispositivos. Por ejemplo, instrumentos que han sido comercializados y están presentes en hospitales y en distintos laboratorios de biomedicina son los contadores de células y los secuenciadores de genes que hacen posible el procesamiento masivo de enormes cantidades de muestras.

Otro ejemplo lo tenemos en las fermentaciones microbianas, cuya función en la economía doméstica es muy antigua, empezaron como una técnica precientífica, y en la actualidad representan una proporción importante de los procesos biotecnológicos con la utilización de bacterias, levaduras, mohos, algas y células animales y vegetales en cultivo, cuyo metabolismo y capacidad de biosíntesis se orienta a la producción de sustancias de interés económico. En este caso podemos referirnos a tecnología ya que se realiza el perfeccionamiento, la intensificación y la automatización de técnicas implementadas con el conocimiento científico.

Una potente bioindustria empezó, en los inicios de los años 80 del siglo xx con un prometedor futuro en la producción de materias plásticas y fibras para la industria textil; producción de metanol, biogás e hidrógeno; extracción de ciertos elementos metálicos, sustancias aromáticas y condimentos[29].

Las revistas científicas más importantes en biotecnología son aquellas que publican investigaciones de vanguardia en campos como el bioprocesamiento, las ómicas, nuevos materiales, terapéutica y agroambiente (tabla 1). Organizaciones profesionales como el Colegio de Biólogos suele enfatizar la importancia de la ética y la seguridad en la aplicación de las biotecnologías, garantizando que los avances sean sostenibles y beneficiosos para la sociedad. También participan activamente en la regulación y normativas relacionadas con la biotecnología, contribuyendo a que se cumplan los estándares científicos y éticos necesarios.

---

[29] Albert Sasson, *Las biotecnologías: desafíos y promesas* (París: UNESCO, 1984).

**Tabla 1. Los principales temas que son tendencia
en las revistas de biotecnología**

Área biotecnológica	Temas desarrollados
Biología sintética	Piezas intercambiables de la biología natural para ensamblarlas en sistemas que actúen de forma no natural.
Terapéutica	Terapias génicas (tratamiento de enfermedades raras), inmunoterapia (anticuerpos monoclonales, CAR-T, inhibidores de puntos de control inmunológicos), terapias de células madre, CRISPR y edición genética, trasplante de microbiota.
Ingeniería de tejidos y biofabricación	Estructuras celulares complejas que imitan órganos y tejidos humanos. Posibilidad de trasplantes personalizados, la cura de lesiones y la reparación de órganos dañados. Mejora del tratamiento de enfermedades crónicas y discapacidades mediante la regeneración de órganos y tejidos dañados.
Ingenieria metabólica	Procesos más rentables con menos derroche de materiales y energía.
Ingeniería microbiana y celular	Microorganismos y células modificados para mejorar sus funciones naturales o conferirles nuevas capacidades con aplicaciones en salud, industria, energía y medio ambiente.
Ingeniería agrícola	Restauración de la calidad del suelo, agua o aire mediante la degradación, transformación o eliminación de contaminantes utilizando organismos vivos o enzimas derivadas de estos.
Biomateriales	Prótesis, implantes, dispositivos médicos. Reducción de costes en salud con materiales más sostenibles.
Biosensores y bionanotecnología	Aplicaciones de ámbito molecular. A través de nanopartículas y nanosensores, detectar enfermedades en etapas tempranas y administrar tratamientos más efectivos con menos efectos secundarios.
Bioenergía: biofuels	Reducción de las emisiones de gases de efecto invernadero. Fuente renovable de energía y diversificación de fuentes de energía.
Agricultura celular	Alimentos y otros productos agrícolas generados a partir de cultivos celulares, en lugar de utilizar organismos completos como plantas o animales.

Fuente: esta y todas las tablas son de elaboración propia realizadas
para la asignatura de Historia, Enseñanza y Difusión de la Biología.

En cuanto a las implicaciones ético-jurídicas de las patentes biotecnológicas debemos indicar que las patentes biotecnológicas son de gran trascendencia, tanto por sus efectos económicos, su impacto en la investigación y social. La posibilidad de patentar las invenciones biotecnológicas han sido objeto de gran debate[30].

30 María Casado, «Implicaciones ético-jurídicas de las patentes biotecnológicas», en *Gen-Ética*, ed. por Federico Mayor Zaragoza y Carlos Alonso Bedate (Barcelona: Editorial Ariel, 2003), 123.

Una patente es un título que reconoce el derecho exclusivo de explotación de una invención, impidiendo que terceros fabriquen, vendan o utilicen la invención sin el consentimiento del titular. No se consideran patentables las hipótesis, los descubrimientos y las teorías científicas, los métodos y pautas para el tratamiento médico, veterinario o fitosanitario, las variedades animales y vegetales, ni el cuerpo humano o cualquiera de sus partes.

Sí son patentables aquellas invenciones que van más allá del «estado de la técnica», resultan de una actividad inventiva y son susceptibles de aplicación industrial. Por ejemplo, un microorganismo que, tras ser aislado, haya sufrido una mejora genética destinada a optimizar su uso industrial. Además de microorganismos, también existen patentes sobre plantas y semillas modificadas genéticamente. A finales de la década de 1980, la patentabilidad se amplió a los animales transgénicos, siendo un ejemplo destacado el onco-ratón desarrollado por la Universidad de Harvard[31].

Otro ejemplo relevante es la patente que protege un método para llevar a cabo la replicación, amplificación o secuenciación de un ácido desoxirribonucleico mediante una ADN polimerasa del tipo $\varphi29$, así como un kit diseñado para aplicar dicho método. Esta patente pertenece al Consejo Superior de Investigaciones Científicas (CSIC), y entre sus inventores figuran Margarita Salas, Luis Blanco y Antonio Bernad[32].

También se consideran invenciones objeto de patente los productos nuevos de índole material, o compuestos químicos, farmacéuticos, procedimientos de fabricación novedosos, aparatos, herramientas o dispositivos nuevos.

1.6. La ética de los científicos

Merton habló del concepto de *ethos* (comportamiento ético) del científico, unas directrices o principios que debería seguir un profesional dedicado a la ciencia para fomentar el progreso de la humanidad. Este conjunto de normas, para Merton, está definido por cuatro principios: universalismo, comunalismo, desinterés y escepticismo organizado.

---

[31]   El *OncoMouse*, ratón modificado genéticamente susceptible de desarrollar tumores, fue desarrollado en los años 80 por investigadores de Harvard y fue el primer animal genéticamente modificado patentado en la historia (patente de 1988).

[32]   Este avance representó un hito científico y económico, ya que la patente generó más ingresos para el CSIC que cualquier otra en su historia.

1.6.1. Universalismo

El universalismo explica que los principios científicos deben ser sometidos a criterios impersonales preestablecidos. No deben estar asociados a atributos personales o sociales de sus autores sesgados por motivo de raza, nacionalidad, religión, clase, cualidades personales o sociales. La objetividad excluye el particularismo[33].

Por ejemplo, Alemania había sido líder internacional en bioquímica hasta la década de 1930, muchos de estos científicos eran de origen judío. Con el ascenso del nazismo y las leyes que apartaban de la investigación y de la docencia a los científicos con origen judío la bioquímica se vio muy afectada. La acogida de los científicos que tuvieron que huir de Alemania varía en función de su campo de investigación y de la competencia en los países de acogida. Así, los bioquímicos y fisicoquímicos fueron aceptados en las universidades estadounidenses y británicas.

También fue un ataque al universalismo el caso de la segregación racial en Estados Unidos, en las universidades o la cuestión del *apartheid* en Sudáfrica. Una consecuencia que el universalismo tiene es la apertura al conjunto de la sociedad de la carrera científica, en ese sentido Merton planteaba la necesidad de un sistema político capaz de poner en práctica los valores democráticos y mantener el imperativo del universalismo.

> El universalismo halla expresión adicional en la exigencia de que se abran las carreras a los talentos. El fin institucional brinda la justificación, restringir las carreras científicas por otras razones que la falta de competencia es obstaculizar la promoción del conocimiento. El libre acceso a las actividades científicas es un imperativo funcional. La conveniencia y la moralidad coinciden[34].

Dentro del universalismo de Merton no estaba contemplado, todavía, el caso de la cuestión de la exclusión de las mujeres de la vida científica. En este caso no estaríamos tratando de la exclusión de una minoría sino de la exclusión del 50% de la humanidad. A lo largo del texto podremos analizar algunos casos de injusticia e invisibilización. Planteamos aquí el conocido efecto Matilda, entendido como un prejuicio en contra de reconocer los logros de las mujeres

---

[33]   Robert K. Merton, *La sociología de la ciencia 2. Investigaciones teóricas y empíricas* (Madrid: Alianza Editorial, 1977), 359.

[34]   Merton, *La sociología de la ciencia 2*, 361.

científicas, cuyo trabajo a menudo se atribuye o a colegas masculinos. Este fenómeno fue descrito por primera vez por la sufragista y abolicionista estadounidense Matilda Joslyn Gage (1826-1898) en su ensayo *La mujer como inventora*. Sin embargo, el término «efecto Matilda» fue acuñado en 1993 por la historiadora de la ciencia Margaret W. Rossiter en el artículo *The Matthew Matilda effect in science*[35].

Rossiter puso de ejemplo el caso de Frieda Robscheit-Robbins, asociada durante treinta años al patólogo George Hoyt Whipple y coautora de casi todas sus publicaciones. Cuando este ganó el Premio Nobel de Medicina en 1934 no fue premiada por el comité que otorga los galardones, sin embargo, dos hombres de otras instituciones sí lo hicieron. Whipple, consciente de su deuda con ella, la elogió generosamente e incluso compartió el premio y el dinero con ella y otras dos asistentes. Otro caso más conocido de denegación de crédito fue el de la cristalógrafa Rosalind Franklin, que trataremos con amplitud en el tema de bioquímica y biología molecular.

Antes de continuar con los siguientes principios que postuló Merton, mencionaremos el llamado «efecto Mateo», acuñado por Merton en 1968, con relación a la cita de la Biblia de san Mateo 13:12: «Porque al que tiene, se le dará, y tendrá en abundancia; pero a quien no tenga, se le quitará hasta lo que tiene». Merton hacía referencia al reconocimiento excesivo de los ya prominentes o prominentemente colocados. Como comentó Rossiter, el efecto Mateo es una especie de «efecto halo» que experimentan los científicos conocidos que se atribuyen trabajos que no han hecho (o que no han hecho totalmente solos), con el reconocimiento excesivo de los que están en la cima de la profesión científica. Pero para Rossiter la segunda parte de la parábola de que a quien no tenga, se le quitará hasta lo que tiene puede ser aplicada de forma amplia entre los marginados de la historia de la ciencia, incluidas especialmente las mujeres investigadoras[36].

1.6.2. El comunalismo científico

Según Merton los derechos de propiedad en la ciencia deberían ser reducidos a su mínima expresión. La valoración del científico queda restringida al

[35] Margaret W. Rossiter, «The Matthew Matilda Effect in Science», *Social Studies of Science* 23 n.° 2 (May, 1993): 325-341.

[36] Rossiter, «The Matthew Matilda Effect in Science», 326.

reconocimiento y a la estima con la eponimia que es el máximo reconocimiento posible en el campo de la ciencia, como, por ejemplo: a ciertos científicos se les ha dedicado nombres de especies o descubrimientos como la corriente de Humboldt, la línea de Wallace o las células de Purkinje[37]. La cita de predecesores no es solo un mecanismo para contrastar y cimentar los propios planteamientos, también una forma de satisfacer este imperativo ético. Por ejemplo, la famosa frase atribuida a Bernardo de Chartres (c. 1070-1126) y utilizada por Isaac Newton en 1675: «Si he visto más lejos, es poniéndome sobre los hombros de Gigantes», que hace referencia al reconocimiento al trabajo realizado por otros anteriormente. En el caso de Charles Darwin, este mencionó en sus escritos a Aristóteles o a Félix de Azara, no como homenaje sino como apoyo a su argumentación, como parte del estado de la cuestión.

No obstante, hay conflictos referentes a este principio, por ejemplo, en lo que atañe a la aplicación tecnológica, ya que está basada en la propiedad privada, y al establecimiento de patentes, lo que supone una tensión con el comunalismo. Se hace necesario un equilibrio entre este principio y la obtención de beneficios, como en el caso de los fármacos y las aplicaciones genéticas. Según los organismos internacionales, los Estados y las comunidades científicas deben velar porque el equilibrio entre lo restringido de esas premisas de aplicación y el bien común. Sobre este aspecto ampliaremos más cuando tratemos de bioética.

Por ejemplo, un caso ideal de comunalismo de la propiedad sobre una invención es la actitud del físico alemán Wilhelm Conrad Röntgen (1845-1923), que no patentó los rayos X. Por su descubrimiento recibió el primer Premio Nobel de Física en 1901 en reconocimiento de los extraordinarios servicios que había brindado a la humanidad con el descubrimiento de los notables rayos (figura 1). Röntgen donó la recompensa monetaria a su Universidad en un doble gesto de generosidad. Hoy con el nombre de Röntgen se conoce a las radiografías en los países germanoparlantes y a la unidad de medida para la exposición de rayos X y rayos gamma, además de denominar con su nombre a un cráter en la Luna y a un meteorito.

Otro caso es el de la bioquímica Margarita Salas (1938-2019), una de las científicas españolas más destacadas del siglo xx. Fue investigadora del Centro Superior de Investigaciones Científicas (CSIC) en el Centro de Biología Molecular Severo Ochoa, en Madrid, fue galardonada en 2019 en Viena con el

---

[37] En honor de Jan Evangelist Purkinje (1787-1869).

premio Inventor Europeo concedido por la Oficina Europea de Patentes y Marcas. El descubrimiento de la ADN polimerasa del virus bacteriófago φ29, con grandes aplicaciones en biotecnología: permitió amplificar el ADN de manera sencilla, rápida y fiable[38]. Esta tecnología se utiliza en muchas áreas como la medicina forense, la oncología y arqueología, y ha sido, además, la patente más rentable del CSIC.

**Figura 1. A la izquierda, aparato para trabajar con rayos X.
A la derecha, el retrato de W. C. Röntgen. Fuente: Wellcome Collection.**

1.6.3. El desinterés

El desinterés de los científicos es otro de los principios éticos postulados por Merton, este principio está muy relacionado con el del comunalismo, y es que el científico no debe tener un interés económico directo en su investigación. La ciencia, como en el caso de toda profesión en general, incluye el desinterés como elemento institucional básico. El desinterés no debe ser identificado con el altruismo, ni la acción interesada con el egoísmo, pero sí con la integridad, y relacionado con el nivel motivacional. Se ha atribuido al científico la pasión del conocimiento, una ociosa curiosidad o la preocupación altruista por el bienestar de la humanidad.

---

[38]   Margarita Salas, «A passion for research», *Cell. Mol. Life Sci.* 66 (2009): 3827-3830.

1.6.4. El escepticismo organizado

El «escepticismo organizado», es un examen crítico e independiente de toda conclusión y está relacionado con la objetividad de la ciencia. Se plasma en los comités de evaluación, pero también en una actitud personal. El escepticismo organizado está relacionado, de varias maneras, con los otros elementos del *ethos* científico. Es un mandato metodológico e institucional.

Ese escepticismo organizado colectivo tiene varios niveles, en primer lugar, la evaluación por terceras personas (por los «pares») de forma anónima, expertos que no conozcan al autor y que evalúen el trabajo. Luego cada uno de los lectores debe llegar a sus propias conclusiones concretas, de forma que cada uno establezca su propio criterio sobre una investigación. Este principio genera debate, pero es una actitud necesaria para el crecimiento de la ciencia.

De modo que nada en ciencia es sagrado y nada debe ser aceptado como dogma o como dado por una autoridad que defienda algo, ya sea importante o creador de influencia. Todo tiene que ser susceptible de ser razonado y analizado por instituciones, revistas, y por la comunidad científica. De nuevo es una indicación de carácter general y no una realidad perfecta.

Este conjunto de valores propuestos por Merton limita mucho el prestigio individual, obligan a los científicos a ser humildes, colaborativos, desinteresados, críticos con su trabajo y el de los demás, honestos y a favor del beneficio común. Merton pensaba que la institución de la ciencia incluye valores potencialmente incompatibles. Por un lado, incorpora la originalidad y conduce a que los científicos quieran que se reconozca su prioridad de los descubrimientos. Y, por otro, que el científico sea consciente de la limitación de sus aportaciones. La ciencia es tan compleja que tiene esas características contradictorias, al igual que la naturaleza humana.

1.7. La bioética

La bioética ha centrado tradicionalmente su actividad en la regulación de la relación médico-paciente, especialmente a partir de la Declaración de la Asociación Médica Mundial (WMA) de Helsinki de 1964, un documento clave para la autorregulación de la profesión médica. Esta declaración estableció principios éticos para proteger a los participantes en la investigación, asegurando su seguridad, privacidad y consentimiento voluntario. Inicialmente enfocada en la protección del ser humano en ensayos clínicos, la bioética comenzó a abordar en los años 1960 otras cuestiones, como las limitaciones ambientales del planeta y los avances tecnológicos en biomedicina. Esto dio paso a reflexiones sobre los estadios de la vida, el respeto a la vida no humana y la salud individual, además de proponer políticas institucionales orientadas a la equidad.

La bioética emergente se vio superada por los avances tecnológicos en biomedicina, lo que generó reflexiones sobre los diferentes estadios de la vida y sus implicaciones éticas. Además, surgieron debates sobre el respeto a la vida no humana y el cuidado de la salud individual, llevando a la propuesta de políticas institucionales para promover la equidad en la implementación de estas actividades.

El Convenio del Consejo de Europa para la protección de los derechos humanos y la dignidad del ser humano en relación con las aplicaciones de la biología y la medicina, suscrito en Oviedo en 1997, fue un tratado impulsado por el Consejo de Europa con el objetivo de prevenir el abuso del desarrollo biotecnológico. Para profundizar en algunos de sus elementos, se aprobaron cuatro protocolos adicionales: el protocolo sobre la prohibición de la clonación de seres humanos (1998), el protocolo sobre el trasplante de órganos y tejidos de origen humano (2002), el protocolo sobre la investigación biomédica (2005) y el protocolo sobre los análisis genéticos con fines médicos (2008). España ratificó el protocolo sobre la clonación humana en 2000 y el protocolo sobre el trasplante de órganos en 2014. No obstante, los otros dos protocolos no han sido firmados ni ratificados por España, aunque ambos temas están regulados en la Ley de Investigación Biomédica de 2007.

Los rápidos avances de la biología y la medicina hacen necesario este tipo de convenios que tienen como premisa respetar al ser humano, a la vez como persona y como perteneciente a la especie humana, ante las acciones de práctica inadecuada de la biomedicina; y consciente de la necesidad de que los progresos en la biología y la medicina deben ser aprovechados en favor de las generaciones presentes y futuras, estableciendo la cooperación internacional[39]. Como vemos hay muchos elementos comunes entre estas políticas y los principios éticos que postulaba Merton para los científicos.

Resumiendo, la bioética abarca diversos ámbitos de aplicación, como los análisis genéticos predictivos, la medicina preventiva y regenerativa, los ensayos clínicos, el uso de materiales biológicos humanos en investigaciones y los temas relacionados con la reproducción humana. Además, sus campos de reflexión incluyen cuestiones como los hallazgos accidentales en investigación clínica, la

---

[39]   Carlos Alonso Bedate, «Investigación y Bioética en el contexto de la biomedicina», *Revista de la Sociedad Internacional de Bioética. SIBI*. 10, 2003: 7-26.

discriminación genética, la alteración de la línea germinal, los organismos modificados genéticamente, la investigación con células madre, la determinación y diferenciación celular para tratar patologías, la donación de órganos y el acceso equitativo a los servicios de salud, abordando tanto el cuidado de la salud como el de la muerte. En opinión del experto en bioética Carlos Alonso Bedate, uno de los temas más debatidos en la actualidad y cuya repercusión en biomedicina probablemente tendrá más impacto poblacional que el de la terapia genética será la posibilidad de identificar, determinar y diferenciar mediante señalizaciones las células troncales provenientes de tejidos o de células embrionarias[40].

Por otro lado, la bioética se ocupa también de la protección de la calidad de la investigación, no solo en seres humanos, sino también en el ámbito de la vida animal no humana. En este sentido, existen tanto leyes como normativas específicas en centros de investigación y universidades. Un ejemplo de ello es la normativa de la Universidad Complutense, que en el artículo 180.1 de sus Estatutos establece que el rector «creará un Comité de Experimentación Animal». Esta disposición rectoral parece estar inspirada en el real decreto 223/1988, de 14 de marzo (BOE, 18/03/1988), sobre la protección de los animales utilizados en experimentación y otros fines científicos. Este real decreto, a su vez, tiene como objetivo adaptar la legislación española a la Directiva 86/609 del Consejo de la Comunidad Económica Europea, que establece las disposiciones legales, reglamentarias y administrativas para la protección de los animales utilizados en experimentación en los Estados miembros.

El real decreto prohíbe el uso de especies en peligro de extinción, como gorilas, chimpancés y orangutanes, para investigación o docencia. También establece que no se puedan utilizar animales capturados en la naturaleza, salvo con autorización expresa, que solo se concede si se justifica científicamente el procedimiento. En caso de captura, esta debe realizarse por personal competente y con métodos que no causen sufrimiento o daño al animal. Esta normativa marca un cambio respecto a las prácticas anteriores de captura de animales para colecciones de historia natural.

1.7.1. Principios bioéticos

Aunque se pueda situar el nacimiento de la bioética en la década de los 1960, algunos hacen coincidir en el tiempo el nacimiento de la bioética con los abu-

---

[40]   Bedate, «Investigación y Bioética en el contexto de la biomedicina»: 24.

sos en la investigación científica con sujetos humanos en la segunda mitad de siglo xx.

Los principios fundamentales de la bioética, que son ampliamente reconocidos en la ética médica y en la investigación biomédica, se atribuyen principalmente a los filósofos Tom Beauchamp y James Childress. Ellos desarrollaron el modelo de los cuatro principios de la bioética, que se presentan en su obra *Principles of Biomedical Ethics* de 1979: autonomía, no maleficencia, beneficencia y justicia.

El principio de autonomía respeta la capacidad de los individuos para tomar decisiones informadas, libres y voluntarias sobre su propia vida y cuerpo. En el contexto de la investigación biológica se debe garantizar que los participantes reciban toda la información sobre los objetivos, riesgos, beneficios y posibilidades que se abran tras el estudio. Hay algunas cuestiones complejas como son la competencia para entender y decidir[41]. Este principio es crucial a la hora de abordar el régimen de obtención, conservación, uso y cesión de muestras biológicas ya que se requiere del consentimiento del sujeto fuente de la muestra y a la información previa que a este respecto debe serle suministrada.

El principio de no maleficencia afirma la obligación de no causar daño a los demás. En ética médica se ha asociado estrechamente con la máxima *primum non nocere*: «Ante todo [o primero] no hacer daño», atribuida a la escuela hipocrática, se aplica en el campo de la medicina, fisioterapia, enfermería y otras ciencias de la salud[42].

Beneficencia se refiere a una acción realizada en beneficio de otros; benevolencia alude al rasgo de carácter o virtud de estar dispuesto a actuar en beneficio de otros; y el principio de beneficencia postulado por Beauchamp y Childress atiende a una obligación moral de actuar en beneficio de otros. Muchos actos de beneficencia no son obligatorios, pero el postulado «principio de beneficencia» establece la obligación de ayudar a otros a promover sus intereses legítimos[43].

En cuanto a la justicia, por un lado, está el debate sobre el acceso universal a la sanidad y la distribución de los servicios sanitarios. Y en cuanto a la ética de la investigación, la justicia aborda cuestiones como la selección justa de

[41]   Tom L. Beauchamp y James F. Childress, *Principles of Biomedical Ethics* (Oxford University Press, 2001), 57.

[42]   Beauchamp y Childress, *Principles of Biomedical Ethics*, 113.

[43]   Beauchamp y Childress, *Principles of Biomedical Ethics*, 166.

participantes en ensayos clínicos, evitar la explotación de poblaciones vulnerables y garantizar que los beneficios de la investigación se distribuyan equitativamente.

1.7.2. Algunos problemas bioéticos a lo largo de la historia

Como veremos antes de la existencia de estos principios se dieron situaciones en los que algunos de ellos no se cumplieron, de ahí la necesidad de su implementación.

Uno de los primeros conflictos éticos en la historia de la biomedicina se produjo en 1796, cuando Edward Jenner inmunizó al niño James Phipps contra la viruela humana (figura 2). Basándose en las informaciones de que las personas en contacto con vacas infectadas no contraían la viruela humana, consideró infectar con pus de una pústula de vaca con viruela a una persona sana, y luego, esperar que el niño no enfermara de viruela al inocularle pus de una persona enferma de viruela. Al observar que no enfermaba se comprobó su hipótesis y la efectividad de la vacuna, debido a una reactividad cruzada entre la viruela de vacas y humanos.

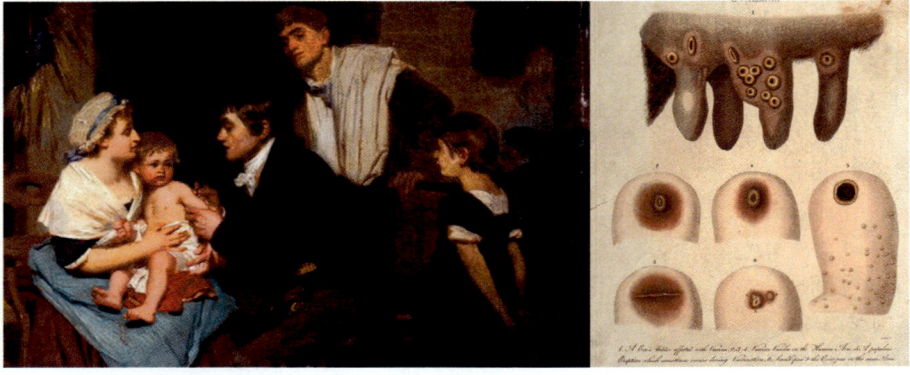

Figura 2. A la izquierda, pintura de Edward Jenner vacunando a un niño, obra de E. E. Hillemacher, 1884. A la derecha, una ubre de vaca con pústulas de viruela y brazos humanos con distintas reacciones a la vacuna. Grabado coloreado de J. Pass, 1811. Fuente: Wellcome Collection.

El problema ético que podríamos plantear con la vacuna de Jenner era que, de forma consciente, se inoculaba a un ser humano un agente infeccioso procedente de un animal y que a un niño sano se le administraba un agente infeccioso humano. En este caso se percibía que el médico actuaba deseando lo mejor para el paciente, cumpliéndose así el principio de beneficencia.

Los experimentos realizados en el siglo xx con claros abusos en seres humanos fueron infinitamente más graves que este caso paradigmático, violando derechos humanos sin ningún beneficio para el paciente, incluso llevando a los sujetos de estudio a la tortura y la muerte. En la primera mitad del siglo xx, los objetivos eugenésicos se fusionaron con interpretaciones erróneas de la nueva ciencia de la genética para contribuir a producir resultados sociales cruelmente opresivos y, en la época de auge del nazismo, llevadas a su máxima expresión de crueldad y genocidio.

Uno de los casos más terroríficos fue el de la eutanasia[44] de niños de la clínica *Am Spiegelgrund* en Viena. Esta clínica se fundó en julio de 1940 como una extensión del hospital psiquiátrico Steinhof de Viena, después de que unos 3200 pacientes fueran enviados a unas instalaciones para ser exterminados en Hartheim. El nuevo centro se convirtió en un punto de recogida de niños que no se ajustaban a los criterios del régimen de «valía hereditaria» y de «pureza racial». De 1940 a 1945, casi 800 niños perecieron en la institución; algunos murieron por inyección letal y envenenamiento por gas; otros por enfermedad, hambre, exposición a los elementos y accidentes relacionados con sus condiciones. Los cerebros de centenares de víctimas se conservaron en frascos y se alojaron en el hospital durante décadas.

Recientes publicaciones sobre el médico austriaco Hans Asperger, conocido por ser pionero y dar nombre al síndrome que lleva su nombre, ponen de relieve su participación en el programa nacionalsocialista de eutanasia infantil, remitiendo pacientes al hogar infantil de *Am Spiegelgrund* de Viena. Según el estudio del historiador de la medicina Herwig Czech, en la revista *Molecular Autism*, se concluye que la idílica visión de Asperger como un opositor al nacionalsocialismo y un valiente defensor de sus pacientes contra la «eutanasia» y otras medidas de higiene racial, no se sostiene ante las pruebas históricas. Y que surge la evidencia de un papel oscuro desempeñado por este pionero de la investigación del autismo. Este hecho lleva a plantearse el futuro del epónimo ya que se debería reflejar el inquietante contexto de dicha investigación en la Viena de la época nazi[45].

[44]   Entender aquí el término eutanasia como muerte provocada de forma artificial sin consentimiento del paciente.

[45]   Herwig Czech, «Hans Asperger, National Socialism, and "race hygiene" in Nazi-era Vienna», *Molecular Autism* 9 (2018): 1-43.

En los casos de Spiegelgrund como, en los experimentos eugenésicos, se violaron los principios de dignidad y autonomía, y sobre todo la protección al menor, y el de no controlar apropiadamente el riesgo.

Otro de los principios fundamentales el de la autonomía incluye el consentimiento informado tanto en el tratamiento e investigación con seres humanos. En 1951, los médicos del Hospital Johns Hopkins trataron a la paciente Henrietta Lacks (1920-1951), a la que se le practicaba una biopsia recogiendo células de cáncer de cuello de útero para determinar la malignidad de su tumor. Sus células fueron enviadas, sin su consentimiento, al laboratorio de George Gey creando la línea celular HeLa (bautizada con las dos primeras letras de su nombre y apellido), dicha línea celular fue utilizada en varios descubrimientos médicos revolucionarios y aún siguen siendo utilizadas. Destaca, por ejemplo, el rol que cumplieron en el desarrollo de la vacuna de la polio o de la del virus del papiloma humano (VPH)[46]. Pese a fallecer de forma prematura a causa del cáncer de cuello uterino en 1951, las células inmortales de Henrietta Lacks siguen existiendo y han salvado innumerables vidas.

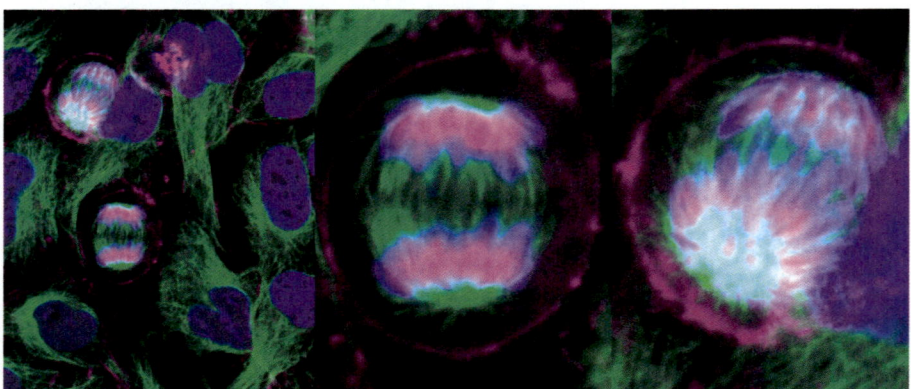

Figura 3. Micrografía óptica de células HeLa en división. En ella se aprecian los cromosomas del núcleo celular (púrpura), los microtúbulos del citoesqueleto celular (tubulina; verde). En la célula del centro de la imagen, los cromosomas condensados (púrpura) se han alineado y unido al huso (verde). Durante la anafase (una de las etapas de la división nuclear en la mitosis), el huso tira de los cromosomas condensados hacia polos opuestos de la célula. Autor: Kevin Mackenzie, Universidad de Aberdeen. Fuente: Wellcome Collection.

[46] Además de la vacuna contra el VPH, las células HeLa permitieron desarrollar la vacuna contra la poliomielitis; fármacos contra el VIH, la hemofilia, la leucemia y la enfermedad de Parkinson; avances en salud reproductiva, incluida la fecundación *in vitro*; e investigaciones sobre las afecciones cromosómicas, el cáncer, el mapeo de genes y la medicina de precisión.

La falta de consentimiento informado, la exposición de información médica y la comercialización de estas células con fines lucrativos son algunas de las profundas consideraciones éticas que hacen de este uno de los casos más controvertidos de la historia de investigación biomédica. Aunque sus células se recogieron antes de la Declaración de Helsinki, la familia Lacks sigue luchando por defender los derechos de Henrietta. En 2013 hubo un acuerdo con la familia Lacks para permitir a los investigadores biomédicos el acceso controlado a los datos del genoma completo de las células HeLa (figura 3). En 2022 la Organización Mundial de la Salud nombró a los miembros de la familia Lacks como Embajadores de Buena Voluntad de la OMS, reconociendo sus esfuerzos por defender la prevención del cáncer y preservar la memoria de Henrietta.

BLOQUE I

2. El conocimiento en la prehistoria y en el mundo antiguo: desarrollo de las técnicas y conocimientos precientíficos en las primeras civilizaciones

Iniciamos en este punto un recorrido desde la prehistoria para observar el desarrollo prístino de la ciencia y de su método, con especial énfasis en el contacto con la naturaleza. Si bien la fabricación de herramientas y la transmisión cultural no son exclusivas de los seres humanos, existe un abismo entre la complejidad acumulada de la tecnología humana y la de cualquier otra especie.

Dentro de los factores que han influido en el desarrollo de la evolución humana destacan el territorialismo, el bipedismo, la encefalización y la civilización, aunque no todos los autores coinciden en el orden en que estos procesos ocurrieron. Con la manufactura y el empleo de instrumentos, el ser humano transformó la naturaleza de acuerdo con su voluntad. Aun sin conocer su funcionamiento, los seres humanos por medio de técnicas precientíficas pudieron aprovecharse de cualquier porción del mundo circundante.

2.1. Paleolítico: cultura de cazadores-recolectores

Los restos de la actividad laboral de los seres humanos abrieron grandes posibilidades para el estudio de la tecnología precientífica y, hoy en día, sigue habiendo personas que fabrican sus herramientas sin la mediación de la ciencia, con la práctica artesanal y la transmisión del saber de forma oral.

El hombre primitivo desarrolló una tecnología básica para ejercer su dominio sobre el medio y sobrevivir, eran tribus de cazadores y recolectores que

https://dx.doi.org/10.5209/docm.006.03
Historia, Enseñanza y Difusión de la Biología. José Pedro Marín Murcia.
© Ediciones Complutense, 2026.

dispusieron de un conocimiento básico del territorio. El elemento primordial del desarrollo tecnológico fue la capacidad para fabricar instrumentos y producir fuego. Gordon Childe (1892-1957), influyente arqueólogo y prehistoriador, conocido por sus teorías sobre la evolución cultural y el desarrollo de las primeras civilizaciones, explicaba que:

> La especie humana no está fisiológicamente adaptada a ningún ambiente dado. Es su equipo extracorporal de herramientas, ropas, viviendas y demás el que asegura esa adaptación. Si crea un equipo apropiado, la sociedad humana puede tornarse adecuada para vivir en casi todas las condiciones. El fuego, la vestimenta y una dieta conveniente permiten a los hombres soportar tanto un frío ártico como un calor tropical[47].

Los descubrimientos de este equipo o herramientas extracorporales en excavaciones arqueológicas se iniciaron con el descubrimiento hecho por Boucher de Perthes[48], en Francia, de los «primeros útiles» (hachas de mano de Chelles), siendo el inicio de una nueva disciplina de estudio, de la industria lítica dentro del campo de los estudios arqueológicos y antropológicos. El estudio de las primeras técnicas fue complejo debido a la gran distancia temporal entre los utensilios actuales y los del Paleolítico. Los investigadores han intentado replicar herramientas de esa época utilizando sílex y otros materiales, sometiéndolas a pruebas de eficacia y resistencia en tareas prácticas, para entender sus funciones en manos de los humanos prehistóricos[49].

En la evolución de estos instrumentos, se pasó de las herramientas más toscas, rudimentarias, a una industria lítica más elaborada. El proceso de acumulación de buenas prácticas llevó a la creación de herramientas más complejas, resultado del perfeccionamiento técnico a través del ensayo y error. Los restos de la industria lítica mostraron un aumento progresivo en la complejidad estructural: la diversidad de técnicas de fabricación, la creación de herramientas específicas y las primeras manifestaciones de artesanía y decoración con pautas estéticas.

---

[47]   Vere Gordon-Childe, *Qué sucedió en la historia* (Barcelona: Planeta, 1985), 33.

[48]   En 1838, las herramientas que presentó como prueba ante la sociedad científica de Abbeville suscitaron incredulidad, y su monografía sobre la fabricación de herramientas primitivas (1846) fue ignorada.

[49]   Sergei A. Semenov, *Tecnología prehistórica. Estudio de las herramientas y objetos antiguos a través de las huellas de uso* (Madrid: Akal Editor 1957), 7-8.

La percusión es considerada el procedimiento más antiguo en el trabajo de la piedra. Con este procedimiento se cambiaba la forma natural de la piedra deliberadamente, partiéndola con algunos golpes fuertes.

Otra innovación fue la construcción. Además de las cuevas y abrigos, se empezaron a desarrollar estructuras como tiendas o refugios de las que no han quedado restos arqueológicos, por estar construidas con materiales orgánicos como madera y hojas, por lo que los antropólogos han tenido que fijarse en culturas que han quedado actualmente aisladas, en un estatus de evolución similar al Paleolítico, como en ciertos pueblos del Amazonas o de islas del Índico o de Oceanía.

Un elemento que propició el progreso del ser humano fue otra técnica precientífica: la producción y la conservación del fuego. Su dominio constituyó un hecho diferencial frente al resto de especies. Por un lado, abrió la posibilidad de colonización de regiones frías e inhóspitas al proporcionar calor; además, el fuego habría de servir para suministrar luz, dirigir la caza, hacer señales, trabajar el sílex o mejorar la alimentación con los alimentos cocinados. En torno al fuego se vienen reuniendo los seres humanos desde el Paleolítico superior hace 400.000 años[50].

Figura 4. A la izquierda, un detalle de la fauna representada en la Cueva de Altamira[51]. A la derecha, composición de pintura levantina representando una batalla de arqueros en la cueva de Valltorta[52].

[50] Para conocer más acerca del fuego, desde el punto de vista de la historia de la técnica, consultar: Pedro Ruiz-Castell, *Historia de la tecnología a través de veinte objetos* (Valencia. Institució Alfons el Magnànim. 2023), 25.

[51] Jesús Carballo, *Prehistoria universal y especial de España* (Madrid: Imprenta de la viuda de L. del Horno, 1924), 268-271.

[52] Carballo, *Prehistoria universal y especial de España*, 298-299.

Los pensamientos, ideas, creencias y valores de los pueblos del Paleolítico tardío no se conservan en el registro arqueológico, pero su arte y sus enterramientos proporcionan las primeras pruebas claras de sistemas ideológicos como los de los pueblos históricos. El arte ha sido dividido en dos categorías básicas: el arte mural, que comprende pinturas y grabados sobre superficies rocosas, y el arte portátil, que comprende objetos de arte doméstico[53]. En el caso de las pinturas en la península Ibérica hay varios dominios como el norteño, con las pinturas de las cuevas de Altamira, como gran exponente en la que se aprecia un gran realismo, el detalle anatómico es tal que en la actualidad podemos identificar las especies representadas (figura 4). En el caso levantino las pinturas son menos realistas, pero tiene a su favor la presencia de la representación humana y la expresión del movimiento (figura 4).

2.2. El Neolítico

Durante el Neolítico tuvieron lugar cambios importantes en las técnicas de construcción de herramientas y en la economía. Las tribus cazadoras y pescadoras del norte de Europa y Asia, posteriormente agricultores en las zonas sureñas de estos continentes, se fueron haciendo poco a poco sedentarias. El desarrollo de mayores necesidades de recursos llevó a la confección de grandes herramientas pulidas (hachas y azuelas) y a la búsqueda de más piedras óptimas, dando lugar a una incipiente minería de sílex, cuarcita, esquisto, diorita, basalto y hasta de nefrita[54]. De esta manera aparece la necesidad de métodos adecuados de trabajo, con un conjunto de herramientas y aperos auxiliares.

El sedentarismo y las comunidades más numerosas introdujeron el concepto de propiedad y el uso intensivo de recursos naturales. Con la domesticación de animales y plantas silvestres se llegó a desarrollar sociedades basadas en la agricultura y la ganadería. En términos de herramientas, el Neolítico destacó por la generalización de la piedra pulida. Sin embargo, estos avances fueron posibles gracias a los conocimientos acumulados en el Paleolítico, demostrando un proceso gradual de perfeccionamiento de las técnicas precientíficas, más que una revolución repentina.

---

[53]   Richard G. Klein, *The human career. Human Biological and Cultural Origins* (Chicago: University of Chicago, 1999).

[54]   Semenov, *Tecnología prehistórica*, 7-8.

2.2.1. Desarrollo de la cerámica

Otra herramienta precientífica fue el uso de la arcilla, *keramos* en griego, para la fabricación de utensilios. Dentro de la cultura material presente en los yacimientos arqueológicos, la cerámica es una de las manifestaciones más abundantes y peculiares debido a su carácter resistente. La invención de la cerámica supuso uno de los avances más importantes en la Prehistoria, además de contener alimentos en estado sólido o líquido, también podía alojar objetos de valor como adornos o elementos rituales.

El desarrollo de la cerámica se dio en tres fases, primero se trataba de arcillas moldeadas o usando moldes. En una segunda etapa se pasaría de lo manual al torno con una forma de hacer cerámica de forma más efectiva. Y en una tercera fase entraría en juego el fuego, mejorando, al poder elevar el punto de cocción, la dureza y la resistencia.

2.2.2. Desarrollo de la agricultura y la ganadería

La necesidad de estudiar las plantas ha acompañado a la humanidad desde sus orígenes, ya que la recolección era esencial para complementar la caza. Esto requería un conocimiento de las plantas, permitiendo identificar aquellas comestibles, medicinales o tóxicas. Durante el Neolítico, nació la agricultura al introducirse la práctica de sembrar meses antes de recolectar, lo que relegó la caza y la recolección en regiones con una agricultura y ganadería más intensivas. En yacimientos de la península ibérica, del Neolítico al Bronce, se han encontrado evidencias de cultivos de trigo, cebada, mijo, lentejas y otras leguminosas, así como del uso del esparto para fabricar cestas y calzado, una tradición que persiste en el Sureste desde hace al menos 5500 años. En la cueva de los Murciélagos en Albuñol, Granada se encontraron una serie de piezas elaboradas con esparto bien conservadas; también hay pruebas del uso del esparto en pinturas rupestres anteriores (8000 a. C.)[55].

La domesticación de animales también se hace patente en los yacimientos con la aparición de restos óseos entre los que se pueden encontrar los cerdos, el ganado vacuno, las ovejas, las cabras y los perros. En cuanto a una posible

[55]   Ramón Morales, Javier Tardío, Laura Aceituno, María Molina y Manuel Pardo de Santayana, «Biodiversidad y Etnobotánica en España», *Memorias R. Soc. Esp. Hist. Nat.*, 2ª ép. 9 (2011): 179.

domesticación del caballo en la Península, con independencia de los focos de domesticación orientales, no existen pruebas claras.

Sobre el origen de las plantas comestibles y el uso de estas existen diferentes trabajos, uno de los primeros se lo debemos al botánico Alphonse de Candolle (1806-1893) que publicó en 1883 *Origine des plantes cultivées* pero otro trabajo pionero sería el de Nicolai Vavilov (1887-1943) en el que se estableció la hipótesis de que el centro de origen de la especie de una planta cultivada está cerca de la región donde crece el mayor número de variedades de esa especie. Publicó en 1926 *Estudios sobre el origen de las plantas cultivadas*, y definió «centros» de desarrollo agrícola en todo el planeta con mención de las plantas (y animales) característicos de cada cultivo. Cada civilización tendrá una agricultura específica con particularidades de especies y usos. En América la distribución es longitudinal y en Eurasia, latitudinal, con gran intercambio de especies. En la tabla 2 se muestra un resumen de las diferentes especies típicas de los centros de origen.

Tabla 2. **Especies domésticas en diferentes culturas**

Áreas geográficas	Fecha	Productos agrícolas	Animales domésticos
Oriente Próximo	10.500 años	trigo, cebada, guisante, garbanzo, lenteja, alfalfa, lino, olivo, cebolla, zanahoria y vid	cabra, oveja, cerdo, vaca
Sudeste asiático	9500 años	arroz, mijo, soja, alubias, cáñamo, cítricos (géneros *Poncirus, Fortunela* y *Citrus*)	cerdo y el gusano de seda
Centroamérica	5500 años	maíz, alubias, calabaza, algodonero, pimiento, agave, tomate, cacao aguacate y mandioca	pavo
Andes y Amazonía	5500 años	patata, mandioca, maíz, judías, cacahuetes, algodón, zapatillo	llama, cobaya
Sudeste de Norteamérica	4500 años	girasol, pazote, alpiste americano, *Polygonum*, calabaza	guajolotes (pavos), pavo salvaje
Sáhara	7000 años	sorgo «arroz africano», copea, chufa, sandía	dromedarios, caballos, ovejas, cabras

2.3. Edad de los Metales

El descubrimiento de la metalurgia[56] ha sido unos de los avances técnicos no científicos más trascendentes, desde la obtención y tratamiento de los metales en su estado mineral a la producción de aleaciones y objetos.

---

[56]   Procedente de los términos griegos *metalos*, producto mineral, y *urgos*, referido al productor o artífice de la transformación.

En el Paleolítico superior, ya se utilizaba la limonita como colorante. En el Neolítico, comenzaron a usarse metales como el oro, plata y cobre en su estado nativo por su brillo y durabilidad. El cobre se empleaba para fabricar herramientas, pero inicialmente en su forma natural, ya que se desconocía el proceso de fundición. Este uso del cobre, trabajado mediante martillado o batido en frío, corresponde al Neolítico y no a la Edad de Cobre. Con el tiempo, el perfeccionamiento de la cerámica permitió experimentar con la metalurgia, dando lugar a los primeros hornos. Posteriormente, se descubrieron aleaciones exitosas, como las de cobre con arsénico y, más tarde, con estaño, lo que dio origen al bronce.

Se emplean los términos de Edad de Bronce y Edad de Hierro para señalar etapas definidas del desarrollo de las distintas civilizaciones. En la Edad de Bronce, la metalurgia es posible en regiones ricas en yacimientos de cobre y estaño. La Edad del Hierro corresponde al período en que se descubre y comienza a popularizarse el uso del hierro para fabricar armas y herramientas. Esta época fue posible gracias a la invención del fuelle, ya que los hornos anteriores no generaban el calor necesario para tratar el hierro. El avance en la fundición fue crucial para separar el hierro de su mena. Se atribuye a los hititas el descubrimiento de la técnica de fundición del hierro.

Además de los metales, hubo cambios y desarrollos importantes como el de las técnicas mineras (identificación, extracción, aleación, forjado, etc.); desarrollo de herramientas que fomentaron la división del trabajo en las sociedades primitivas. Con la llegada de la metalurgia las profesiones empezaron a especializarse con el nuevo instrumental y múltiples roles: ceramistas, mineros, metalúrgicos o forjadores, agricultores o ganaderos.

En paralelo, también se desarrollan prácticas curativas y observaciones astronómicas. De esto se tiene constancia debido al resto de tratamiento de enfermedades (traumatismos, deformaciones óseas, trepanaciones, extracción de dientes); también existen indicios del uso de hierbas medicinales y operaciones complementarias como alteraciones estéticas por motivos rituales, como el alargamiento del cráneo.

2.4. Culturas fluviales en Mesopotamia y Egipto

Mesopotamia y Egipto fueron territorios donde afloraron culturas que tuvieron gran influencia en el mundo occidental. Estaban vinculadas a grandes ríos como elemento de desarrollo agrícola y abastecimiento humano. Como ya hemos comentado, en el Paleolítico, las sociedades eran nómadas y en el Neolítico comenzaron a estabilizarse algunas poblaciones en pequeñas ciudades como en la zona del Creciente Fértil, en la ribera del Tigris y el Éufrates, en el valle del Nilo o en el valle del Indo. El desarrollo de una cultura urbana estratificada y la nueva organización social necesitaba de una administración y, por tanto, un registro de las actividades, principalmente comerciales y al mismo tiempo del pago de tributos en beneficio de esa comunidad en formación.

Esto llevó a dos logros específicos en las culturas mesopotámica y egipcia que fueron el desarrollo de la escritura y del conocimiento matemático aplicado, culminando el paso de un periodo prehistórico a un proceso civilizatorio histórico.

La escritura es considerada como el gran logro de la evolución cultural de la humanidad porque permitió, y permite, transmitir la información de una generación a otra mediante el cambio acumulativo, aprender de los conocimientos anteriores o gestionar en base a una experiencia previa. Su desarrollo no es inmediato, sino que se sucedió por etapas según las necesidades. La primera fase, la pictórica, empezó ya a gestarse en el Neolítico, siendo el uso de imágenes esencial para describir el entorno o un fenómeno. En cierta manera, las pinturas rupestres del Paleolítico y del Neolítico no son más que un mensaje no escrito, pero sí pictórico.

Podemos considerar una primera etapa de escritura pictórica con uso de recursos representativos-descriptivos, con dibujos explicativos, estilizándose, llegando a un segundo estadio en el que se produce la escritura pictográfica, con pequeños dibujos esquemáticos, terminando por convertirse en un símbolo, más esquemática, representando seres, objetos o una idea. El uso del mismo ideograma queda registrado de forma normativa llegando a una fase final más simbólica. Esa fase final es la de los logogramas que describen cada una de sus sílabas o fonemas.

2.4.1. Desarrollo de las ciudades y la escritura en Mesopotamia

El término Creciente Fértil o Media Luna Fértil (también de las Tierras Fértiles) fue acuñado por el arqueólogo James Henry Breasted (1865-1935) para ubicar los orígenes de la cultura agraria en el Oriente Próximo. Esta región, de importancia arqueológica, se corresponde con los territorios del Mediterráneo oriental, Mesopotamia y Persia. La zona occidental de los alrededores del río Jordán y al norte del Éufrates dio lugar a una cultura Neolítica, datada en torno al 9000

a. C. Esta región, junto con una Mesopotamia definida al este del Creciente, entre los ríos Tigris y Éufrates, aglomeró una compleja realidad de culturas a partir de la Edad de Bronce, por lo que la zona ha recibido el nombre de «cuna de la civilización» (figura 5).

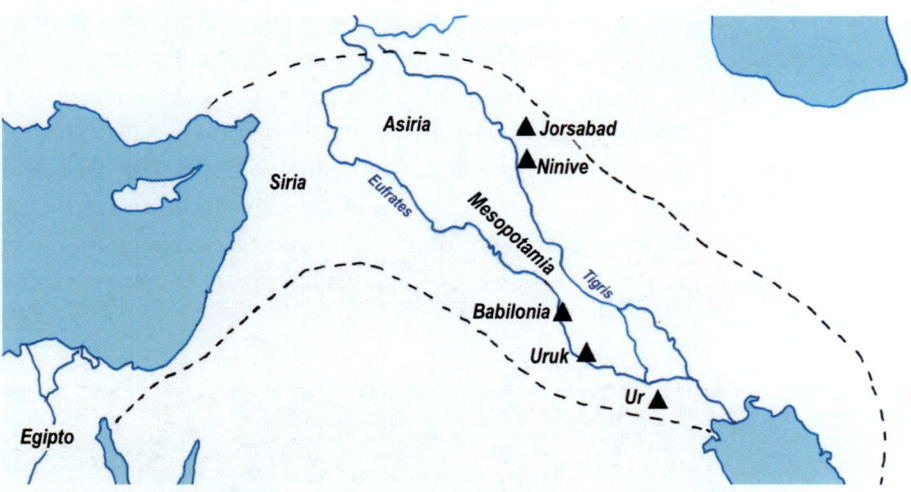

Figura 5. Mapa de las principales áreas donde se desarrollan las culturas del Creciente Fértil, en torno al Nilo (Egipto), y entre los ríos Éufrates y Tigris (Mesopotamia). Fuente: elaboración propia.

En cuanto a la cultura mesopotámica, asociada a los ríos Tigris y Éufrates, no es objeto profundizar sobre su complejo desarrollo político, pero si mencionar que se desarrollaron unas primeras ciudades-estado; que fueron siendo controladas por distintos pueblos como los sumerios, acadios, babilonios y asirios. La manifestación más brillante de esta cultura fluvial fue la ciudad de Babilonia, bajo el liderazgo del rey legislador Hammurabi (hacia 1780 a. C).

La escritura en Mesopotamia surgió unos 2500 años antes de nuestra era. Su sistema gráfico tuvo una prevalencia de más de tres milenios y es conocida como escritura cuneiforme a causa de la forma de los signos, los cuales parecen conformados por cuñas (figura 6). Los escribas los grababan con una caña afilada en tablillas de arcilla que luego cocían o secaban al Sol.

Estos documentos han llegado hasta nosotros en grandes cantidades, y con frecuencia en un estado de conservación razonable. Los redactores de los primeros textos fueron los sumerios, que ocupaban el territorio comprendido entre la orilla del golfo Pérsico y en el curso inferior del río Éufrates. En la zona se desarrolló una civilización urbana y agrícola bastante avanzada. Los sumerios hicieron amplio uso de la escritura como demuestran la multitud de hallazgos realizados en las ciudades de Nippur, Schuruppak, Uruk y Ur, Encontrándose listas y cálculos, órdenes, reglamentos y leyes.

Los escribas pasaron de la figuración concreta del pictograma a las nociones de ideograma y de valor silábico, además, adaptaron el antiguo silabario sumerio a las exigencias de los distintos pueblos con las variaciones propias de las diversas épocas. En lo que llamamos ciencias de la naturaleza (correspondientes al conocimiento de plantas, animales y la materia inerte), se confeccionaron grandes listas más o menos clasificadoras[57]. Las listas de animales los agrupaban por su semejanza lingüística; por ejemplo, derivado del ideograma del asno tenían grafía común el caballo, mulo, onagro, dromedario y camello. Otro ejemplo era el de un mismo ideograma que servía como signo distintivo para los nombres de todos los roedores emparentados con la rata[58].

**Figura 6. Tabla médica con escritura cuneiforme.
Fuente: Wellcome Collection.**

Algunas precisiones sobre los médicos y su estatus social aparecían ya en el Código de Hammurabi. Varios apartados de este código se referían a sus honorarios y a las sanciones penales en que podía incurrir por faltas cometidas en su profesión. La importancia de las retribuciones que percibían da testimonio del prestigio de la corporación médica en la sociedad de la época. Existe una larga tablilla asiria, firmada por un aprendiz de médico, llamada Nabu-leú,

---

[57]   René Tatón, *Historia General de las Ciencias: Las antiguas ciencias del Oriente* (Barcelona: Ediciones Orbis. 1988), 92.

[58]   Tatón, *Historia General de las Ciencias: Las antiguas ciencias del Oriente*, 104.

que era un repertorio de remedios para enfermedades, con indicaciones de la planta como remedio para una enfermedad y el modo de preparar o administrar la medicina. La primera columna, con más de 150 nombres de esencias medicinales, indicaba la parte de la planta que podía ser usada, señalando las precauciones a la hora de la recolección[59].

La agricultura, jardinería, ganadería y pesca, así como la medicina, de la antigua Mesopotamia dan testimonio de conocimientos biológicos amplios y variados. Un texto de comienzos del segundo milenio a. C., denominado «Calendario agrícola sumerio», escrito en forma de consejos de un viejo agricultor a su hijo, contiene indicaciones detalladas para el riego de los campos y su laboreo. En la tabla 3 resumimos algunos de los principales avances.

Tabla 3. Adelantos en Mesopotamia

Periodo	Fechas aproximadas	Logros científicos-técnicos
Sumerios	3200-2350 a. C.	Escritura cuneiforme. Sistema sexagesimal
Sumerios-Acadios	2334-1950 a. C.	Primeras operaciones algebraicas Primeras observaciones astronómicas
Babilonio antiguo	1830-1531 a. C.	Álgebra, legislación médica
Asirio	1530-626 a. C.	Astrolabios y horarios
Neobabilonio	611-540 a. C.	Textos médicos de Ninive (Norte de Irak)
Persa	539-333 a. C.	Teorías matemáticas planetarias
Seleucida	304 a. C.-77 d. c.	Zodiaco, efemérides astronómicas

2.4.2. Desarrollo de la cultura egipcia en el valle del Nilo

A diferencia de los pueblos de Mesopotamia, en Egipto se utilizó un soporte para la escritura de origen vegetal, las fibras de la planta del papiro, *Cyperus papyrus* L., muy abundante en las riberas del Nilo. Entre las múltiples ventajas de este material, además de su abundancia, era la de su mayor resistencia que las tablillas de barro, pudiéndose conservar mucho tiempo en grandes rollos. También se desarrolló un importante grupo social, el de los escribas, aquellos que conocían el proceso de escritura para transmitir la información de carácter administrativo: leyes, impuestos, actividades económicas, y también conoci-

[59] Tatón, *Historia General de las Ciencias: Las antiguas ciencias del Oriente*, 106.

mientos médicos y matemáticos. La investigación arqueológica nos aporta una serie de papiros relativos a conocimientos de distintas disciplinas (tabla 4).

Tabla 4. Papiros con textos de interés

Periodo	Datación	Logros científicos-técnicos
Papiro Kahum	c. 1800 a. C.	Problemas de ginecología y obstetricia, textos veterinarios
Papiro Rhind	c. 1650 a. C	Problemas matemáticos: medidas de superficie y volumen
Papiro de Edwin Smith	c. 1600 a. C.	Tratamientos para heridas de guerra y descripciones anatómicas
Papiro de Ebers*	c. 1550 a. C.	Textos como el que describe diagnósticos, tratamientos y recetas para diversas enfermedades

* Según René Tatón, el papiro Smith y el papiro Ebers podrían ser copia o adaptación de documentos originales del Imperio antiguo[60].

Lo que se conoce de la medicina egipcia es gracias al estudio de una serie de rollos de papiro como el papiro Ebers[61] con colecciones de recetas médicas que no excluyen los encantamientos mágicos; otro de interés es el papiro Smith (de la XVIII dinastía)[62], que es una exposición de casos quirúrgicos con una óptica más racional; y el papiro Kahun (XII dinastía).

En el mundo del antiguo Egipto muchas enfermedades fueron consideradas, durante largo tiempo, obra de agentes sobrenaturales, enfermedades que se debían a un dios o una diosa, un muerto o una muerta, un enemigo o una enemiga; y, por tanto, muchas de las oraciones, conjuros y adivinaciones que se hacían tenían por objeto obligar a estos demonios a abandonar el cuerpo. Esto se lograba apelando a los dioses.

En el antiguo Egipto, el tratamiento de las enfermedades combinaba prácticas religiosas y mágicas con remedios empíricos basados en la experiencia.

[60]   Tatón, *Historia General de las Ciencias: Las antiguas ciencias del Oriente*, 28.

[61]   Uno de los papiros más conocidos es el denominado «Ebers», tiene cerca de 19 metros de largo, fue encontrado por el egiptólogo Georg Ebers en 1873 en Luxor y conservado actualmente en Leipzig (Alemania).

[62]   El papiro Edwin Smith es un documento médico que data de la dinastía XVIII de Egipto encontrado en 1930, y se cree que fue escrito por escribas de la época. Está redactado en escritura hierática. Contiene tratamientos para heridas de guerra y descripciones anatómicas, y está expuesto en la Academia de Medicina de Nueva York. El papiro de Edwin Smith es un rollo de más de 4,5 metros de largo con escritura en ambas caras que consta de 22 columnas o casi 500 líneas de texto.

Los egipcios creían que tanto los curanderos que aplicaban conocimientos médicos estudiados como aquellos que actuaban por inspiración divina podían sanar, y ambas disciplinas se transmitían de padres a hijos. No existían escuelas de medicina, pero en los centros cercanos al faraón, conocidos como «casas de vida», los sabios médicos y sacerdotes enseñaban a los futuros terapeutas, quienes trabajaban en la copia y composición de textos médicos sagrados. El tratamiento de los enfermos se basaba en preceptos escritos y transmitidos por médicos renombrados de épocas pasadas.

Los médicos egipcios recurrían ya a inhalaciones aromáticas para tratar la tos, recomendaban a sus enfermos la sobrealimentación con sustancias grasas, se enseñaba las virtudes curativas de ciertas sustancias, vegetales o animales, virtudes que se debían a la insospechada presencia de principios activos. Por ejemplo, para tratar lo que hoy conocemos como hemeralopía se recomendaba consumir hígado crudo o extracto de hígado, ambos ricos en vitamina A. Aunque los médicos egipcios desconocían la causa real de esta deficiencia, no dejaban de recomendar el hígado de buey por su efecto beneficioso. Los antiguos egipcios también utilizaban diversos agentes para tratar los problemas oculares con ungüentos para los ojos que les ayudaban a protegerse de los vientos y el Sol y a combatir las enfermedades oculares.

Los aportes del papiro de Edwin Smith a la medicina y odontología son variados y muy valiosos. En este se observa el nacimiento del quehacer científico en la medicina antigua. En este papiro se registró la observación, recolección y clasificación de los hechos y en la aplicación de un proceso mental inductivo, además de consistir en el primer Tratado de cirugía conocido[63]. Algunos de los 48 casos presentados en el papiro Smith se referían a personas que sufrían lesiones craneales (figura 7).

El papiro de Ebers contiene un suplemento especial sobre cómo tratar las enfermedades oculares. El papiro muestra que el cobre, el azufre, el alumbre, la hiel de pescado y el hígado de buey se utilizaban a menudo en ungüentos que se aplicaban en los ojos. Todos estos agentes poseen propiedades antiinfecciosas. Sin embargo, 55 recetas del papiro tenían como ingrediente orina. Peor aún, el excremento a menudo se frotaba sobre el cuerpo del afligido. Esta extraña práctica solo puede entenderse si se tiene en cuenta que la medicina egipcia mezclaba mitología y religión con prácticas terapéuticas más racionales.

---

[63] El texto contiene 48 casos ilustrativos que tratan de diversas lesiones traumáticas y accidentales en la cabeza, la cara, el cuello, los brazos, el pecho, el hombro y la columna vertebral, en ese orden.

Pese a que la terapia empleada era, en primer término, mágico-sacerdotal y, solo en segundo lugar, empírica, podemos decir que hubo una gran preocupación por la higiene. Los sacerdotes y clases dirigentes se depilaban todo el cuerpo y se lavaban dos veces durante el día y otras dos por la noche; usaban el natrón y la sosa para lavarse; además se perfumaban y utilizaban gran cantidad de cosméticos para embellecerse y evitar la desecación cutánea[64]. Uno de los maquillajes protectores más conocido para proteger el ojo era el *kohl* oscuro hecho de hollín y otros minerales.

El historiador griego Heródoto de Halicarnaso (c. 490-425 a. C.) visitó Egipto y describió los procedimientos de embalsamamiento que aún se practicaban. También recopiló información sobre cómo se embalsamaba en épocas anteriores. Heródoto afirmó que los médicos del antiguo Egipto tenían distintas especialidades médicas, divididas en partes separadas, siendo cada médico responsable del tratamiento de una sola enfermedad.

Tal como apunta René Tatón, los egipcios no tuvieron una noción clara de lo que podía ser un método científico, ni siquiera en sus estadios iniciales; para obtener tal noción será necesario esperar a la llegada de la civilización griega clásica. Sin embargo, tuvieron el gusto de la precisión o, más bien, la pasión de lo justo (*maat*)[65].

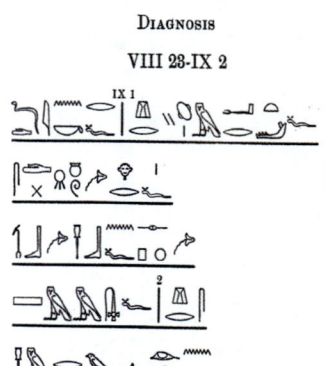 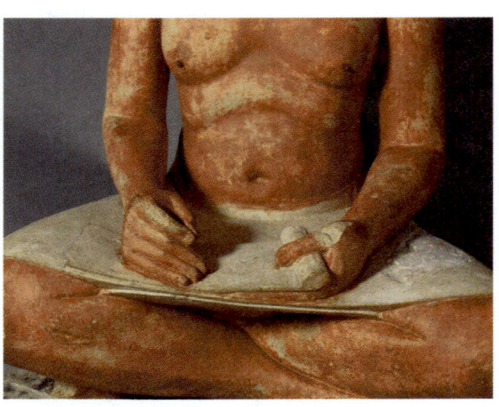

Figura 7. A la izquierda, detalle del papiro médico de Edwin Smith, con el diagnóstico de una fractura de mandíbula. Fuente Wellcome Collection. A la derecha, un detalle de la escultura de un escriba. Fuente: Musée du Louvre, Département des Antiquités égyptiennes.

---

[64]   Francisco Javier Puerto Sarmiento y Antonio González Bueno, *Compendio de historia de la farmacia y legislación farmacéutica* (Madrid: Editorial Síntesis, 2011), 27.

[65]   Tatón, *Historia General de las Ciencias: Las antiguas ciencias del Oriente*, 64.

Además de los papiros, con información acerca del mundo de la medicina o de los remedios provenientes de la naturaleza, las otras dos grandes fuentes de información son las representaciones pictóricas y paleopatológicas. Por ejemplo, se considera que la primera representación de un enfermo del virus de la polio es la del sacerdote Ruma (ca. 1500 a. C.) que tenía una pierna más corta y se ayudaba con un bastón. Un relieve de Berlín (figura 8) muestra a una pareja real (hacia el siglo XIII a. C.) en él se representa al faraón Akenatón como víctima de la polio[66].

Figura 8. A la izquierda, detalle de una estela con la representación de un paciente con polio. Fuente: Wikimedia Commons. A la derecha detalle del faraón con una pierna acortada usando un bastón, relieve de la pareja real de Amarna, ca. 1335 a. C. Fuente: Staatliche Museen zu Berlin, Ägyptisches Museum und Papyrussammlung / Margarete Büsing.

Las momias ofrecen una oportunidad única para investigar el pasado debido a la conservación de los tejidos, salvo el de las vísceras que eran extraídos del cuerpo. Por ejemplo, la momia del faraón Siptah (1205-1187 a. C.) muestra un pie izquierdo severamente deformado y una pierna izquierda acortada, situación también encontrada en el pie zambo de la momia de Khnumu-Nekht (aprox. 2500 a. C.) en el Museo de Mánchester, pueden interpretarse como indicios de una enfermedad neuromuscular que sugiere una infección de poliomielitis[67].

Actualmente, los restos momificados son investigados por equipos interdisciplinares que combinan biomedicina e historia, enfocados en el estudio de

---

[66] Francesco M. Galassi, Michael E. Habicht y Frank J. Ruhli, «Poliomyelitis in Ancient Egypt?», *Neurological Sciences* 38 (2017): 375.

[67] Galassi, Habicht y Ruhli, «Poliomyelitis in Ancient Egypt?»: 375.

pandemias en la antigüedad y las respuestas de sociedad ante ellas. Estas investigaciones son cruciales para el presente, ya que las medidas para controlar futuras pandemias pueden basarse en experiencias pasadas. En este contexto, el antiguo Egipto es una fuente valiosa para dichos estudios debido a sus abundantes fuentes culturales y arqueológicas.

A modo de conclusión, para la historia de la biología nos interesa saber que entre las posibles pruebas de enfermedades endémicas y pandémicas del pasado se incluyen series de restos óseos y momificados, fuentes literarias y referencias culturales.

3. El saber clásico: el desarrollo del pensamiento racional y la influencia de los filósofos naturales

El antiguo Egipto y las culturas de Mesopotamia y su entorno influyeron en las ciudades griegas, ya sea de manera directa o a través de culturas derivadas de la región oriental del Mediterráneo, como la minoica de Creta o la hitita en Anatolia. Es importante destacar que la ciencia no surgió de manera repentina; aunque a menudo se habla del «milagro griego», es necesario comprender que los avances científicos fueron el resultado de desarrollos parciales que se combinaron con sistemas de conocimiento tradicionales. Algunos autores asocian la ciencia helénica con el período del helenismo clásico, que abarca tres siglos, desde principios del siglo VII a. C. hasta finales del IV a. C., desde Tales de Mileto hasta los primeros discípulos de Aristóteles. El final de este período puede determinarse con mayor precisión, ya que está marcado por la expansión del mundo griego tras las conquistas de Alejandro Magno.

La adopción del alfabeto fonético en torno al 800 a. C. democratizó el saber, sustituyendo el rol de los escribas de las civilizaciones anteriores. La aparición de las escuelas jónicas marca, de alguna manera, el origen de lo que se ha llamado la ciencia griega o, mejor dicho, del desarrollo del conocimiento racional. En relación con nuestra disciplina, nos interesa el trabajo de los filósofos naturales y los de escuelas médicas.

3.1. El desarrollo del pensamiento racional en la Grecia clásica

Si algo caracteriza a la ciencia es la búsqueda de explicaciones racionales para entender los fenómenos de la naturaleza[68]. Este principio surgió en Grecia en el

---

[68]   Este aspecto lo veíamos en el «naturalismo» como una de las características esenciales de la ciencia.

https://dx.doi.org/10.5209/docm.006.04
Historia, Enseñanza y Difusión de la Biología. José Pedro Marín Murcia.
© Ediciones Complutense, 2026.

siglo VII a. C., como ya hemos mencionado en la introducción, con las escuelas jonias en las ciudades del Asia Menor (figura 9). Fue este un momento de cambio en el que se pasó del simple acúmulo de conocimiento a una toma de conciencia y evolución del saber, iniciando la indagación bajo los postulados racionales.

Quizás fuera Tales (ca. 639-547 a. C.), natural de Mileto, uno de los primeros de estos filósofos naturales. En su caso defendió que el agua era la materia originaria del universo. También oriundo de Mileto fue Anaximandro (ca. 610-546 a. C.) (figura 9) quien consideraba que, a partir de un elemento primario, el *apeiron*, se producía la transformación del mundo. Consideraba a este *apeiron* como algo indeterminado, que comprendía potencialmente a todos los elementos y que, a partir de su transformación, se producía la diversidad material. Anaximenes (ca. 590-524 a. C.) consideraba al aire, el *pneuma*, como el principio de todas las cosas, a las que daría lugar por condensación, transformándose primero en agua y luego en tierra.

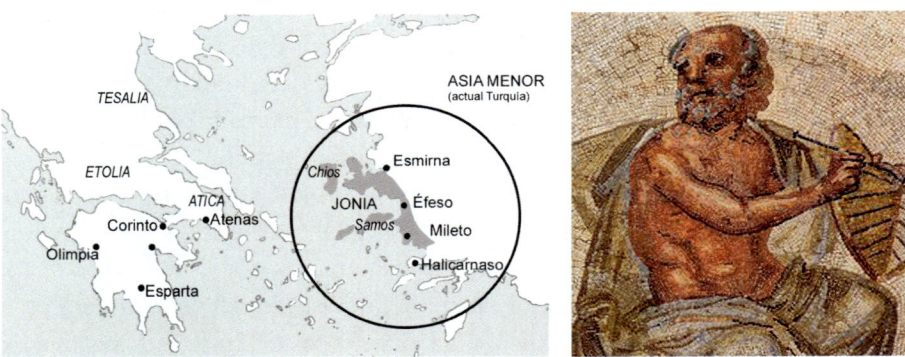

Figura 9. A la izquierda, mapa indicando las ciudades jónicas en Asia Menor. Fuente: elaboración propia. A la derecha, un mosaico romano en el que se representa al filósofo Anaximandro utilizando un reloj solar. Este mosaico se encuentra en el Rheinisches Landesmuseum de Trier. Fuente: Wikimedia Commons.

Desde el análisis de la historia de la ciencia lo importante es que estos filósofos naturales tuvieron en común la búsqueda del origen del cosmos mediante la percepción. No importa que estuvieran más o menos equivocados, sino que acudieron a explicaciones del mundo natural, sin recurrir a lo divino o sobrenatural.

Frente a la percepción del mundo de los de Mileto, tenemos la mística de los pitagóricos, seguidores de Pitágoras (582-ca. 507 a. C.), que cuestionaban el origen del cosmos desde el mundo inteligible; para ellos, el principio íntimo de la materia se encontraba en un ente abstracto, el número, solo accesible mediante el intelecto. La comunidad pitagórica fue una hermandad dedicada a la práctica del ascetismo y al estudio de las Matemáticas. La particularidad del sistema de los pitagóricos fue encontrar en las Matemáticas una clave para resolver el enigma del universo y un instrumento para la purificación del alma. La cosmología de los pitagóricos era muy curiosa e intentaban, como los jonios, describir el universo, pero no en términos de comportamiento de ciertos materiales o procesos físicos, sino en términos numéricos. Según estos la naturaleza obedece a leyes que son bellas y armónicas y que se expresan en números, intentando traducir cuantitativamente las cuestiones cualitativas.

Haciendo un ejercicio de síntesis, para los jonios de Mileto el origen de la naturaleza era algo material y, para los pitagóricos algo muy distinto, el número. Pero para ambos el mundo obedecía a leyes naturales y no como respuesta al capricho o al mandato de una entidad divina, sino a algo que era posible analizar, cuantificar. En cierto modo, esta tradición de aproximación a la naturaleza se mantiene incluso en nuestros días, sería la forma de entender la naturaleza bajo la óptica naturalista o la física.

Tabla 5. Los filósofos naturales y médicos griegos

Área	Ciudad	Autor o autores	Fecha
Colonias griegas en Asia	Mileto	Tales, Anaximandro, Anaxímenes (filósofos naturales)	600-550 a. C
	Éfeso	Heráclito	c. 500 a. C
	Cos	Hipócrates (escuela de medicina)	460-380 a. C.
Colonias griegas en Italia y Sicilia	Crotona	Pitagóricos (matemática), Alcmeon (filósofo natural medicina)	c. 540 a. C.
	Elea	Parménides	c. 500 a. C.
	Agrigento	Empédocles	c. 450 a. C.
Grecia	Atenas	Anaxágoras filosofo natural radicado en Atenas procedente de Jonia	c. 500-428 a. C.
	Abdera	Demócrito (atomismo)	c. 420 a. C.
	Atenas	Aristóteles (funda el Liceo)	384-322 a. C.
	Atenas	Teofrasto (escuela del Liceo)	373 a. C.
Egipto	Alejandría	Herófilo (médico anatomía)	335 al 280 a. C.
		Erasistrato (médico anatomía)	300 al 250 a. C.

El primero en distinguir entre lo que observamos con los sentidos y lo que la razón entiende fue Heráclito de Éfeso (ca. 535-ca-484 a. C.) que consideraba la posibilidad de transformación como la esencia del universo, y de todas las cosas. Para este filósofo natural el elemento fundamental debía ser el fuego, principio y fin de todos los cambios materiales.

Frente a Heráclito estaba la figura de Parménides preocupado también con el problema de la razón y los sentidos, pensaba que se debía conducir solamente a la primera. Su razón, sin embargo, lo llevaba a una conclusión diametralmente opuesta a la de Heráclito. Este dijo: «todo fluye», y Parménides: «nada cambia».

Un contemporáneo de Pitágoras, más joven que él y miembro de su escuela, Alcmeón de Crotona, filosofo natural y médico, en un esfuerzo por exponer las bases físicas de la experiencia sensible, trabajó los fundamentos de la fisiología experimental. Disecó e hizo vivisecciones de animales. Descubrió, entre otras cosas, el nervio óptico, y llegó a la correcta conclusión de que el cerebro era el órgano central de la sensación.

Uno de los caracteres principales de la física griega era lograr una descripción coherente del universo, tienen así su origen las diferencias existentes entre las teorías relativas a la estructura de la materia y las que tratan de la arquitectura cósmica[69]. En cuanto al problema de la materia, se han considerado todas las soluciones posibles, dividiéndose en cinco grupos (tabla 6):

Tabla 6. Sobre la interpretación de la materia

Propuestas	Intérpretes
Multiplicidad infinita de sustancias desde el origen	Anaximandro
Una sola sustancia primordial (agua, aire o fuego)	Tales, Anaxímenes, Heráclito
Pluralidad limitada a cierto número de sustancias elementales que dan los compuestos naturales (experiencia sensible)	Empédocles
Una sola sustancia, sin cualidades, pero dividida en partículas distintas, elementos últimos cuya organización permite la formación de los diversos cuerpos	Leucipo, Demócrito (atomistas)
La idea de que la formación de los diversos cuerpos responde a combinaciones numéricas	Pitagóricos

Según René Tatón, de todas esas teorías, la de los cuatro elementos, formulada por Empédocles, fue, sin duda alguna, la que influyó más en la evolución

---

[69]   Benjamin Farrington, *Ciencia griega* (Barcelona: ICARIA, 1979).

posterior de la ciencia[70]. En este sentido, Abel Rey defendía que Empédocles está en el origen de una de las más colosales síntesis teóricas que pueda hallarse en la historia de la ciencia. Fue la gran hipótesis de trabajo hasta el siglo XVI, o acaso hasta principios del XVII. Pero el mismo autor reconocía que si Empédocles ganó el primer combate, los atomistas vencieron en el segundo[71].

Los atomistas postulaban la indestructibilidad de la materia y la indivisibilidad de sus elementos últimos[72]. Los filósofos que ligaron su nombre a esta doctrina fueron Leucipo de Elea y su discípulo Demócrito de Abdera, que la enunciaron y desarrollaron.

3.2. El corpus hipocrático

Como hemos visto, a pesar de las profundas divergencias de sus doctrinas y de sus hipótesis, los primeros pensadores griegos tuvieron en común el haber intentado dar una explicación racional del mundo sensible, haber propuesto explicaciones acerca de la naturaleza, de la estructura de la materia y de la arquitectura del universo, hipótesis más o menos libres de influencias mitológicas.

A partir del año 500 a. C. los terapeutas procedentes de las distintas escuelas médicas comenzaron a componer una medicina temática, fundamentada en los conocimientos y el razonamiento. Se conserva el recuerdo de diversas escuelas médicas situadas en Rodas, Elea o Cirene, pero las más destacadas son la de Crotona, en donde destaca Alemeón; la de Cnido, con Eurifonte, Ctesias y Polícrito de Mende y la de Cos, en donde floreció la enseñanza de Hipócrates, considerado posteriormente el padre de la medicina.

La obra atribuida a Hipócrates (ca. 460-ca. 370 a. C.), en realidad fruto de una escuela vinculada a su pensamiento, consta de cincuenta y tres textos; algunos de lo que hoy llamaríamos distintas especialidades médicas y de dos tratados terapéuticos relativos a dietas para enfermedades[73]. Hipócrates consideraba la enfermedad como un proceso sometido a leyes naturales. Se considera la enfermedad como resultado del desequilibrio de lo natural.

---

[70] René Tatón, *Historia General de las Ciencias: La Ciencia Antigua y Medieval* (Barcelona: Ediciones Orbis. 1988), 246.

[71] Abel Rey, *La madurez del pensamiento científico en Grecia* (México: Unión tipográfica editorial hispanoamericana, 1961).

[72] Tatón, *Historia General de las Ciencias: La Ciencia Antigua y Medieval*, 238.

[73] Puerto Sarmiento y González Bueno, *Compendio de historia de la farmacia y legislación farmacéutica*, 49.

La mayor y más importante novedad del *Corpus Hippocraticum* es la introducción de un elemento secundario que Galeno llamará, dos siglos después, «humor»; sus cualidades serían la fluidez y miscibilidad, que serviría de soporte a las cualidades elementales y estaría constituido por mezclas en distintas proporciones de los elementos de Empédocles. El origen de una enfermedad podía deberse al desequilibrio de los «humores» (tabla 7), que se desplazaban de su lugar habitual, corrompiéndose y manifestándose en síntomas como cambios en la orina, fiebre, sueño o sudoración. La enfermedad podía entrar en crisis, evidenciada por una alteración brusca en el estado del enfermo, con inflamación y fiebre, lo que llevaba a la curación o a la muerte.

Tabla 7. Los humores hipocráticos

Flema-fría/húmeda-invierno	Sangre-cálida/húmeda-primavera
Bilis amarilla-cálida/seca-verano	Bilis negra-frío/seco-otoño

Para los hipocráticos las enfermedades podían tener orígenes externos, como una mala alimentación, traumas, el clima, los venenos, los parásitos o las emociones intensas; y también internos, relacionados con la disposición individual, el sexo, la edad, o factores congénitos y hereditarios. Además, el medio ambiente influía en su aparición y desarrollo.

En cualquier caso, los dioses nunca son origen de la enfermedad, tampoco los demonios o las fuerzas malignas; las causas de la enfermedad son siempre naturales. El *corpus* hipocrático contiene muchas referencias a las convulsiones, parálisis y otros trastornos del sistema nervioso. El texto *Sobre la enfermedad sagrada* fue una obra que puso los trastornos convulsivos bajo una nueva perspectiva:

> A propósito de la llamada enfermedad sagrada he aquí lo que ocurre: me parece que no es en modo alguno más divina ni más sagrada que las demás enfermedades, sino que tiene una causa natural. Pero los hombres creyeron que su causa era divina o por inexperiencia o por el carácter maravilloso de la dolencia, que no se parece en nada a las otras enfermedades. Y si la imposibilidad de conocer lo divino confirma su punto de vista, la banalidad del sistema de curación que adoptan lo contradice, dado que la tratan por medio de purificadores y encantamientos. Ahora bien, si se ha de considerar divina por sus extraordinarios rasgos, serán

muchas las enfermedades sagradas y no una sola, porque yo demostraré que aquellas otras a quienes nadie considera sagradas no son menos extraordinarias ni prodigiosas.

Yo creo que los primeros en considerar sagrada esta enfermedad fueron hombres del tipo de los magos, purificadores, charlatanes y embusteros aún hoy existentes. También éstos presumen de muy piadosos y de saber más que nadie. Y en efecto, estos hombres, amparándose en lo divino, utilizándolo como pretexto de su incapacidad para encontrar un remedio que con su administración reportase alguna utilidad, y para no ser tachados de ignorantes, consideraron sagrada esta afección.

Esta enfermedad no la considero más divina que las restantes, sino que tiene idéntica naturaleza que las demás enfermedades y la misma causa de donde cada una deriva. Y no es menos curable que las otras a no ser que haya arraigado de tal modo por el largo tiempo transcurrido, que sea ya más poderosa que los remedios aplicados. Su origen, como en las demás enfermedades, es hereditario pues si de un flemático nace un flemático, de un bilioso un bilioso, de un tísico un tísico, de un esplénico un esplénico, ¿qué impide que, si el padre o la madre estaban afectados por cualquier enfermedad, también lo estén algunos de sus hijos[74].

La creencia de los médicos hipocráticos de que el cerebro servía como centro de control del cuerpo se ilustra en el siguiente pasaje:

Por estas razones yo opino que el cerebro es un órgano de capital importancia en el hombre, pues es él quien nos interpreta los fenómenos procedentes del aire, cuando está sano, puesto que el aire le proporciona la posibilidad de pensar. Los ojos, las orejas, la lengua, las manos y los pies actúan en relación acorde con el conocimiento cerebral; pues la capacidad de pensar que hay en todo el cuerpo viene condicionada por la cantidad de aire que contiene. El cerebro es el mensajero de la inteligencia, pues cuando el hombre atrae la respiración hacia su interior, ésta llega en primer lugar al cerebro y así el aire se dispersa hacia el resto del cuerpo tras haber dejado en el cerebro lo mejor de sí mismo y la facultad de pensar y conocer[75].

[74] Hipócrates de Cos [José Alsina], «Sobre la enfermedad sagrada», *Boletín del Instituto de Estudios Helénicos* 4, n.º 1, (1970): 87-88.

[75] Hipócrates de Cos [José Alsina], «*Sobre la enfermedad sagrada*»: 95.

Los médicos que escribieron el *corpus* hipocrático no eran expertos ni estaban entrenados en la disección humana. De hecho, se evitó en esta época. Las disecciones humanas sistemáticas parecen haber comenzado alrededor del año 300 a. C. en Alejandría, Egipto, como veremos más adelante.

3.3. La *Historia Natural* de Aristóteles

Hacia el año 530 a. C. las ciudades jonias fueron sojuzgadas por los persas; Atenas captó el comercio con las colonias griegas alrededor de la costa del mar Negro, y mantuvo la hegemonía política gracias a la victoria sobre los persas en la batalla de Maratón (490 a. C.). Entró en un periodo de esplendor económico, consecuencia de la política democrática y estabilidad política y económica. Gracias a ella, Anaxágoras (ca. 500-ca. 428 a. C.) y otros fisiólogos jónicos llevaron su saber a Atenas y, tras él, aparecieron grandes figuras como Sócrates, Platón y Aristóteles.

Platón (ca. 427-ca. 347 a. C.) fue el representante del idealismo filosófico: negaba la realidad del mundo sensible y solo se la concedía a las ideas arquetípicas, de las que el mundo cotidiano sería una mera proyección imperfecta. Para él, el principio del universo fue un caos increado; el orden no se estableció por un proceso mecánico, como creían los filósofos jonios, sino que fue obra de un ser sobrenatural. Desde el punto de vista de la enseñanza nos interesa la creación de la Academia.

Desde el punto de vista del estudio de la naturaleza nos interesa la figura de Aristóteles (384-322 a. C.). Nacido en Estagira (Macedonia), formó un cuerpo teórico de extraordinaria influencia en la lógica, la física y la metafísica. En los últimos doce años de su vida Aristóteles empezó a aplicar en varios campos, pero especialmente en biología, el método que había usado asiduamente en su período intermedio[76]. La ciencia de la vida que elaboró es de una vasta extensión[77] y está llena de gran detalle en las observaciones, junto a la recopilación de gran cantidad de información, también puso el foco en el análisis de lo que está observando, buscando las causas.

Aristóteles aprovechó observaciones anteriores, algunas de las cuales se remontan a los primeros «fisiólogos» milesios. Puede decirse que fue pionero

---

[76] Benjamin Farrington, *Ciencia y filosofía en la antigüedad* (Madrid: Ariel, 1971), 129.

[77] Las principales obras que conservamos de este periodo son: *Historia de los animales*, *Las partes de los animales*, *Los movimientos de los animales*, y *La generación de los animales*. Menciona en estos tratados un total de quinientas especies diferentes de animales.

en la enseñanza de las ciencias naturales en el sentido que hoy damos a esa expresión, con estudios en anatomía y fisiología en la que incluía una visión comparada: con una incipiente embriología, cuestiones de etología, de distribución geográfica y de las que hoy llamaríamos ecológicas. Al lado del nombre de Pitágoras (en matemáticas) e Hipócrates (en medicina), el de Aristóteles suele aparecer como símbolo de la tercera gran disciplina del saber helénico: el estudio de la naturaleza. En estos tres dominios, herederos de una larga tradición, los griegos llevaron a cabo, progresos sorprendentes en cuanto a la extensión de nuevos conocimientos y métodos.

Su libro de *Historia de los animales* recogió gran número de investigaciones y observaciones, cuestiones sobre su porte, su generación, el movimiento, la marcha; este libro es sobre todo una recopilación de observaciones y documentos utilizados para la redacción de futuras obras o tratados más específicos como el *Tratado de la sensación y de las cosas sensibles*. Estos tratados examinan, en cada caso, un dominio particular como la anatomía comparada, funciones de reproducción, locomoción, sensación y con propuestas de buscar y explicar las causas de los fenómenos estudiados. A nivel metodológico, todos contienen descripciones que se complementan y elementos de clasificación.

No hay en Aristóteles consideración filogenética alguna, ya que cada especie está fija en sus características esenciales. La visión estática que ofrece de la esencia de los vivientes no nos impide identificar una continuación entre los diversos seres. En su escala natural introdujo no solo los seres animados, sino también los inanimados:

> Así la naturaleza pasa gradualmente de los seres inanimados a los dotados de vida, de suerte que esta continuidad impide percibir la frontera que los separa y que se sepa a cuál de los dos grupos pertenece la forma intermedia. En efecto, después del género de los seres inanimados se encuentra primero el de los vegetales. Y, entre estos, una planta se distingue de otra porque parece que participa más de los caracteres de la vida. Pero el reino vegetal, tomado en su conjunto, si se lo compara con otros cuerpos inertes, aparece casi como animado, pero comparado con el reino animal, parece inanimado[78].

Vista en función de los criterios que utiliza como el «vivir bien», «variedad/complejidad estructural, funcional, operativa», «sensibilidad», «movimiento»

---

[78]   Aristóteles [Julio Palli], *Investigación sobre los animales (Libro VIII)* (Barcelona: Opera Mundi. Círculo de Lectores, 1996), 295-296.

y «ausencia de vida» se puede apreciar una verdadera escala, encajada por los diversos grados de complejidad de vida y movimiento.

Pero sigamos con Aristóteles y el análisis de su obra, en cuanto a la clasificación de animales, deducida del conjunto de sus textos, reconoció cerca de 500 especies y tenía elementos avanzados, por ejemplo, prevenía contra el uso de homologías como criterio de clasificación (hueso-espina, pluma-escama); introdujo criterios fisiológicos como la presencia o ausencia de sangre o la forma de reproducción. Supuso la primera aproximación a la sistematización del reino animal. Aunque aparecen contradicciones en las prácticas nomenclaturales y en la definición del término especie. Hay especies innominadas y otras denominadas con nombre correspondientes a tipologías.

Sobre la metodología de Aristóteles conviene mencionar que llevaba a cabo sus propias observaciones, pero buena parte de su detallada investigación dependía de apicultores, granjeros y personas que necesitaban una información biológica precisa para sobrevivir, y que le proporcionaron lo que ahora denominaríamos datos científicos. Ocasionalmente, Aristóteles mencionaba explícitamente a estas personas, como, por ejemplo, a los pescadores que conocían las costumbres de apareamiento del mújol[79].

La *Historia de los animales* recoge observaciones sobre las partes, el movimiento, la marcha y la generación. También aparecen trabajos sobre animales en algunos de los pequeños textos de los *Tratados breves de historia natural*, como el *Tratado de la sensación y de las cosas sensibles*. Cada una de esas obras abordaba un tema o fenómeno específico o un dominio particular: anatomía comparada, funciones de reproducción, locomoción y sensación. Todos contienen descripciones que se complementan y elementos de clasificación que es necesario cotejar para entender la clasificación aristotélica.

Aristóteles quería demostrar que en la naturaleza domina el orden y la regularidad y trató de definir esa ordenación. Uno de los ejes principales de su análisis se sitúa en la anatomía comparada, basándose en métodos observacionales como la disección, e incluso en métodos experimentales para obtener observaciones anatómicas y ontogenéticas como en la observación del crecimiento del embrión de la gallina:

> La generación a partir del huevo tiene lugar en todas las aves de la misma manera, pero el tiempo necesario para alcanzar su pleno desarrollo varía de unas a otras, como hemos dicho.

[79] Fara, *Breve Historia de la ciencia*, 69.

Pues bien, en las gallinas, al cabo de tres días y de tres noches, se nota el primer signo del embrión; en las aves más grandes que las gallinas se necesita más tiempo, en las más pequeñas menos. En este momento, se encuentra ya la yema arriba hacia el extremo puntiagudo, en donde está el principio del huevo y tiene lugar la eclosión, y en la sustancia blanca aparece un punto sanguinolento que es el corazón. Este punto palpita y se mueve como un ser vivo, y de él parten dos conductos venosos llenos de sangre y enroscados, que se extienden, a medida que el embrión crece, hacia cada uno de los dos tegumentos que lo recubren. Una membrana con fibras sanguíneas rodea desde este momento la yema, a partir de los conductos venosos. Poco tiempo después, empieza a distinguirse el cuerpo, que al principio es muy pequeño y blanco. La cabeza es visible y en ella están los ojos muy prominentes. Estos permanecen largo tiempo en este estado, pues tardan mucho en hacerse pequeños y reducirse. Al principio la parte inferior del cuerpo no aparece diferenciada si se la compara con la parte superior. De los canales que parten del corazón, uno lleva a la membrana que rodea al embrión, y el otro, que aparenta ser un cordón umbilical, a la yema. Así pues, el principio de la formación del pollo parte del blanco del huevo y su alimentación procede de la yema a través del cordón umbilical.

Desde el décimo día de incubación, el polluelo se distingue por entero, así como todas sus partes, Tiene, además, la cabeza más grande que el resto del cuerpo, y los ojos más voluminosos que la cabeza, pero sin la facultad de ver. En este período, los ojos prominentes son más grandes que habas y de color negro. Y si se le quita la piel, se encuentra en el interior de ellos un líquido blanco y frío brillante a la luz, pero nada consistente. Tal es, pues, la manera de presentarse los ojos y la cabeza. El polluelo tiene ya en este momento visibles las vísceras, la región del estómago, así como la configuración de los intestinos, y también existen ya las venas que partiendo del corazón parecen dirigirse hacia el cordón umbilical (…) Diez días después, el blanco se sitúa en la periferia, su volumen se reduce y es viscoso, espeso y de color amarillo (…) Hacia el vigésimo día, si se abre el huevo y se toca el pollito, éste se mueve y pía, y se encuentra ya cubierto de plumón cuando después de veinte días tiene lugar el descascarado de los huevos. El pollito en esta fecha tiene la cabeza sobre la pata derecha al pie de la ingle, y el ala sobre la cabeza.

Al final, la yema, que disminuye sin cesar de volumen, poco a poco desaparece totalmente y es absorbida por el polluelo, hasta el punto de que, si diez días después de la eclosión, se corta y abre el pollo, queda todavía una pequeña cantidad de yema adherida a la pared del intestino, pero está sepa-

rada del cordón umbilical, y en medio de ambos no se encuentra nada de
ella, sino que se ha consumido del todo[80].

En este texto podemos encontrar observaciones y cuantificación del tiempo
(toma de medidas). En cuanto a la forma de hacer la observación describía un
excelente trabajo de vivisección, con la descripción detallada de las diferentes
etapas del desarrollo del embrión con descripciones morfológicas y fisiológicas. Otro aspecto muy interesante es la comparación y el establecimiento de
diferencias entre las diferentes especies.

Aristóteles procuró no tratar sobre animales que no había visto y observado
por sí mismo, y no dudó en negar toda credibilidad a los autores de narraciones
más o menos fantásticas, como Ctesias, el médico de Artajerjes, que había
escrito un libro sobre la India y otro sobre Persia, y del que Aristóteles en repetidas ocasiones dudaba. Pese a no tener ningún testimonio representativo de
su trabajo de campo algunos artistas han intentado recrearlo de forma alegóri-
ca (figura 10).

Figura 10. Grabado sobre Aristóteles entregado a su *Historia de los animales*.
La imagen aparece en el *Dictionnaire reisonné universel d'histoire naturelle*, v. 1
del naturalista francés Jacques Christophe Valmont-Bomare (1731-1807). Fuente:
National Library of Medicine.

Realmente Aristóteles no realizó ninguna clasificación formal. Sus conceptos están dispersos por sus obras zoológicas, y autores modernos realizaron a
base de estos una hipotética escala aristotélica de la naturaleza. Los primeros

[80]   Aristóteles, [Julio Pallí] *Investigación sobre los animales (Libro VI)*, 226-229.

peldaños de esta escala serían ocupados por los minerales, sobre ellos las plantas, los animales y en la cumbre el ser humano.

En el libro primero de las partes de los animales se indicaba el modo de ordenar la clasificación; pero esta exposición metódica no venía especificada en ninguna tabla. Las que presentan los modernos comentaristas de Aristóteles están reconstruidas fundándose en datos dispersos (tabla 8).

Tabla 8. Clasificación de Aristóteles según Guyénot[81].

Sanguíneos o con sangre (*énaima*)	Exangües o sin sangre (*ánaima*)
I. Cuadrúpedos vivíparos II. Aves III. Cuadrúpedos ovíparos IV. Peces V. Cetáceos	VI. Moluscos VII. Malacostráceos VIII. Ostracodermos o testáceos IX. Entomos o insectos

La base de la clasificación era la presencia o ausencia de sangre roja. Aristóteles distinguía así dos grandes clases: los animales con sangre roja *énaima* y los animales desprovistos de ella *ánaima*.

Los de sangre roja eran subdivididos en cuatro grupos:

- Los cuadrúpedos vivíparos, que comprenden todos los mamíferos y en el que se incluyen también los cetáceos, las focas y los murciélagos. Este primer grupo es objeto de una nueva subdivisión, fundada en la consideración del esqueleto y de las extremidades.
- Los cuadrúpedos ovíparos (lagartos, tortugas, batracios), a los cuales se añaden las serpientes.
- Los pájaros, subdivididos en ocho bloques según sus extremidades (garras, dedos separados, palmípedos) y de acuerdo con su modo de alimentación (granívoros, insectívoros, etc.).
- Los peces, subdivididos, según la naturaleza de su esqueleto, en cartilaginosos y óseos.

Aristóteles reconoció, en el reino animal, la existencia de nueve grupos o grandes géneros. Eran, por una parte: los cuadrúpedos vivíparos, correspondientes a nuestros mamíferos, menos los cetáceos; 2° las aves; 3° los cuadrú-

---

[81]   Émile Guyénot, *Las ciencias de la vida en los siglos XVII y XVIII, el concepto de la evolución* (México: Unión tipográfica editorial hispanoamericana, 1956), 38.

pedos ovíparos o *Pholidota*, que comprendían a los reptiles (cocodrilo, tortuga, saurios, serpientes) y a los anfibios; 4° los peces; y 5° los cetáceos.

La clase de los animales desprovistos de sangre roja comprendía también cuatro grupos:

- De cuerpo blando (moluscos, correspondientes a nuestros cefalópodos).
- De cuerpo blando recubierto de caparazón (incluía a los crustáceos).
- Los ostracodermos o testáceos de cuerpo blando recubierto de un caparazón duro, incluía aquí los moluscos gasterópodos y lamelibranquios); a los que agregaba los balanos (crustáceos cirrípedos).
- Los insectos, subdivididos en nueve bloques y a los cuales Aristóteles añadía los gusanos o vermes.

Dentro de estos grupos principales (*megista gene*) las divisiones secundarias no tenían gran valor. Entre los cuadrúpedos vivíparos, Aristóteles estableció, sin embargo, la distinción entre solípedos y bisulcos o animales de pie hendido. Entre las aves, apenas establecía tres grupos: las rapaces, las palmípedas y las zancudas. En su gran género de los peces distinguió los que tienen espinas de los que son cartilaginosos.

Figura 11. *La Escuela de Aristóteles*, **por Gustav Adolph Spangenberg (1828-1891). Fresco en el edificio principal de la Universität Halle. Fuente: Wikimedia Commons.**

Estableció algunos grupos naturales entre los testáceos: los *estrombos*, los univalvos (*Patella*), los bivalvos (lamelibranquios), los *equinidos*. Solo muy excepcionalmente Aristóteles reconoció la existencia de lo que hoy llamamos una familia. Se puede citar el caso de sus *lofuros*, que comprendían los solípedos de cola en forma de penacho, e incluía el caballo, el asno, el mulo y el *hemiono*.

Desde el punto de vista educativo, nos interesa mucho la evolución del Liceo de Aristóteles, con sus sucesores inmediatos, Teofrasto (374-287 a. C.) y Estratón, comparables con él. Teofrasto dirigió el Liceo (figura 11), y en ese tiempo fue extraordinariamente fructífero. Según el historiador del mundo clásico y de la ciencia antigua, Benjamin Farrington, es evidente que debemos ver en él una figura independiente, tan original como industriosa[82]. Teofrasto fue una figura clave en los primeros estudios científicos sobre el mundo vegetal. Ordenó y sistematizó el conocimiento de su época, mencionando alrededor de 400 especies en obras como *Historia de las plantas* y *De las causas de las plantas*. Fue pionero en proponer una clasificación basada en características propias de los vegetales, diferenciando árboles, arbustos y hierbas. También exploró temas como la reproducción sexual de las plantas, los usos medicinales, el tratamiento de la madera y la influencia del clima en el cultivo.

Aunque la escuela de Atenas no tiene una historia real después de los inmediatos seguidores de Aristóteles, no expiró sin antes pasar el testigo al Museo de Alejandría (figura 12), que se mantuvo muy activo al menos durante otros ciento cincuenta años[83].

**Figura 12. Recreación de la librería de Alejandría, grabado de Otto von Corvin[84].
Fuente: Wikimedia Commons.**

[82]   Farrington, *Ciencia griega*, 147.

[83]   Farrington, *Ciencia griega*, 145.

[84]   Otto von Corvin, *Illustrierte Weltgeschichte für das Volk: Geschichte des Alterthums* (Leipzig: Otto Spamer, 1880), 91.

3.4. El helenismo

En los estados helenísticos el pensamiento racional griego siguió progresando hasta conseguir un desarrollo importante en varias disciplinas. La conquista de Alejandro Magno (356-323 a. C.) llevó la lengua y cultura griegas desde el sur de Italia hasta el Indo (figura 13); tras su muerte gobernó en Egipto Ptolomeo I Soter (367-283 a. C.) y su hijo Ptolomeo II Filadelfo, con la influencia y apoyo de dos aristotélicos, Demetrio de Falero y Estratón de Lampsaco, creando las condiciones para que el antiguo esplendor de Atenas se siguiera conservando e implementando en Alejandría. Fruto de estas políticas fue creado el Museum y la gran Biblioteca de Alejandría siendo de las primeras instituciones científicas de carácter oficial y estatal en las que científicos de todo el mundo griego estudiaban. En medicina las condiciones fueron muy favorables. Podríamos considerar al Museum como un espacio en el que se cultivaban todas las ramas del saber. Dotado de observatorio, jardines de plantas, colecciones zoológicas, además de colecciones de libros.

Herófilo de Calcedonia (ca. 335 a. C.-280 a. C.) fue llamado por algunos «padre de la anatomía», seguidor de la escuela hipocrática de Cos; a él se atribuyen las primeras disecciones de cadáveres que se hacían en público para la enseñanza de los aprendices. Herófilo se interesó especialmente por el cerebro y supuestamente escribió sobre algunas de sus partes, como el cerebelo, intentó distinguir entre los nervios y los tendones, así como entre los nervios sensoriales y los motores. Cribó algunas partes del ojo. Reconoció el cerebro como sede de la inteligencia, situada por Aristóteles en el corazón, y relacionó los nervios con el movimiento corporal y con las sensaciones[85]. También se le atribuye ser el primero en no solo escuchar «hablar» (palpitar) al corazón, también contabilizar sus pulsaciones[86].

Se dedicó al estudio de la anatomía y a la práctica clínica, estableciendo unas bases empíricas para superar las concepciones especulativas; defendiendo una postura más activa del sanador que la mantenida en los tratados hipocráticos y un aumento de los medicamentos empleados.

Aunque los escritos de Herófilo se perdieron, Celso (25 a. C.-50 d. C.) señaló más tarde que tanto Herófilo como Erasístrato de Quíos hicieron trabajos

---

[85]   Stanley Finger, *Origins of Neuroscience. A history of Explorations into Brain* Function (Oxford: Oxford University Press, Inc., 1994), 14.

[86]   René Tatón, *Historia General de las Ciencias: Las antiguas ciencias del Oriente*, 68.

anatómicos incluso con humanos mientras estaban vivos (vivisecciones), en concreto, criminales recibidos de prisiones, mientras estos aún respiraban[87]. La postura de Erasístrato ante los fármacos fue similar a la de los hipocráticos y contraria a la escuela de Herófilo; era partidario del empleo de pocos y sencillos medicamentos y, generalmente, recurría al uso de preparaciones externas como cataplasmas y ungüentos.

En cuanto a la continuidad del modelo hipocrático en medicina hubo una ruptura con la aparición de la escuela empírica de Filino de Cos y Serapio de Alejandría en el siglo II a. C. Tuvieron una actitud de confianza en la práctica en poner en primer plano los medicamentos; estos empíricos trataron de «curar con fármacos, no con elocuencia»[88]. Esta terapéutica empirista se basaba en tres pilares: observaciones clínicas propias, el uso de antecedentes y observaciones de otros médicos como una historia clínica, y la analogía entre dichas observaciones y la historia de la disciplina[89].

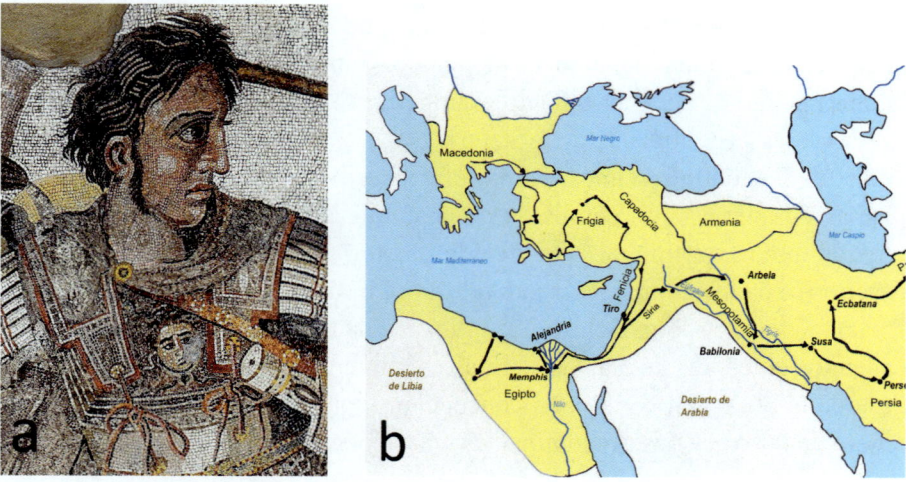

Figura 13. A la izquierda mosaico de Issos con Alejandro Magno, copia romana (ca. s. I a. C.) hallada en Pompeya, conservado en el Museo Arqueológico Nacional de Nápoles. Fuente: Wikimedia Commons.
A la derecha mapa de la conquista de Alejandro Magno y los territorios conquistados y helenizados. Fuente: elaboración propia.

[87]   Stanley Finger, *Origins of Neuroscience*, 14.

[88]   Puerto Sarmiento y González Bueno, *Compendio de historia de la farmacia y legislación farmacéutica,* 56-57.

[89]   Puerto Sarmiento y González Bueno, *Compendio de historia de la farmacia y legislación farmacéutica*, 57.

3.5. La ciencia en la antigua Roma

En la cultura romana hubo una importante tendencia a dejar por escrito sucesos históricos y políticos, pero muchos autores también se dedicaron a compilar con carácter enciclopédico los saberes sobre las más diversas materias; entre estas materias, las relacionadas con la salud y la naturaleza, recogiendo el saber eminentemente práctico relacionado la agricultura, la medicina o la geografía. Algunos de sus autores principales en el campo del estudio de la naturaleza fueron Varrón, Columela o Cayo Plinio Segundo (23-79 d. C.), que demostró gran afición y entusiasmo por las ciencias naturales.

3.5.1. La *Historia Natural* de Plinio el Viejo

Cayo Plinio Segundo, conocido como Plinio «el Viejo» (23-79 d. C.), escribió el tratado *Historia Natural*, una vasta enciclopedia en la que recopiló los conocimientos del mundo natural de su tiempo. Como procurador y militar, tuvo la oportunidad de conocer a fondo el Imperio, su historia describía a grandes rasgos todas las entidades de la naturaleza, o derivadas de ella, que podían verse en el mundo romano: arte, artefactos y pueblos, así como animales, plantas y minerales. La definición de «naturaleza» de Plinio incluía tanto lo natural como lo artificial, y la idea de «historia» destacaba la componente descriptiva para comprender la naturaleza[90]. En su obra, que aspiraba a ser una enciclopedia accesible, incluyó una gran cantidad de información sobre medicamentos obtenidos de plantas, animales y minerales. Sin embargo, a lo largo de toda la obra, se percibe una concepción terapéutica de carácter mágico, reflejo de las creencias predominantes en su época.

3.5.2. Dioscórides y su *Materia Medica*

Pedacio Dioscórides (ca. 40-ca. 90), médico griego del siglo I, que sirvió en los ejércitos de Nerón. Como resultado de sus viajes escribió en cinco libros su *Materia Medica*, el saber farmacológico de su época describiendo remedios

---

[90] Paula Findlen, «Natural History», en *The Cambridge History of Science Volume 3: Early Modern Science*, ed. por Katharine Park y Lorraine Daston (Cambridge University Press, 2008), 437.

obtenidos de la naturaleza, en especial de 600 especies de plantas[91], posteriormente se añadió un sexto volumen, dedicado a los venenos, de especial interés en su momento. El texto de Dioscórides fue la primera obra enciclopédica de interés farmacéutico, y tuvo una gran influencia hasta la Edad Moderna; conocida y elogiada por Galeno, contó con ampliaciones en el mundo islámico y posteriormente difundida en la Europa occidental cristiana teniendo un gran éxito en el Renacimiento con su traducción y adaptación a diversas lenguas romances[92]. Su principal fuente de inspiración fue su propia experiencia como médico al servicio de los ejércitos romanos, pero también utilizó la información generada por otros autores como Teofrasto. Su método era empírico, y clasificaba los medicamentos por sus funciones.

3.5.3. Galeno de Pérgamo

Galeno de Pérgamo (ca. 130-ca. 200) fue el médico más destacado del Imperio Romano, formado en Alejandría, con experiencia como cirujano de gladiadores. Durante su vida en Roma, sirvió a varios emperadores, enseñó medicina y escribió prolíficamente sobre diversas disciplinas, incluyendo anatomía, fisiología, filosofía y retórica, consolidando su legado como una figura central en la historia de la medicina antigua. La obra de Galeno es un buen ejemplo de gradualismo en ciencia, ya que se sintetizan la tradición hipocrática, el pensamiento filosófico de Platón y Aristóteles, los planteamientos médicos de las escuelas helenísticas y romanas junto a su investigación y experiencias personales. Su obra es considerada la máxima expresión de la medicina antigua y el inicio de la terapéutica racional[93].

Para Galeno la enfermedad puede deberse a un desequilibrio en los «humores» o a alteraciones por corrupción de estos; también a alteraciones en las arterias, venas, huesos o cartílagos; en las partes instrumentales como el cerebro, corazón o pulmón. Se descartan totalmente las causas mágico-religiosas como en el caso de la medicina hipocrática. La obra de Galeno forma una descripción total y ordenada de una anatomía humana, aunque basada en la

[91]   Pio Font Quer, *Diccionario de botánica* (Barcelona: Editorial Labor, 1993).

[92]   Puerto Sarmiento y González Bueno, *Compendio de historia de la farmacia y legislación farmacéutica*, 60.

[93]   Puerto Sarmiento y González Bueno, *Compendio de historia de la farmacia y legislación farmacéutica*, 61.

analogía. Muchas de las disecciones y experimentos importantes de Galeno se realizaron con cerdos, pero también trabajó con muchos otros tipos de animales domésticos; y exóticos como el simio de Berbería. La ley romana no permitía las «autopsias» humanas, y no hay pruebas de que Galeno realizara disecciones humanas[94].

A pesar de su veneración por Aristóteles, Galeno no aceptó todas sus conclusiones, especialmente cuando se referían a las funciones del cerebro. En particular, rechazó la afirmación de Aristóteles de que el cerebro simplemente servía para enfriar las pasiones del corazón. Galeno consideraba que la imaginación, la cognición y la memoria eran los componentes básicos del intelecto. Reconocía que podían verse afectados de forma independiente, pero al menos en sus escritos conocidos no llegó a localizar realmente estas facultades en diferentes partes del cerebro[95].

En cuanto a los fármacos, Galeno recogió la tradición terapéutica clásica y helenística y creó una farmacología racional, en la cual los remedios eran ordenados por su acción, de acuerdo con sus premisas anatomo-fisiológicas. En este aspecto no siguió a Hipócrates y aconsejó la abundante utilización de medicamentos. En los textos de Galeno se diferencia entre medicamento, alimento y veneno. El alimento, según su doctrina, servía para el mantenimiento del organismo; el fármaco causaba modificaciones beneficiosas; y el veneno producía alteraciones maléficas en quien lo ingiriese.

En Roma no se creó ninguna estructura médica ligada al Estado, ni se reguló su actividad. Las sociedades médicas existían desde el helenismo y se denominaban *collegia*, a pesar de la promulgación de «la ley Julia» que prohibía las asociaciones de artesanos. Los estudios sanitarios no estaban regulados; cada terapeuta tomaba bajo su custodia a sus alumnos, a veces a edades muy tempranas, y les proporcionaba una educación propia en la que entraban conocimientos de las ciencias de la naturaleza, del hombre y de las letras.

---

[94] Stanley Finger, *Origins of Neuroscience*, 15.

[95] Stanley Finger, *Origins of Neuroscience*, 16.

4. El conocimiento de la naturaleza en la Edad Media en Europa y en el mundo islámico: el viaje del saber de Oriente a Occidente

Se considera como Edad Media el período de tiempo transcurrido entre la invasión del Imperio romano de Occidente por los pueblos germánicos y la toma de Constantinopla en 1453, la capital del Imperio romano de Oriente o Bizancio, por los otomanos. Convivieron, confrontadas en muchas ocasiones, tres grandes culturas: la bizantina, la islámica y la europea occidental.

El progreso de la ciencia árabe fue muy intenso con gran número de traducciones entre el 750 y el 900, definido como una «ola de entusiasmo»[96] y una «Edad de Oro», entre el 900 y el 1100[97]. A estos dos periodos le siguió una época de decadencia desde el 1100, aproximadamente. La ciencia árabe sufrió un proceso de paralización que coincide con el auge del Occidente cristiano y el desarrollo de las cruzadas a Oriente y la reconquista en la península Ibérica.

La recuperación de la ciencia y la filosofía antiguas en la Europa Occidental en los siglos XII y XIII marca una etapa crucial en la historia del pensamiento europeo. La introducción de los textos árabes en los estudios de Occidente divide la historia de la ciencia y la filosofía medieval en dos períodos claramente diferenciados[98]. En el primero, solo se dispone de los escasos fragmentos de las escuelas romanas, reunidos en las compilaciones de Martianus Capella, Beda, Isidoro de Sevilla y ciertos tratados técnicos cuya amplia circulación los salvó del olvido. En el segundo período, la ciencia griega regresó

---

[96] Sarton, *Ensayos de historia de la ciencia*, 3.

[97] Thomas Arnold y Alfred Guillaume, *El legado del islam* (Madrid: Ediciones Pegaso, 1944), 420.

[98] Charles Homer Haskins, *Studies in the history of Mediaeval Science* (Harvard University Press, 1924), 3.

https://dx.doi.org/10.5209/docm.006.05
Historia, Enseñanza y Difusión de la Biología. José Pedro Marín Murcia.
© Ediciones Complutense, 2026.

a Occidente con nueva vitalidad, gracias a la ayuda de traductores e intérpretes orientales que, más allá de ser meros traductores, enriquecieron y dieron nueva vitalidad a los textos[99]. Todo el acervo se tradujo paulatinamente al latín, y en menor medida al hebreo[100]. En el aspecto científico se produjo la asimilación de las raíces helenísticas, el intercambio de conocimientos y, sobre todo, el esfuerzo de acomodar el helenismo al islam con Averroes en el siglo XII y al cristianismo con santo Tomás de Aquino en el siglo XIII.

4.1. El refugio de la cultura clásica en el Oriente

La separación del Imperio romano en dos (Oriente y Occidente) y la posterior descomposición del de Occidente, aisló esta parte de Europa de los focos culturales de la antigüedad. Si observamos la distribución del saber grecolatino clásico en un mapa, veremos cómo la cultura clásica se refugió en las fronteras orientales del Imperio Romano de Oriente o Imperio Bizantino (figura 14). Los que propagaron la civilización helénica fueron principalmente los nestorianos. Esta secta cristiana fue condenada por herejía en el 431, y desde entonces emigraron a Edesa. Expulsados de allí en el 469, el centro de cultura científica nestoriano, con su escuela de medicina, fue trasladado desde Edesa a Nibisis, en Mesopotamia, y durante la primera mitad del siglo VI, a Gundishapur, bajo la protección del rey sasánida Corsoes I. Los nestorianos realizaron importantes traducciones del saber clásico del griego al siriaco. También fueron acogidos los filósofos que enseñaban en la Escuela de Atenas, cuando Justiniano cerró sus puertas en el 539[101].

Gundishapur, en el suroeste del Irán moderno, se convirtió en un centro de sincretismo científico donde hubo una mezcla de múltiples lenguas y culturas: griega, siria, persa, hindú y hebrea. La tradición en historia de la ciencia sitúa en esta ciudad un importante centro hospitalario que tenía una escuela de medicina; y allí empezó el trabajo de traducción de textos del griego al sirio, también, entre otros lugares, se emprendieron las primeras traducciones al árabe, después de la conquista musulmana.

---

[99] La plena recuperación de estos conocimientos, complementados con los avances adquiridos por los árabes a partir de su contacto con Oriente, con la inclusión del saber de Persia e India, y de su propia observación, constituye la recuperación del saber científico durante la Edad Media. Sarton, *Ensayos de Historia de la ciencia*, 17.

[100] Sarton, *Ensayos de historia de la ciencia*, 3.

[101] Arnold y Guillaume, *El legado del islam*, 408.

Figura 14. Mapa de la ruta seguida por el conocimiento clásico de Oriente a Occidente. Se indican los lugares donde hubo intensa actividad de los traductores. Fuente: elaboración propia.

4.2. El conocimiento en el mundo islámico

Cuando los árabes invadieron el norte de África y el Asia occidental, dejaron casi intactas las instituciones científicas bizantinas y persas. De todo el entramado asimilado destacamos la continuidad de la actividad en Gundishapur con el mandato islámico atrayendo la nueva capital de los Omeyas, Damasco, a intelectuales.

Con la subida al poder de los abasidas, hacia el año 750, se inaugura una época de esplendor y prosperidad. Los califas abasíes fueron conocidos por su papel protector de la cultura, trajeron a su capital, Bagdad, médicos de la cercana Gundishapur. Con ellos empezamos a disponer de datos, cada vez más abundantes, acerca de cómo la ciencia de la antigüedad penetró en el mundo árabe, así como de las instituciones, públicas o privadas, que contribuyeron al rápido trasvase de saberes[102].

Durante ocho generaciones, doce miembros de la familia Bakhtîshü, cristianos nestorianos, que sirvieron a esta dinastía califal como médicos y asesores, se ocuparon de la traducción de textos y de la redacción de sus propios tratados. El predominio de los nestorianos durante el primer período de la medicina en Bagdad dio origen a un modelo acorde con sus propios intereses,

---

[102] Juan Vernet, *Lo que Europa debe al islam de España* (Barcelona: Acantilado, 1978).

sustentado principalmente en fuentes griegas y complementado con prácticas procedentes de otras culturas, como la zoroastriana, la hindú y la de los pueblos de la Arabia preislámica[103].

El respeto por la figura del *hakim*, experto en cuestiones teológicas y con conocimientos científicos fundamentales, fortalecía la figura del sabio enciclopédico. La *madrasa* era la escuela por excelencia, ubicada junto a la mezquita o dentro de ella. En torno a esta surgían una especie de hospitales públicos o *bimaristanes*, además de organizaciones profesionales de carácter gremial, *sinf*. En este proto-sistema sanitario se estableció una escala de títulos sociales, desde el *hakim* al simple practicante *mudawi*. El *bimaristán* no fue un lugar de exclusión, no era un centro alejado de la vista de la gente, solía estar ubicado en el centro de la ciudad, accesible a todo el mundo. Las visitas de los familiares y amigos de los internos eran incitadas por los propios médicos y formaban parte de la terapia.

4.2.1. Traducciones de textos clásicos al árabe

En la corte abasí de Bagdad se llevó a cabo, a gran escala, la traducción de textos científicos y filosóficos de culturas antiguas. La Casa de la Sabiduría fue una biblioteca y un centro de intercambio cultural que estuvo activo entre los siglos IX y XIII. Fue fundada por el califa Hârûn al-Rashid y desarrollada por su hijo Al-Ma'mún entre los años 813 y 833. Al-Ma'mún, apasionado por las ciencias, fomentó los intercambios intelectuales con la India y Persia a través de sabios y maestros. De este modo, Bagdad tomó el relevo de Constantinopla, convirtiéndose en el principal centro cultural y en una metrópoli de gran prestigio.

Esta especie de biblioteca y lugar de estudio fue una institución clave en el movimiento de traducción de textos científicos y obtención de nuevos documentos, por ejemplo, con el envío de embajadas a Constantinopla para adquirir libros[104]. Al frente de la institución estaba un cristiano nestoriano, Yùhannâ Mâsawayh (Mesué), cuyo padre había sido médico en Gundishapur antes de establecerse en Bagdad. Varios de los maestros musulmanes más eruditos formaron parte de este importante centro educativo (figura 15).

---

[103] Rashed Roshdi, *Histoire des sciences arabes. 3. Technologie, alchimie et sciences de la vie* (París: Éditions du Seuil: 1997), 163.

[104] Roshdi, *Histoire des sciences arabes*, 163.

Figura 15. Ilustración de Yahyá al-Wasiti de 1237 que representa a eruditos en una biblioteca abbasí de Bagdad. Se encuentra en el *Maqama* de Hariri. Fuente: Bibliothèque Nationale de France.

Aunque el médico nestoriano Mesué tradujo algunos libros, es más conocido por el considerable número de tratados de su propia composición. Entre sus escritos se incluye un manual médico, que se ocupa de la fiebre, la lepra y enfermedades oftálmicas con una serie de aforismos, siendo estas descripciones nuevas ausentes en tratados anteriores[105].

No se puede hacer una fácil distinción entre una era de las traducciones y otra de producciones independientes en la ciencia árabe[106]. En una primera fase la traducción constituía una necesidad y estos primeros grandes traductores vivieron entre los siglos IX y X. Entre ellos estaba un discípulo de Mesué, el también cristiano nestoriano Ibn Ishaq (809-877) originario de Al-Hira, en el sur de Irak. Ibn Ishaq fue autor de numerosos textos médicos y médico del califa Al-Mutawakki. Comenzó sus primeras traducciones a la edad de diecisiete años, y produjo una prodigiosa suma de trabajos. Tradujo al siríaco y árabe casi todos los tratados médicos conocidos en su época y la mitad de los escritos de Aristóteles. En su *Misiva*, informó que tradujo la totalidad de los libros de medicina y filosofía de Galeno, de los que realizó 100 traducciones al siríaco y 39 al árabe. Sobre su forma de trabajar aseveró que siempre procuró trabajar con la base de varios manuscritos de cada obra griega, con el fin de confrontarlos y reconstituir el texto con exactitud[107].

[105]   Puerto Sarmiento y González Bueno, *Compendio de historia de la farmacia y legislación farmacéutica*, 57.

[106]   René Tatón, *Historia general de las ciencias: La Ciencia Antigua y Medieval*, 499.

[107]   Arnold y Guillaume, *El legado del islam*, 412.

Su libro más famoso sobre oftalmología trató sobre las estructuras del ojo, sus enfermedades y su tratamiento. Los tratamientos recomendados incluían remedios vegetales, minerales y animales, y mostraban el uso de una extensa farmacopea. También se mencionaban tratamientos quirúrgicos, como la cura de cataratas. Sus tratados contienen los primeros diagramas conocidos de la anatomía del ojo. Estos dibujos tenían un carácter más esquemático que realista (figura 16), probablemente por motivos religiosos.

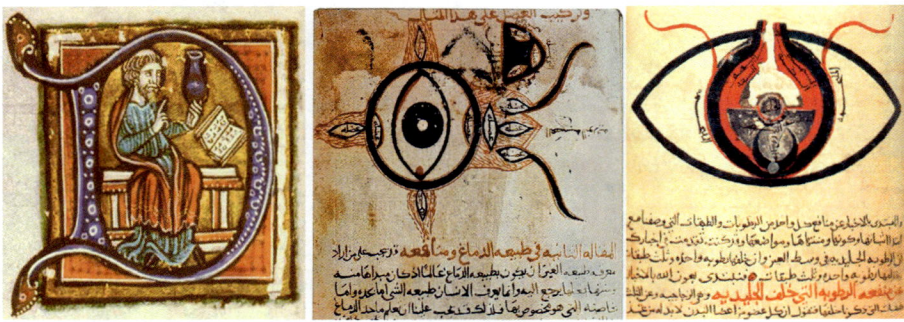

Figura 16. A la izquierda, miniatura representando a Ibn Ishaq del manuscrito *Isagoge Johannitii in Tegni Galeni*. Fuente: National Library of Medicine. https://www.nlm.nih.gov/hmd/medieval/articella.html). Al centro y a la derecha, descripción del diagrama del ojo en un ejemplar de su libro *Kitab al-Ashr Maqalat fil-Ayn* (Diez tratados sobre el ojo) y uno de los primeros esquemas del ojo. Fuente: Wikimedia Commons.

Se atribuye a Ibn al-Nafis de Damasco, a mediados del siglo XIII, la primera descripción de la circulación pulmonar. Describió cómo la sangre no atraviesa el tabique interventricular, sino que circula por los pulmones a través de conexiones, que denominó invisibles, entre las arterias y las venas pulmonares.

Pero el médico más influyente en la posteridad fue, sin duda, Ibn Sina (Avicena) (980-1037), produciéndose en su obra la total asimilación del legado hipocrático-galénico, la adaptación con la propia elaboración y la ampliación teórico-práctica procedente de su ejercicio profesional; su principal trabajo fueron los cinco libros que componen su *Kitab al qanún* (Libro de las leyes médicas), traducidos al latín como el *Canon de Avicena*. Este fue utilizado durante mucho tiempo en la Europa cristiana para la enseñanza de la medicina.

Establecer una traducción fue algo difícil de conseguir y los traductores y los críticos literarios tuvieron conciencia de ello, como pone de manifiesto el antiguo dicho italiano de *traduttore, traditore*. Sobre este respecto al-Yahiz de

Basora, importante literato y autor del *Kitab al-Hayawan* (Libro de los animales), advirtió lo siguiente:

> El traductor tiene que estar a la altura de lo que traduce, tener la misma ciencia del autor que traduce. Debe conocer perfectamente la lengua de que traduce y aquella a la cual traduce para ser igual en las dos. Pero cuando lo encontremos veremos que las dos lenguas se atraen, se influyen y se contaminan mutuamente. ¿Cómo puede ser competente en las dos cuando solo conoce una? Solo existe una fuerza; si habla una sola lengua, esa fuerza se agota. De idéntico modo cuantas más lenguas hable, más se resiente la traducción. Tanto cuanto más difícil es la ciencia, menos son los que la conocen y tanto más difícil será para el traductor y más fácilmente cometerá errores. Jamás encontraréis un traductor digno de estos sabios[108].

El mundo islámico heredó el legado intelectual de la antigüedad, los gobernantes fomentaron la ciencia por medio de la construcción de bibliotecas, hospitales y observatorios astronómicos. En Bagdad se desarrolló un proyecto sistemático de traducción, del griego al persa y al árabe, de los textos antiguos de geografía, filosofía, medicina, etc.

Como conclusión podemos afirmar que los sabios árabes no fueron meros transmisores del saber griego, sino que se apropiaron, interpretaron, recrearon y desarrollaron los conocimientos pretéritos; es decir, los transformaron y ampliaron. El proceso de expansión islámico coexiste con otro de absorción y apropiación y tolerancia con los núcleos sociales, religiosos y culturales. Los textos se recopilan, se analizan y reconstruyen. Existía un contacto estrecho con el lejano Oriente y una mejora técnica, como el papel, se incorporó a la cultura islámica, favoreciendo la posibilidad de aumentar la acumulación y la transmisión del saber.

Se dedicaron con auténtico entusiasmo a perfeccionar los aparatos de laboratorio y a dar cierto contenido empírico a las prácticas alquímicas. En el campo de la aritmética se introduce el sistema decimal y posicional a diferencia del sexagesimal de Mesopotamia y el decimal no posicional egipcio. El invento del astrolabio[109] revolucionó los viajes marítimos, en el campo de la

---

[108] Citado por Vernet sobre la técnica de las traducciones en: Vernet, *Lo que Europa debe al Islam de España*.

[109] El astrolabio consiste en dos proyecciones estereográficas sobre el plano del Ecuador –y respecto de su polo sur–, de dos esferas, terrestre y celeste, representando la proyección de la primera el horizonte y las líneas de latitud propias del lugar para el cual ha sido construido.

agricultura, procedimientos como el regadío sufrieron una transformación tecnológica con el uso del poder del agua.

4.2.2. La ciencia en al-Ándalus

La Península quedó en gran parte dentro del área económica del mundo musulmán. Al-Ándalus tuvo una economía particularmente rica, relacionada con el comercio marítimo por el Mediterráneo y el Norte de África. La agricultura tuvo un desarrollo extraordinario con los regadíos en el valle del Guadalquivir, las huertas levantinas de Valencia y Murcia y en el valle del Ebro. Los nuevos sistemas de regadío se basaban en la construcción de azudes o represas y la creación de una red de acequias y azarbes para distribuir el agua por las vegas junto al ingenio de la noria. Se introdujeron también cultivos de otros rincones de la Tierra como el arroz, algodón, la caña de azúcar, el lino o el azafrán. La sociedad de al-Ándalus estaba formada por personas libres dedicadas al cultivo en el campo o a sus talleres de trabajo y al comercio en las ciudades, en las que había dos minorías religiosas importantes: los cristianos, a los que se llamaba mozárabes, y los judíos, especializados en el comercio, la banca y los trabajos de orfebrería.

Es 'Abd al-Rakrnán I «el Inmigrado», príncipe Omeya escapado de la matanza realizada por los abasíes en Oriente quien dio los primeros pasos para introducir la cultura oriental en España. Durante la época de 'Abd al-Raḥmān II, Córdoba, centro del califato omeya andalusí, se convirtió en un espacio cultural destacado. Más tarde, el califa al-Hakam fomentó el conocimiento mediante la creación de escuelas libres, estudios superiores y una biblioteca que reunía cerca de 400.000 libros, gracias a la adquisición y copia de manuscritos provenientes de importantes ciudades como Alejandría, Damasco y Bagdad.

El árabe andalusí más influyente en el pensamiento cristiano durante la Edad Media fue el cordobés Averroes en el siglo XII, siendo conocido en Occidente por sus extensos comentarios sobre Aristóteles. Otro árabe influyente de la corte de Córdoba fue el médico Abulcasis (936-1013). Su nombre está unido al gran *Vademecum* médico (*at-tasrif*), dicha obra contenía dibujos de instrumentos que influyeron sobre otros autores árabes y contribuyeron eficazmente a sentar los cimientos de la cirugía en Europa. Fue traducido al latín, al provenzal y al hebreo. Los libros de Abulcasis tuvieron gran celebridad y pronto fueron populares en Oriente. Ya en esta época, la emigración de las obras científicas seguía una marcha inversa a la dominante en los siglos VIII y IX.

Desde el siglo x, la ciencia oriental se nutría predominantemente de la desarrollada en el califato de Córdoba.

4.3. La Edad Media en el Occidente cristiano

Situaremos el inicio de la Edad Media con la invasión del Imperio romano por los pueblos germanos, empujados a su vez por los eslavos y la presión de los hunos procedentes de Asia. La ruralización de la sociedad en Europa occidental, a partir de la crisis del siglo III, dio lugar al modelo de feudalismo europeo. A este periodo se lo conoce como Alta Edad Media (del 476 al siglo IX).

La idea de feudo se introdujo para designar una posesión territorial de un noble con mayor o menor extensión de tierras, explotada en beneficio de estos, con explotaciones basadas en una agricultura y ganadería de autoconsumo. La interrupción del comercio mediterráneo y la pérdida de las redes de comunicaciones terrestres redujeron la actividad económica al mínimo. Las ciudades se despoblaron, reduciéndose el intercambio campo-ciudad.

Entre el año 1150 al 1300 Europa vivió un extraordinario desarrollo demográfico con la reaparición de un elemento típico del mundo antiguo: la ciudad, su revitalización y la construcción de grandes edificios tanto religiosos (catedrales) como civiles (ayuntamientos, lonjas, universidades), aumento del comercio y la sucesiva sustitución del régimen feudal por el de un poder centralizado en las ciudades.

Hubo indudablemente un incremento sustancial de producción agrícola, debido en parte a los progresos técnicos, en los sistemas agrícolas (arado de vertedera o normando, mejores atalajes, aparición del molino y a la ampliación de las tierras de labor). Ante una relativa paz, las viejas ciudades romanas, semiabandonadas, renacen y se crean otras muchas. En estas ciudades el trabajo industrial-artesanal se agrupaba por oficios, apareciendo los gremios, una suerte de asociación que procuraba defender a sus asociados y al cliente.

4.3.1. La transmisión del saber por medio de las traducciones

Mientras florecían la filosofía, la ciencia y la medicina árabes, los europeos occidentales carecían prácticamente de instituciones o escuelas. A mediados del siglo x comenzó a funcionar, en Salerno, una escuela dedicada a la medicina. Se la considera como el primer centro de enseñanza médica altomedieval, siguiendo la inspiración de las escuelas helenísticas y en la cual sus componentes eran predominantemente laicos, aunque con importantes lazos con la abadía benedictina de Montecasino.

La Escuela de Salerno se convirtió en la institución dominante para la formación de médicos de toda Europa, posición que mantuvo hasta bien entrado el siglo XIII. Al principio, su reputación se basaba en el carácter práctico de su enseñanza, pero en el siglo XI se introdujo una instrucción más teórica. Esto se debió en gran parte a que allí comenzaron a recopilarse traducciones de manuscritos médicos griegos y árabes. Destacó la figura de Constantino el Africano (1020-1087). Había viajado por los países árabes antes de establecerse como monje en Montecasino[110] no muy lejos de Salerno. Allí tradujo muchas de las obras sobre medicina que había recopilado entre los árabes.

Toledo fue conquistada por Alfonso VI en 1085, y a mediados del siglo XII se convirtió, bajo el patronazgo de su arzobispo, en el centro español de traducción del árabe al latín. Durante el reinado de Alfonso VII, Toledo fue el lugar de refugio para los judíos que habían sido expulsados por los almohades de los reinos musulmanes peninsulares.

Toledo pasó a ser un importante centro de recepción y dispersión del saber, con un importante conjunto de escritores y traductores, entre los que brillaron figuras como Juan de Sevilla, un destacado astrónomo judío que se convirtió al cristianismo y se especializó en traducir del árabe y el hebreo al castellano[111]. También fue relevante Marcos de Toledo, canónigo de la catedral y traductor de las obras de Hipócrates y Galeno, que habían sido adaptadas en Oriente. Igualmente, tuvieron un papel fundamental los traductores extranjeros que llegaron a Toledo con el propósito de estudiar y regresar a sus tierras para compartir los conocimientos adquiridos, como Bonacosa, un judío experto traductor de Averroes, cuya obra *Colliget* contribuyó a difundir el pensamiento del filósofo en toda Europa; Rodolfo de Brujas, que se dedicó a traducir obras de astronomía; y Gerardo de Cremona, quien tradujo al latín numerosos tratados médicos como los *Aforismos* de Mesué, el *Therapeuticae methodus* de Serapión el Viejo de Damasco o el *Canon* de Avicena (figura 17).

---

[110] Constantino el Africano conocía suficientemente las obras científicas árabes para escribir una paráfrasis de Galeno a Hipócrates a partir de la enciclopedia médica del médico persa Ali Abbas.

[111] Ángel González Palencia, *Historia de la España musulmana* (Madrid: Editorial Labor, 1945), 171.

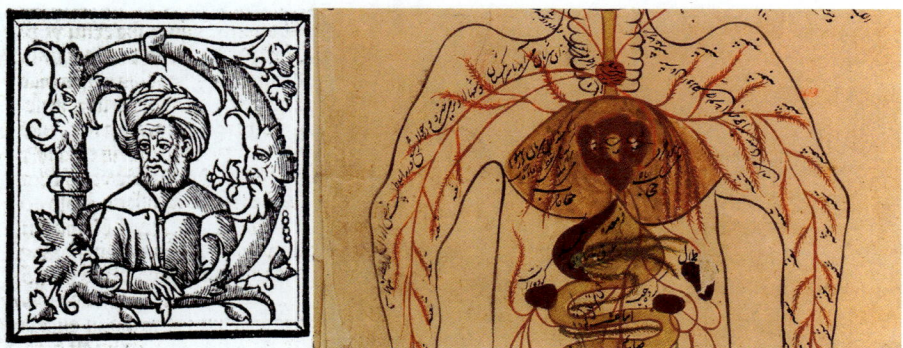

**Figura 17. Retrato de Avicena aparecido en la publicación del *Canon medicinae*
con anotaciones de Jacobo de Partibus, entre los siglos XIII y XIV. A la derecha,
una ilustración de las vísceras de un humano, del *Canon* de Avicena.
Fuente: Wellcome Collection.**

El culmen de Toledo como núcleo de interés para el conocimiento científico se alcanzó gracias al patrocinio de Alfonso X el Sabio (1252-1284), un notable protector y cultivador de las artes y las ciencias. Bajo su impulso, se ordenaron y escribieron numerosas obras, especialmente en los campos de la alquimia y la astronomía. Además del apoyo a las escuelas o colegio de traductores de Toledo, destaca su protección a los estudios árabes y judíos, con el objetivo de incorporar sus saberes a la tradición cristiana. Esta labor se extendió a la fundación de centros de conocimiento en ciudades como Murcia y Sevilla. En el caso de Murcia, Alfonso X confió la dirección de uno de estos centros (madrasa) al sabio al-Ricotí, reconocido por su amplio dominio de diversas disciplinas, que abarcaban el *quadrivium*, así como por su capacidad para manejar varios idiomas, aunque al poco tiempo regresaría a tierras musulmanas requerido por el sultán de Granada[112].

La transmisión del saber árabe por el resto de Europa se realizó también gracias a la Escuela capitular de Chartres, uno de cuyos alumnos, Rodolfo de Brujas, estuvo en el colegio de traductores de Toledo. Chartres se relaciona también con Salerno, Oxford y Montpellier, de manera que, durante el siglo XIII, las traducciones árabes empezaron a ser conocidas en las neonatas universidades europeas[113].

---

[112]   Traducción del texto de Ibn al-Jatib relativo a al-Ricotí en: Julio Samso, «Dos colaboradores científicos musulmanes de Alfonso X», *Llull* 4, (1981): 173.

[113]   Francisco Javier Puerto Sarmiento, «Medicina y terapéutica en la Europa Occidental cristiana. Aspectos científico-culturales», en *La humanización de la sanidad a través de la*

Por tanto, gracias a las traducciones de los autores islámicos quienes, lo habían asimilado y reelaborado, el conocimiento helenístico llegó a la Europa Occidental cristiana. El patrocinio de ciertas cortes, como la de Federico II y Alfonso X, auspiciaron los intercambios internacionales que favorecieron la recepción de la ciencia árabe y cierta actividad creadora en Occidente.

4.3.2. La aparición de las primeras universidades

Poco a poco, la enseñanza evolucionó desde las escuelas de los monasterios a las catedralicias, más abiertas a alumnos sin relación directa con el clero. A mediados del siglo XI, todas las escuelas monacales, incluso las muy prestigiosas, se eclipsan ante la preferencia de maestros y discípulos por la mayor libertad de las escuelas catedralicias. Se ordena la enseñanza de las siete artes liberales en el *Trivium* (gramática, retórica y dialéctica) y el *Quadrivium* (aritmética, geometría, música y astronomía) según la escuela superior que había fomentado Carlomagno, emperador del Sacro Imperio Romano Germánico, en un intento de fomentar la cultura en la Europa occidental.

El desarrollo del Occidente cristiano se consolida con la escolástica, que integra el conocimiento grecolatino con el cristianismo. No fue solo un método docente, también fue un sistema de pensamiento que permitió gestar una filosofía natural, un modo de entender el mundo y la naturaleza. En la Universidad de París, dominicos como Alberto Magno y Tomás de Aquino aceptaron los principios fundamentales de la física aristotélica y de su filosofía de la naturaleza, pero no consideraron a Aristóteles como una autoridad absoluta, como hizo Averroes, sino simplemente como una guía para la razón[114].

Para la escolástica medieval el verdadero conocimiento consistía en la adecuación de las cosas al intelecto, lo objetivo estaba en el pensamiento y su capacidad de conocer. No supuso una dependencia absoluta de la verdad religiosa defendida por la Iglesia; fue un sistema que requería de la recopilación, ordenación y análisis de la información[115].

historia: Edad Media, ed. por Francisco Javier Puerto Sarmiento (Madrid: Fundación de Ciencias de la Salud, 2023), 153-212.

[114]   Alistair Cameron Crombie, *Historia de la ciencia: de San Agustín a Galileo* (Madrid: Alianza Editorial, 1987), 66.

[115]   Antonio González Bueno, «Medicina y terapéutica en la Europa Occidental cristiana», 118.

El siglo XIII constituye la cumbre de la Edad Media; símbolo de este apogeo fue el desarrollo de las universidades. Las *universitas literaris* ya se habían desarrollado como estructuras institucionales, de tres tipos principalmente. Por un lado, universidades auspiciadas por la Iglesia como la de París (c. 1200), Oxford (1249) y Cambridge (1284), en las que estudiantes y profesores formaban una corporación bajo la presidencia de un canciller. Por otro lado, las universidades fundadas por el patrocinio de monarcas, como la de Palencia en 1209 por Alfonso VIII, Nápoles en 1224 por Federico II, la de Salamanca, en 1250, por Fernando III de Castilla, o la de Lérida, en 1300, por Jaime II de Aragón. Y, por último, aquellas universidades dependientes de los ayuntamientos dirigidas, por un rector al que elegían el claustro de alumnos y profesores (Bolonia 1119 o Padua 1222).

Junto a cada universidad surgieron, a partir del siglo XIV, colegios donde residían y se formaban estudiantes. La enseñanza era memorística y basada en la lección magistral, con pocos libros y donde el conocimiento del latín era fundamental por ser la lengua culta y franca. Las universidades sufrieron una temprana especialización: Bolonia fue famosa por los estudios de derecho, Montpellier por sus estudios en medicina y la Sorbona de París por las enseñanzas de teología.

4.3.3. Epidemias y contagios

El extraordinario desarrollo de Europa occidental desde el siglo XII empezó a frenar, ya a fines del XIII, con una regresión económica y demográfica. En principio parece una crisis de agotamiento, como si el ritmo del desarrollo hubiera encontrado sus límites y no pudiera seguir adelante. Se trataría, por un lado, de límites técnicos (se roturan menos tierras, se fundan menos ciudades, se construyen menos obras grandiosas) y, por otro lado, de límites geográficos y comerciales, que parece que los europeos no podrán traspasar. Se advierten, incluso, unos límites intelectuales: la escolástica parece que se agota.

Pero la crisis del Medievo llegará a su máximo con una serie de problemas como cosechas insuficientes, la devastación de la guerra de los Cien Años, la primera quiebra bancaria de importancia en 1345 y la carestía de alimentos. El culmen está marcado por una epidemia de peste, extendida entre 1347-48 que diezmó a Europa, resurgiendo con fuerza posteriormente, sobre todo en 1360 y 1371.

Figura 18. El tema de la danza de la muerte aparece en la literatura y el arte de toda Europa a fines de la Edad Media entre el siglo xiv y el xv. La idea central de estas danzas es que la muerte iguala a todos los humanos. Copia del fresco original de la capilla de los muertos de Santa María en Lübeck. Fuente: Wellcome Collection.

Esta plaga o peste negra, resultó ser un sumatorio, ya que grandes epidemias sacudieron amplios territorios: lepra, peste, viruela, fiebre tifoidea, tifus exantematoso y la gripe.

La idea del contagio se impuso con fuerza tal, en ese momento, que se aceptó no solo por hombres de ciencia, sino por hombres de letras, artistas y los gobernantes (figura 18). Tal y como escribió en 1347 Tomaso del Garbo (m-1360), en su *Consiglio contra Pistolenza*, surgió de forma bastante natural la idea de la contaminación del aire cargado con veneno de los enfermos, lo que llevó a admitir que el aire infectado respirado por personas sanas les causaba esta enfermedad.

Una vez aceptado el principio del aire contaminado, se pensó inmediatamente en la purificación y la desinfección: la Facultad de Medicina de París, en su *Compendium de epidemia per Collegium facultatis Parisiis ordinatum*, publicado por Rebouis, recomendaba quemar grandes cantidades de incienso y flores de manzanilla en las plazas públicas.

Figura 19. *La peste de Florencia de 1348 de Boccaccio*, por Luigi Sabatelli. Fuente: Wellcome Collection.

Una de las descripciones de la peste que más han quedado en el acervo cultural ha sido la narración de Boccaccio en el Decamerón (escrito entre 1351 y 1353), también en la pintura (figura 19). Relata cómo en el año de 1348 la enfermedad llegaba a la ciudad de Florencia.

> Las mortíferas inflamaciones iban surgiendo por todas partes del cuerpo en poco tiempo, y seguidamente se convertían en manchas negras o lívidas que surgían en brazos, piernas y demás partes del cuerpo, grandes y diseminadas, o apretadas y pequeñas. Y así como el bubón primitivo era signo, y aún lo es, de muerte inmediata, también éranlo esas manchas. Para curar tal enfermedad no parecían servir el consejo de los médicos ni el mérito de medicina alguna, ya porque la naturaleza del mal no lo consentía, o bien, a causa de la ignorancia de los médicos (cuyo número, aparte del de los hombres de ciencia, habíase hecho grandísimo, entre hombres y mujeres carentes de todo conocimiento de medicina), haciendo que escapase el origen del daño y el modo de tratarlo. Y así, no solo eran raros los que se curaban, sino que casi todos, al tercer día de la aparición de los antedichos signos, cuando no antes o algo después, morían sin fiebre alguna ni otro accidente.
>
> Esta peste cobró una gran fuerza; los enfermos la transmitían a los sanos al relacionarse con ellos, como ocurre con el fuego a las ramas secas, cuando se les acerca mucho. Y el mal siguió aumentando hasta el extremo de que no solo el hablar o tratar con los enfermos contagiaba enfermedad a los sanos, y generalmente muerte, sino que el contacto con las ropas, o con cualquier objeto sobado o manipulado por los enfermos, transmitía la dolencia al sano[116].

Boccaccio narró la aflicción y miseria que observó en Florencia describiendo no solo la enfermedad, también el colapso de las autoridades, del precario sistema de salud y de las medidas de reclusión y de aquellos que no permanecían en sus viviendas. La peste frustró los esfuerzos curativos de médicos, matando al menos a un tercio de la población del continente. Guy de Chauliac, médico medieval conocido más tarde como el «padre de la cirugía occidental», trabajó atendiendo a pacientes durante la peste negra; en su libro *La Grande Chirurgie* describió la situación de la peste en la ciudad de Avignon:

---

[116] Giovanni Boccaccio [Mariano Blanch], *Decamerón* (Barcelona: Biblioteca de la Risa, Barcelona, 1876).

Tan grave era su contagio, especialmente mientras duró con las escupideras de sangre, que, no solamente deteniéndose, sino solo mirándose pasaba de unos a otros. Vino a tanto que se morían las gentes sin asistencia de criados, y sin sacerdotes se enterraban; el padre no visitaba al hijo, ni los hijos a sus padres; estaba la caridad muerta y la esperanza perdida.

Llamo grande a esta peste porque ocupó casi todo el mundo. Empezó en Oriente, y de tal suerte esparció sus saetas, que vino a pasar por nosotros en el Occidente. En tanta manera fue grande y nunca tal oída, que apenas dejó libre la cuarta parte de las gentes. Pues no fueron tales las que leemos de la ciudad de Cranon y de Palestina, ni la que refiere Hipócrates en las *Epidemias*, ni la de Galeno en los romanos… Porque éstas no ocuparon más que una u otra región, mas ésta a todo el mundo. Aquéllas eran curables por algún modo, ésta por ninguno. Fue inútil y temida de los médicos, porque no se atrevían a visitar los enfermos por miedo del contagio; y si visitaban, ni hacían cosa de provecho ni ganaban nada, porque todos cuantos enfermaban morían, fuera de algunos pocos que, hacia el fin de ella, madurándoseles los bubones, escapaban[117].

El examen de la experiencia de Chauliac pone de manifiesto cómo entendían y trataban esta enfermedad los médicos de la Edad Media. Frente a esta nueva y devastadora patología, el mundo médico luchó por explicar la peste; entre 1350 y 1500 aparecieron más de 281 tratados sobre la peste que intentaban dilucidar la etiología de la enfermedad y prescribir remedios eficaces. Desde el punto de vista médico, además de la descripción de Guy de Chauliac, tenemos las de Chalin de Vinario, su contemporáneo, que dio cuenta de las epidemias de 1348, 1360, 1373 y 1383.

4.3.4. Incipientes herbarios y bestiarios de cacería

Las ciencias naturales durante la Edad Media tuvieron un doble rol: por un lado, su estudio tuvo un interés por los remedios medicinales; por otro, tanto plantas como animales, fueron empleados como ejemplos de carácter moral o didáctico.

La historia natural de la Edad Media se construye con la base del saber griego, a través de los textos árabes traducidos al latín. En gran parte son tex-

---

[117] Texto de Guy de Chauliac citado por: Edouard Nicaise, *La grande chirurgie de Guy de Chauliac* (París: Félix Alcan, Editeur: 1890), 170.

tos fragmentarios e incompletos; es el caso del *Herbarium Apuleii* (siglo IV), un intento de compilación de la materia médica de Dioscórides (ca. 40-ca. 90), Cayo Plinio Segundo (23-79) y Lucio Apuleyo (ca. 125-ca. 180) que, pese a contener solo algo más de un centenar de remedios medicinales, tuvo mucho éxito y varias versiones en latín e incluso en lenguas romances[118].

En cuanto al estudio de las plantas han llegado hasta nosotros referencias a huertos o jardines, tanto en ámbitos monásticos como cortesanos. Como apunta González Bueno, eran espacios relativamente pequeños, habitualmente cuadrados, en ocasiones subdivididos mediante enredaderas o setos, cerrados a la sociedad circundante, *hortus conclusus*, en los que se cultivaban plantas comestibles, algunas medicinales, fundamentalmente aromáticas y algunas pocas de flor con cargado simbolismo.

En el ámbito claustral encontramos una de las primeras autoras en este recorrido histórico. Se trata de la abadesa Hildegard von Bingen (1098-1179). Combinó las cualidades de una mística con las de una mujer práctica que dirigía su hermandad y trataba enfermedades. Estaba muy interesada en el conocimiento de su época, conoció las teorías biológicas greco-árabes y tuvo acceso a las obras médicas de la escuela de Salerno[119]. Hildegard escribió dos libros científicos: el *Liber simplicis medicinae* (1150-1160), un compendio médico donde describió animales y plantas, así como minerales, y trató de ellos en términos de elementos y cualidades. También el *Líber compositae medicinae*, donde se ocupó de las ideas médicas y dedicó mucha atención a los alimentos.

Hacia el siglo XIII comenzó a introducirse cambios significativos en los conocimientos botánicos, en buena parte debidos a los trabajos de Alberto Magno (ca. 1200-1280); su *De vegetatibus et plantis libri septem…* (ca. 1250) incluyó un esquema clasificatorio próximo al de Teofrasto, también discutió cuestiones de fisiología vegetal como la influencia del calor en el crecimiento de las plantas y en *De animalibus* (ca. 1257) hizo suyas las ideas de Aristóteles sobre la reproducción y embriología animal. Clasifica las especies atendiendo a sus peculiaridades y no por orden alfabético; y en el libro VIII manifiesta su confianza en la disección de los animales para poder conocerlos mejor, lo que

---

[118] Antonio González Bueno, «La ciencia en la Europa medieval cristiana», en *La humanización de la sanidad a través de la historia: Edad Media*, ed. por Francisco Javier Puerto Sarmiento (Madrid: Fundación de Ciencias de la Salud, 2023), 139.

[119] *Harvard Monograph in the History of Science* (Massachusetts: Harvard University Press, 1974), 70-71.

corrobora en el libro XXIII cuando insiste que solo las pruebas experimentales tienen más valor que la especulación filosófica[120].

Con todo, no fueron estos los textos empleados para difundir en Europa el conocimiento sobre la anatomía animal, sino los tratados de cacería, una actividad altamente popular entre la nobleza, en particular la cetrería. Federico II se rodeó, en Palermo, de una corte brillante y fue gran apasionado de la cetrería, a él se debe un *De arte venandi cum avibus…* una obra de evidente inspiración aristotélica, en la que se incluyen interesantes aportaciones sobre la anatomía y las condiciones de vuelo de las aves[121].

Hay un cierto conocimiento zoológico con los bestiarios medievales en los que se adjudica a los animales cualidades humanas, con una visión simbólica con actitudes y vicios humanos.

[120]   Manuel Castillo, «Alberto Magno: precursor de la ciencia renacentista», *Thémata* 17 (1996): 95.

[121]   Antonio González Bueno, «La ciencia en la Europa medieval cristiana», 143.

5. El Renacimiento: primeras instituciones científicas

El Renacimiento es un periodo de tiempo comprendido entre la mitad de siglo XV y mitad del siglo XVI (1453-1550), se suele considerar su inicio en 1453 por ser el año de la caída de Constantinopla, lo que supuso también el final del Imperio bizantino o Imperio romano de Oriente; hecho que, se considera el inicio de la Edad Moderna. Desde la historia del conocimiento se refiere a este periodo como punto de inflexión, ya que los eruditos bizantinos que huyeron llevaron consigo manuscritos clásicos, permitiendo a los estudiosos renacentistas un acceso directo a fuentes originales sin la influencia de traductores o adaptadores. Este contexto histórico resultó propicio para una nueva valoración del saber antiguo[122]. Surgió un creciente descontento hacia la repetición escolástica de los conocimientos medievales, con un gran esfuerzo para cuestionar los aspectos más inadecuados del conocimiento medieval, así como un giro del teocentrismo al antropocentrismo[123].

E1 término «Renacimiento» hace alusión a un renacer, una vuelta o una recuperación del mundo antiguo y sus valores, que se produjo en la cultura italiana entre los siglos XIV y XVI y que, a partir de las últimas décadas del XV, se extendería por otros países de Europa. El concepto de Renacimiento se aplica tanto a la época como a los aspectos artísticos, dentro de este, el movimiento humanista, vinculado al estudio de los escritos de los autores de la antigüedad, tuvo una segunda derivada y fue la revalorización del ser humano, con su individualidad y capacidades, inspirándose en las enseñanzas de autores clásicos[124].

[122] Francisco Javier Puerto Sarmiento, «Características generales de la ciencia renacentista», en *La humanización de la sanidad a través de la historia: el Renacimiento*, editado por Francisco Javier Puerto Sarmiento (Madrid: Fundación de Ciencias de la Salud, 2024), 25.

[123] Puerto Sarmiento, «Características generales de la ciencia renacentista», 28.

[124] Luis Ribot, «Características generales del Renacimiento», en *La humanización de la sanidad a través de la historia: el Renacimiento*, editado por Francisco Javier Puerto Sarmiento (Madrid: Fundación de Ciencias de la Salud, 2024), 10.

https://dx.doi.org/10.5209/docm.006.06
Historia, Enseñanza y Difusión de la Biología. José Pedro Marín Murcia.
© Ediciones Complutense, 2026.

Pero, aunque tengamos la idea de Renacimiento como una ruptura radical con la Edad Media, debemos comprender que este periodo recibió mucha influencia del Medievo, en primer lugar, por el bagaje cultural e intelectual y, en segundo lugar, por las estructuras creadas, como, por ejemplo, las jóvenes universidades que jugaron un papel importante en el desarrollo de la ciencia, con nuevos espacios como los jardines botánicos o los teatros anatómicos. Precisamente medieval era la costumbre de que los estudiantes recorrieran Europa para oír a los maestros célebres, como ocurrió con Gesner en Montpellier o Vesalio en París.

En la Europa Occidental, la sociedad feudal comenzó a sucumbir ante el ascenso de estados centralizados y dinásticos, lo que llevó a una mayor concentración del poder. El proceso de transformación fue lento y desigual. En Italia, había comenzado ya en el siglo XIII, mientras que en países como Inglaterra y Holanda los gobiernos burgueses empezaron a establecerse mucho más tarde, hacia mediados del siglo XVII. Pasarían aún otros doscientos años antes de que este grupo lograra dominar en toda Europa. En el caso de Italia y Alemania, el proceso fue aún más tardío, ya que no contarían con un estado centralizado hasta el siglo XIX.

En este contexto, las ciudades y la clase burguesa adquirieron un papel predominante, destacándose especialmente el ascenso al poder de los gremios. Las cortes de los reyes y príncipes se convirtieron en las principales patrocinadoras de los nuevos científicos y humanistas, quienes dejaron de depender de la Iglesia. Para los intelectuales, esta situación se asemejaba mucho a la vivida en época islámica, cuando la cultura era también un símbolo de prestigio y refinamiento en las cortes reales[125].

Las relaciones que vinculaban la práctica de la ciencia con el patrocinio de príncipes y acaudalados señores eran omnipresentes y consecuentes. Por ejemplo, la importancia del patrocinio de la corte toscana fue fundamental para la identidad socioprofesional de Galileo Galilei (1564-1642) y para la dirección de su trabajo científico. La propia existencia y permanencia de las academias científicas estará vinculada a estos mecenazgos. Como señala el historiador Steven Shapin, la importancia de las relaciones de patrocinio y clientelismo fueron fundamentales para la carrera y la autoridad de las personas de ciencia de principios de la Edad Moderna, así como para reconocer los conocimientos que produjeron[126].

---

[125]   Bernal, *Historia social de la ciencia I*, 63.

[126]   Steven Shapin, «The man of science», en *The Cambridge History of Science Volume 3: Early Modern Science*, ed. por Katharine Park y Lorraine Daston (Cambridge University Press, 2008), 179.

También se ve este proceso con el patrocinio de las primeras grandes exploraciones náuticas, que dieron paso a los primeros pasos de la expansión colonial europea, con el descubrimiento de nuevas tierras por parte de Portugal en África y Asia, o el de América con los primeros viajes de Colón a las Antillas y al continente americano con la colonización española. El impacto de estas exploraciones fue de vital importancia para el desarrollo de la ciencia en Occidente, con los aportes técnicos y de conocimiento en muchas ramas del saber, sobre todo en el de una naturaleza con nuevas especies de flora y fauna.

En cuanto al centro científico o del saber, en el Renacimiento se desplazó del Mediterráneo y del Oriente al norte de Italia y a Centroeuropa, también en lo económico; ciudades como Florencia o Milán cobraron importancia y generaron una gran producción artística y tecnológica.

En cuanto a las universidades a principios del siglo XVI, la visión escolástica de la filosofía natural aristotélica dominaba la aproximación al conocimiento de la naturaleza que impregnaba los planes de estudio oficiales.

5.1. Sobre la invención de la imprenta

En muchas ciudades universitarias se organizaron sistemas para que los alumnos pudiesen disponer de textos sobre las distintas materias acerca de las cuales eran instruidos, llegando a consolidarse auténticos negocios de librería, con tiendas en las que el público podía comprar sus manuscritos. Durante la primera mitad del siglo XV, en una Europa sacudida por la aparición y difusión de nuevas ideas y concepciones artísticas, religiosas, literarias y científicas, el comercio librero creció considerablemente.

Entre los ingenios que vieron la luz en el Renacimiento la imprenta fue la que cambió la forma de hacer y comunicar la ciencia. Las innovaciones tecnológicas suelen ser corales, puede que varios inventores den con una solución a un problema de forma más o menos simultánea. Al final de la Edad Media apareció la impresión xilográfica con bloques de madera tallada. En algún momento se empezó a sustituir esos bloques por otros de metal, lo que tuvo mucho que ver con las mejoras en fundición y trabajo de este material, esto permitió caracteres más pequeños y con mejor detalle. Por tanto, la innovación del papel y la metalúrgica facilitaron la creación de la imprenta moderna. Habitualmente se atribuye a Gutenberg el haber encontrado una solución capaz de llevarse a la práctica[127].

---

[127] También se atribuye al orfebre Procope Waldfoghel, impresor alemán en Aviñón, la invención de un sistema de impresión, aunque no se conoce la edición de libros.

Gutenberg desarrolló, a finales de la década de 1440, en Maguncia (Alemania), un sistema de presión tipográfica con un molde ajustable (formado por dos mitades) que era utilizado para fundir tipos, lo que permitía ajustar en anchura y apertura y crear así letras del mismo cuerpo y altura, pero de anchura diferente, de modo que las letras no quedaran demasiado lejos unas de otras, a lo que se añadía una aleación metálica adecuada para dicha fundición[128].

El ingenio de la imprenta y su desarrollo experimentó una formidable difusión durante las siguientes décadas, principalmente a través de la llegada y el asentamiento de impresores alemanes en diferentes puntos de la geografía europea. De este modo, los establecimientos tipográficos se convirtieron en nuevos elementos de la cultura urbana de principios del siglo XVI, con la aparición de imprentas por Europa (figura 20).

**Figura 20. Imprenta francesa del siglo XVI representada en la obra *Chants royaux sur la Conception, couronnés au puy de Rouen de 1519 à 1528*.
Fuente: Bibliothéque de Nationale de France.**

La imprenta de Gutenberg, con el montaje de tipos, propició un notable aumento de libros en el mercado. Este avance permitió una significativa reducción en el tiempo y la mano de obra necesarios para producirlos, además de dar lugar a nuevos roles, como los fundidores de tipos, los prensistas y, especialmente, la persona encargada de garantizar la calidad del producto final en aquellos establecimientos que combinaban las funciones de taller, editorial y librería.

---

[128] Ruiz Castell, *Historia de la tecnología a través de veinte objetos*, 98.

Sartón, en su narración de la historia de la ciencia del Renacimiento, situó como principio de este periodo el año 1450 con la invención de la imprenta con tipos móviles. Nos indicó también que este aparato ya había sido utilizado con anterioridad en China, en el siglo XI, donde ya existía una imprenta oficial y se imprimía papel moneda, además ya estaba presente en Japón y en Corea, pero hasta la fecha era desconocido en Occidente[129].

> El descubrimiento de la imprenta fue uno de los jalones más grandes en la historia de la humanidad, y para la historia de la ciencia adquiere una importancia especial. Cambió toda la trama y urdimbre de la historia, pues remplazó las formas precarias de la tradición (oral o manuscrita) por una forma estable, segura y duradera; es como si de pronto la humanidad hubiera adquirido una memoria digna de fe en sustitución de otra veleidosa e ilusoria. No es suficiente hacer un descubrimiento: si deja de trasmitirse, es como si no se hubiera realizado; no es suficiente escribir un tratado científico: se le debe conservar. Si llega a perderse, como ha ocurrido con una gran cantidad de textos antiguos y medievales, de nada nos sirve. Necesitamos el texto, un texto fiel y permanente, y esto solo fue posible cuando se inventó la imprenta a mediados del siglo XV[130].

Esa idea de transmitir la información de forma estable, segura y duradera, favoreció que este invento se difundiera rápidamente por Europa, permitiendo la edición de libros y revistas de manera más rápida y económica. Desde la historia de la ciencia, es importante destacar dos características esenciales: por un lado, la inalterabilidad de lo escrito, y por otro, la posibilidad de un cambio acumulado que derivó en la fijación del texto como prueba de prioridad. La inalterabilidad también posibilitó un reconocimiento más explícito de las innovaciones individuales, lo que incentivó la presentación de reclamaciones sobre invenciones, descubrimientos y creaciones[131].

Los primeros libros ilustrados mediante bloques xilográficos (grabados en madera y reproducidos a gran escala) surgieron rápidamente tras la aparición de la imprenta. En los años sesenta del siglo XV aparecen las primeras imágenes

---

[129] George Sarton, *Seis alas. Hombres de ciencia renacentistas* (Buenos Aires: Editorial Universitaria, 1965), 119.

[130] Sarton, *Seis alas. Hombres de ciencia renacentistas*, 15.

[131] Elizabeth Eisenstein, *La revolución de la imprenta en la Edad Moderna* (Madrid: Akal, 1994), 87.

xilográficas en libros. Poco después se utilizó esta técnica para ilustrar libros científicos, como veremos, principalmente dos tipos: los herbarios y los libros anatómicos[132].

5.2. Innovaciones científicas y técnicas

En matemáticas, Luca Pacioli (1445-1514), autor de *Suma de Arithmetica, Geometria, proportioni et Proportionalita*, desarrolló sistemas para resolución de ecuaciones de primer y segundo grado. Pioneros de una tradición matemática italiana también fueron Tartaglia, Cardamo y Fibonacci (conocido por la famosa serie numérica).

Se produjo la consolidación y unificación de las notaciones matemáticas, por ejemplo, Simon Stevin (1548-1620) introdujo la notación / para las fracciones y los exponentes. Otros símbolos implantados en la época fueron el +, -, <, >. Esta notación estuvo vinculada a la imprenta, y ya no se hacía necesario describir la operación con el verbo, como sumar o restar, simplemente se empezó a utilizar un símbolo determinado, ofreciendo claridad y celeridad en los procesos algebraicos. Los problemas abordados en este periodo son los de balística, vinculados al uso de pólvora, y de artillería en los ejércitos, con el uso del cuadrante artillero y de tablas de tiro.

La astronomía fue fundamental para mejorar la navegación en alta mar. Los grandes viajes de exploración fueron fruto de la primera aplicación consciente de la ciencia astronómica y geográfica, con el desarrollo de tablas astronómicas lo bastante exactas y sencillas para ser empleadas por los marinos y con la preparación de mapas en los que se podía dibujar la ruta seguida.

A finales del siglo xv, el fuerte monopolio turco del comercio oriental sobre la antigua Ruta de la Seda y sobre el Mar Rojo hizo tomar cuerpo a la idea de llegar a Oriente por un camino distinto. Los teóricos discutían sobre dos posibles rutas alternativas. La más simple, que podía intentarse por navegación de cabotaje, consistía en circunnavegar África. Esta era la más apreciada por los portugueses, que la pusieron en práctica en 1488, si bien Vasco de Gama no llegó a la India hasta 1497. Teoría y práctica confluyeron en la corte del príncipe Enrique el Navegante (1415-1460), en Sagres (Portugal), donde técnicos

---

[132] Alfredo Baratas, «Iconografía científica: de la xilografía al JPG», en *Memorias de la Real Sociedad Española de Historia Natural*, ed. por Alfredo Baratas (Madrid: Real Sociedad Española de Historia Natural, 2004), 174.

árabes, judíos, alemanes e italianos discutían nuevos viajes con los capitanes que ya habían navegado por el Atlántico.

Cristóbal Colón (1451-1506) pasó diez años promoviendo su idea en las cortes de Portugal, España, Inglaterra y Francia, enfrentándose a reiteradas negativas de comisiones de expertos. Finalmente, gracias a complejas influencias, obtuvo permiso para emprender su viaje. Los patrocinadores del primer viaje confiaban en la validación de una hipótesis científica inspirada en teorías de astrónomos y geógrafos como el florentino Toscanelli (1397-1482), que planteaban la posibilidad de llegar al otro lado del mundo, un mundo esférico, navegando por el océano desconocido. Pasar de la teoría a la práctica implicaba atravesar el Atlántico, un desafío técnico, que reflejó el progreso de la tradición y el conocimiento científico. Colón realizó cinco viajes, pero nunca supo que había descubierto un nuevo continente, el cual, años después, llevaría el nombre del geógrafo florentino Américo Vespucio, un amigo de Leonardo da Vinci.

Es importante recalcar que los éxitos de los navegantes renacentistas proporcionaron un campo de aplicación seguro y en crecimiento. Fruto de esa política fueron los inmediatos efectos económicos lucrativos de las grandes navegaciones. La apertura de nuevas rutas marítimas determinó el abandono de las tradicionales terrestres a través de los territorios del Oriente Medio.

Diez años después de iniciarse los primeros viajes surgió en España la Casa de Contratación, una institución dependiente de la Corona en la que los avances geográficos, cartográficos y náuticos fomentaron el progreso y la comunicación en los espacios marítimos y el control de los territorios de las Indias y Extremo Oriente. En ese sentido, es muy interesante la figura de Alonso de Santa Cruz, por las obras que escribió, tanto de interés cartográfico como cosmográfico[133].

También en astronomía se produjo el cambio más radical desde tiempos del astrónomo griego Ptolomeo. En 1543 Nicolas Copérnico, matemático y astrónomo, planteó una nueva estructura del cosmos, publicando su *De revolutionibus orbium coelestium* (Revoluciones de las órbitas celestes), con el que produjo la más importante ruptura del sistema de ideas antiguas, proponiendo la rotación de la Tierra sobre su eje y su movimiento en torno a un sol fijo.

---

[133] Mariano Cuesta Domingo, «Alonso de Santa Cruz, cartógrafo y fabricante de instrumentos náuticos de la Casa de Contratación», *Revista Complutense de Historia de América* 30 (2004): 7-40.

5.3. La zoología en el Renacimiento

La tradición enciclopédica de Plinio siguió siendo fértil en los siglos XVI y XVII. Como, por ejemplo, los escritos del suizo Conrad Gesner (1516-1565) que abarcaban todos los aspectos del saber, su *Bibliotheca universalis* (1545) compendiaba una gran bibliografía anotada de libros impresos. En relación con la zoología, no menos significativa fue la *Historiae animalium* (compuesta por cinco volúmenes y desarrollada entre 1551 y 1621), obra que incluía todos los animales mencionados por las autoridades antiguas y coétaneas.

Gesner incluyó muchas observaciones nuevas y dividió el mundo animal en aves, peces, insectos y otras categorías básicas al estilo de Aristóteles. Incluyó información sobre cada bestia en relación con su hábitat, fisiología, enfermedades, hábitos, utilidad y dieta[134]. También describía el área de origen o distribución, aunque continuaba describiendo animales fantásticos. Introdujo como innovación la inclusión de ilustraciones mediante grabados, algunos tan célebres como el rinoceronte de Durero, representado en un dibujo bastante idealizado (figura 21). Entre los animales representados incluyó al unicornio, junto con otros claramente identificables, como el pulpo o el esturión. A pesar de la presencia de animales fantásticos, evidenció un esfuerzo por ofrecer una descripción más completa de la fauna. Asimismo, planteó la necesidad de recopilar y custodiar colecciones de seres vivos para consolidar el conocimiento zoológico.

En la línea de Gesner, pero más ambicioso, estuvo el naturalista italiano Ulise Aldrovandi, que publicó una serie de historia natural (15 volúmenes) con numerosos grabados. Entre las curiosidades, dedicó un libro a los invertebrados, mantuvo la descripción de animales fantásticos e incluyó elementos tan llamativos como formas extrañas, teratológicas o antinaturales. También incorporó animales exóticos de África y América. Fue uno de los más conocidos naturalistas de la segunda mitad del siglo XVI debido, fundamentalmente, a su enorme actividad como coleccionista. Fundó un museo en Bolonia donde recopiló sus ejemplares y manuscritos.

Entre los problemas que encontramos en estas obras están la carencia de un vocabulario para términos anatómicos y la falta de un lenguaje unificado para los ejemplares, independiente del nombre que reciben en cada geografía. En

---

[134] Alleng G. Debus, *Man and Nature in the Reinaissance. Cambridge History of Science* (Cambridge: Cambridge University Press, 1978), 35.

cuanto a la representación, hubo un esfuerzo por lograr la perfección en el dibujo, incorporando la aguda observación de la naturaleza con las lecciones de la perspectiva tridimensional y elevando el grabado en madera a un nivel de expresión artística superior[135].

**Figura 21. Dibujo de un posible rinoceronte indio en la *Historia animalium* de Gesner. Observado en detalle tiene elementos que no responden a la realidad, como la piel de aspecto de «placas acorazadas» y un segundo cuerno por encima de la cabeza. Grabado en madera según A. Durero.
Fuente: Wellcome Collection.**

Buena parte del esfuerzo de los estudios zoológicos se centraron en la descripción y en recopilar los diferentes nombres que se daba a un animal en distintas regiones o reinos. No llegó a haber un esfuerzo en unificar y adjudicar un solo nombre. Tampoco se estableció una sistemática, no había un criterio de clasificación de escala natural como postulaba Aristóteles. Pero, por más que fuera un conocimiento imperfecto del mundo animal, al menos fue un conocimiento en el que se cimentaron los esfuerzos posteriores.

5.3.1. Inicio de los estudios de parásitos

La observación sustituyó a la elucubración intelectual y la casuística empezó a echar raíces; aparecieron los primeros tratados, seguidos de numerosas y cada vez más difundidas ilustraciones de parásitos, que pronto adornaron los frutos de los trabajos de los naturalistas.

---

[135] Baratas, «Iconografía científica: de la xilografía al JPG», 179.

Ippolito Brilli de Lendinara nos dejó una monografía sobre gusanos publicada en el siglo XVI, quizás la primera obra impresa sobre parasitología: *Opusculum de vermibus in corpore humano genitis* (1537). En esta monografía Brilli discutía el número de lombrices intestinales en el ser humano; cita las opiniones de Galeno, Hipócrates, Celso, Serapión y Avicena y concluía afirmando que, en su opinión, hay tres lombrices intestinales en lugar de cuatro. Achacaba el origen de los gusanos a condiciones putrescentes en el intestino.

En su obra *De animalibus insectis* (1602) Aldrovandi representó muchos parásitos, tanto del ser humano como de los animales domésticos; por ejemplo, ilustró distintos tipos de mosquitos mostrando la diferencia de aguijones y de tamaño de machos y hembras. Advierte que algunos nacen en aguas pantanosas, y otros en hierbas o árboles. También se interesó por las moscas, de las que afirmaba que no solo son dañinas por sus picaduras y su inoportunidad, sino también porque ensucian la ropa con sus excrementos, depositan en la carne que tenemos que comer una cantidad de pequeños gusanos y porque infestan las heridas. Así pues, Aldrovandi comprendió claramente la acción nociva de las moscas, y entendió también la razón de la presencia de gusanos en las heridas, es decir, la formación de miasis. También se interesó por las chinches y aún más por los piojos. Añadió un tercer tipo de piojos: los ácaros parásitos de la piel. Afirmaba que estos piojos se encontraban en las aves comunes: palomas, gallinas, faisanes; así como en mamíferos domésticos: perros, caballos, etc. En cuanto a los gusanos parásitos de los humanos, se limitó a presentar un largo recuento de los trabajos de autores anteriores y a ilustrarlos (figura 22).

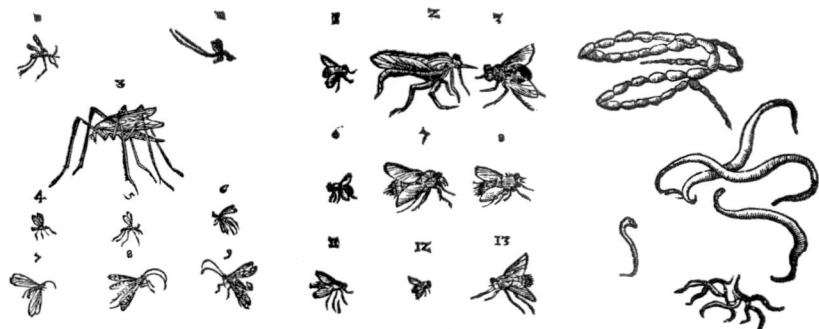

Figura 22. Distintos dibujos de Aldrovandi; de izquierda a derecha, tres tablas ilustradas de distintas especies de mosquitos, moscas y gusanos[136].

[136] Ulysse Aldrovandi, *De animalibus insectis libri septem cum singulorum iconibus ad viuum expressis* (Bolonia: Ferroni, Giovanni Battista, 1638).

Aldrovandi fue muy preciso en las observaciones: siguió el desarrollo de las moscas y vio que pueden dar lugar a gusanos de los que nacen nuevas moscas, y comprendió que los gusanos que se desarrollan en las carnes comestibles o que parasitan las heridas humanas proceden de moscas que se han posado en ellas.

La teoría de la generación espontánea empezó a ser socavada de raíz; surgieron nuevas hipótesis y se comprendió que, más allá de lo que los ojos podían contemplar, debían existir minúsculos animálculos o gérmenes capaces de provocar enfermedades y contagios.

5.4. La botánica en el Renacimiento

Al tratar de los inicios del estudio de las plantas en la antigua Grecia nos referíamos a Teofrasto y cómo definió dos ámbitos no naturales; por un lado, las plantas de interés agronómico y por otro el medicinal. Ambos intereses se mantuvieron a lo largo del Renacimiento, incluso hasta bien entrado el siglo xix.

En el periodo del Renacimiento se editaron muchos herbarios impresos, estos eran compendios de las plantas en libros (no confundir con un herbario de plantas secas), en este sentido «herbario» era una palabra ambigua. Estos herbarios eran repertorios de uso práctico para que boticarios, médicos o sanadores pudieran identificar plantas y utilizarlas como remedios; son muchos los que estaban ilustrados con grabados toscos, casi esquemáticos[137].

La necesidad de nuevas obras de referencia adaptadas a la flora de cada territorio se hizo patente. El caso más importante fue el de los herbarios impresos centroeuropeos, que surgieron de un problema de credibilidad hacia los repertorios tradicionales mediterráneos, por las importantes diferencias entre las plantas de los países del centro y los del sur de Europa. Gran parte de las plantas descritas por Dioscórides, Plinio y otros autores no crecían en ciertas latitudes. Esto llevaba a los lectores a realizar continuos esfuerzos para identificar las plantas de su entorno con las descritas en los textos.

La transición definitiva ocurrió cuando los autores dejaron de reproducir los libros y de temer modificar lo que se decía en los antiguos textos griegos y romanos. Surgieron nuevas obras escritas en alemán y no en latín o griego, con un lenguaje cercano al pueblo. Eran libros con ilustraciones que pretendían

---

[137] Sarton, *Seis alas. Hombres de ciencia renacentistas*, 151.

reflejar la naturaleza de un modo realista. Peter Schöffer, impresor de Maguncia[138], editó en 1485 *Gart der Gesundheit*[139], del artista y botánico Johann Wonnecke von Kaub, cuyas ilustraciones, hermosas y bien dibujadas, supusieron una inflexión en la historia de la ilustración botánica (figura 23). La naturaleza en la ilustración botánica se consolidó de una manera esplendorosa cuarenta años más tarde con la obra de Otto Brunfels y el tratado *Herbarium vivae eicones*[140]. Autores como Gregorio Mattioli, Tragus, Cordus, Fuch, Ruel y Clusius, entre otros, publicaron obras con grabados que aún se ven con interés en las bibliotecas botánicas.

Figura 23. Imágenes del *Gart der Gesundheit* de Johann Wonnecke. De izquierda a derecha: la imagen de una farmacia mostrando la función de este herbario, el dibujo del ajo (*Knoblauch* en alemán), del *Arum* con la inflorescencia en espádice y la mandrágora idealizada como una raíz antropomorfa. Fuente: Biodiversity Heritage Library. Missouri Botanical Garden, Peter H. Raven Library.

Los años finales del siglo xv y de los dos primeros tercios del xvi fueron un período de gran interés durante el cual el conocimiento de las plantas se amplió considerablemente gracias a los trabajos de los nuevos botánicos que se em

---

[138]   Los primeros libros de plantas y herbarios centroeuropeos se redactan y se editan en la ciudad alemana de Maguncia a finales del siglo xv. La invención de la imprenta favoreció la difusión y comercialización de estos libros.

[139]   Es el primer libro ilustrado de hierbas en alemán. Su autor, Johann Wonnecke (1430-1504) de Kaub am Rhein, trabajó como doctor en medicina en Frankfurt y Main. En el libro se refiere al saber griego, latino y árabe, unido a la experiencia alemana como los conocimientos médicos de la abadesa Hildegard von Bingen (1098-1179).

[140]   Otto Brunfels (1489-1534) publicó en Estrasburgo el primer tomo de su tratado *Herbarium vivae eicones*. Johann Schott fue el editor intelectual y financiero, Otto Brunfels redactor de los textos, y Hans Weiditz dibujante de las ilustraciones que diversos grabadores pasaron a xilografías.

barcaron en la elaboración de un ingente herbario, y a la elaboración de una taxonomía botánica más rigurosa.

Crear herbarios impresos fue una tarea común en toda Europa, pasó a ser la principal herramienta de trabajo y fuente de consulta, pero todos los autores nombraban las plantas según su criterio y sus conocimientos. Existía una verdadera confusión de nombres por lo que, a finales de siglo XVI, se hizo patente la necesidad de establecer una nomenclatura común. La sinonimización fue, sin duda, uno de los proyectos más ambiciosos de toda la historia natural y permitió las reformas y la invención de la clasificación general de las plantas.

5.4.1. Sobre la enseñanza de la botánica y las colecciones de plantas

La historia de los jardines botánicos comenzó en Italia con Luca Ghini, que estableció una colección de plantas vivas con vocación didáctica en Pisa, en 1544; fue también el iniciador del arte de conservar plantas comprimiéndolas[141]. Se puede decir que este siglo fue tanto el siglo de los libros ilustrados de botánica (herbarios impresos) como de los herbarios vivos, en el sentido de colección de plantas. La referencia literaria más antigua a estas colecciones está en la obra *Isagoges in rem herbariam libri* (1606) de Spigelii[142], donde se les denomina *horti hiermales* (jardines de invierno) aunque fueron más conocidos como *herbarium vivum*[143].

El Jardín de la Universidad de Padua, originalmente conocido como Jardín Medicinal, y como Jardín de las Plantas Medicinales Simples, fue fundado en tiempos de la República de Venecia en 1545 (figura 24). El botánico y médico italiano Roberto De Visiani, en su trabajo sobre el jardín, indicaba la fecha de creación en 1545, también comentaba cómo muchos célebres botánicos del XVI y XVII viajaron a Padua para poder estudiar las plantas raras que atesoraba el jardín[144].

---

[141] Su propio herbario se perdió, pero el preparado por uno de sus discípulos, Gherardo Cibo, en 1532 y años siguientes se conserva en la Biblioteca Angélica de Roma. George Sarton, *Seis alas. Hombres de ciencia renacentistas*, 150.

[142] Adrian Van der Spiegel (1578-1625), profesor de anatomía en Padua, en 1617-25.

[143] Sarton, *Seis alas. Hombres de ciencia renacentistas*, 151.

[144] Roberto De Visiani, *L'Orto Botanico di Padova nell'anno 1842* (Padua: Tip. A. Sicca, 1842), 151.

El profesor de botánica (o «simples medicinales», como a menudo se les denominaba) demostraba a los estudiantes la naturaleza y las virtudes de las plantas. Las clases (o lecturas de la *materia medica*) se completaban con demostraciones; en el que el *ostentor* o auxiliar haría la demostración con la exhibición de plantas en el aula y posteriormente en el jardín. En algún caso el *ostentor* era la misma persona que el prefecto del jardín botánico[145].

Paralelamente a la publicación de nuevas obras surgieron más jardines botánicos. Ya hemos mencionado el de Pisa y Padua, tiempo después se fundaría el de la Universidad de Bolonia (1568). El ejemplo italiano fue seguido en Holanda, y desde 1590 tuvo Leiden su jardín botánico. En Alemania fue Leipzig la primera población que se apresuró a establecerlo en 1580.

Figura 24. Jardín Botánico de Padua (*Orto Botanico di Padova*), también conocido como los Simples (*Orto dei Semplici*), eran plantas que se usaban como remedios en su forma natural, sin mezclar con otros ingredientes[146].
Fuente: Wellcome Collection.

En Francia a partir de 1593, en la Universidad de Montpellier, Richard de Belleval fue de los pioneros en enseñar botánica con independencia de la *Materia Medica*[147], fundó un jardín botánico junto a la Iglesia Catedral de Saint Jean. Uno de los retos de este espacio fue poder presentar juntas plantas con requerimientos muy diferentes en cuanto a clima, exposición y sustrato. Precisamente se atribuye a Belleval el primer intento de representar los pisos de

---

[145] Sarton, *Seis alas. Hombres de ciencia renacentistas*, 152.

[146] Antonio Ceni, *Guida all'imp. regio orto botanico in Padova* (Padova: tip. A. Bianchi, 1854), consultado el 26-02-2025, https://phaidra.cab.unipd.it/o:76586

[147] La botánica se estableció muy lentamente como materia independiente de la medicina. Sarton, *Seis alas. Hombres de ciencia renacentistas*, 154.

vegetación y la variación altitudinal de las especies en el paisaje provenzal, mediante el uso de desniveles y terrazas.

En la España imperial del siglo XVI empezó la andadura de los incipientes jardines botánicos para la enseñanza de la botánica aplicada a la medicina. Construidos bajo los auspicios de los distintos monarcas, el primer jardín apareció durante el reinado de Felipe II a instancias del médico Andrés Laguna, en Aranjuez. Más tarde, el también médico Honorato Pomar consiguió de Felipe III un jardín de hierbas en la Huerta de la Priora cerca del alcázar de Madrid.

5.4.2. La normalización de las descripciones y las redes de herborizadores

Entre las obras de botánica descriptiva es importante mencionar los trabajos de Leonard Fuchs con descripciones normalizadas de las plantas, profundizando en su iconografía. La obra de Fuchs, *De historia Stirpium* quizá sea la de mayor importancia de la botánica del Renacimiento, así como relevante también es la obra de Fabio Colonna[148].

Lo importante de estas obras fue la introducción de un método normalizado de descripción de las plantas, tratándose por primera vez de estambres por Leonhard Fuchs[149] y de los pétalos por Colonna. En los herbarios publicados se introdujeron glosarios; y a partir de entonces, el lenguaje técnico, aún muy rudimentario, se desarrolló de acuerdo con las necesidades y la marcha del conocimiento hasta alcanzar, con Jung (1678), un peldaño ya fundamental. Andrea Cesalpino dio un paso más allá y en *De plantis libri*, colección de libros donde describió de forma sistemática la forma de las plantas, empezó una tentativa de organización por el número de las piezas de las flores y del tipo de fruto.

Entre los que intentaron coordinar y reformar cómo nombrar a las plantas estaba también el botánico suizo Gaspard Bauhin[150]. Su obra principal fue *Pinax theatri botanici* (1623), en la que se citaban 6000 especies de plantas.

---

[148] Fabio Colonna (1567-1650) pertenecía a la ilustre casa de los Colonna de Nápoles. Era hombre muy erudito en diversas ciencias y artes y rectificó muchos errores de los antiguos botánicos.

[149] Leonhard Fuchs (1501-1566) fue médico y botánico, catedrático de Medicina en la Universidad de Tübingen (Alemania).

[150] Gaspard Bauhin (1560-1624) fue profesor de anatomía, botánica, y de la práctica médica y rector de la Universidad de Basilea.

La obra de Bauhin permitió las futuras reformas que hicieron avanzar la botánica usando por primera vez el sistema binomial que luego adoptaría y extendería Linneo.

En cuanto a la botánica asociada a la utilidad terapéutica tenemos la obra de Charles L'Écluse (1526-1609)[151], de Montpellier. Fue el primero que herborizó de forma sistemática a través de Europa, trabando contacto y relación con otros botánicos locales, llegando a tener una red de corresponsales o colegas distribuidos por todo el continente. Con lo que se normalizaba de alguna manera el intercambio de plantas e información, algo que está en el día a día de la práctica botánica en la actualidad, siendo una de las razones de ser de herbarios y colecciones[152]. En España Écluse tenía como informante al farmacéutico sevillano Nicolás Monardes, que disponía de valiosa información de primera mano de las plantas que venían de América y pasaban por el puerto de Sevilla. Monardes publicó, entre 1565 a 1574, un notable estudio sobre las plantas de las «Indias occidentales», esta fue traducida al latín por Écluse en 1574, y de esa versión A. Colin tradujo su edición francesa[153].

5.5. Los viajes de exploración y la naturaleza americana

Como ha señalado el historiador de la botánica Antonio González Bueno, el descubrimiento de la naturaleza americana nos llegó a los europeos a través de dos vías separadas: en un primer período, el que media entre la noticia del propio descubrimiento colombino y el comienzo de la segunda mitad del XVI, la información se divulga a través de las descripciones legadas por viajeros y cronistas; en un segundo período, desde los años cuarenta del siglo XVI hasta los inicios del XVII, comenzarán a editarse algunos textos, generalmente a cargo de médicos comerciantes y jardineros. Y ya entrado el siglo XVII las primeras compilaciones dedicadas, con exclusividad, a los nuevos materiales procedentes de ultramar[154].

---

[151] C. de l'Écluse (también conocido como Clusius), hizo sus estudios de Medicina en Montpellier, donde fue discípulo de Rondelet, después de haber ejercido en Viena y en Francfort am Mein terminó su carrera como profesor en la Universidad de Leiden.

[152] Guyénot, *Las ciencias de la vida en los siglos XVII y XVIII, el concepto de la evolución*, 11.

[153] René Tatón, *Historia general de las ciencias: el Renacimiento* (Barcelona: Ediciones Orbis, 1988), 199.

[154] Antonio González Bueno, «La flora del paraíso: recepción de las plantas americanas en la literatura científica europea del Renacimiento» en *Memorias de la Real Sociedad Españo-*

Los descubridores españoles tuvieron un importante papel en el conocimiento y publicación de la naturaleza americana. Entre ellos hay naturalistas sin formación específica (soldados, marinos o religiosos) que al descubrir la naturaleza, las riquezas o la forma de vida americana la describieron; también hay naturalistas con formación específica (en su mayoría médicos), enviados a los nuevos territorios para estudiar sus riquezas y la manera de explotarlas y, por último, los naturalistas y humanistas que jamás estuvieron en el territorio colonial, pero recibieron, clasificaron y difundieron los materiales de allí procedían[155].

Entre los viajeros interesados por difundir las riquezas farmacológicas del Nuevo Mundo destaca el propio Cristóbal Colón (1451-1506), quien en sus textos recogía el asombro en él producido por la contemplación de la naturaleza americana:

> Ni me se cansar los ojos de ver tan fermosas verduras y tan diversas de las nuestras. Y aun creo que a en ellas muchas yerbas y muchos árboles que valen mucho en España para tinturas y para medicinas de espeçería, mas yo no las cognozco, de que llevo grande pena[156].

Gonzalo Fernández de Oviedo (1478-1557), nombrado en 1532 Cronista de Indias, publicó un *Sumario de la Natural y General Historia de las Indias*, en donde aspiraba a ofrecer una imagen de conjunto de los nuevos territorios, frente a las visiones parciales de otros viajeros; el texto fue ampliamente reeditado.

> E primeramente trataré del camino y navegación, y tras aquesto diré de la manera de gente que en aquellas partes habitan; y tras esto, de los animales terrestres y de las aves y de los ríos y fuentes y mares y pescados, y de las plantas y yerbas y cosas que produce la tierra, y de algunos ritos y ceremonias de aquellas gentes salvajes[157].

---

la de Historia Natural, ed. por Alfredo Baratas (Madrid: Real Sociedad Española de Historia Natural, 2004), 5.

[155] Puerto Sarmiento y González Bueno, *Compendio de historia de la farmacia y legislación farmacéutica*, 111.

[156] De la edición preparada por Demetrio Ramos Pérez y Marta González Quintana sobre el manuscrito colombino conservado en la Biblioteca Nacional de Madrid de 1995. Citado en: González Bueno, «La flora del paraíso: recepción de las plantas americanas en la literatura científica europea del Renacimiento», 6.

[157] Gonzalo Fernández de Oviedo y Valdés, *Historia General y Natural de las Indias, Islas y Tierra-Firme del Mar Océano*. Preparada por José Amador de los Ríos (Madrid: Edición de la Real Academia de Historia, (1851-1855).

A Pedro Cieza de León (ca. 1521-1554) debemos una *Parte primera de la crónica del Perú* (Sevilla, 1553), en la que proporciona curiosas e insólitas noticias sobre los indígenas, su forma de vida, alimentos y uso de las producciones naturales, cuya continuación quedó inédita hasta siglos posteriores. Con mayor formación científica para interpretar el mundo americano, viajó el médico Diego Álvarez Chanca (m. ca. 1515), partícipe en el segundo viaje de Cristóbal Colón que estableció en Sevilla una factoría para la comercialización de especies americanas[158].

El viaje más importante desde el punto de vista científico fue el de Francisco Hernández (ca. 1515-1587), enviado por Felipe II como Protomédico general a las Indias con la misión de «hacer la historia de las cosas naturales» de aquellos territorios.

Hernández permaneció en Nueva España entre 1571 y 1577, periodo durante el cual recopiló materiales para una historia natural del territorio; escribió no menos de quince volúmenes, con dibujos de los diferentes productos naturales y, al parecer, efectuó el primer herbario seco sobre la flora mexicana. Para comienzos de 1574 Hernández había completado la redacción de siete volúmenes de pinturas de plantas y otro de animales americanos y, en septiembre de 1574, concluyó diez volúmenes de dibujos de plantas y animales, con veinticuatro de texto de la historia natural de Nueva España en latín. Sus materiales permanecieron inéditos en la biblioteca del Monasterio de El Escorial, en donde, la mayor parte, se destruyó en el incendio de 1671; por suerte, algunas copias coetáneas sobrevivieron al accidente[159].

Inició sus trabajos sobre la materia médica de Nueva España en la Ciudad de México, en marzo de 1571, con la ayuda de su hijo Juan Hernández, tres pintores y varios médicos indígenas que actuaron como informantes en las regiones que visitó. Realizó diversos recorridos, incluyendo la Altiplanicie Central, el viaje al mar Austral, Oaxaca, Michoacán y Pánuco. En 1571, desde Ciudad de México, Hernández identificó unas 800 plantas medicinales, apoyándose en los jardines de Bernardino del Castillo en Cuernavaca y de Moctezuma en Huaxtepec. En 1572 enfermó, probablemente de disentería amibiana, padecimiento que lo acompañó hasta su muerte.

---

[158]   Antonio González Bueno, «La flora del paraíso: recepción de las plantas americanas en la literatura científica europea del Renacimiento», 9.

[159]   Puerto Sarmiento y González Bueno, *Compendio de historia de la farmacia y legislación farmacéutica*, 112.

5.6. El conocimiento anatómico y el desarrollo de la fisiología

Paralelamente al mundo zoológico y botánico el Renacimiento también se caracterizó por un mayor conocimiento de la biología humana, primero a nivel anatómico y luego con otros aspectos relacionados con la curación.

Ya existían disecciones anatómicas probablemente desde la Edad Media, desde el siglo XIII y XIV, aunque eran procedimientos poco prácticos, poco directos. Lo habitual en las aulas universitarias, al igual que en las clases de botánica, era que el profesor leyera un texto en el que reproducía o comunicaba las descripciones anatómicas clásicas, y un ayudante mostraba en un cadáver, bien humano o animal, las estructuras descritas por los autores clásicos como Galeno. Lo que existía hasta el momento era una asimilación y reinterpretación del saber clásico respetando la autoridad de los clásicos.

Con el Renacimiento se produjo una ruptura con ese pensamiento. El cuerpo humano fue objeto de disección, fue explorado, medido, determinado y explicado como una máquina tremendamente complicada. Se fundaron una anatomía, una fisiología y una patología nuevas; al gran médico francés Jean Fernel (1497-1556) debemos estos últimos dos términos. Se refunda una medicina sobre la base de la observación y la experimentación directas, empezando a quebrantarse así la autoridad clásica y la tradición.

La disección didáctica y la autopsia judicial fueron practicadas en numerosas ciudades italianas a lo largo del siglo XV y las primeras décadas del XVI. Estas investigaciones anatómicas florecieron sobre todo en las universidades de Bolonia, Padua y Venecia, pero también en Florencia, Pisa, Ferrara, Perusa y Génova, siendo un polo de atracción para estudiantes de Medicina de todas las partes de Europa. En la Universidad de Padua, especialmente, la Facultad de Medicina había conquistado un elevado prestigio y atraía a mentes más brillantes. Los médicos italianos y los numerosos sabios extranjeros que empezaron a estudiar Medicina no estaban aislados, ya que se mezclaban libremente con artistas, matemáticos, astrónomos e ingenieros.

Entre esos estudiantes encontramos a Andrés Vesalio[160] (1514-1564), que revolucionó los conocimientos sobre la estructura del cuerpo humano ofreciendo una nueva perspectiva. La vida de Vesalio ilustra el carácter internacional de las

[160] Andries van Wessel, nombre latinizado por la tradición humanista como Andreas Vesalius, nació en 1514 en Bruselas, donde su padre era boticario del emperador, Vesalio recibió una excelente educación clásica en su ciudad natal y en Lovaina, más tarde estudió Medicina en París, Lovaina y Padua.

actividades médicas en el siglo XVI. De 1537 a 1543 enseñó anatomía en Padua, con gran éxito, y preparó su obra más importante *De humani corporis fabrica* (1543). Después abandonó la investigación y la carrera como profesor por la más lucrativa situación de médico particular del emperador Carlos V y luego de Felipe II. Vesalio acompañó al emperador en sus campañas y adquirió excelentes conocimientos de cirugía. Vivió en Bruselas y más tarde en España.

En el libro *De humani corporis fabrica* ofrece una concepción estática de la anatomía basada en la observación del cadáver, con una visión solidista y arquitectural del cuerpo humano, por lo que se describió la forma (anatomía estática) del cuerpo humano, aislada de la función (anatomía animada).

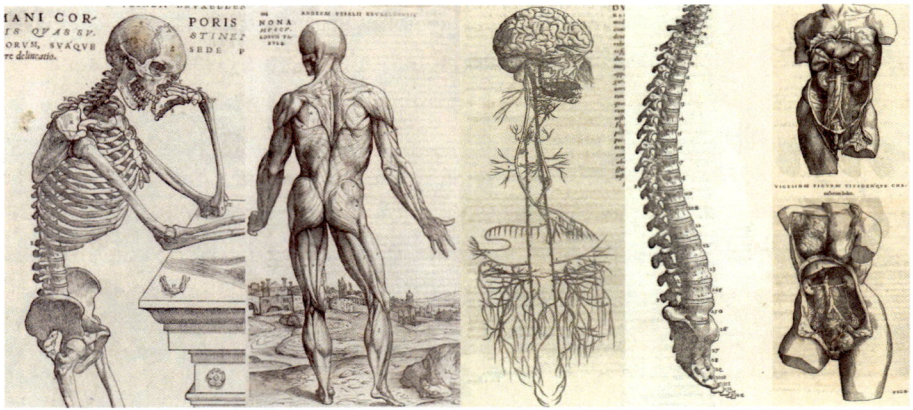

Figura 25. Algunos dibujos del *Humani corporis fabrica*. La didáctica juega un papel importante ya que representa el cuerpo humano en su conjunto, ya sea la visión del esqueleto o muscular, en diferentes posiciones; también ofrece detalles como el sistema nervioso, la columna vertebral o disecciones mostrando las diferencias anatómicas entre el cuerpo de la mujer y el hombre[161].

Como el propio Vesalio explicó su introducción, se trata de una obra de carácter didáctico, dividida en siete libros organizados en un orden anatómico desde la estructura fundamental del esqueleto a todo lo que se superpone. A los grabados de los detalles anatómicos, se suman cuadros sinópticos y resúmenes marginales para facilitar la comprensión de la obra. Desde el punto de vista del dibujo científico, destaca la serie de modelos anatómicos y esqueletos en distintas acciones (figura 25). A pesar de su pericia como dibujante, Vesalio contó con grandes ilustradores que al parecer se formaron en la escuela de Tiziano

[161] Andreas Vesalius, *De humani corporis fabrica* (Basileae: Officina Ioannis Oporini, 1543).

como el caso de Jan Stefan Van Calcar, que comenzó a plasmar en láminas lo que el Vesalio observaba en las disecciones.

Según Vesalio, no existía ningún propósito de renovar la anatomía como ciencia, sino su restauración, la corrección de los errores galénicos y un cambio en su docencia, sustituyendo la disección hecha por los *ostentores* por la realizada por el mismo maestro y en la que los discípulos deberían colaborar, ya que estima que este es el principal medio del conocimiento de la anatomía.

Vesalius transformó la medicina de los libros con sus imágenes realistas y su defensa de que los médicos utilizasen sus manos para estudiar el cuerpo. Muchos médicos se opusieron a su desafío de la tradición, sosteniendo que el valor de la autoridad secular de Galeno era superior al de sus recientes pruebas visuales. El objeto de estos debates del siglo XVI era si la verdad se encontraba en los libros o en los cuerpos. La obra de Vesalio fue blanco de grandes censuras y calumnias, al dejar Italia pasó a ser médico de la corte del emperador Carlos V.

5.6.1. El concepto de contagio y la obra de Jerónimo Fracastoro

La idea fundamental del origen parasitario de las enfermedades transmisibles ya fue intuida por Terentius Varron en el siglo I a. C. y dicha idea volvió a aparecer y se afirmó durante el Renacimiento, con la obra del médico veronés Jerónimo Fracastoro (1478-1553). Describió por primera vez la sífilis, conocida en esos tiempos como morbo gálico[162] o mal de bubas; esta enfermedad infecciosa, transmitida sobre todo por contacto sexual, fue descrita Fracastor en el poema *Syphilis, sive morbus gallicus* (1530)[163] siendo su composición más difundida y conocida, adjudicándole el nombre actual a la dolencia, siendo las aplicaciones de mercurio el único remedio eficaz de lucha contra la infección por *Treponema*. Según el historiador de la medicina Vicente Pérez Moreda, el origen y la antigüedad de la sífilis dieron lugar a un gran debate sobre si llegó importada a Europa desde América[164].

---

[162] El primer brote de la enfermedad en Europa sucedió en Nápoles en el 1495, afectando a las tropas francesas allí sitiadas, tras su repatriación, la enfermedad se extendió por Italia, Francia y Alemania siendo un azote para toda Europa a principios de siglo XVI. Puerto Sarmiento, «Características generales de la ciencia renacentista», 60.

[163] A partir de esta obra poética se empezó a denominar a la enfermedad sífilis, en la obra usa a modo de recurso didáctico una recreación fantástica.

[164] Vicente Pérez Moreda, «Enfermedad y muerte durante el Renacimiento», en *La humanización de la sanidad a través de la historia: el Renacimiento*, ed. por Francisco Javier Puerto Sarmiento (Madrid: Fundación de Ciencias de la Salud, 2024), 196.

Pero, además del volumen, Fracastor fue autor de otros títulos de gran impacto para la biología y la epidemiología como su obra *De contagione et contagiosis morbis et curatione* (sobre el contagio, las enfermedades contagiosas y su curación) con tres volúmenes publicados en Venecia en 1546 apoyando la idea del contagio de la sífilis y otras enfermedades. De estas escribió: «son semillas vivas que contaminan a los humanos, se reproducen y se multiplican en ellos, causando enfermedades». Las consideró partículas imperceptibles que pasan del hombre enfermo al sano como los gérmenes de la uva podrida pasan a la uva sana, que a su vez se pudre. Defendía en su obra que: «Los primeros gérmenes que llegan a un huésped, si entran en contacto con tejidos sensibles, se multiplican en el acto y desde allí se propagan e infectan todo el organismo»[165].

Señaló que algunos gérmenes alcanzan el cuerpo por contacto directo, otros a distancia a través del aire que respiran, en el que se encuentran y donde permanecen vivos durante cierto tiempo, y otras mediante vehículos sólidos. Lo que Fracastor llamó «vehículos sólidos» eran ropas, objetos de madera y otros que podían ser portadores de gérmenes y, por tanto, causar contagio.

También llegó a la conclusión de que los gérmenes son específicos en cuanto a los huéspedes que parasitan y a las enfermedades que provocan; explicaba que, en efecto, existen parásitos de plantas y mieses que no atacan a ningún organismo animal, mientras que otros infectan a los animales y prescinden de plantas y mieses.

Fue un gran precursor: 200 años antes de Pasteur, Fracastor defendió la idea de la etiología infecciosa de las enfermedades frente a la establecida de los humores corrompidos; comprendió que los gérmenes patógenos y los de fermentación eran entidades vivas que engendraban a otros seres vivos, que se transportaban de un lugar a otro por contacto, o eran transportados por los objetos o el aire. Este esbozo de las teorías modernas se hizo antes de la invención del microscopio y de otros descubrimientos que permitieran la observación y la experimentación[166].

5.6.2. La aparición de la fisiología como disciplina

Para determinar la fecha de inicio de una disciplina, a menudo se considera el momento en que se escribe el primer tratado que sirva de referencia a otros

---

[165] Giuseppe Penso, *La conquète du monde invisible. Parasites et microbes à Travers les siècles* (París: Les Editions Roger Dacoosta, 1981).

[166] Sarton, *Seis alas. Hombres de ciencia renacentistas*, 207.

sobre dicha materia; es decir, una obra pionera que establece una tradición y marca el comienzo de un cambio acumulativo con obras posteriores. Algunos podrían situar el inicio de la fisiología en 1542 con Jean Fernel (1497-1558), médico que alcanzó gran renombre en París, con la publicación *De naturali parte medicinae* (Sobre la parte natural de la medicina). Esta primera edición se imprimió tres veces en un periodo de nueve años, antes de que Fernel decidiera cambiar su título por *Physiologia*, a pesar de que aún no había ofrecido una definición oficial de este término.

Sobre la fisiología tenemos propuestas como la del oscense Miguel Servet (1511-1553), filósofo-teólogo español, que efectuó la más importante rectificación de la centuria a la fisiología galénica en su *Christianismi Restitutio* (1553). Siguiendo los conocimientos árabes sobre la doble circulación, y vinculando el alma a la materia de la sangre, proponía que la sangre es conducida desde el ventrículo derecho a los pulmones, donde se mezcla con el aire inspirado y es conducida finalmente al ventrículo izquierdo, aunque no hay pruebas de que Servet realizara sus propios experimentos. Acusado de herejía por la Inquisición católica francesa y la protestante de Suiza, por mandato de Calvino fue quemado vivo en Ginebra, el 27 de octubre de 1553, junto a un ejemplar manuscrito y otro impreso de su obra.

El anatomista Juan Valverde, en su libro *Historia de la composición del cuerpo humano*, difundió la circulación menor por toda Europa y la presentó como fruto de su colaboración con el también anatomista Realdo Colombo, que la expuso en su *De re anatomica* (Sobre la cuestión o cosa anatómica, 1559). Se podría considerar el caso de Servet, Valverde y Colombo un caso de difusión de un descubrimiento anterior árabe, en este caso, el peso de la cuestión inquisitorial se debe tener en cuenta en el análisis histórico[167].

---

[167] Puerto Sarmiento, «Características generales de la ciencia renacentista», 57.

6. La institucionalización de la ciencia en el siglo XVII

Durante el siglo XVII tuvo lugar un importante desarrollo económico, impulsado por la explotación de recursos naturales como minerales y especias en ultramar. Se estableció una relación directa entre los avances científicos (navegación, minería, botánica) y el bienestar económico. La creación de iniciativas comerciales y urbanísticas fue más intensa en Centroeuropa (norte de Italia, Países Bajos, Alemania), lo que llevó a un desplazamiento del «centro de gravedad» desde el entorno mediterráneo.

Se sentaron las bases para la institucionalización de la ciencia, destacando el surgimiento de sociedades científicas privadas y estatales, así como las primeras publicaciones científicas periódicas. Metodológicamente, triunfaron las demostraciones en el campo de la divulgación, y la experimentación en el de la investigación. En el desarrollo de la biología asistimos a la consolidación de fabricantes de instrumentos, afiladores de lentes y diversos tipos de «artesanos superiores», cuya importancia fue crucial para el desarrollo de métodos empíricos. En su *Discurso del Método*, Descartes negó el valor del juicio sensorial frente al razonamiento, mientras que Galileo enseñó a los científicos a observar directamente la naturaleza, basando su conocimiento en la experimentación y evitando las divagaciones de la razón.

Muchos criticaron la ortodoxia escolástica anterior en la que se había convertido la filosofía natural (o «física») aristotélica por considerar que no prestaba suficiente atención a las lecciones de la experiencia. Por ejemplo, en Inglaterra, Francis Bacon, un abogado y político de renombre, pese a que no fue un pionero en ningún campo de la investigación, se convirtió en el principal promotor del progreso en Europa por sus reflexiones sobre la exploración y la experimentación. El principal manifiesto sobre la investigación científica de Bacon fue su *Novum Organum*, concebido para acabar con el *Organon* (la lógica aristotélica) y apostar por la investigación experimental. No consideraba imposible el que, si se seguía enérgicamente en la línea científica que él proponía, los hombres alcan-

https://dx.doi.org/10.5209/docm.006.07
Historia, Enseñanza y Difusión de la Biología. José Pedro Marín Murcia.

zarían rápidamente tal profundo conocimiento de los secretos de la naturaleza, que su poder sobre ella se volvería prácticamente ilimitado[168]. En su utopía *La Nueva Atlántida* (póstuma, 1627), intentó demostrar cómo una visión empírica del mundo podría transformar toda una sociedad.

Según la historiadora Patricia Fara, Bacon instaba a los reformadores a dejar atrás la seguridad del saber clásico sin limitar el mapa del intelecto a los descubrimientos y angostas fronteras de los antiguos[169]. Abogaba por la importancia de la información obtenida de la naturaleza y la necesidad de recopilarla, publicarla y explotar su uso práctico. Defendió la cooperación, la comunicación y el apoyo estatal para una construcción completa del conocimiento humano. Thomas Sprat, obispo de Rochester, explicaba que en los libros de Bacon se encontraban los mejores argumentos para la defensa de la filosofía experimental; desde sus publicaciones contribuyó al debate sobre la importancia de los instrumentos en la investigación científica, al defender su uso para recopilar datos como parte de su enfoque inductivo.

Dentro de este enfoque del fomento de los instrumentos se dispusieron matemáticos (los más antiguos, de medida), físicos (de observación) y filosóficos, aquellos inventados por filósofos naturales para experimentar e incluso alterar las condiciones naturales, como la bomba de vacío o las máquinas eléctricas.

La nueva forma de abordar el conocimiento natural implicaba el uso del laboratorio; esto fue institucionalizado en muy pocas universidades para finales del siglo XVII, siendo el ejemplo más notable la Universidad de Leiden que ya disponía de un jardín botánico y un teatro anatómico, entre 1590 y 1636, dedicados a la enseñanza clínica. Pero dio un paso más allá al establecer un laboratorio químico en 1669, abriendo camino a la experimentación[170].

6.1. Desarrollo de sociedades científicas

La primera mitad de siglo XVII fue una continuidad del Renacimiento, quizá uno de los elementos más relevantes fue la incipiente creación de sociedades y academias científicas. Estas tuvieron una característica fundamental y es que

---

[168]   Benjamin Farrington, *Francis Bacon, filósofo de la revolución industrial* (Madrid: Editorial Ayuso, 1971), 125.

[169]   Fara, *Breve historia de la ciencia*, 201.

[170]   Pamela H. Smith, «Laboratories», en *The Cambridge History of Science. Volume 3: Early Modern Science*, ed. por Katharine Park y Lorraine Daston (Cambridge University Press; 2008), 304.

editaron por primera vez las revistas periódicas, que fueron, en adelante, el medio de comunicación científica por excelencia en ciencia.

6.1.1. La Accademia dei Lincei

En 1603 Federico Cessi (1585-1630) inauguró la Accademia dei Lincei, compuesta entre 20 y 30 personas con intereses en el mundo natural. Todo ellos compartían la creencia de que ese trabajo debía de ser libre y no estar constreñido por ninguna cortapisa religiosa, ideológica o política. Tenían una especie de orgullo corporativo arraigado de pertenecer a una élite intelectual y empezaron a diseñar una serie de procedimientos o protocolos para ver o aceptar a los nuevos miembros que incorporaban, y a favorecer una política de transmisión de ese conocimiento. Ese sentido corporativo se tradujo en usos institucionales concretos: pautas para nombramiento de socios, diseño de una política editorial o de divulgación, etc.

Los trabajos de la Accademia dei Lincei fueron los primeros de una editorial que podríamos llamar exclusivamente científica; con el sello de su sociedad vio la luz un trabajo sobre la descripción de las abejas: *Apiarium*[171], también algunas obras de Galileo, una serie de prescripciones a cargo de Giovanni Faber (figura 26) y los comentarios a la obra de Francisco Hernández, médico de Felipe II que viajó al virreinato de Nueva España para estudiar las plantas del Nuevo Mundo. La producción asociada a la Accademia dei Lincei se conoce solo en parte, pero esta aportó al conocimiento del mundo natural un nuevo panorama, un nuevo universo de recursos vegetales con aplicaciones de gran interés. Desgraciadamente la Accademia dei Lincei, a partir de la muerte de Cessi y del inicio del proceso inquisitorial a Galileo, empezó a decaer y a desaparecer.

Poco después, apareció la Accademia de Cimento, fundada por discípulos de Galileo, con apoyo de Leopoldo y Fernando di Medici (oligarca de Florencia). Estos académicos se reunían en el Palazo Piti, donde disponían de laboratorio y talleres (espacio dual educativo y de investigación). Al igual que la Accademia dei Lincei publicaron sus investigaciones en una revista denominada *Saggi di Naturali Esperienza* (1667).

---

[171] El primer registro de observaciones microscópicas apareció en el libro *Apiarium* en 1625. Federico Cesi y Francesco Stelluti describieron la anatomía de las abejas, las ilustraciones de microscopía se publicaron cinco años después en el libro *Persio* de Stelluti. La disposición de las abejas en su ilustración refleja el trío de abejas presente en el escudo familiar del cardenal Barbarini, también conocido como el papa Urbano VIII.

Figura 26. Portadas de varias publicaciones de la Accademia dei Lincei: un texto de Galileo sobre las manchas solares, la portada del *Persio* de Francesco Stelluti dedicado al cardenal Barberino y las prescripciones de la academia firmadas por Giovanni Faber en 1624; en todas se aprecia el sello de la academia con el símbolo del lince. Fuente: Linda Hall Library of Science, Engineering & Technology.

6.1.2. La Royal Society de Londres

El fenómeno de las academias no fue exclusivo de Italia, ya en 1660 apareció la Royal Society of London, formada en principio como grupo de investigadores o curiosos para discutir las obras de Francis Bacon.

Entre 1650 y 1669 personajes como Robert Boyle, Christopher Gren, arquitecto de la catedral de Saint Paul de Londres, o Robert Hooke se reunieron periódicamente en la Universidad de Oxford, en un encuentro semanal para intercambiar sus opiniones y experiencias. Esa reunión más o menos informal como Oxford Philosophical Club obtendría el patrocinio real y pasaría a denominarse Royal Society of London para el implemento del conocimiento natural. La visión de Francis Bacon sobre una ciencia relevante para la sociedad y practicada por estudiosos en contextos cívicos fue desarrollada aún más por la recién creada Royal Society.

Lo que nació siendo, en principio, una reunión de amigos o curiosos pasó a tener un presupuesto real para continuar sus trabajos, e incluso tendría el encargo real de publicar libros (con permiso de la corona). La autoridad real no solo le daba entidad a la reunión de sabios, sino que también permitía publicar en su nombre, como el tratado *Micrographia* de Robert Hooke del que nos ocuparemos más adelante. En 1665 comenzó la publicación de las *Philosophical Transactions of the Royal Society*, revista de información científica que hoy en día sigue existiendo[172]. Es un ejemplo de cómo se consolida un mecanismo de transmisión del conocimiento a través de revistas y publicaciones científicas.

Esta tradición que consolidaron los ingleses a lo largo del XVII se imitó con la Academia de las Ciencias francesa. En este caso era la propia corona la que promovía la formación de la academia y la que pagaba a sus académicos, asalariados del rey y a su servicio como órgano consultivo para cuestiones técnicas y científicas de la época: definir planes de obra pública, analizar procesos metalúrgicos, procedimientos de navegación, de geodesia, mediciones, etc. De forma que con el tiempo esta academia terminó siendo una especie de órgano de la administración real francesa. Terminaría por constituirse también en un centro de formación donde se pensionaba a varios investigadores jóvenes para mejorar su formación. Siguiendo el mismo esquema que la Royal Society de Londres, la Academie française editó su propia revista con diferentes títulos y periodicidad irregular.

En definitiva, a lo largo de este siglo se consolidó la idea de las asociaciones o sociedades científicas y las revistas como medio de difusión y transmisión del conocimiento.

6.2. Harvey y el desarrollo de la fisiología experimental

Los sucesores de Vesalius modernizaron la anatomía en toda Europa, pero la Universidad de Padua siguió siendo la más importante de las escuelas médicas. Los políticos locales gestionaban la universidad como un negocio, contratando a los mejores profesores, que a su vez atraían a acaudalados estudiantes extranjeros.

Con una buena base en conocimientos de anatomía, William Harvey (1578-1657) se preguntó por el funcionamiento de la sangre y el corazón. Después de haber realizado sus estudios iniciales en Cambridge, Harvey se trasladó a Padua durante un par de años, en donde tuvo como profesor a Girolami Fabrici. A finales del siglo XVI, Padua poseía un anfiteatro anatómico excepcionalmente

---

[172] *Philosophical Transactions of the Royal Society* es una de las primeras y la más antigua revista científica del mundo en activo. Fue lanzada en marzo de 1665 por Henry Oldenburg (ca.1619-1677), primer secretario de la sociedad, que actuó como editor y redactor.

equipado, iluminado por velas y con filas de asientos dispuestos en círculo alrededor de la mesa de disección en posición central, para que todos pudieran gozar de una buena visión. Como había hecho Vesalius cincuenta años antes, los profesores de anatomía exhortaban a sus estudiantes a mirar al pasado.

De vuelta a Londres, Harvey llegó a la cúspide de la profesión médica. Con la importación a Inglaterra de los métodos de Padua, empezó a rechazar ciertos aspectos del galenismo que no se habían modificado hasta entonces. Vesalio fue uno de los primeros que se levantó contra una parte concreta de la teoría galénica; puso en duda la existencia de esos orificios que nadie conseguía descubrir en el tabique interventricular que es tan espeso, duro y compacto como el resto del corazón. Esta rebelión del observador contra una tradición milenaria solo encontró incredulidad y desprecio.

En la tradición galénica se consideraba al hígado como el órgano formador de la sangre y que la sangre no circulaba por el organismo, se pensaba en un sistema abierto en el que la sangre y el aire simplemente se disipaban en los extremos de venas y arterias. En el sistema galénico la sangre no circulaba, sino que fluía y refluía lentamente. Este punto de vista estuvo vigente hasta que, en 1628, Harvey publicó su tratado *On the Motion of the Heart and Blood in Animals,* mediante la incipiente experimentación y la lógica deductiva demostró que las arterias y las venas están funcionalmente conectados en el pulmón y los tejidos periféricos. Sustituyó el modelo doble de Galeno por un sistema único, y estableció que el corazón hace circular continuamente la sangre por el cuerpo, por lo que esta circula.

Harvey se benefició de observaciones clave por parte de sus predecesores, como la insistencia de Vesalio en no encontrar comunicación en el sistema interventricular, la existencia de las válvulas venosas descubiertas por Fabrici, y el descubrimiento de Colombo del tránsito pulmonar. Sin embargo, en lugar de integrar estos descubrimientos en un marco galénico, Harvey los utilizó para apoyar una nueva teoría de la circulación sanguínea. Se dio cuenta de que la observación, aunque era clave para la investigación, debía ir seguida de la formulación de una hipótesis. La validez de esa hipótesis, a su vez, requería de experimentos repetitivos y dirigidos. En este sentido, Harvey aplicó una fórmula muy similar a la del método científico actual.

Observó por medio de ligaduras el trabajo de las válvulas venosas que impiden el retroceso de la sangre e hizo pequeños experimentos para comprobar su hipótesis. Harvey empleó dos tipos de ligaduras (torniquetes) en el brazo. La primera era una ligadura apretada, que se usaba para detener el flujo de sangre durante amputaciones, que comprimía tanto las arterias como las venas, lo que provocaba la pérdida de pulsaciones más allá de la ligadura. La otra era una ligadura de tensión media, que se utilizaba clínamente en las sangrías y comprimía las venas pero no las arterias, de modo que se podía palpar el pulso arterial distalmente[173].

6.3. La invención del microscopio

Las ayudas técnicas han ejercido una influencia duradera en la cultura humana. A partir del siglo XVII surge una ciencia instrumental que se apoya en nuevos dispositivos, entre los cuales destaca, en el ámbito de la biología, el microscopio. Este instrumento abrió un universo completamente nuevo al espíritu humano inquisitivo. Así como el telescopio amplió nuestro conocimiento del macrocosmos, las lupas y los microscopios revelaron la estructura íntima del mundo: las pequeñas criaturas y aquello que el ojo humano no puede percibir. La conquista del microcosmos impulsó el extraordinario desarrollo de las ciencias naturales, especialmente durante el siglo XIX, un periodo en el que estos avances también contribuyeron significativamente al progreso de la medicina.

Hay que llegar a la figura de Galileo para contar con un primer microscopio utilizable. Es cierto que a menudo se atribuye el primer microscopio compuesto a los creadores de lentes (*Brillenschleifer*) holandeses Hans y Zacharias Jansen de Middelburgo en la década de 1590. Pero esta afirmación parece estar envuelta en seria discusión.

Para la historia de la ciencia o para la enseñanza de la biología no tiene más relevancia saber quién lo hizo; lo que interesa saber es que, a lo largo del siglo XVII, se consolidó esta invención y su uso con dos tipos de instrumento: el microscopio simple, que es poco más que una lupa, con una imagen directa, y el microscopio compuesto, con dos lentes y una imagen invertida. Sí nos interesa esta polémica desde el punto de vista de la competencia o de la prioridad del descubrimiento.

Sabemos, gracias al escocés John Wodderborn, que Galileo (1564-1642) ya en 1610 había creado un instrumento con el cual podía observar con gran precisión los órganos, los movimientos y el comportamiento de los animales más pequeños. Galileo comunicó el ingenio del *occhialino* (pequeño lente) en el

---

[173] William Cameron Aird, «Discovery of the cardiovascular system: from Galen to William Harvey», *Journal of Thrombosis and Haemostasis* 9, n.° 1 (2011): 125.

Saggiatore en 1623 y a Federico Cesi, de la Accademia dei Lincei, en una carta en 1624, junto un *occhialino* para observar de cerca las cosas más pequeñas:

> He contemplado con infinita admiración numerosos animales diminutos; por ejemplo, la pulga es absolutamente horrible, mientras que el mosquito y la polilla son muy hermosos. Con el mayor deleite he observado cómo las moscas y otros pequeños animales logran caminar sobre los espejos e incluso hacia arriba. Tendrá un campo vastísimo en el que podrá explorar mil y un detalles, y le ruego que me informe sobre las cosas más curiosas que descubra. En resumen, hay un infinito por contemplar ante la grandeza de la naturaleza[174].

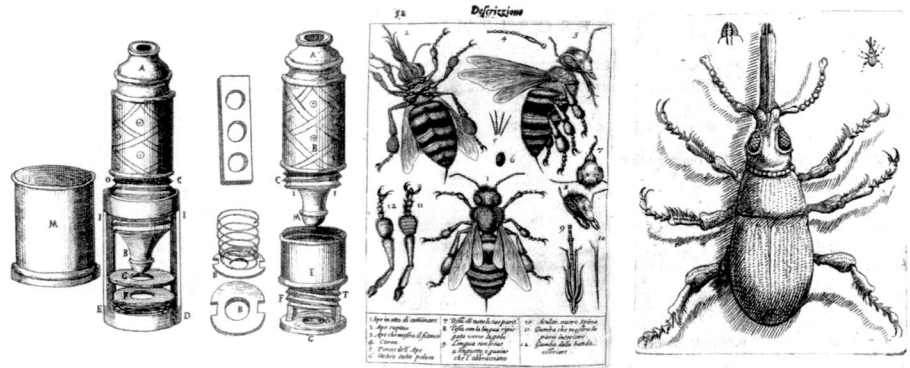

Figura 27. A la izquierda, un grabado sobre uno de los primeros microscopios compuestos. Fuente: Biodiversity Heritage Library / Smithsonian Libraries and Archives. En el centro, la abeja estudiada al microscopio por Francesco Stelluti (1630), fue el primer grabado publicado que representaba un ser vivo y sus órganos observados al microscopio. A la derecha, un gorgojo del trigo estudiado al microscopio, también por Stelluti. Fuente: Stelluti, 1630, cortesía de Linda Hall Library of Science, Engineering & Technology.

El instrumento empezó a ser utilizado por aquellos interesados en el mundo natural. Como ya hemos comentado, la primera comunidad de investigación, la Accademia dei Lincei, fueron de los primeros en utilizar el microscopio como instrumento de investigación en numerosos estudios. Su secretario, el médico alemán Giovanni Faber[175], contribuyó a la difusión del nombre *micros-*

---

[174] Penso, *La conquête du monde invisible*, 126.

[175] Giovanni Faber, también académico, quiso dar un nombre a la *lunette* de Galileo y, al escribir su obra sobre los animales mexicanos, anotó lo siguiente: *Microscopium nominare libuit*

copium, que probablemente fue acuñado por este círculo de estudiosos (figura 27). En los primeros momentos este nombre no se utilizó solo para la investigación con el microscopio compuesto, sino también para lupas simples.

Entre los pioneros más destacados en el campo de la investigación microscópica estuvieron el italiano Marcelo Malpighi (1628-1694) y el médico inglés Nehemiah Grew (1641-1712). Este fue un excelente anatomista vegetal, mientras que Malpighi fue un gran anatomista tanto en el reino animal como en el vegetal.

Malpighi estudió de forma intensiva con el microscopio, observó y analizó con detalle la estructura de la naturaleza de las plantas y describió sus formas de tejido fibroso y parenquimatoso. El médico italiano se dedicó también a la investigación microscópica en animales; por ejemplo, mostró la complicada estructura de los pulmones, del bazo, del hígado, etc. Aún hoy, el término «corpúsculos de Malpighi» hace honor a su trabajo. Al examinar el tejido pulmonar logró descubrir los capilares, siendo este el último eslabón en la cadena para evidenciar la teoría de la sangre de Harvey y dar coherencia a la teoría de que la sangre recorra el organismo. También describió en detalle las papilas de la lengua y las conectó con su función del sentido del gusto.

Por otro lado, Grew escribió un tratado de anatomía de plantas y evidenció en sus dibujos la estructura microscópica de los vasos del tallo de la raíz, también comenzó a describir con precisión los procesos de germinación. Otro pionero microscopista fue Jan Swammerdan que aplicó el microscopio simple al estudio anatómico de insectos, a las vivisecciones, muy elaboradas, de órganos succionadores y a la anatomía y metamorfosis de los insectos.

El inglés Robert Hooke construyó un microscopio compuesto provisto de un útil dispositivo de ajuste con rosca y con tubo inclinable entre el ocular y el objetivo. Además, existía una lente condensadora para lograr mejores condiciones de iluminación sobre el objeto, que recogía la luz procedente de una bola de cristal, aumentando la luz proveniente de una lámpara de aceite (figura 28).

Siendo secretario y conservador de experimentos de la Royal Society, Robert Hooke ideaba experimentos que pudieran presentarse a la sociedad en sus reuniones semanales. Hooke preparaba regularmente un espécimen microscópico y estos fueron tan bien recibidos que se le encargó un libro que recopila-

(me complació llamarlo microscopio). La obra no vio la luz hasta mucho más tarde (en 1649), pero Faber envió el manuscrito a Federico Cesi acompañado de una carta fechada el 13 de abril de 1625.

ra las observaciones, ilustradas con grabados[176]. En 1665 se publicó *Micrographia*, fue el primer libro en inglés que ofrecía una descripción detallada e ilustrada del trabajo microscópico; llegó a ser un texto de referencia hasta final del siglo XVIII.

Figura 28. De izquierda a derecha: microscopio compuesto de Robert Hooke; observación de un corte de la corteza de corcho mostrando el felógeno; un detalle de una larva acuática, la idea de usar el dibujo en plan esquema didáctico se observa en la numeración de las estructuras señaladas. Fuente: *Micrographia*, Wellcome Collection.

El término «célula», tan fundamental hoy en día, fue acuñado por el propio Hooke. Al examinar un pequeño trozo de corcho de botella bajo el microscopio, con luz intensa, encontró finos poros que comparó con panales de miel por sus finas paredes que llamó *cells* (células). No consideraba que las cavidades que observaba en el tejido vegetal muerto formaran elementos de este, sino poros o canales. Desde Hooke, el término «célula» ha sufrido una serie de transformaciones fundamentales que analizaremos al ocuparnos de la teoría celular.

En el prefacio de su libro *Micrographia*, intentó disipar algunos temores explicando que el microscopio simplemente aumentaba el poder de los sentidos, permitiendo así al ser humano apreciar las maravillas del universo. Las dudas planteadas entre el público crítico eran que el microscopio distorsionara la verdad. Dado que los organismos eran invisibles, era difícil no tener la sensación de que la lente los creaba de algún modo[177].

---

[176] Olivia Brown, *Microscopy and the amateur. The social History of the Microscope* (Cambridge: Whipple Museum of the history of science, 1986), 1.

[177] Brown, *Microscopy and the amateur*, 2.

Otro de los microscopistas más destacados de esta época fue Antony van Leeuwenhoek (1632-1723), secretario municipal de la ciudad de Delft. Dotado de una notable habilidad para pulir sus propias lentes, Leeuwenhoek fabricó instrumentos especiales adaptados a las necesidades de sus investigaciones (figura 29). Su curiosidad inagotable lo llevó a utilizar microscopios para examinar todo lo que despertaba su interés, y gracias a su enfoque libre de prejuicios y sus numerosas observaciones, realizó descubrimientos fundamentales. Entre sus hallazgos se encuentran la estructura fibrosa del cristalino del ojo, las estrías transversales de las fibras musculares y la ramificación de los músculos del corazón. Además, fue el primero en observar microorganismos, incluyendo protozoos y bacterias, un avance revolucionario para la biología.

El microscopio permitió el análisis de los detalles anatómicos sutiles, mostrando la gran diversidad de estructuras y acumulando datos sobre el valor de microestructuras para distinguir especies; también enfatizó la relación entre las estructuras anatómicas y su significado fisiológico (como los capilares y la circulación de la sangre); y dio nuevos bríos a la investigación sobre el desarrollo embrionario, con el nacimiento de dos teorías para explicarlo: el preformacionismo animalculista y el oovista.

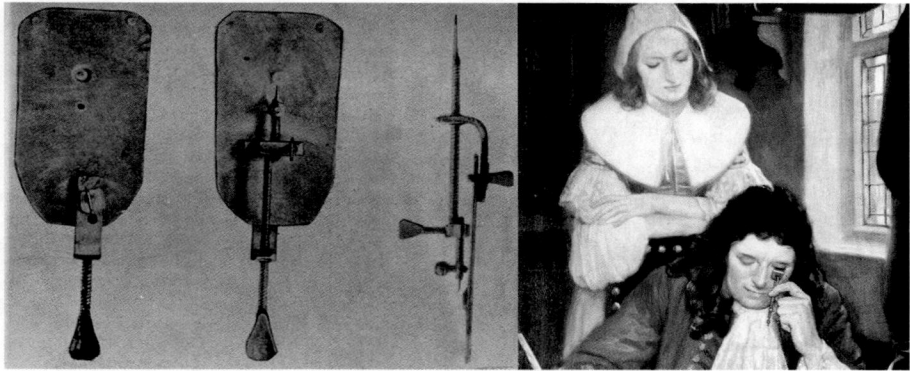

Figura 29. A la izquierda, microscopio simple de Leeuwenhoek, consistía en una lámina metálica en la que se colocaba la lente y un mango que terminaba en un vástago, en el que se sujetaba el objeto examinado; a la derecha, cuadro de Ernest Board mostrando al inventor observando con uno de sus ingenios. Fuente: Wellcome Collection.

La importancia de los estudios microscópicos sistemáticos fue reconocida por otros colegas, y especialmente apoyada por el matemático, físico y racionalista Gottfried Leibniz, en un momento en el que solo unos pocos investigadores estaban considerando seriamente este área de investigación[178]. Leibniz defendió la necesidad de integrar la ciencia académica con el conocimiento técnico, escribió a Leeuwenhoek insistiéndole que era de gran importancia y valor instruir a los jóvenes en la metodología de las observaciones microscópicas, creando así escuela y manteniendo y atesorando conocimiento científico. Pero del estudio de la correspondencia entre Leibniz y Leeuwenhoek se percibe que este no tenía confianza en las nuevas generaciones. Mostraba su escepticismo respecto a dicho proyecto, afirmando que no veía «mucha utilidad» en entrenar a «jóvenes para pulir lentes» ni en fundar «una especie de escuela para este propósito», recordando a Leibniz que ya se había intentado algo similar en Leiden, obteniendo un gran fracaso[179].

En esa época, la tecnología microscópica carecía de reglamentación, y no existía un método sistemático de investigación ni una base científica sólida, como la física óptica. Por ello, cada microscopista tuvo que abrirse camino de manera autodidacta y artesanal, desarrollando sus propios métodos e instrumentos a partir de su ingenio personal. Leibniz veía necesaria una descripción precisa de los procedimientos y herramientas utilizados, tan importante como los detallados informes de sus observaciones. Esto entronca directamente con el principio de *comunalismo científico* que comentábamos en el capítulo primero, como una componente necesaria del *ethos* del científico.

Leibniz sugirió que si los métodos de observación desarrollados por Leeuwenhoek se aplicaran a gran escala, prestarían gran servicio a la humanidad, permitiendo conocer mejor el interior de la naturaleza, encontrando usos importantes en la medicina y las artes. Señalaba que se podía servir al público y a la posteridad de dos maneras distintas: como inventores o como observadores, que son un apoyo para los primeros[180]. Sobre la falta de escuela que siguiera el camino de Leeuwenhoek escribió: «A menudo me molesta la pereza humana, que ni abre los ojos ni se apodera de la ciencia abierta. Si fuéramos inteligentes, se habría encontrado varios sucesores en todas partes»[181].

---

[178] Leibniz utilizó dichos resultados como evidencia empírica para defender algunos de sus principios metafísicos. Alessandro Becchi, «Between learned science and technical knowledge: Leibniz, Leeuwenhoek and the school for microscopists», en *Tercentenary Essays on the Philosophy and Science of G. W. Leibniz*, ed. por Strickland, L. *et al.* (Basingstone: Palgrave Macmillan, 2017), 47.

[179] Becchi, «Between learned science and technical knowledge», 65.

[180] Becchi, «Between learned science and technical knowledge», 54.

[181] Alexander Berg, *Ernst Leitz optische werke, Wetzlar 1849-1949. Die Bedeutung der Mikroskopie für die Entwicklung der Biologie und Medizin* (Frankfurt am Main: Umschau Verlag, 1949), 11.

6.4. La clasificación de los seres vivos

Para terminar de tratar sobre la revolución científica señalaremos cómo los naturalistas, ante la multitud inmensa de las especies vivientes, tuvieron que esforzarse por definirlas, por caracterizarlas, por designarlas, por clasificarlas. Esta labor sistemática, basada primeramente en principios arbitrarios, terminó por crear grupos cuyo carácter artificial hubo que reconocer muy pronto. Sin embargo, gracias a los progresos de la morfología y a un conocimiento más profundo de la organización de los diversos seres, fue posible establecer grupos más homogéneos, trazar un cuadro más exacto y completo del mundo viviente, juzgar acerca de las afinidades de los organismos y, por último, plantear el problema de su parentesco y afinidades mutuas.

La anatomía vegetal se constituyó muy pronto, después de la invención del microscopio. La fisiología de las plantas, por el contrario, hizo escasos progresos y si se libró de las especulaciones de la escolástica fue gracias a la intervención de los primeros experimentadores.

Durante mucho tiempo la anatomía animal se limitó a la del hombre y de los vertebrados. Poco a poco se hizo comparada; la demostración de las semejanzas condujo a la busca de su significado: ¿paralelismo o verdadero parentesco? La historia de la fisiología de los animales es singularmente demostrativa. Durante más de un siglo no fue más que un fárrago de ideas absurdas, de concepciones extraordinarias, de hipótesis inverosímiles. Las únicas luces, aunque fueron deslumbradoras, se acortaron por los pocos hombres de ciencia que se atrevieron a observar y experimentar en el organismo viviente. Sin embargo, por no haber progresado casi nada aún los estudios microscópicos de los tejidos animales, la fisiología animal, hacia mediados del siglo XVIII, no se apoyaba sobre base sólida alguna. Los geniales descubrimientos de Lavoisier, realizados entre 1777 y 1790, no dieron sus frutos hasta años más tarde.

Los progresos efectuados en el conocimiento de las plantas fueron mucho más rápidos que los realizados en el estudio del reino animal. A fines del siglo XVII, los botánicos disponían ya de procedimientos fáciles y sencillos para reconocer y determinar las especies vegetales, mientras que la zoología daba aún sus primeros pasos. Por este motivo parece preferible examinar primero la historia de la sistemática vegetal, ciencia que sirvió después de modelo a los zoólogos y los guió en sus trabajos.

La falta de sincronismo en la evolución de las dos ramas de la historia natural se debe a la relativa sencillez del reino vegetal, en comparación con la extrema heterogeneidad del mundo de los animales. Durante mucho tiempo, los botánicos apenas se preocuparon de las criptógamas, como las algas y los hongos.

El número de las plantas conocidas se elevó rápidamente en el transcurso del siglo XVII. Si G. Bauhin describió 6000 especies en 1623, John Ray pudo citar más de 18 000 en 1682. A las plantas europeas agregaban sin cesar las especies exóticas que los botánicos traían de exploraciones en diversas partes del mundo.

Se hizo imposible describir ese enorme material sin un hilo conductor que permitiera una clasificación y una identificación rápidas. De esta necesidad nacieron los métodos o sistemas que jalonan el esfuerzo de los botánicos durante el siglo XVI y la primera mitad del XVII. Sin embargo, la ciencia no estaba lo suficientemente adelantada para permitir una clasificación que se basase en las afinidades naturales y efectivas de las plantas. Por eso, aunque algunos botánicos tuvieron la ilusión de que contribuían a la creación de un sistema natural, sus métodos siguieron siendo artificiales, y a pesar de su valor práctico, fueron insuficientes para ofrecer un cuadro racional del mundo vegetal.

Tournefort tuvo el mérito de insistir en la necesidad de establecer los géneros y de dar de ellos definiciones precisas. En sus *Éléments de botanique ou méthode pour reconnaître les plantes* (1694), que comprende un volumen de texto y dos de ilustraciones, el autor distribuye 10146 especies en 698 géneros. Publicó *Rei Herbaria* en los que introduce taxativamente la categoría de género y lo hace basándose en las características de la flor y el fruto, siendo uno de los criterios fundamentales. Ya no es tan importante el porte o el aspecto macroscópico sino cuestiones anatómicas concretas dentro de la flor. Basándose en ese análisis de la diversidad de flores y semillas definió 22 clases en función de la corola y distinguió subclases en función de la posición del ovario y los otros órganos de la flor.

7. Los primeros demostradores científicos en la Ilustración. El desarrollo de la clasificación de los organismos

La ciencia del siglo XVIII fue la de la Ilustración. Durante este periodo se produjo un cambio significativo en la estructura de la sociedad debido a tres grandes factores. Por un lado, creció la población europea, a pesar de las epidemias que todavía afectaron al continente; sin embargo, estas no generaron grandes mortandades como las de la Edad Media. Por otro lado, hubo un importante desarrollo agrícola, con una mayor producción de alimentos gracias a los procesos de innovación, lo que permitió alimentar a una población en aumento. Finalmente, hacia el final del siglo, surgió un nuevo factor en el que la ciencia desempeñó un papel fundamental: la Revolución Industrial.

El aumento de la población estuvo ligado a mejoras en las políticas sanitarias, incluyendo campañas de variolización, precursoras de la vacunación. También se emplearon fármacos contra enfermedades endémicas, como el extracto de corteza de quina contra la malaria, y se incrementó el arsenal terapéutico, lo que permitió tratar enfermedades con mayor eficacia. Además, se construyeron centros sanitarios de gran envergadura, como el Hospital General de Madrid, hoy Centro de Arte Reina Sofía. Paralelamente, la creación de estos centros asistenciales impulsó la formación de médicos y personal sanitario.

En la medicina ilustrada surgió una nueva relación entre el Estado y la sanidad. Hasta entonces, la salud era una cuestión individual: los ricos recibían atención médica personalizada, mientras que los pobres estaban desvalidos. Con el triunfo de los ideales liberal-burgueses, tras la Revolución francesa, la salud comenzó a considerarse un derecho fundamental. Esto marcó el inicio

https://dx.doi.org/10.5209/docm.006.08
Historia, Enseñanza y Difusión de la Biología. José Pedro Marín Murcia.
© Ediciones Complutense, 2026.

del proceso de medicalización, con la sanidad vinculada al Estado para garantizar su acceso como un bien común[182].

En el estudio de las ciencias naturales aparecen nuevos intereses, como el estudio de la electricidad, una rama nueva de la física, y una renovada botánica con nuevos horizontes y esfuerzos de clasificación y exploración con la figura de Linneo.

Respecto de la innovación agrícola, que fue otro de los factores de crecimiento de la población, se introdujeron nuevas plantas del mundo americano en Europa y viceversa. Por ejemplo, en este siglo se consolida el consumo de patatas en Europa y hay toda una eclosión de nuevos productos que se ve favorecida por una modernización en los procesos agronómicos. Los estudios de ingeniería y botánica se vinculan, a favor del desarrollo agronómico, en los textos de Jethro Tull y Henri Louis de Duhamel.

El otro factor importante de la innovación agronómica fue que a la larga se aumentó la producción de alimentos, con un crecimiento sostenido, y a la vez la eficacia de los procesos agrícolas mecánicos fue demandando menos mano de obra, lo que produjo la emigración del campo a las ciudades. El creciente proceso de urbanización de la sociedad europea tuvo como consecuencia una mayor disponibilidad de mano de obra para las incipientes fábricas. Se produjo la primera Revolución Industrial en Inglaterra, tres sectores económicos estuvieron especialmente implicados: el industrial textil, metalurgia y minería y la naciente industria química.

Una de las mayores contribuciones científicas del periodo de la Revolución Industrial fue la fundación de la química moderna, racional y cuantitativa. También surgió la industria química, en gran parte auxiliar de la nueva producción mecánica, a gran escala, de la industria textil y de sus transformaciones[183]. En cuanto a la textil, mucho de su fundamento estuvo en la agricultura y el uso de nuevas fibras como el lino y el algodón. La industria del algodón tomó el relevo de la lana como material, con nuevos procesos de hilado como la lanzadera volante, patentada en 1733, que permitía aumentar la velocidad y la capacidad de producción de los tejedores[184].

---

[182] Puerto Sarmiento y González Bueno, *Compendio de historia de la farmacia y legislación farmacéutica*, 165.

[183] Bernal, *Historia social de la ciencia I*, 406.

[184] Ruiz Castell, *Historia de la tecnología a través de veinte objetos*, 108.

7.1. Organización del conocimiento

Después de ocuparnos de los avances en agricultura e industria trataremos de la organización del conocimiento y su institucionalización durante este siglo. En el capítulo anterior abordábamos la aparición de las primeras sociedades científicas como la Accademia dei Lincei o la Royal Society y la emergencia de las publicaciones periódicas. Esta tendencia continuó en el siglo xviii con la aparición de nuevas academias a lo largo de Europa; en Berlín, en 1700, se creó la Academia Prusiana de las Ciencias, también lo hicieron en San Petersburgo y Gotinga, instituciones que seguían el modelo francés, dependientes del Estado.

En España hubo algunos esfuerzos de institucionalización con la nueva dinastía borbónica. España, tras la guerra de Sucesión, tenía un panorama desolador: no existían instituciones o vehículos de difusión de las ideas modernas, y los escasos focos de actividad cultural estaban atomizados e incomunicados. Durante el reinado de Felipe V surgió un dinamismo científico-técnico que alcanzó, en tiempos de su hijo Fernando VI, un notable avance con la aparición de jardines para la conservación y conocimiento de la flora y el estudio de las propiedades medicinales y económicas de las plantas. El Jardín Botánico de Madrid fue fundado en el año 1755, en el soto de Migas Calientes.

Bajo el reinado de Carlos III las autoridades se percataron de la importancia del conocimiento natural y de la localización de recursos; en 1771, se creó el Real Gabinete de Historia Natural, antecedente del actual Museo Nacional de ciencias naturales, y entre 1774 y 1781 se estableció el Real Jardín Botánico en el paseo del Prado, justo en el límite de la ciudad de Madrid.

A lo largo del siglo xviii los jardines botánicos ampliaron sus funciones, adquiriendo matices de coleccionismo, conservación y buscando cultivar las especies más raras introducidas desde países lejanos. El desarrollo de la historia natural se basaba en la necesidad de describir y clasificar, y las grandes expediciones aportaban gran información acerca de la flora de otros lugares del globo, contribuyendo a las economías nacionales mediante el cultivo de especies de interés. Algunas de las expediciones más famosas contribuyeron a asentar la botánica linneana, como las de José Mutis, o las de discípulos directos de Linneo como Törnström, Osbeck y Thunberg al Próximo y Lejano Oriente, y la de Sparrman y Solander embarcados a Sudáfrica y al Pacífico.

La renovación educativa fue una de las grandes cuestiones durante el reinado de Carlos III. Todas las instituciones dedicadas a la enseñanza fueron objeto del impulso reformista. Madrid tuvo nuevas instituciones científicas involucradas en la modernización borbónica de España: el Jardín Botánico de Madrid fue una de ellas. Con su traslado al paseo del Prado y con el decidido apoyo del conde de Floridablanca[185], el jardín se dispuso para que fuera una institución con muchos fines: huerto real, centro docente de sanitarios y de botánicos, abastecedor de plantas medicinales a la Real Botica, aliado del Real Tribunal del Protomedicato en la centralización administrativa sanitaria, rector de los estudios florísticos nacionales y modelo del resto de los jardines botánicos[186].

Debido al fuerte impulso que en aquel tiempo recibió la botánica tuvo lugar el establecimiento de jardines botánicos en diversos puntos de la península como Cádiz (1749), Sevilla (1778), Valencia (1778), Algeciras (1779), Barcelona (1783), Málaga (1784), Cartagena (1787) e igualmente Tenerife y otros puntos de las posesiones españolas en México y Filipinas.

En Madrid, junto al jardín se planificó un gran edificio para albergar el Real Gabinete de Historia Natural, encargándose el proyecto al arquitecto Juan de Villanueva. El jardín fue ideado como una especie de ciudad de las ciencias, aunque ese proceso de institucionalización de la ciencia no terminó de prosperar en España.

Estos esfuerzos se alinearon con la tendencia general en Europa, donde comenzaron a consolidarse asociaciones e instituciones científicas y profesionales, como los colegios de médicos y farmacéuticos. Así, convivieron nuevas instituciones de estudio y desarrollo científico con centros profesionales y espacios destinados a la comunicación científica para un público más amplio, como algunos museos abiertos al público general, tema que exploraremos más adelante. En España, surgieron museos y colecciones, esenciales para el prestigio estatal y patrocinadas por la monarquía, que custodiaban objetos naturales procedentes del vasto territorio americano.

Los investigadores de historia de la ciencia británicos, como Steven Shapin, han dado mucha relevancia a la cuestión del término *scientist* para hablar de una persona que se dedicaba a la ciencia. Shapin recuerda que la palabra inglesa no existió hasta el siglo XIX, y el término francés equivalente *scientifique* no fue de uso común hasta el siglo XX[187]. Tampoco existía la posición social y cultural definida que ahora recoge «el papel del científico», como algo diferenciado.

---

[185]   José Moñino (1728-1808), abogado y político murciano, secretario del Despacho de Estado bajo el reinado de Carlos III entre 1777 y 1792.

[186]   Miguel Colmeiro, «Bosquejo histórico y estadístico del Jardín Botánico de Madrid», *Anales de la Sociedad Española de Historia Natural* IV (1875), 241-330.

[187]   Steven Shapin, «The man of science», 179.

Veremos cómo las personas que se dedicaron a la ciencia pertenecían a ámbitos sociales variados, destacando la ciencia realizada por aficionados que se practicaba entre el ámbito privado y las sociedades científicas, incluyendo otras personalidades científicas que pasaron gran parte de sus carreras como amanuenses, tutores o sirvientes domésticos de diversa índole y, una pequeña parte, los que trabajaban para instituciones oficiales como universidades, gabinetes y jardines.

7.1.1. Las obras enciclopédicas

Todo este entramado de instituciones propició un tipo específico de producción científica muy característico del siglo XVIII que sigue teniendo vigencia hoy en día, que es el del diccionario enciclopédico o enciclopedia. Una de las obras de referencia fue la enciclopedia de Diderot y d'Alembert conocida como *Dictionnaire raisonné des sciences et des métiers* (editada entre 1751 a 1772), primera enciclopedia francesa en la que se recopiló el conocimiento científico y técnico de la época. Esta enciclopedia contó con antecedentes destacados, como la *Cyclopaedia, or Universal Dictionary of the Arts and Sciences*, de Ephraim Chambers (1728). Estas obras comenzaron como recopilaciones privadas, pero pronto muchas instituciones científicas asumieron como propia la tarea de editar publicaciones enciclopédicas de referencia. Por ejemplo, la *Académie Royale des Sciences* publicó entre 1761 y 1789 lujosas ediciones de una obra titulada *Descriptions des arts et métiers*.

Estos compendios llegaron a su máxima expresión con la *Histoire Naturelle*[188] del conde de Buffon[189], unos 44 volúmenes publicados por la imprenta real francesa, editada a lo largo de 50 años, entre 1749 a 1804, una obra descomunal mostrando el trabajo de toda una vida.

Durante los siglos XVII y XVIII, las artes gráficas produjeron algunas de las ilustraciones más elaboradas de la historia. En este periodo se perfeccionó la técnica del grabado, especialmente el calcográfico, en planchas de metal. La creciente relevancia social de la ciencia en el siglo XVIII impulsó la edición de obras con una rica iconografía, consolidando el prestigio de las élites ilustradas[190].

---

[188]	El nombre completo era *L'Histoire naturelle, générale et particuliére, avec la description du Cabinet du Roi*, con la descripción del Gabinete Real de Historia Natural y el detalle de las colecciones.

[189]	Georges Louis Leclerc, conde de Buffon (1707-1788), miembro de la Academia de Ciencias Francesa e intendente de los Jardines Reales (el actual *Jardin des Plantes*) de París desde 1739.

[190]	Baratas, «Iconografía científica: de la xilografía al JPG», 184.

En el siglo xviii el latín se mantenía como la lengua científica universal por excelencia. Quien dominara el latín podía comprender los libros científicos publicados en cualquier lugar del mundo occidental. Por ello, no resultó extraño que Linneo redactara las descripciones de las plantas y animales que estudió en la «lengua de los sabios». Con el tiempo, el latín fue perdiendo su utilidad como medio para divulgar teorías o debatir conceptos y observaciones, aunque continuó siendo la fuente principal de los términos empleados en disciplinas como la morfología, anatomía, citología, fisiología, ecología y fitogeografía. Su utilidad nomenclatural y descriptiva permaneció indiscutible. Esto cambió a finales de siglo y durante el siglo xix el francés será la lengua vehicular de la ciencia y la tecnología.

Al mismo tiempo que las enciclopedias lograron un gran éxito gracias a su amplia distribución y acogida, surgieron otras formas de transmisión del conocimiento científico, como los demostradores y divulgadores. Es importante destacar que, a lo largo del siglo xviii, se produjo una democratización en el acceso al conocimiento científico. Cada vez más amplias capas de la población pudieron acceder a este saber, aunque, paradójicamente, la universidad no desempeñó un papel relevante en este proceso democratizador. Esta permaneció como una institución dedicada a la formación de especialistas, con un acceso restringido y difícil, alejado del carácter masivo o público que habría permitido incluir al conjunto de la población.

7.2. Los demostradores y divulgadores

Recientemente algunos trabajos de historia de la ciencia se han centrado en los espacios públicos y privados para el desarrollo de la ciencia durante la Ilustración[191]. La afición y la curiosidad de personas de clases acomodadas estuvo dirigida hacia los nuevos instrumentos y descubrimientos, como las máquinas de vacío, los telescopios o los termómetros, lo que demandó demostraciones y exposiciones de los adelantos.

La práctica de la divulgación científica formó parte integrante de la cultura urbana y permitió a la ciudadanía acceder a la ciencia. Los divulgadores solían centrarse en la difusión de la ciencia, más que en el desarrollo de nuevas teorías;

---

[191] Katharine Park y Lorraine Daston, «Introduction: The Age of the New», en *The Cambridge History of Science. Volume 3: Early Modern Science*, ed. por Katharine Park y Lorraine Daston (Cambridge University Press, 2008), 1-18.

por tanto, se centraban en la demostración de un fenómeno físico o natural buscando el equilibrio entre la utilidad y el valor de entretenimiento de la ciencia. Afirmaban que debía hacerse accesible al mayor número de personas para beneficio general de la sociedad. La divulgación científica durante la época de la Ilustración capitalizó una tendencia ya existente, creada por sabios y educadores en el siglo XVII y principios del XVIII.

Los demostradores viajaban de una ciudad a otra realizando experiencias y maravillando a los curiosos. De estos poco se sabe al no dejar ninguna obra escrita, ni científica ni pedagógica, pero recientemente algunos trabajos se han centrado en reconstruir sus biografías siguiendo su huella a través de los anuncios de la época en la prensa y en panfletos, tal es el caso de François Bienvenu y de su recorrido por varias ciudades españolas, con gran cantidad de referencias localizadas en la prensa cotidiana de la época[192].

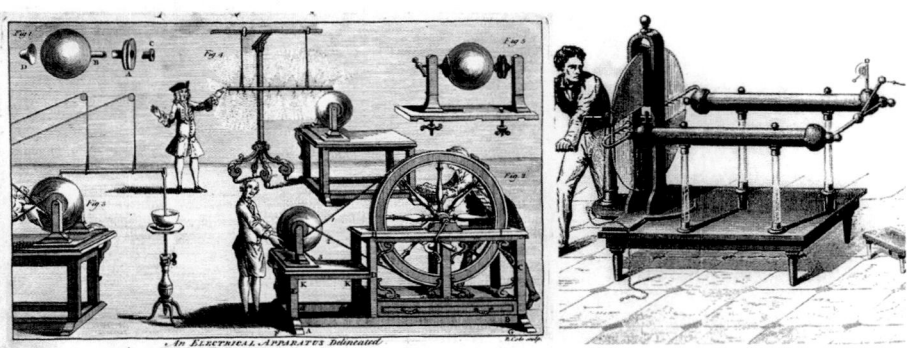

Figura 30. A la izquierda, la electricidad: varias máquinas eléctricas en funcionamiento con un hombre recibiendo una descarga eléctrica al fondo. Grabado del siglo XVIII, por B. Cole. Fuente: Wellcome Collection. A la derecha, grabado mostrando cómo funcionaba la máquina generadora de electricidad por fricción Ramsden. Fuente: Bartolomé Feliú y Pérez, 1886[193].

Otra personalidad interesante fue el abad y físico francés Jean Antoine Nollet (1700-1770), que realizó varios experimentos con electricidad y descubrió la ósmosis. Desde el punto de la difusión de la ciencia, nos interesa las

---

[192]   Ignacio Suay-Matallana, José Ramón Bertomeu, «François Bienvenu y la popularización científica en la Ilustración: demostraciones experimentales, entretenimiento y públicos de la ciencia», *Enseñanza de las ciencias* 34, n.º 2 (2016): 167-184.

[193]   Bartolomé Feliú y Pérez, *Curso elemental de Física experimental y aplicada y nociones de Química Inorgánica* (Barcelona: Imprenta de Jaime Jepus, 1886), 385.

reuniones que el abate desarrollaba frente a la burguesía, con demostraciones como la bomba de vacío, la transmisión del sonido, la electricidad estática o la contracción muscular. Sus innovaciones más importantes se dieron en el terreno de las prácticas pedagógicas o en la creación y la mejora de nuevos instrumentos científicos para demostraciones experimentales.

En este contexto nacieron instrumentos tan populares como la máquina de Atwood (para demostrar las leyes de la caída de los cuerpos) o los generadores eléctricos mediante fricción, que permitían producir descargas, chispas y una gran cantidad de fenómenos sorprendentes relacionados con la electricidad, como la máquina de Ramsden (figura 30).

7.3. Desarrollo en historia natural

Dos aspectos son esenciales para entender el desarrollo de la historia natural ilustrada, por un lado, el carácter clasificador y por otro el compilador de grandes obras enciclopédicas.

Cuando nos ocupamos del siglo XVII ya comentamos algunos esfuerzos de ordenar o de estructurar el conocimiento que se tenía del mundo natural y nombres como Ray y Tournefort hicieron los primeros avances, pero el gran esfuerzo que consolida la nomenclatura del mundo natural que seguimos hoy en día lo desarrolló Linneo[194]. Este naturalista sueco contó con un grupo de discípulos que le remitieron materiales desde los más alejados rincones del globo terrestre.

7.3.1. Botánica

A comienzos del siglo XVIII se habían realizado grandes esfuerzos en profundizar en el conocimiento de formas y variantes de los vegetales como primera prioridad para poder hacer una labor comparativa entre los organismos y avanzar en el conocimiento de su estructura interna. Se hacía necesaria una nomenclatura común ante la variedad de clasificaciones seguidas.

La subordinación de especies a sus géneros pudo triunfar gracias a la nomenclatura elaborada Linneo. Creó un aspecto importante para poder manejar

---

[194] Carl Nilsson Linneo (1707-1778), fue un científico, naturalista, botánico y zoólogo sueco que estableció los fundamentos para el esquema moderno de la nomenclatura binomial. Se le considera el fundador de la moderna nomenclatura.

la información de una gran cantidad de nombres de plantas. La nomenclatura binomial linneana obligaba a que todas las especies fueran conocidas solo mediante dos nombres: el primero, el del género; el segundo, el restrictivo o específico. El nombre genérico es siempre un sustantivo en caso nominativo, el sistema utilizó con buen criterio los nombres dados por sus antecesores a las plantas conocidas, lo que contribuyó a su fácil adopción. El nombre específico puede ser también un sustantivo en caso nominativo o, generalmente, un adjetivo en concordancia gramatical con el nombre genérico que expresa su carácter, por ejemplo, el color blanco, *Populus alba*.

La universalización del sistema nomenclatural linneano no fue un objetivo especialmente perseguido por su autor. Los estudiosos de la obra linneana acostumbran a calificarlo como un subproducto fortuito de su enciclopédica labor sistemática[195], en la que todos los seres vivos debían quedar integrados en un esquema coherente y conciso, en el que la utilización de los nombres-frase polinominales resultaba inviable. Su aceptación supuso la segregación definitiva entre la descripción del vegetal y su nombre. Linneo y «apóstoles» describieron gran cantidad de plantas, no se limitaron solo a proponer una nueva nomenclatura. Contemporáneos o sucesores próximos fueron Adanson, Gaertner, Willdenow, Jacquin, Lammarck, L'Heritier, Allioni, y otros que formaron la brillante pléyade de botánicos de finales de siglo XVIII, un siglo que transformó la botánica.

Linneo fue la personificación de una nueva botánica. En el segundo centenario de su nacimiento, Lázaro e Ibiza comentó acerca de su *Systema Naturae* que solo la consecución de este resultado hubiera bastado para hacer perdurable su memoria; aunque su pensamiento estuvo aferrado a las viejas doctrinas defendidas desde la Grecia clásica, preocupadas por ofrecer un modelo organizativo de la naturaleza, sencillo de aplicar, que permitiera ordenar la variabilidad natural en un sistema estanco y fijo[196].

Para Linneo las especies eran entidades reales, fruto de un acto de creación sobrenatural; cada especie estaba dotada de una serie de atributos constantes e inalterables[197]. Consideraba que la labor del naturalista consistía en reconocerlas, en hacer su inventario, para describir la obra admirable de Dios. En sus aforismos de *Philosophia botánica*, mostró parte de su pensamiento: «Contamos tantas especies como formas diferentes han sido creadas en el origen»; «Hay

[195]   Antonio González Bueno, *El príncipe de los botánicos, Linneo* (Tres Cantos: Editorial Nivola, 2008).

[196]   Antonio González Bueno, *El príncipe de los botánicos, Linneo*, 14.

[197]   Antonio González Bueno, *El príncipe de los botánicos, Linneo*, 110.

tantas especies como formas diferentes ha producido desde el principio el Ser
Supremo»; indicaba también que estas especies eran invariables y se habían
perpetuado hasta nosotros: «Esas formas se han multiplicado y producen, según
las leyes que regulan la generación, formas siempre semejantes a sí mismas. Por
eso hay tantas especies como formas o tipos diversos existen hoy»[198].

La clasificación de las plantas atendiendo a características sexuales, fundada por Linneo tenía en cuenta el número de estambres y de pistilos, era extraordinariamente simple y fácil de utilizar, un sistema que se impondría a otros
durante el siglo XVIII. El ideal de todos los botánicos de aquel siglo fue la formación de una clasificación que distribuyese las plantas con arreglo a las
analogías de organización, consideradas ya como indicio evidente de parentesco. Todas las clasificaciones, incluida la de Linneo, tendieron hasta entonces a
distinguir las plantas sin respetar las verdaderas afinidades que las ligaban
entre sí. Para algunos el lenguaje de las plantas no se correspondía con la escueta nomenclatura de Linneo, criticado por Buffon, que rechazaba la objetividad de la sistemática linneana, a la que consideraba totalmente artificial.

Por otro lado, existieron otros sistemas de clasificación alternativos al de
Linneo, los llamados naturales, como el de Antoine-Laurent de Jussieu[199]. Su
libro, *Genera plantarum* de 1779, fue la base para futuras ampliaciones del
sistema natural de clasificación de las plantas, influyó en varios investigadores
franceses como Cuvier y De Candolle[200], que este último propuso, en 1813, su
serie de familias naturales publicando el *Prodromus systematis naturalis*, su
obra descriptiva más importante y finalizada por su hijo[201]. Su sistema clasificatorio fue seguido por muchos, haciendo de su obra un referente hasta mitad
del siglo XIX. Muchas colecciones de herbario y de jardines botánicos fueron
ordenadas con arreglo a ella y en nuestro país libros de texto, como los de
Colmeiro y Galdo, siguieron su clasificación.

---

198   Carl von Linneo, [Casimiro Gómez Ortega], *Philosophia botánica* (Madrid: Matriti, P. Marin,
      1792).

199   Antoine-Laurent de Jussieu (1748-1836), médico y botánico, profesor del *Jardin des Plantes*
      de París, y miembro de la Academia de Ciencias.

200   Augustin Pyrame de Candolle (1778-1841) fue catedrático de botánica en la Universidad de
      Montpellier. Entre sus trabajos está el encargo de Lamarck de ocuparse de la reedición de
      su *Flore française*.

201   Es un tratado de 17 volúmenes de botánica. Lo concibió como un resumen de todas las
      plantas conocidas. Desarrolló como autor siete volúmenes, pero falleció en 1841 sin poder
      completar la obra. Su hijo, Alphonse Pyrame de Candolle (1806-1893), tomó luego la res-
      ponsabilidad de continuarla, editando diez volúmenes adicionales con contribuciones de
      un grupo de autores.

7.3.2. Zoología

En el siglo XVIII se produjo el auge de la zoología, mejorando el conocimiento de las especies animales, conformándose las nuevas orientaciones y campos de estudio que se consolidarán definitivamente en el siglo siguiente.

El esfuerzo sistemático más considerable fue el de Linneo. Aunque fue más botánico que zoólogo, el naturalista sueco quiso publicar una clasificación completa del mundo de la naturaleza. La primera edición de su *Systema naturae* es de 1735. Su clasificación zoológica fue rectificada varias veces en el curso de ediciones sucesivas, hasta una decena publicadas en vida, la última en 1758. En esta fueron descritas 4370 especies. Fue considerada el punto de partida de la sistemática moderna y punto de referencia para la aplicación de la prioridad en las delicadas cuestiones de nomenclatura.

Linneo dividió el reino animal en seis grandes clases, reemplazó el término de cuadrúpedos por el de *mammalia* o animales con mamas, cuya traducción, mamíferos, fue rápidamente adoptada. Además de la clasificación empezaron a aparecer obras dedicadas a las faunas de regiones o países determinados. Por ejemplo, las de Dinamarca de O, F. Müller, la de Gran Bretaña de T. Pennant, en 1776, o la de Francia de Buchoz, en 1776.

Adversario de Linneo, Buffon no consideró la clasificación como el objetivo esencial de las ciencias naturales; en primer lugar, describió los animales domésticos –los más familiares– y después las especies salvajes, empezando por las que son útiles para el ser humano y dando para cada especie una suntuosa descripción externa, completada con una descripción anatómica debida a Daubenton, principal colaborador de Buffon, en la formación de las colecciones del *Jardin du Roi* de París[202]. Señaló también que los animales del Nuevo Mundo, comparados con los del Viejo, formaban una suerte de naturaleza paralela, colateral, como un segundo reino animal. Mediante observaciones muy exactas, Buffon creó una nueva ciencia uniendo la zoología con la geografía. El inventario fáunico se extendió a casi todo el reino animal. Algunos grupos atraían más la atención: insectos, peces y pájaros. Su obra, concebida para describir el gabinete real[203], sedujo

---

[202] Louis Daubenton (1716-1800), con gran destreza en la disección y profundo saber anatómico, dio una base sólida a la empresa de Buffon. Realizó el trabajo base de las colecciones particulares del *Jardin du Roi* con la preparación de las disecciones, la preparación y el estudio de las piezas y la clasificación para su muestra. Fundamento de las colecciones de lo que, en un futuro, se convertiría en un gran museo público.

[203] *Histoire naturelle générale et particulière, avec la description du Cabinet du Roi* es un monumental tratado de historia natural escrito por Georges-Louis Leclerc, conde de Buffon,

a la opinión pública por su brillante estilo y por sus ideas. La tabla 9 recoge una relación de las principales aportaciones al ámbito de la clasificación zoológica realizada durante el siglo ilustrado.

Tabla 9. Principales contribuciones en zoología en el siglo XVIII

Protozoarios	Trembley descubrió las vorticelas (les llamó pólipos de embudo) y describió la multiplicación de ciliados. Spallanzani se ocupó de la taxonomía de ciliados y flagelados.
Celentéreos	Jean-André Peyssonnel, médico y naturalista francés, fue el primero en afirmar la naturaleza animal de los corales en 1727.
Gusanos	La primera monografía sobre los helmintos fue publicada por J. A. E. Goeze (1782). Los nematelmintos (ahora conocidos como nematodos) fueron descritos por primera vez como un grupo, en 1758, por el naturalista sueco Carlos Linneo en su fundamental *Systema naturae*, incluyó a estos organismos dentro del grupo *vermes*, una categoría amplia y poco precisa que agrupaba a una gran variedad de animales invertebrados.
Rotíferos	Leeuwenhoek descubrió en 1704 los rotíferos, que Trembley denominó pólipos con dos ruedas. M. Müller describió una cincuentena de especies de rotíferos.
Briozoos	Los briozoos, que ya habían sido observados en el siglo XVI, son señalados por Gualtieri (1742); J. Ellis y A. Trembley describieron numerosas especies de ellos. En cuanto a los braquiópodos, fueron denominados así por Cuvier (1802), y la primera especie fue descrita por P. S. Pallas en el año 1766.
Moluscos	En el *Dictionnaire encyclopédique des mollusques* de Jean Guillaume Bruguière (1789), G. S. Poli clasificó los moluscos según sus órganos de locomoción, mientras que Pallas, en 1768, presentó ideas sobre la clasificación de moluscos y animales inferiores. Réaumur realizó un intenso trabajo de prospección en zoología de los invertebrados marinos y de agua dulce.
Insectos	Algunas clasificaciones entomológicas bastante satisfactorias presentadas por Ch. G. Jablonsky, J. C. Fabricious y J. Illiger, así como la publicación de las primeras faunas entomológicas nacionales: Inglaterra, Alemania, Francia, Suecia, etc. María Sibylla Merian detalladas observaciones y descripciones, con ilustraciones de Surinam.
Vertebrados	El conde de Buffon describió numerosas especies de mamíferos y aves, destacando la influencia del ambiente en la variabilidad de los organismos.

Fruto de la combinación del arte con la ciencia surgieron las representaciones más exactas de la naturaleza. Una de las figuras que brilló en ese aspecto fue María Sibylla Merian (1647-1717), aunque ignorada durante mucho tiempo, es considerada actualmente como una de las más importantes iniciadoras de la entomología moderna, gracias a sus detalladas observaciones y descrip-

entre 1749 y 1789. Es una de las obras científicas más influyentes del siglo XVIII y marcó un antes y un después en la comprensión del mundo natural.

ciones, con ilustraciones propias. Estudió la metamorfosis de lepidópteros, los detalles de la crisálida y las plantas de las que se alimentan las orugas (figura 31). Ilustró así todos los estadios del desarrollo:

> Desde mi juventud me ocupé del estudio de los insectos. Primero comencé con gusanos de seda en Fráncfort del Meno, la ciudad donde nací. Después de eso, noté interés por otras especies de orugas que desarrollaban mariposas y polillas mucho más agradables que los gusanos de seda. Esto me llevó a recolectar todas las especies de orugas que pude encontrar para observar su transformación. Por lo tanto, me retiré de toda sociedad humana y me ocupé de estas investigaciones[204].

**Figura 31. Varias ilustraciones del libro *Europische insecten*.
Fuente: Biodiversity Heritage Library.**

Otro de los iniciadores de la entomología moderna fue el físico y naturalista Réaumur (1683-1757) haciendo observaciones de notable agudeza, publicó *Mémoires pour servir à l'étude des insectes*, una obra de gran difusión que llamó la atención sobre el interés de los pequeños animales. Eligiendo en cada género las especies que merecían ser distinguidas, emprendió un análisis riguroso de su vida y su comportamiento mediante investigaciones precisas y minuciosas, eliminando todo recurso a testimonios inciertos o anecdóticos. Aun reconociendo la importancia de la sistemática, Réaumur no trató de establecerla, sino de esbozar la primera historia del comportamiento de los insectos, examinando la mayor parte de sus distintos órdenes.

---

[204] Natalie Z. Davis, *Women on the Margins. Three Seventeenth-Century Lives* (Harvard: Harvard University Press, 1995).

7.4. Desarrollo de la microscopía

A principio del siglo XVIII, los diseñadores británicos de instrumentos introdujeron versiones mejoradas del microscopio con trípode, basadas en un microscopio inventado por Edmund Culpeper[205] (figura 32). Más avanzado el siglo, John Cuff presentó el primer microscopio de fácil manejo con un avanzado mecanismo de enfoque. Las innovaciones mecánicas dieron lugar a instrumentos más robustos, pero las imágenes borrosas y la aberración óptica prevalecieron durante la mayor parte del siglo.

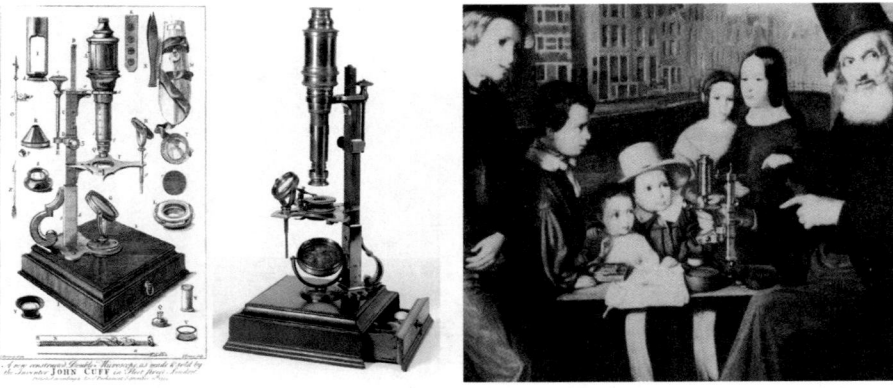

Figura 32. A la izquierda, esquema del microscopio original en un anuncio de 1764, la fotografía de un microscopio de John Cuff completo. A la derecha, un cuadro titulado *The itinerant microscope show-man* (Un demostrador itinerante con un microscopio), del barón Henri van Augustyn de Leys, ca. 1830-40. Fuente: Wellcome Collection.

Otro importante desarrollador de instrumentos científicos fue Johann Nathanael Lieberkühn (1711-1756) médico reputado en Berlín, con buen trato en la corte de Federico el Grande de Prusia. Se dedicó con entusiasmo a los estudios microscópicos. Sus habilidades técnicas le permitieron trabajar varios tipos de instrumentos como el microscopio anatómico de mesa, el microscopio para objetos opacos y el microscopio solar. Mejoró la técnica del examen e inventó un procedimiento útil para hacer visibles los elementos más finos. Gracias al cuidadoso análisis microscópico del intestino delgado, dio con una especie de criptas, hoy conocidas como criptas de

---

[205] Edmund Culpeper (1660-1738) fue un creador de instrumentos científicos, siendo de los primeros en producir en serie microscopios portátiles económicos.

Lieberkühn[206], y observó cómo estas criptas desembocan en la superficie luminal del intestino, en la base de las vellosidades intestinales.

Pero aún no era el momento adecuado del despegue de la microscopía. Solo unos pocos naturalistas talentosos utilizaron los imperfectos y caros dispositivos de la época. Las observaciones microscópicas del siglo XVII y el XVIII abrieron el maravilloso mundo de los pequeños seres vivos y el secreto de las finas estructuras orgánicas a los filósofos naturales, pero el auge de la microscopía estaba aún por llegar.

7.5. Desarrollo de la experimentación

7.5.1. Experimentos sobre la generación espontánea

A principios del siglo XVIII, Joblot (1718) admitió que las miríadas de microorganismos que se encontraban en las infusiones procedentes de gérmenes preexistentes podían destruirse hirviéndolos previamente. Mientras tanto, los partidarios de la generación espontánea iban a reaparecer a raíz de los experimentos realizados, en 1745, por un clérigo inglés, John Turberville Needham (1713-1781), microscopista de talento y colaborador del conde de Buffon, realizó experimentos que parecían probar la generación de «animálculos» a partir de materia biológica.

Tras introducir jugo de carne caliente, sangre u orina en un matraz cuidadosamente cerrado con un corcho y masilla, colocó el recipiente en cenizas calientes durante varios minutos y observó numerosos animalitos en el líquido unos días más tarde. Admite que el calor, que era suficiente para cocer un huevo, también debía ser lo bastante fuerte como para destruir todo rastro de vida anterior. De ello dedujo que, en ciertas materias orgánicas, debe existir una fuerza «plástica» o «vegetativa» capaz de generar corpúsculos organizados, pero no organismos complejos.

Réaumur y Bonnet dudaban de la exactitud de las condiciones en que Needham había llevado a cabo su experimento y, en particular, cuestionaban que el calor hubiera sido suficiente para eliminar todos los gérmenes.

---

[206] El caso de eponimia como el de Lieberkühn es muy típico en histología, en biología celular, en microbiología e incluso en bioquímica. Este epónimo de las criptas de Lieberkühn, aunque sea microscópico, visibiliza y mantiene viva la memoria de este investigador e ilustra el camino de un descubrimiento.

Lazzaro Spallanzani (1729-1799), hábil experimentador, repitió y reformuló las experiencias de Needham, demostrando ausencia de organismos cuando se aislaba y calentaban frascos con extractos de materia biológica. Spallanzani repitió sus experimentos, prolongando el calentamiento en un baño de agua hirviendo durante 45 minutos y sellando su frasco de vidrio con la llama de un soplete. En estas condiciones, ninguno de los 19 frascos sellados contenía ningún animálculo, mientras que los frascos que permanecieron abiertos estaban repletos de microorganismos. Estos seguían presentes, pero menos en los frascos sellados con algodón. Bonnet estaba encantado con estos resultados y felicitó a Spallanzani, con quien mantendría correspondencia regularmente a partir de entonces y a quien sugeriría nuevos experimentos. Spallanzani demostró que las infusiones calentadas durante más tiempo seguían produciendo más animálculos si se dejaban al aire libre, lo que podía explicarse por una descomposición más rápida tras una cocción más larga. También demostró que los animálculos eran igual de numerosos cuando se utilizaban semillas previamente tostadas para preparar las infusiones.

Sin embargo, Spallanzani estaba intrigado por la persistencia de los animálculos en infusiones que habían sido hervidas durante media hora, y admitió que ciertos gérmenes debían ser resistentes a la ebullición, aunque no necesariamente de origen aéreo. Esto le llevó a observar que, en efecto, los huevos y las semillas de diversos organismos superiores resisten mejor el calor que los propios organismos.

Estos experimentos, que parecían desmentir la generación espontánea, fueron muy discutidos. Se siguieron esgrimiendo argumentos contra Spallanzani y los defensores de la generación espontánea. En primer lugar, se alegaba que un calentamiento demasiado prolongado o elevado alteraba las propiedades de la materia orgánica impidiendo la aparición de nuevos organismos. Además, se argumentaba que el aire calentado por encima de cierta temperatura era, en sí mismo, inadecuado para la generación espontánea. Este último argumento se vio reforzado por el descubrimiento por Priestley en 1774 del oxígeno, gas cuyo papel vital demostró Lavoisier en 1777.

7.5.2. Experimentos químicos de Lavoisier

Otro aspecto que surge en la ciencia de este siglo es el triunfo de la química como moderna disciplina, que supera el conocimiento empírico previo desde la alquimia árabe o los conocimientos técnicos primigenios que requerían la extracción de minerales, conocimientos preindustriales de metalurgia, procesos de fermentaciones en la fabricación del vino o de los encurtidos.

El desarrollo del conocimiento químico avanzó gracias a la creación de aparatos para medir, describir y explicar procesos químicos, como la identificación del oxígeno y su papel biológico. Lavoisier (1743-1794), miembro de la Academia francesa, contribuyó a sistematizar el conocimiento químico, impulsado por aplicaciones prácticas como la producción de pólvora y la mejora de fermentaciones. Marie Anne Paulzee, conocida como madame Lavoisier, asistía a su marido Antoine en el laboratorio durante el día, anotando observaciones su cuaderno y dibujando diagramas de sus diseños experimentales (figura 33). Los estudios que realizó con el pintor Jacques-Louis David le permitieron dibujar con precisión los aparatos del laboratorio, algo que finalmente resultó de gran utilidad cuando se buscó entender los métodos y resultados. Marie Anne Paulzee fue también la organizadora y editora de los informes, donde cobraron especial importancia los procesos de cuantificación.

Lavoisier pudo presentar a la *Academie des Sciences*, en 1777, una primera memoria sobre los cambios que sufre la sangre en los pulmones y sobre el mecanismo de la respiración[207].

Figura 33. Antoine Lavoisier en su laboratorio realizando un experimento sobre la respiración de un hombre; a la derecha de la imagen se puede observar a Marie Anne Paulzee trabajando. Fotograbado según M.A.P. Lavoisier. Fuente: Wellcome Collection.

---

[207] René Tatón, *Historia general de las ciencias. El siglo XVIII Las ciencias de la naturaleza,* (Barcelona: Ediciones Orbis, 1988), 663.

7.5.3. Experimentos fisiológicos sobre el movimiento y la digestión

Durante los años de la Ilustración, la fisiología acabó de separarse de la anatomía y se constituyó en disciplina científica autónoma. Según los historiadores de la ciencia Pedro Laín y López Piñero, esto fue resultado inevitable de un proceso de especialización científica y división técnica del trabajo; pero también de la introducción de la distinción entre la «forma» y la «función» de los seres vivos, dos modos de la necesaria relación entre la morfología y la fisiología[208]. Según la visión mecanicista, la anatomía constituye el verdadero y exclusivo fundamento de la fisiología: en la forma se ve la razón y el principio de las funciones. Según la otra visión, la anatomía es expresión de una fuerza vital configuradora: la forma aparece como una función del hecho de vivir. Mecanicismo y vitalismo son las dos orientaciones principales del pensamiento fisiológico de la Ilustración.

A pesar de la disponibilidad y utilización de los libros de texto de fisiología escritos por Albrecht von Haller durante el siglo XVIII, que anunciaron la era moderna de la fisiología, no todos los médicos o fisiólogos estaban satisfechos con su presentación, contenido o aplicación a la medicina. Las razones iniciales fueron desacuerdos fundamentales entre los «mecanicistas», representados por Boerhaave, Robinson y von Haller, y los «vitalistas», representados por el profesorado y los graduados de la Escuela de Medicina de Montpellier, en Francia, especialmente Bordeu y Barthez.

En 1708 se publicaron *Institutiones medicae* de Hermann Boerhaave (1668-1738) y *Theoria medica vera* de George Stahl (1660-1734), que mantuvieron puntos de vista contrapuestos sobre la vida y su funcionamiento. Boerhaave, mecaniscista, consideraba que el organismo era una especie de máquina hidráulica, formada por partes sólidas y líquidas que interactúan, siendo los órganos –sometidos a las leyes de la física– los encargados de efectuar las funciones orgánicas. Stahl, era contrario a las interpretaciones mecanicistas; sin negar el funcionamiento físico de los organismos, su pensamiento introducía la finalidad en el funcionamiento orgánico: la vida era una resistencia a la «corrupción» y estaba estimulada por el alma o fuerza conservadora, que actuaba a través de los órganos y leyes físicas.

Albrecht von Haller (1708-1777) separó, de forma efectiva, la fisiología de la medicina y se ocupó de la *Anatomia Animata*: la descripción de los movi-

---

208 Pedro Laín Entralgo y Jose María López Piñero, *Panorama histórico de la ciencia moderna* (Madrid, Ediciones Guadarrama, 1963), 241.

mientos con que la máquina animada es agitada. Atribuyó el movimiento vital a una fuerza específica «fuerza vital», radicada en la estructura material y orgánica de las fibras, que integran unas funciones elásticas y mecánicas básicas (no vitales) más otras que definen su naturaleza viva: la irritabilidad. Hizo experimentos para analizar la respuesta ante estímulos exteriores. Concluyó que debían existir ciertas partes del organismo que poseían contractibilidad mecánica (tendones, piel), otras que poseían sensibilidad (nervios) y otras partes dotadas de sensibilidad e irritabilidad (músculos).

Las ideas básicas de Haller, su fisiología «vital», se sitúan entre el vitalismo y el mecanicismo del médico y filósofo francés Julien Offray de La Mettrie que publicó *L'Homme Machine* (El hombre máquina) en 1747. Algunos de sus capítulos eran originales y en otros se limitó a ordenar y discutir el saber de su época. Fue autor *De partibus corporis humani sensibilibus et irritabilibus* (1752-1753) y de unos *Elementa physiologiae corporis humani* (1757-1766).

Sobre la interpretación clásica de los fenómenos digestivos formulada por Boherhaave, Haller y Réaumur, se consideró que el proceso integraba una serie de movimientos mecánicos (masticación, peristaltismo gástrico e intestinal) y una maceración química. Lazzaro Spallanzani (1729-1799) repitió una serie de experimentos de Réaumur, extrayendo jugos gástricos de animales y mezclándolos con distintos tipos de alimentos, demostrando la inexistencia de putrefacción, identificando la digestión con la disolución del alimento debido a la naturaleza ácida del jugo gástrico.

Sobre la metodología utilizada, hay que destacar que los fisiólogos del XVII y XVIII intentaron estudiar el cuerpo animal y explicarlo mediante mecanismos análogos a los conocidos. Cuando necesitaron encajar alguna sustancia material en su teoría general, asumían que debía existir y tener las propiedades deseadas[209]. Este método era lo opuesto al que usualmente empleaban los químicos, quienes aislaban y caracterizaban los compuestos específicos que encontraban, y luego intentaban conocer el mecanismo para su función, en términos de las propiedades de dichas sustancias.

Desde el descubrimiento del microscopio fue posible observar, con mayor profundidad, la estructura del cuerpo vivo. Hoffmann, al igual que otros médicos de su época, quedó impresionado por la naturaleza fibrosa de muchos tejidos que se pudieron observar a través del microscopio. Por consiguiente, creyó que la estructura anatómica fundamental era la fibra y que varios de

---

[209] Henry M. Leicester, *Development of Biochemical Concepts from Ancient to Modern Times, Development of Biochemical Concepts from Ancient to Modern Times*, 127.

estos filamentos, agrupados, constituían los órganos mayores. La contracción y expansión alternada de las fibras les sirvieron de explicación para la sístole y diástole del corazón, la circulación de la sangre y la mayoría de los fenómenos de la vida. Hoffmann coincidió con Stahl en atribuir la mayoría de los procesos fisiológicos al movimiento.

8. El desarrollo industrial durante el siglo XIX. Importancia de la tecnología en el desarrollo de la biología moderna: el caso de la microscopía

Aunque en muchos campos del saber se habían alcanzado altas cimas durante la Ilustración, consideradas imposibles de superar por los propios científicos, durante el siglo XIX se produjeron avances sustanciales en todos los ámbitos del conocimiento; tanto en los aspectos cualitativos como en la cantidad de personas dedicadas, con creciente éxito, al cultivo de la ciencia. Una actividad científica que dejó de ser un empeño individual y pasó a convertirse en esfuerzo colectivo, con el apoyo de instituciones y sociedades. Las aplicaciones tecnológicas de una investigación científica, cada día más compleja, llenaron y modificaron sustancialmente la vida diaria. A partir de este tema iremos viendo cómo se desarrollaron las distintas disciplinas biológicas hasta nuestros días, lo que dará pie a tratar cuestiones clave para la enseñanza de la biología moderna.

En el tránsito del siglo XVIII al XIX hubo un cambio muy fuerte y unas nuevas concepciones científicas y sociales, sin embargo, la ciencia tuvo una continuidad. El siglo XVIII acabó con el nacimiento de la Revolución Industrial y el ascenso de Napoleón y el XIX comenzó con la derrota de este y el dominio de Gran Bretaña a nivel global, la perdida de la práctica totalidad del Imperio Español y la transformación de sus colonias en jóvenes naciones, con la vista puesta en los referentes de la Revolución francesa de 1789 y el modelo de independencia de los Estados Unidos de América.

El XIX es el siglo de la ciencia, de la industrialización y la colonización en busca de grandes recursos para la industria. Los imperios coloniales llegaron a su máxima expresión con el impune reparto de África tras la Conferencia de

https://dx.doi.org/10.5209/docm.006.09
Historia, Enseñanza y Difusión de la Biología. José Pedro Marín Murcia.
© Ediciones Complutense, 2026.

Berlín de 1884-85, verdadera válvula de escape de los conflictos entre potencias europeas surgidos por el afán de ampliar recursos y poder. Las ideas y los postulados del discurso paternalista colonial y civilizador ocultaban las reales intenciones: el motor económico y alimentar la industria de las grandes potencias.

Por tanto, se presenta un nuevo panorama de cara a la explotación de amplios territorios principalmente por británicos, franceses y alemanes, pero también por Holanda, Bélgica y, a partir de 1898, con Estados Unidos ocupando los restos de las posesiones españolas en el Caribe y en Filipinas. El desarrollo científico y tecnológico pasa a ser la columna vertebral de la economía, existiendo una estrecha relación ciencia, industria y beneficio para las clases altas.

En lo referente a la ciencia, se acentúa mucho más la tendencia a la institucionalización, con una disciplina más organizada, reglada y profesionalizada. Al científico se le empieza a percibir como un profesional y no un aficionado, cuyos ingresos ya empezaban a depender de instituciones públicas o de empresas para la mejora o innovación de determinados conocimientos. Y es, además, el momento en el que se reformulaba una institución preexistente como columna vertebral del proceso de innovación científica, la universidad. La universidad, desde que surge en la Edad Media hasta el siglo XVIII, había sido una estructura prácticamente docente y es a partir del siglo XIX cuando el modelo cambiará en algunos países de forma radical.

8.1. Los distintos modelos de instituciones de la ciencia

En el primer tercio de siglo XIX, a lo largo del periodo del Romanticismo, surgió la biología como ciencia que estudia la vida. Se produjo una profundización en la escala temporal, la dimensión del tiempo en biología y geología, la vida y su entorno. También hubo aportaciones significativas del rol de la Química en la constitución y las funciones de los seres vivos.

En este periodo, el centro de producción científica se situó en Francia, un país que vivió un convulso cambio de siglo con la Revolución francesa. Durante este tiempo, se produjo la caída del antiguo régimen monárquico absolutista, el surgimiento de un estado liberal y el periodo napoleónico, que terminó debido a la presión internacional ejercida por las monarquías europeas, como Gran Bretaña, Rusia, Prusia y Austria.

En este periodo, el sistema científico francés cambió sin destruir lo que existía previamente. Por ejemplo, antes de la Revolución, funcionaban academias bajo el patronazgo real que pasaron a depender del Estado. En el caso del Jardín y el Gabinete de Historia Natural del Rey, se transformaron en el Jardin des Plantes y el Museo Nacional de Historia Natural respectivamente. Aunque aparentemente se trató solo de un cambio de nombres, en realidad fue mucho más significativo, ya que estas instituciones quedaron bajo la administración estatal. En el caso del museo, se establecieron 12 cátedras, y en ellas comenzaron a trabajar destacados profesores como Cuvier y Saint-Hilaire.

Al mismo tiempo, dentro del entramado de instituciones francesas preexistentes, comenzaron a surgir nuevas entidades. Por ejemplo, en 1794 se fundó la École Polytechnique, de la cual egresaron altos funcionarios destinados a la administración pública. Por su parte, la antigua Academia Real de Ciencias se transformó en la Academia Nacional de Ciencias y Artes, manteniendo a su personal original, pero incorporando nuevas secciones dedicadas a la medicina y la agricultura.

En el caso de España, se produjo la destrucción del entramado científico tras la ocupación francesa: la desaparición de jardines botánicos, la decadencia del Real Jardín Botánico de Madrid, la decadencia industrial y el exilio de liberales llamados afrancesados, entre los que había notables científicos.

Sobre la universidad en Francia, se observa un cambio sustancial, en la época napoleónica, definiéndose un nuevo tipo de institución, muy reglada, jerárquica y centralizada, orientada a la formación de profesionales y a la concesión de grados académicos, es el mismo modelo que a lo largo del siglo será el que inspire al caso español. Orientado a formar a profesionales para las funciones del estado.

En este modelo no se hacía referencia al papel científico, que quedaba concentrado en instituciones como el Museo Nacional de ciencias naturales o los Jardines Botánicos, quedando la componente técnica en las escuelas politécnicas de ingeniería. Nos interesa enfatizar este modelo porque, a medio plazo, determinó un proceso de decadencia de la universidad francesa, que no era una universidad científica.

8.1.1. Modelo universitario francés

El sistema científico francés no tenía la universidad como su epicentro, un ejemplo prototípico es el de Louis Pasteur, él es un investigador vinculado a la Escuela Normal de Maestros, Pasteur hizo una labor magnífica para consolidar una disciplina nueva, como es la microbiología, su trabajo tuvo sus frutos y terminó desarrollando su labor en un instituto de investigación laureado con su nombre.

La crisis del modelo universitario y científico francés coincide con la derrota francesa en la guerra franco-prusiana de 1870. El joven Estado prusiano adoptó un sistema de ciencia y tecnología potente como para imponerse sobre el modelo francés en muchos campos tecnológicos, también en el militar.

A partir de ese suceso traumático, los franceses iniciaron una sistemática renovación de sus instituciones científicas; es algo parecido a lo que sucedió en la España de final de siglo XIX. Tras la crisis de 1898, con la pérdida de la guerra hispanoamericana entre España y Estados Unidos, el país se sumió en una crisis profunda, algo similar a lo que estaba pasando en Francia, y el diagnóstico era claro: el poder científico y tecnológico superior se traduce en un poder industrial y bélico. La respuesta, en ambos casos, fue la de renovar el sistema de ciencia y apostar por reformas.

8.1.2. Modelo universitario británico

El otro modelo universitario vigente en Europa era el británico, un modelo universitario poco rígido y flexible. Algunos de los grandes científicos británicos del XIX son *amateurs*, gente con curiosidad científica que hizo grandes aportaciones pero que no estaba integrado en el sistema académico de las instituciones universitarias, como fue el caso de Charles Darwin, bien posicionado en sociedades científicas como la Sociedad Linneana de Londres o la Royal Society.

Si hubiera que citar dos universidades británicas, nos acordaríamos de Oxford y Cambridge, ambas con origen medieval y con estructuras propias de aquella época: no contaban con facultades, en su lugar había *colleges* (colegios), y en estos, profesores de distintas disciplinas y estudiantes que podían, y pueden a día de hoy, establecer su propio itinerario por distintos colegios y dependencias de la universidad buscando sus especialidades.

Es un sistema muy peculiar, muy distinto de lo que estamos acostumbrados, nada jerarquizado o estructurado ya que no se buscaba formar profesionales, sino «caballeros». Frente a estas universidades tradicionales surgieron, por necesidad, los institutos mecánicos y las *red brick universities* en ciudades industriales, como Mánchester o Liverpool, con un nuevo modelo centrado en la formación tecnológica para suplir de profesionales al mundo industrial.

Cuando pensamos en la ciencia del siglo xix en Gran Bretaña pensamos en científicos de renombre que aparecieron en otros marcos al margen de las universidades, hablamos de otras instituciones o sociedades. En este sentido, por ejemplo, en 1861 nace la asociación británica para el avance de las ciencias que es la primera y más importante sociedad de ese tipo que nace en el mundo contemporáneo, es solo una asociación, y no tiene el apoyo estatal, es privada, pero es la institución que publicó la revista *Nature*, probablemente la revista científica más importante del mundo contemporáneo.

Esta asociación británica para el avance de las ciencias se terminó constituyendo en una especie de órgano asesor y director de la política científica británica durante el siglo xix y parte del siglo xx, definiendo los ámbitos en los que debe investigarse por ser prioritarios para los intereses del país.

Al mismo tiempo que surge esta asociación, van apareciendo otras pequeñas más específicas, llegando a formar un entramado de instituciones más atomizado y no reglado, a diferencia de países como Francia. Así que encontramos dos modelos societarios, por un lado, aquellas grandes sociedades históricas y, por otro, pequeñas sociedades temáticas o especializadas.

Si los franceses protagonizaron el desarrollo científico de la primera mitad de siglo xix, los ingleses, con su red societaria difusa y heterogénea de instituciones, dominaría la ciencia del 1830 al 1870; hacia finales de 1880 tomarán el relevo en el protagonismo dos nuevas potencias: Alemania y los emergentes Estados Unidos. Es importante observar cómo el centro de gravedad científico va a ir cambiando con el tiempo. Plantear esta cuestión en el presente puede ser arriesgado, ya que el mundo está mucho más globalizado, pero podemos saber cuáles son las naciones que más invierten en ciencia y tecnología.

8.1.3. El modelo alemán: universidad, seminario y empresa

Alemania, en el siglo xix, se constituye como una nación muy joven, aunque culturalmente ya existía una cierta conciencia común de los pueblos germanos.

La capacidad científica y tecnológica de Alemania se consolidó de forma arrolladora, su desarrollo se basó en un sistema educativo que favoreció las enseñanzas científico-técnica, siendo la investigación la columna vertebral del sistema universitario.

Evidentemente, la universidad también otorgaba títulos académicos, pero lo realmente importante fue que introdujo la investigación como eje de acción prioritario en el mundo universitario. En el nuevo modelo de sistema universitario alemán, Wilhelm von Humboldt, hermano de Alexander von Humboldt, tuvo gran relevancia ya que creó la Universidad de Berlín bajo los principios de la democratización del saber y de la formación. En torno a esta nueva concepción de universidad se establecieron nuevas figuras de profesorado, como el *privatdozent*, acreditado para ejercer la docencia e investigación en la universidad. Este mundo universitario mantuvo un contacto permanente con la innovación científica, constituyendo estructuras como los seminarios y los institutos tecnológicos, dotados de laboratorios.

El caso de la empresa Zeiss, en la ciudad de Jena, resulta especialmente relevante, ya que destinó una parte significativa de sus recursos al Instituto de Óptica, dirigido por un profesor universitario. Esta colaboración generó una sólida interrelación entre el ámbito industrial y el universitario. Por un lado, permitió la mejora en la dotación de laboratorios; por otro, impulsó la formación de futuros especialistas, convirtiéndose en un modelo pionero de equilibrio entre ciencia aplicada y desarrollo tecnológico.

Este enfoque fue adoptado, en cierta medida, por los Estados Unidos, que se fortaleció notablemente con la llegada de numerosos académicos extranjeros, especialmente después de la Segunda Guerra Mundial. Este modelo estableció un vínculo estrecho entre el sector económico y las universidades, fomentando relaciones directas con el mundo empresarial y el apoyo de mecenas, tanto en la financiación como en la gobernanza de las instituciones académicas. Un ejemplo claro de esta conexión es Silicon Valley, cuya existencia no habría sido posible sin las universidades que proveyeron de profesionales a las empresas de la región y con las que mantuvieron una colaboración estrecha y constante.

Es importante destacar que, en este contexto, el sistema científico adquirió una creciente complejidad. Los institutos tecnológicos desempeñaron un papel crucial al tender puentes entre el ámbito académico y la investigación aplicada, además de promover el desarrollo tecnológico orientado a responder a necesidades sociales. Entre los ejemplos más emblemáticos se encuentran el Instituto Pasteur en Francia (1887) y el Instituto Real Prusiano para Enfermedades Infecciosas (Instituto Robert Koch) (1891).

8.2. La tecnología accesoria a la biología moderna

Una vez establecido el marco institucional en el que se van a desarrollar las disciplinas biológicas –espacio, contexto académico, social y económico–, abordamos el aspecto tecnológico que se desarrollará en la denominada Segunda Revolución Industrial.

Si en el siglo xviii fue la máquina de vapor la novedad tecnológica, en el xix las mejoras de esta fueron las que tuvieron el protagonismo, junto al desarrollo de otras muchas tecnologías. La metalurgia introdujo el uso masivo del hierro y el acero en la cultura occidental, con grandes estructuras metálicas como ferrocarriles, estaciones, puentes y edificios, como la torre diseñada por Eiffel en París con motivo de la Exposición Universal de 1889. Al mismo tiempo que esa industria metalúrgica florecía, se creaba toda una industria química y farmacéutica, con la elaboración de colorantes y medicamentos sintéticos, que tendrán gran influencia en la microscopía.

Siguiendo la máxima baconiana, la ciencia no solo precisó de teorías, sino también de instrumentos. El desarrollo de los microscopios compuestos modernos requirió casi dos siglos de perfeccionamiento y, entre el siglo xix y principios del xx, la óptica logró poner al servicio de la investigación biológica una serie de herramientas que abrieron nuevas perspectivas en áreas como la bacteriología, la teoría celular, la histología y la fisiología. Sin los espectaculares avances en la tecnología del microscopio, Pasteur nunca habría examinado con tanto detalle los microorganismos responsables de las enfermedades infecciosas o los beneficiosos que causaron las fermentaciones. Tampoco se hubiera desarrollado la teoría celular ni la anatomía patológica.

La construcción de microscopios se convirtió en una prerrogativa esencial para el desarrollo de la biología. Surgieron nuevos talleres especializados, dirigidos por ópticos con formación teórica, que trabajaron en colaboración con las universidades. A partir de 1825, se comercializaron microscopios con lentes acromáticas, las cuales ya se habían utilizado en telescopios astronómicos más de cincuenta años antes. El primer microscopio de este tipo fue construido en Inglaterra por un oficial de caballería, en 1791.

8.3. La microscopía en la Inglaterra de principios de siglo

La corrección de la aberración esférica mediante lentes aplanáticas fue inventada por el óptico aficionado Joseph Jackson Lister hacia 1830 y se difundió rápidamente. En 1826, Joseph Jackson Lister y sus colaboradores fabricaron un microscopio compuesto (figura 34). Este instrumento, con su soporte rígido para el tubo de la lente, eliminó los problemas de distorsión a gran aumento que habían limitado a los observadores desde el siglo xvii.

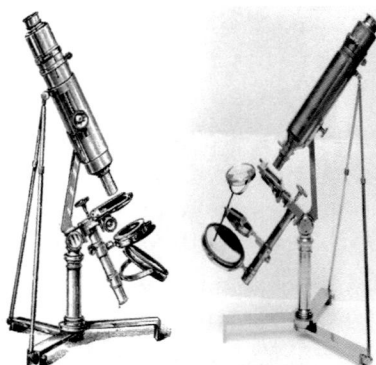 

Figura 34. A la izquierda, dibujo esquemático y fotografía del microscopio acromático diseñado por Joseph J. Lister, padre del cirujano Joseph Lister (1827-1912). A la derecha, retrato de Lister posando con un microscopio de su invención. Fuente: Wellcome Collection.

La obra de Lister se publicó en 1830 y, a principios de la década de 1840, se fundó la primera sociedad especializada en microscopía, la Microscopical Society of London. Entre los miembros de esta sociedad se encontraban botánicos, naturalistas, médicos y anatomistas. El propósito de la sociedad era «el avance de la ciencia del microscopio» y se centró en atender las necesidades urgentes de los investigadores microscópicos, sin convertirse en una subdivisión de ninguna otra agrupación científica.

Lister y Tulley no fueron los únicos que intentaron desarrollar objetivos mejorados. En Centroeuropa, varios fabricantes de instrumentos habían experimentado, de forma similar, con diversas combinaciones de lentes durante la década de 1820. Chevalier, óptico parisino, había fabricado varios objetivos corregidos en 1824, al igual que el alemán Josef von Fraunhofer y el italiano Amici, también reconoció la importancia del espesor del cubreobjetos.

Hacia 1840, el poder de resolución de los microscopios utilizados habitualmente en los laboratorios se situaba en torno a la micra, un orden de magnitud que permitió la primera exploración sistemática del dominio celular. A partir de entonces, los instrumentos se caracterizaron por unas prestaciones definidas objetivamente (aumento, campo de visión, poder de resolución, grado de aberración) y su correcta utilización exigía una formación idéntica para todos los usuarios. En consecuencia, el objeto técnico imponía su propia lógica: utilizando un soporte instrumental similar para «producir» hechos científicos. A través del conocimiento microscópico de los organismos, la investigación del mundo natural se promovió de una manera sin precedente.

Mientras que los fabricantes ingleses se concentraron en producir costosos instrumentos para los naturalistas, los alemanes produjeron excelentes microscopios de bajo precio que incluso un estudiante se podía permitir. Se convirtieron en la referencia comercial en el mundo de la microscopía. Reputados científicos recomendaban una serie de fabricantes en sus trabajos sobre el microscopio y su aplicación. Leopold Dippel[210], en su faceta de botánico, dedicaba un espacio a los principios para la elección de un microscopio, siendo sus comentarios una referencia importante para el mundo educativo e investigador.

En Wetzlar y, posteriormente, en Jena, se establecieron talleres destacados por su ingenio y su capacidad organizativa. Gracias a una mano de obra confiable y altamente especializada, estos talleres se transformaron en empresas de renombre mundial. En 1851, Kellner presentó el primer microscopio fabricado en Wetzlar, que pronto se convirtió en un potente instrumento de investigación y en el producto principal de la empresa. No pasó mucho tiempo antes de que los microscopios Kellner llegaran a institutos de enseñanza y centros de investigación. Entre los profesores de la Universidad de Giessen que utilizaron estos instrumentos se encontraban el zoólogo y parasitólogo Karl Georg Leuckart (1822-1898) y el embriólogo y anatomista Theodor L. W. Bischoff (1807-1882).

El histólogo Rudolph Albert von Kölliker (1817-1905), en su manual fundamental de la teoría de tejidos, informó acerca de los dispositivos ópticos del momento. Indicaba que, en lo que respecta a los microscopios, los que estaban en primera línea eran los de Plössl, Oberhäuser, Schiel y Kellner. En Italia mencionaba los fabricados por Amici, mientras que en Inglaterra destacaban los de Ross y Powell. Respecto a los microscopios alemanes, Kölliker utilizó los de la marca Kellner. Aunque elogiaba la excelente calidad de sus lentes, consideraba que los trípodes resultaban bastante incómodos. Por otro lado, Rudolf Virchow, en 1856, mantuvo contacto con el taller de óptica de Kellner y encargó una serie de microscopios para equipar el recién construido Instituto de Patología en Berlín[211].

En Alemania, las avanzadas fórmulas de lentes de Zeiss, Schott y Abbe ayudaron a producir los primeros objetivos apocromáticos. La fotomicrografía

---

[210] Leopold Dippel (1827-1914), profesor de botánica y director del Jardín Botánico de Darmstadt.

[211] Berg, *Ernst Leitz Optische Werke, Wetzlar 1849-1949, Die Bedeutung der Mikroskopie für die Entwicklung der Biologie und Medizin*, 12.

hizo su debut a mediados de siglo, August Köhler introdujo un método de iluminación que desarrolló para optimizar la calidad de la imagen, lo que permitió a los microscopistas aprovechar al máximo el poder de resolución de los objetivos del físico Abbe.

Durante las siguientes décadas hubo un aumento constante en la investigación microscópica en todas las áreas de la biología y la medicina, posible gracias a nuevas mejoras en los microscopios, que ahora se desarrollaban no solo empíricamente sino sistemáticamente. La historia de las grandes compañías nos ilustra también la evolución de la microscopía óptica y su internacionalización, con la mejora continua de los procesos de producción, automatización e innovación.

Zeiss fue una empresa pionera en incorporar científicos de renombre al proceso industrial, un magnífico ejemplo de investigación asociada al desarrollo tecnológico[212]. El botánico Schleiden ofreció ideas para la mejora del microscopio; pero, sin duda, la gran colaboración que tuvo Zeiss fue la del físico Abbe, creándose una línea de trabajo en el cálculo de lentes para el desarrollo de microscopios más potentes[213]. Se construyeron microscopios de gran calidad en su taller, con normas muy estrictas. Otro de los fabricantes de instrumentos ópticos más importantes del primer tercio de siglo xx fue Ernst Leitz.

La mejora de las tecnologías accesorias de la microscopía también fue un factor determinante en su avance con la puesta a punto de procesos de fijación, inclusión y tinción. Con el fin de fijar el tejido, Adolf Hannover introdujo el uso del ácido crómico en 1840; Max Schultze incorporó el osmio como fijador en 1865; y Walter Flemming, pionero en la investigación de la mitosis, perfeccionó estas técnicas en 1882 con su solución de fijación a base de ácido crómico, osmio y ácido acético. Sobre la inclusión cabe destacar la de parafina, especificada por E. Klebs en 1869, y el proceso de celoidina introducido por Duval y Schiefferdecker, entre 1878 y 1882.

En la década de 1850 comenzó el uso de otros colorantes naturales y sustancias químicas complejas. La introducción metódica de la coloración se debe a Joseph Gerlachs, quien dio a conocer el carmín como un tinte útil en 1858. Pronto se encontró la hematoxilina (Böhmer, 1865), la eosina (Fischer, 1875), en la década de 1870-80 Paul Ehrlich desarrolló técnicas específicas como la

---

[212] Carl Friedrich Zeiss (1816-1888) estableció su propio negocio en la ciudad universitaria de Jena, en Turingia, en el este de Alemania.

[213] Desde 1872, todos los microscopios se construyeron con los cálculos de Abbe, que alcanzarían gran nivel, siendo muy competitivos en el mundo de la producción de material óptico.

tinción de azul de metileno y la tinción del tejido vivo y bacterias y colaboró en la demostración de la distinta afinidad de estructuras celulares por los distintos colorantes, en función de sus características químicas. Paralelamente, entre 1870 y 1890, se desarrollaron técnicas de impregnación basadas en el uso de sales de plata (Camilo Golgi), abriendo nuevas vías para la investigación. En el desarrollo de este importante método también participó el español Ramón y Cajal, con el perfeccionamiento de la técnica.

La anatomía microscópica y la embriología experimentaron un gran avance con la introducción del micrótomo, promovido inicialmente por Oschatz, asistente de Purkinje en ese entonces. Posteriormente, Hermann Weicker perfeccionó este instrumento en 1856, lo que permitió que, gradualmente, se popularizara en círculos científicos más amplios.

La industria óptica, y en particular la empresa E. Leitz, desempeñó un papel clave en el desarrollo de este importante instrumento auxiliar microscópico, al incluirlo en su oferta comercial y facilitar su difusión.

El microscopio transformó la investigación en biología y medicina durante el siglo xix, enriqueciendo el conocimiento a niveles inimaginables. Fue crucial para la teoría celular y permitió interpretar procesos patológicos a través de las células, brindando una nueva base para la medicina. Esto impulsó el desarrollo de la anatomía microscópica moderna y el estudio de tejidos. Además, permitió avances en la comprensión de la formación de organismos, los procesos de fecundación y la división celular, sentando las bases para la teoría de la herencia. También amplió el conocimiento sobre parásitos y microorganismos, favoreciendo tanto la zoología como la botánica, y promoviendo significativamente la medicina.

BLOQUE II

9. Perspectivas de formación del profesorado a través de la historia de la biología y su enseñanza

El currículum o currículo[214] de la Educación Secundaria Obligatoria (ESO) y el Bachillerato es un conjunto de objetivos, competencias, contenidos, criterios de evaluación y estándares de aprendizaje que determinan lo que los estudiantes deben aprender en estas etapas educativas, así como las habilidades y conocimientos que deben adquirir al finalizar cada una de ellas; también es la hoja de ruta para los profesores.

La asignatura de Biología en Bachillerato es definida de la siguiente forma en el currículum de la Comunidad de Madrid:

> La biología es una disciplina cuyos avances se han visto acelerados notablemente en las últimas décadas, impulsados por una base de conocimientos cada vez más amplia y fortalecida. A lo largo de su progreso se han producido grandes cambios de paradigma (como el descubrimiento de la célula, el desarrollo de la teoría de la evolución, el nacimiento de la biología y la genética molecular o el descubrimiento de los virus y los priones, entre otros) que han revolucionado el concepto de organismo vivo y el entendimiento de su funcionamiento. El espectacular avance de la biología la

---

[214] El currículo de la ESO y el Bachillerato en España está regulado por la Ley Orgánica de Educación vigente en el momento (actualmente la LOMLOE, desde 2020). El Gobierno establece un currículo básico común para todo el país y las comunidades autónomas lo desarrollan y adaptan según sus necesidades específicas, respetando las competencias propias. Acceso al texto completo del currículum *ESO de la Comunidad de Madrid*, consultado el 06-01-2025, en: https://www.bocm.es/boletin/CM_Orden_BOCM/2022/07/26/BOCM-20220726-2.PDF y al currículum de Bachillerato *de la Comunidad de Madrid*, consultado el 06/01/2025, https://www.bocm.es/boletin/CM_Orden_BOCM/2022/07/26/BOCM-20220726-1.PDF

https://dx.doi.org/10.5209/docm.006.10
Historia, Enseñanza y Difusión de la Biología. José Pedro Marín Murcia.
© Ediciones Complutense, 2026.

convierte en la ciencia básica del siglo XXI debido a sus enormes perspectivas abiertas de futuro.

El progreso de las ciencias biológicas va mucho más allá de la mera comprensión de los seres vivos. Las aplicaciones de la biología han supuesto una mejora considerable de la calidad de vida humana al permitir, por ejemplo, la prevención y tratamiento de enfermedades que antaño diezmaban a las poblaciones, u otras de nueva aparición, como la COVID-19, para la cual se han desarrollado terapias y vacunas a una velocidad sin precedentes. Además, existen otras muchas aplicaciones de las ciencias biológicas dentro del campo de la ingeniería genética y la biotecnología.

En segundo curso de Bachillerato la madurez del alumnado permite que en la materia de Biología se profundice notablemente en los contenidos y competencias relacionados con las ciencias biológicas a los que se les da un enfoque mucho más microscópico y molecular que en las materias de etapas anteriores. La Biología ofrece, por tanto, una formación relativamente avanzada, proporcionando al alumnado los conocimientos y destrezas esenciales para el trabajo científico y el aprendizaje a lo largo de la vida y sentando las bases necesarias para el inicio de estudios superiores o la incorporación al mundo laboral. En última instancia, esta materia promueve las vocaciones científicas entre el alumnado y la igualdad de oportunidades[215].

Desde la perspectiva constructivista se proponen las estrategias de enseñanza orientadas a conseguir el cambio conceptual secuenciadas, básicamente, de la siguiente manera: determinar las concepciones de los alumnos sobre el tema (por el profesor y por ellos mismos) identificándolas y clarificándolas, para posteriormente cuestionarlas, provocando conflictos cognitivos (anomalías, contraejemplos) que propicien la aceptación de las nuevas ideas.

La programación es un proceso mediante el cual los docentes planifican su intervención en el aula de forma sistemática, el curso estará constituido por unidades didácticas (correspondientes a los temas) y tienen una serie de elementos a desarrollar: objetivos y contenidos, actividades de aprendizaje y evaluación, y los recursos necesarios.

Un objetivo es un resultado que se espera que el alumno adquiera durante el proceso de enseñanza-aprendizaje. Existen algunos aspectos que han de

---

[215] Decreto 64/2022, de 20 de julio, del Consejo de Gobierno, por el que se establecen para la Comunidad de Madrid la ordenación y el currículo del Bachillerato (BOCM núm. 176 de 26 de julio de 2022), 49.

tenerse en cuenta como la selección y adecuación al currículum, la organización y la secuenciación y la vinculación de los objetivos con las competencias.

Una selección de contenidos apropiada asegurará el éxito de la unidad didáctica. Los contenidos deben ser relevantes y significativos. Distinguiremos entre contenido conceptual, procedimental y actitudinal. Esta situación permite integrar, en el aprendizaje, la investigación, estrategias de trabajo y prácticas en el laboratorio desarrollando así las competencias específicas de la materia. Al final de esta, el alumnado deberá producir un resultado en forma de investigación, informe escrito o producto audiovisual en el que se detallen unas conclusiones razonadas y argumentadas.

Los objetivos de la biología han de reflejar el carácter dinámico de la disciplina, mostrándolos a través de los cambios de paradigma ocurridos en la biología moderna, en su dimensión histórica, social y educativa. Siguiendo la lógica del currículum, abordaremos estos objetivos desde seis ejes: la célula y el desarrollo de la biología celular, la teoría del germen y la microbiología, las teorías de la evolución y de la herencia: el paradigma molecular, el desarrollo de la moderna fisiología y la cuestión ambiental y de la biodiversidad.

La alfabetización científica es fundamental en el currículo de Educación Secundaria Obligatoria (ESO) y Bachillerato de la Comunidad de Madrid, ya que busca proporcionar a los estudiantes los conocimientos y habilidades necesarios para comprender y participar activamente en una sociedad cada vez más influenciada por la ciencia y la tecnología. El real decreto 217/2022, de 29 de marzo, establece el currículo básico de la ESO y el Bachillerato a nivel nacional, y subraya la importancia de que los estudiantes adquieran competencias científicas que les permitan analizar y valorar críticamente la información científica, así como tomar decisiones informadas en su vida cotidiana.

Las asignaturas de ciencias, como Biología, Geología, Física y Química, están diseñadas para fomentar en los estudiantes una comprensión profunda de los conceptos científicos, el desarrollo del pensamiento crítico y la capacidad para aplicar el método científico en la resolución de problemas. Está muy marcada la promoción de la ciencia con otras áreas del conocimiento y su aplicación en contextos reales, lo que contribuye a una formación integral del alumnado y a su preparación para enfrentar los desafíos de la sociedad actual.

Es importante destacar que la alfabetización científica no solo implica la adquisición de conocimientos teóricos, sino también el desarrollo de habilidades prácticas y actitudes que permitan a los estudiantes participar, de manera informada y responsable, en cuestiones científicas y tecnológicas que afectan a la sociedad.

9.1. Características de la educación secundaria

La ESO tiene carácter obligatorio y gratuito, en régimen ordinario se cursará, con carácter general, entre los 12 y los 16 años, si bien los alumnos tendrán derecho a permanecer en la etapa hasta los dieciocho años. Es una etapa educativa que constituye, junto con la Educación Primaria y los ciclos formativos de grado básico, la educación básica.

El currículo de las materias, cuyas enseñanzas mínimas se establecen en el real decreto 217/2022, de 29 de marzo[216], contiene las competencias específicas y su relación con los descriptores del perfil de salida que se define en el anexo I del citado real decreto. Los descriptores se indican con siglas que se corresponden con las competencias clave de la siguiente manera:

- CCL: competencia en comunicación lingüística.
- CP: competencia plurilingüe.
- STEM[217]: competencia matemática y competencia en ciencia, tecnología e ingeniería.
- CD: competencia digital.
- CPSAA: competencia personal, social y de aprender a aprender.
- CC: competencia ciudadana.
- CE: competencia emprendedora.
- CCEC: competencia en conciencia y expresión culturales.

9.1.1. La asignatura de Biología y Geología

La materia de Biología y Geología en la ESO constituye una continuación del área de Conocimiento del Medio Natural, Social y Cultural de la Educación Primaria. La asignatura de Biología y Geología busca el desarrollo de la curiosidad y la actitud crítica, así como el refuerzo de las bases de la alfabetización científica que permiten al alumnado conocer su entorno para adoptar hábitos que le ayuden a mantener y mejorar su salud.

---

[216] Decreto 65/2022, de 20 de julio, del Consejo de Gobierno, por el que se establecen para la Comunidad de Madrid la ordenación y el currículo de la Educación Secundaria (BOCM núm. 176 de 26 de julio de 2022).

[217] STEM son las siglas que identifican las disciplinas *Science, Technology, Engineering y Mathematics*, es decir, Ciencia, Tecnología, Ingeniería y Matemáticas.

Esta asignatura debe ser cursada por todo el alumnado en el primer y tercer curso de la ESO, con el objetivo de sentar las bases para una alfabetización científica. En el cuarto curso de la etapa tiene un carácter opcional, con un currículo más extenso y especializado, que permite al alumnado profundizar en la metodología del trabajo científico y en la evaluación de la información científica.

En su estructura de contenidos se presentan dos bloques comunes en los tres cursos en los que se imparte: «Proyecto científico» y «Geología», los cuales se deben trabajar de forma significativa y gradual en todos los cursos, adecuando los contenidos a la madurez y edad del alumnado. El bloque «Proyecto científico» introduce al alumnado en el pensamiento y métodos científicos; incluye contenidos referidos al planteamiento de preguntas e hipótesis, la observación, el diseño y la realización de experimentos para su comprobación y el análisis y la comunicación de resultados.

Los contenidos conceptuales a aprender incluyen la metodología científica, que abarca la formulación de preguntas, hipótesis y conjeturas con un enfoque riguroso. También se desarrollan estrategias para la búsqueda de información, colaboración y comunicación de procesos e ideas científicas mediante herramientas digitales y formatos como gráficas, informes, presentaciones y pósteres.

Además, se trabajan técnicas de exposición y defensa de investigaciones, enfatizando el uso de fuentes fidedignas. Se abordan técnicas de búsqueda y selección de información, junto con la aplicación de experimentación y trabajo de campo en laboratorios y otros espacios adecuados.

Otro aspecto clave es la obtención y selección de datos experimentales, el modelado como método de representación y la observación de fenómenos naturales. Finalmente, se estudian métodos de análisis de resultados, distinguiendo entre correlación y causalidad para una interpretación científica precisa.

El estudio de la célula, sus partes y la función biológica de la mitosis y la meiosis forman parte del bloque «La célula» y es común en el primer y cuarto curso de la etapa. Además, este bloque incluye las técnicas de manejo del microscopio y el reconocimiento de células en preparaciones reales.

La materia en el primer curso de Educación Secundaria Obligatoria consta, además, de los siguientes bloques: «Seres vivos», «ecología y sostenibilidad» y «Hábitos saludables», este último impartido también en el tercer curso de la etapa junto a los bloques «Cuerpo humano» y «Salud y enfermedad». El bloque «Seres vivos» estudia las características y grupos taxonómicos más importantes de los seis reinos de seres vivos, así como la identificación y clasificación de ejemplares del entorno. El concepto de ecosistema, la relación entre sus elementos integrantes, la importancia de su conservación y de la implantación de un modelo de desarrollo sostenible y el análisis de problemas medioambientales, como el calentamiento global, serán trabajados en el bloque «ecología y sostenibilidad». En el bloque «Hábitos saludables» se analizan qué comportamientos son beneficiosos para la salud: en primer curso de la ESO, de acuerdo con la edad y madurez del alumnado, deben trabajarse los contenidos respecto a la nutrición y el estilo de vida y se examinarán los efectos perjudiciales de las drogas. Además, se introducirá el estudio de la salud sexual de forma adecuada al desarrollo del alumnado. En tercer curso estos contenidos se profundizan para lograr que estos conocimientos permitan a los alumnos cuidar su cuerpo, tanto a nivel físico como mental.

En el tercer curso de la ESO, los contenidos del bloque «Cuerpo humano» permitirán al alumnado conocerse a sí mismo mediante el estudio del funcionamiento y anatomía de los aparatos digestivo, respiratorio, circulatorio, excretor y reproductor y de los órganos de los sentidos. En el bloque «Salud y enfermedad» se investigarán los mecanismos de defensa del organismo contra los patógenos; el funcionamiento de las vacunas y antibióticos y la reflexión sobre su importancia en la prevención y tratamiento de enfermedades. Se estudiarán también los trasplantes y la importancia de la donación de órganos.

En Biología y Geología de cuarto curso de ESO se incorporan a los contenidos comunes los bloques de «genética y evolución» y «La Tierra en el universo». Dentro del primero, se estudian las leyes y los mecanismos de herencia genética, la expresión génica, la estructura del ADN, las teorías evolutivas más relevantes y la resolución de problemas donde se apliquen estos conocimientos. El bloque «La Tierra en el universo» se centra en el estudio de las teorías más relevantes sobre el origen del universo, las hipótesis sobre el origen de la vida en la Tierra y las principales investigaciones en el campo de la astrobiología.

La asignatura está ausente en el segundo curso y se le dedican tres horas a la semana en primero y dos en tercero (tabla 10). También en cuarto curso con tres horas (tabla 11).

Tabla 10. **Horas de los tres primeros cursos de la ESO**

	1°	2°	3°
Biología y Geología	3	0	2
Física y Química	0	3	3

Tabla 11. Horas en cuarto curso de la ESO

Materia	Carga lectiva semanal
Lengua Castellana y Literatura	4
Lengua Extranjera	3
Geografía e Historia	3
Educación Física	2
Matemáticas (1)	4
3 materias de opción*	3
	3
	3
Religión / Atención educativa	2
Optativa (3)	2
Tutoría	1
Total de horas semanales	30

* Materias de opción, entre ellas Biología y Geología[218].

En cuanto al carácter de la asignatura, es importante reseñar que esta es una materia de carácter científico, englobada dentro de las disciplinas STEM[219] y, como tal, se impartirá ligándola a la realidad del alumnado de manera práctica y significativa y siguiendo un enfoque interdisciplinar. La metodología irá encaminada al desarrollo de tareas y proyectos científicos adecuados a su edad, en los que se realizarán labores de investigación, tanto de campo como de laboratorio, utilizando las metodologías e instrumentos propios de las ciencias biológicas y geológicas, para despertar en el alumnado el espíritu creativo, así como la vocación científica.

Esta metodología, además de un enfoque interdisciplinar que conduzca a una asimilación más profunda de la materia, también implica que se aborden contenidos transversales como el respeto, el trabajo en equipo, el rechazo hacia actitudes de discriminación. Para lograr todo ello, se trabajará a través de diferentes actividades que requieran la resolución de una secuencia de tareas de forma ordenada, a través de la movilización de competencias y del uso de los contenidos y conocimientos de forma integrada. Además, las tareas o actívida-

---

[218] Los alumnos cursarán tres materias de entre las recogidas en el artículo 8.2, dos de las materias se agruparán de conformidad con lo dispuesto en el artículo 8.3.

[219] Desde hace unos años existe también la tendencia a incorporar el arte a las disciplinas STEM para generar innovación y creatividad en los procesos.

des deberán estar graduadas según los distintos cursos de la etapa, y favorecerán diferentes tipos de agrupamiento, cuidando de cumplir los pasos para adquirir el conocimiento científico, a través de la formulación de preguntas, realización de experiencias o de experimentos, diseño de modelos y construcción de un consenso de interpretación de datos.

Según el decreto 65/2022 de la Comunidad de Madrid, las competencias específicas que corresponden a la asignatura de Biología y Geología de 1° y 3° de ESO son las siguientes: la interpretación y transmisión de datos científicos, utilizando diversos formatos para analizar conceptos y procesos en biología y geología, destacando la importancia de la colaboración científica a nivel individual, organizacional e internacional. También se enfatiza la capacidad de buscar, evaluar y contrastar información de manera crítica, asegurando su veracidad para responder a cuestiones científicas.

Además, se fomenta la planificación y desarrollo de proyectos de investigación, aplicando metodologías científicas y promoviendo el trabajo en equipo. Se integra el razonamiento y pensamiento computacional, permitiendo analizar soluciones, reformular procedimientos y abordar problemas científicos en la vida cotidiana.

Otro aspecto clave es el análisis del impacto ambiental y en la salud, promoviendo hábitos sostenibles que minimicen los efectos negativos sobre el entorno y favorezcan el bienestar. Finalmente, se estudia la valoración del paisaje como patrimonio natural, aplicando conocimientos en geología y ciencias de la Tierra para explicar su historia, proponer medidas de protección y evaluar posibles riesgos naturales.

Los criterios de evaluación son principios o pautas que se utilizan para valorar el aprendizaje y el desempeño de los estudiantes. Estos criterios están diseñados para medir si los alumnos han alcanzado los objetivos de aprendizaje establecidos. Los criterios varían según el curso, de alguna manera son progresivos en dificultad, pero generalmente se centran en áreas clave del aprendizaje. Deben ser específicos y describir de manera clara lo que se espera del alumno, y medibles, que permitan evaluar el progreso de manera objetiva, utilizando indicadores o herramientas concretas.

Para la competencia específica 1 (interpretar y transmitir información y datos científicos) tendremos los siguientes criterios de evaluación:

– Analizar conceptos y procesos biológicos y geológicos de forma sencilla, interpretando información en diversos formatos; en 3° de ESO, además, desarrollar una actitud crítica y obtener conclusiones fundamentadas.

- Transmitir información de biología y Geología de forma clara, empleando terminología y formatos adecuados como gráficos, tablas, diagramas, vídeos, informes y contenidos digitales.
- En 3º de ESO, analizar y explicar fenómenos biológicos y geológicos mediante modelos y diagramas, aplicando, cuando sea necesario, los pasos del diseño de ingeniería: identificación del problema, exploración, diseño, creación, evaluación y mejora.

9.1.2. La biología en el Bachillerato

En cuanto al Bachillerato, la biología se imparte en dos asignaturas dependiendo de la orientación: Ciencias y Tecnología o materias específicas de la modalidad general.

El alumno que opte por la modalidad de Ciencias y Tecnología cursará, en primero, Matemáticas I, así como otras dos materias específicas de modalidad, que elegirá de entre las siguientes: Biología, Geología y Ciencias Ambientales, Dibujo Técnico I, Física y Química, Tecnología e Ingeniería I. Igualmente, en segundo, el alumno cursará a su elección Matemáticas II o Matemáticas Aplicadas a las Ciencias Sociales II, así como otras dos materias específicas de la modalidad, que elegirá de entre las siguientes: Biología, Dibujo Técnico II, Física, Geología y Ciencias Ambientales, Química y Tecnología e Ingeniería II. La dedicación de horas se inserta en la tabla 12.

Tabla 12. Horas de asignaturas de biología en Bachillerato

	1º	2º
Biología, Geología y Ciencias Ambientales	3	0
Biología	0	4

La biología tiene un carácter optativo en el Bachillerato; aquellas personas que cursan las modalidades de Humanidades y Ciencias Sociales o de Artes ya no tienen más contacto con las ciencias biológicas.

La asignatura de Biología, Geología y Ciencias Ambientales es una materia que podrá cursar el alumnado del primer curso de Bachillerato y que le permitirá ampliar los conocimientos de las materias de Biología y Geología cursadas en la etapa de Educación Secundaria Obligatoria, fortaleciendo de esta manera las destrezas y el pensamiento científico. Esta materia estimulará también la vocación científica en el alumnado, fomentando así la igualdad efectiva de oportunidades y el respeto hacia los demás. También se trabajará para afianzar los hábitos de lectura y estudio en el alumnado mediante el acercamiento a textos científicos.

Con respecto a los contenidos, esta materia presenta un bloque llamado «Proyecto científico» centrado en el desarrollo práctico, a través de un proyecto científico, de las destrezas y el pensamiento propios de la ciencia.

En cuanto a los contenidos de la asignatura de Biología en Bachillerato, imperará el carácter preparatorio para la universidad con un enfoque molecular, el alumnado ahondará en los mecanismos de funcionamiento de los seres vivos y de la naturaleza en su conjunto. Esto le permitirá comprender la situación en la que se encuentra la humanidad actualmente. Se inculcará la importancia de los hábitos adecuados como forma de compromiso ciudadano.

Los contenidos están recogidos en seis bloques: «Las biomoléculas», centrado en el estudio de las moléculas orgánicas e inorgánicas que forman parte de los seres vivos; «genética molecular y herencia», estudia el mecanismo de replicación del ADN y el proceso de la expresión génica, relacionando estos con la diferenciación celular; «Biología celular», donde se trabajan los tipos de células, sus componentes, las etapas del ciclo celular, la mitosis y meiosis y su función biológica; «Metabolismo», trata de las principales reacciones bioquímicas de los seres vivos; «Biotecnología», donde se estudian los métodos de manipulación de los seres vivos o sus componentes para su aplicación tecnológica en diferentes campos, como la medicina, la agricultura, o la ecología, entre otros, y por último, el bloque de «Inmunología» trabaja el concepto de inmunidad, sus mecanismos y tipos (innata y adquirida), las fases de las enfermedades infecciosas y el estudio de las patologías del sistema inmunitario.

Cabe destacar que la Biología, como pasaba a la asignatura de Biología y Geología en secundaria, es una materia de carácter científico, englobada dentro de las disciplinas STEM y, como tal, se impartirá ligándola a la realidad social con el enfoque multidisciplinar.

En el currículum se pone el ejemplo del estudio y análisis de diferentes alimentos, se propone investigar el contraste entre productos frescos (verduras, frutas, leche fresca, etc.) con alimentos ultraprocesados (bollería industrial, *snacks*, lácteos azucarados, etc.) en relación con los contenidos del bloque de «Biomoléculas».

Volvemos a tener competencias específicas para este nivel: la interpretación y transmisión de información científica, utilizando diversos formatos para analizar conceptos, procesos, métodos y resultados en las ciencias biológicas. También enfatizan la capacidad de localizar, seleccionar y evaluar críticamente fuentes fiables, asegurando su veracidad, para resolver preguntas de forma autónoma y generar nuevos contenidos.

Además, se fomenta el análisis de trabajos de investigación y divulgación científica, verificando si han seguido el método científico para evaluar la fiabilidad de sus conclusiones. Se promueve el planteamiento y resolución de problemas mediante estrategias adecuadas, con un enfoque crítico y flexible para explicar fenómenos biológicos.

Otro aspecto clave es el análisis de acciones relacionadas con el entorno y la salud, promoviendo conductas responsables basadas en los principios de la biología molecular y argumentando la importancia de un estilo de vida saludable. Finalmente, se estudia la función de las biomoléculas y bioelementos, destacando su estructura, interacciones bioquímicas y su impacto en las características macroscópicas de los organismos vivos.

9.1.3. La biología en la Formación Profesional

La Formación Profesional (en delante FP) debe permitir una adecuada relación entre los conocimientos teóricos y prácticos adquiridos en los diferentes módulos que integran los ciclos formativos. La FP no se centra en la educación en materias teóricas estancas, sino en desarrollar las habilidades prácticas y procedimentales del alumnado, para que adquiera un dominio adecuado de las diferentes técnicas que le van a permitir incorporarse en el mundo laboral.

En relación con la biología, uno de los puntos fuertes de la formación es el uso de instrumentos, como, por ejemplo, los de microscopía, que tienen como uno de sus fines la identificación de diversas estructuras biológicas e implica el desarrollo de la habilidad interpretativa de lo observado. Esto supone que los aprendizajes producidos podrán ser aplicados de manera efectiva en el futuro contexto profesional, en el que se deberán manipular y procesar una amplia variedad de muestras procedentes del ámbito sanitario para el diagnóstico de diferentes patologías[220].

---

[220] Agustina Torres-Prioris, Susana Rams, y María del Carmen Acebal-Expósito, «Análisis de estrategias de estudiantes de Formación Profesional en prácticas de microscopía», *Ápice. Revista de Educación Científica* 7, n.º 2 (2023): 7-16.

9.2. La formación del profesorado

En el contexto de la reforma educativa impulsada para integrar a España en el Espacio Europeo de Educación Superior (Proceso de Bolonia), en 2007 se establecieron los requisitos que debía cumplir este máster. Su implantación generalizada comenzó en el curso 2009-2010. El modelo predominante se basa en una formación específica en el campo disciplinar correspondiente, en nuestro caso, el grado en Biología, seguida de una oposición para acceder a la docencia en educación secundaria. A esto se suma, como ha sido habitual desde 1970, un curso adicional, ahora en formato de máster, que combina formación teórica (psicopedagógica y didáctico-disciplinar) con prácticas docentes (el llamado prácticum) y un trabajo de fin de máster.

9.2.1. Detección de ideas previas

En opinión del pedagogo Ausubel[221], uno de los pioneros en la didáctica de las ciencias y del estudio del aprendizaje significativo[222], el factor más importante que influye en el aprendizaje es lo que el alumno ya sabe. Se hace necesario averiguar qué es lo que ya sabe y enseñar en consecuencia. Las ideas previas se pueden definir como las concepciones, las construcciones iniciales o las representaciones que tienen los seres humanos sobre los fenómenos de la naturaleza, para poder comprender e interpretar los fenómenos naturales, las diferentes formas de relacionarse socialmente y, por lo tanto, construir explicaciones del mundo que lo rodea.

Las ideas previas subjetivas, influenciadas por emociones, creencias o experiencias, suelen carecer de fundamento sólido y tienden a contradecir los conceptos y teorías científicas que deben aprenderse. Estas ideas, a menudo basadas en observaciones limitadas, experiencias personales o información errónea, son resistentes al cambio incluso ante la evidencia. Esto condiciona cómo interpretamos y reaccionamos frente a nuevas situaciones, personas o ideas. Una de las ideas erróneas más recurrentes es que las plantas «comen» y que obtienen sus nutrientes del suelo para crecer. Sin duda los nutrientes del

---

[221] David Paul Ausubel (1918-2008) fue un destacado psicólogo y pedagogo estadounidense, conocido principalmente por sus aportaciones a la teoría del aprendizaje significativo.

[222] Se produce un aprendizaje significativo cuando el nuevo conocimiento se conecta de manera lógica y no arbitraria con lo que el estudiante ya sabe (sus conocimientos previos). Este tipo de aprendizaje es más duradero y profundo.

suelo son importantes, pero la principal vía de síntesis en las plantas se produce en los tejidos fotosintéticos con el ciclo de Calvin o de las pentosas fosfato de fijación del carbono.

Las ideas previas, basadas en percepciones limitadas, no solo dificultan la comprensión de conceptos científicos, sino que también influyen en actitudes negativas hacia la biodiversidad. Por ejemplo, el rechazo a especies como los reptiles, motivado por miedos infundados o atribuciones culturales, puede conducir a su exterminio en lugar de fomentar su conservación.

Acerca de las cuestiones a preguntar, estas pueden ser abiertas o cerradas, en el sentido de esperar una respuesta más compleja o un resultado muy acotado. Pongamos un ejemplo:

¿Qué crees que ocurre con las plantas durante la noche?

a) Dejan de realizar todas sus funciones. b) Continúan respirando. c) Realizan fotosíntesis. d) No estoy seguro.

En este tipo de pregunta solo podríamos esperar una repuesta: la respiración celular es un proceso continuo en el que las plantas consumen oxígeno (O_2) y liberan dióxido de carbono (CO_2) para obtener energía en forma de ATP a partir de la glucosa. Este proceso ocurre en las mitocondrias y no depende de la luz, por lo que también se realiza durante la noche. Este concepto puede llevar a otra idea errónea y es que dormir con plantas es peligroso; pero el impacto de la respiración de las plantas en los niveles de oxígeno y dióxido de carbono, en una habitación, es insignificante.

9.2.2. La transposición del lenguaje científico

La «transposición didáctica» es un concepto, desarrollado por el investigador francés Yves Chevallard, que se refiere al proceso de transformación que sufre el conocimiento científico o saber experto para convertirse en un conocimiento enseñable, es decir, en un contenido que pueda ser comprendido y aprendido en un contexto educativo. Este proceso implica adaptar el conocimiento para que sea accesible a los estudiantes, teniendo en cuenta sus características, necesidades, contexto y nivel de desarrollo. En otras palabras, consiste en transformar el saber «experto» en un saber «escolar».

Un ejemplo clásico de transposición didáctica en biología es el caso de la explicación de la estructura del ADN: desde el punto de vista de los científicos se puede describir la estructura de la molécula del ADN como una doble hélice con complejas interacciones moleculares y químicas. Pero para hacer este concepto enseñable, el docente puede utilizar modelos tridimensionales, imágenes simplificadas o analogías «escalera de caracol»; recursos para ayudar a entender la compleja estructura de la molécula.

La transposición didáctica es una de las competencias importantes de aquellos que se dedican a la educación. Ayuda eficazmente a los profesores a diseñar planes de clase sobre temas que no figuran en los programas educativos actuales y a desarrollar el plan de estudios, por lo que permite indagar sobre un tema novedoso y exponerlo en clase. Es necesario desarrollar las habilidades de transposición didáctica de los estudiantes en los cursos universitarios y de forma inminente en el Máster de Formación de Profesorado.

Según Michel Develay, el proceso de transposición didáctica comprende dos etapas[223]. Una en la que el conocimiento académico (o conocimiento experto) se transforma en conocimiento enseñable (aparece en el currículum, en la programación y en los manuales o libros de texto). Y otra fase interna en la que los conocimientos pueden enseñarse en el aula por el profesorado bien en un aula, en una conferencia o en los medios (radio, *YouTube*, *podcast*, etc.). En esta fase, los docentes interpretan el currículum y adaptan los contenidos para transmitirlos a los estudiantes. En el aula un docente puede utilizar analogías o ejemplos concretos, diagramas o actividades prácticas para explicar contenidos complejos o abstractos.

En función del currículum, de las características del alumnado y de cómo o dónde esté el centro, se puede elegir distintas formas de enseñar. No será igual trabajar en el mundo rural que en un ambiente urbano, también podemos tratar de distinguir entre distintos niveles educativos: una transposición para alumnos de primaria, para alumnos de secundaria y universitarios. En un principio los profesores tendrán que acudir a las fuentes académicas, al plan de estudios y a los libros de texto. La ubicación de los conocimientos en diferentes documentos ayuda a los alumnos a obtener una visión general de los conocimientos.

9.2.3. Adaptación del lenguaje

El uso de analogías en una clase de ciencias puede ayudar a los estudiantes a comprender conceptos desconocidos, también para resolver problemas, con-

---

[223] Michel Develay, *De l'apprentissage à l'enseignement* (París: ESF éditeurs, 1993).

tribuyendo al cambio conceptual. Sin embargo, los estudiantes no siempre las utilizan, incluso cuando son entendidas.

Según el pedagogo estadounidense David Ausubel (1918-2008), reconocido por su teoría del aprendizaje significativo constructivista, para aprender con analogías los individuos deben vincular los nuevos conocimientos con conceptos y proposiciones que ya conocen. Este enfoque permite construir un aprendizaje efectivo y duradero, en contraste con el aprendizaje memorístico. Entre los recursos que disponemos a la hora de poner ejemplos se encuentran las analogías, las metáforas y los símiles. Pueden ser poderosas herramientas didácticas porque hacen inteligible para los alumnos un material abstracto, comparándolo con elementos cotidianos.

Figura 35. A la izquierda, la publicidad del tratado de medicina popular y fisiología de Kahn, *Das Leben des Menschen* (La vida del ser humano), en cinco volúmenes ampliamente ilustrados, publicado en Stuttgart de 1922 a 1931. En la imagen central y a la derecha se representa el cuerpo humano con la analogía de una factoría y las funciones fisiológicas del ser humano como procesos industriales. Fuente: Wikimedia Commons.

Las analogías son una relación de semejanza entre cosas distintas, entre dos ámbitos: uno conocido, a menudo denominado «análogo», y otro menos conocido, denominado «objetivo». La analogía es una relación de semejanza entre cosas distintas; entre algo que queremos explicar y puede ser nuevo o difícil de interpretar, con otro suceso más familiar y cercano a la realidad del receptor y, por tanto, más fácil de entender. Una analogía clásica sería relacionar los procesos en el cuerpo humano con los industriales por su semejanza con los químicos y mecánicos, sin duda, una de las representaciones más famosas es la del médico, divulgador de la medicina popular e ilustrador alemán Fritz Kahn, que publicó en 1926 una imagen del cuerpo humano como la analogía de un «palacio industrial» (figura 35).

Tanto los profesores como los alumnos utilizan las analogías en las clases de ciencias de manera habitual. Mientras que se ha investigado mucho sobre la forma en que los profesores y los libros de texto utilizan las analogías para enseñar ciencias, se ha investigado menos sobre la forma en que los estudiantes de ciencias utilizan las analogías para aprender[224].

La metáfora es una realidad o concepto que se representa por medio de otra. Puede tratar de la corriente eléctrica en vez de fenómenos electrocinéticos, o de chorro de electrones en vez de haz de electrones. Otro ejemplo es el lenguaje bélico empleado para el sistema inmune: el glóbulo blanco «vence» al patógeno como si de una batalla se tratase, también se habla de «soldados defensores» que actúan como la primera línea una guerra del cuerpo contra infecciones o enfermedades, o «guardianes del cuerpo» que protegen al organismo de invasores externos, o policías del sistema inmune. Otra metáfora es la referida al «bombeo del agua» en una planta o un árbol, por medio de la savia bruta a través del xilema[225].

El símil, por último, compara dos cosas para crear el sentido, una comparación o expresión de la semejanza entre dos cosas. Por ejemplo: la ballena azul es tan grande como ocho elefantes (para tener una idea de su tamaño); o tal animal es tan rápido como una gacela.

9.3. Perspectivas para la formación del profesorado desde la historia de la ciencia

Son numerosas las propuestas que se han venido desarrollando con la intención de contribuir a mejorar la enseñanza de las ciencias. En este curso ponemos de manifiesto lo valioso que resulta para los profesores de biología recibir nociones en historia de las ciencias, dotándoles de un buen conjunto de herramientas didácticas al docente.

Un buen profesorado de ciencias debe tener un conocimiento razonablemente elaborado de los términos fundamentales a manejar para explicar el

---

[224] MaryKay Orgill and George Bodner, «Locks and keys. An Analysis of biochemistry students use of analogies», *Biochemistry and Molecular Biology Education* 35, n.º 4 (2007): 244.

[225] Este mecanismo natural, no depende de ningún motor, en realidad son tres fuerzas principales la transpiración o presión negativa que «succiona» el agua desde las raíces hasta la copa por la evaporación del agua en las hojas; la capilaridad, fuerzas de adhesión (agua-xilema) y cohesión (agua-agua) que permiten que el agua ascienda por los vasos del xilema; y la presión radicular.

desarrollo del método científico, como son saber lo que es el objeto y las preguntas de investigación, la hipótesis, distinguir entre teoría y ley, o el establecimiento de un modelo. También tener claros sus objetivos y la dimensión cultural y económica que la actividad científica genera, lo que hoy llamamos impacto social de una investigación[226].

Es fundamental diferenciar entre un profesorado educado en ciencias y un profesorado formado en enseñar ciencias. Para una enseñanza efectiva, los docentes deben poseer un conocimiento profundo del origen y desarrollo de su disciplina, permitiéndoles trascender los hechos y conceptos básicos. Además, es esencial comprender la estructura de la asignatura, tanto como disciplina académica como escolar. Los profesores deben ser capaces de justificar el valor de los conocimientos, explicar su relevancia y establecer conexiones dentro y fuera de la disciplina, abarcando tanto los aspectos teóricos como prácticos.

Haciendo uso de una analogía, se plantea que la historia de la ciencia se convierte en un vehículo para formar a los profesores tanto de inicio como para los que ya están en ejercicio, ya que no solo están estudiando su disciplina, sino que se están cuestionando la manera en que se genera el conocimiento y cómo se transmite de generación en generación.

9.3.1. Precauciones en la historia de las ciencias

Hay que incidir en la idea de que el desarrollo científico rara vez es fruto del trabajo de sujetos aislados y requiere, por tanto, del intercambio de información y de la colaboración entre individuos, organizaciones e incluso países. Compartir información es una forma de acelerar el progreso humano al extender y diversificar los pilares sobre los que se sustenta. Este aspecto lo hemos visto en varias ocasiones a lo largo de nuestro recorrido histórico con varios casos de comunalismo. Un ejemplo fue la asociación de científicos en torno a las academias y sociedades, un modelo que se instauró desde la Accademia dei Lincei o la Royal Society. También analizamos cómo se conformó la comunicación entre científicos con la creación de las primeras revistas científicas, recordar que una de las primeras revistas *Phylosophical transactions* de la Royal Society sigue siendo publicada.

---

[226] Mercé Izquierdo, Álvaro García, Mario Quintanilla y Agustín Adúriz, *Historia, Filosofía y Didáctica de las Ciencias: Aportes para la formación del profesorado de ciencias* (Bogotá: Universidad Distrital Fco. José de Caldas), 44.

Uno de los consejos que se ofrece desde la Historia de la ciencia, a la hora de enseñar, es evitar el uso de la hagiografía. No escoger una figura histórica pasada o contemporánea y concentrar en ella todos los méritos de los logros científicos de una época, como si no hubiera existido una comunidad que aportara sugerencias, preguntas y conocimientos relevantes; esto da pie a ciertos paternalismos y también a atribuir grandes virtudes que hacen que ese personaje sea un modelo «tan ejemplar» para seguir que en muchos casos sea inalcanzable[227], e incluso provoque frustración.

Es fácil acordar que una visión de la ciencia idealizada no es una buena práctica; pero el problema es que solemos acudir a la búsqueda de «héroes y heroínas» para consolidar las disciplinas. Ejemplos de estos referentes que se han elevado a esa categoría podrían ser Darwin, Humboldt, madame Curie, Koch, etc. Podríamos seguir con los laureados, ya que el Premio Nobel supone también cierta invisibilización de los equipos y, en especial, de las mujeres científicas.

---

[227] Izquierdo *et al.*, *Historia, Filosofía y Didáctica de las Ciencias*, 76.

10. La célula. Origen y desarrollo de la teoría celular. Problemas para la enseñanza de la biología celular en secundaria

Entre primero y tercero de la ESO se esperan alcanzar los siguientes objetivos acerca del tema de la célula: a) Describir los niveles de organización de los seres vivos y las características de las biomoléculas inorgánicas y de las biomoléculas orgánicas; b) conocer las características de la célula humana; c) explicar las funciones de la membrana, el citoplasma, el núcleo y los orgánulos celulares; d) definir los conceptos de diferenciación celular y tejido, y conocer los principales tejidos humanos.

Una selección de contenidos apropiada asegurará el éxito de la unidad didáctica, y para ello estos contenidos deben ser relevantes y significativos. Entre estos están: comprender los niveles de organización, el nivel atómico y molecular (biomoléculas inorgánicas y orgánicas); entender y conocer el nivel celular, la célula, las características de las células humanas heterótrofas y eucariotas; la membrana, el citoplasma y el núcleo; las funciones de los orgánulos celulares. Siguiendo el nivel de organización se estudiarán los tejidos: la diferenciación celular; los tejidos humanos (epitelial, muscular, nervioso y conectivo).

En relación con la teoría celular, los contenidos de la ESO incluyen el reconocimiento de la célula como unidad estructural y funcional de los seres vivos, identificando sus diferencias con la materia inerte. Se comparan células procariotas y eucariotas, así como células animales y vegetales, estudiando sus partes específicas. También se desarrollan estrategias para la observación y comparación de muestras microscópicas, incluyendo la descripción de seres unicelulares y células animales y vegetales mediante el uso del microscopio óptico.

En 4º de ESO, los contenidos se enfocan en la comprensión de la teoría celular y de su evolución histórica: análisis de las fases del ciclo celular, conocer las fases del ciclo celular, así como la función biológica de la mitosis y la

https://dx.doi.org/10.5209/docm.006.11
Historia, Enseñanza y Difusión de la Biología. José Pedro Marín Murcia.
© Ediciones Complutense, 2026.

meiosis, con sus respectivas fases. También se desarrollan destrezas para observar las distintas fases de la mitosis al microscopio

En Biología de segundo de bachillerato se trata la biología celular. En primer lugar, se estudia la teoría celular y sus implicaciones biológicas, así como la microscopía óptica y electrónica: imágenes, poder de resolución y técnicas de preparación de muestras.

El estudio de la estructura de la célula comienza por el estudio morfológico de la membrana plasmática: configuración, propiedades y composición química. A la morfología le sigue el estudio fisiológico del proceso osmótico y la repercusión sobre la célula animal, vegetal y procariota. También ocupa un lugar importante el transporte a través de la membrana plasmática: mecanismos (difusión simple y facilitada, transporte activo, endocitosis y exocitosis) y tipos de moléculas transportadas con cada uno de ellos.

El siguiente nivel sería estudiar los orgánulos celulares eucariotas y sus funciones básicas, también el ciclo celular con sus fases y mecanismos de regulación. Y, por último, la reproducción con la comprensión de la mitosis, sus fases y la función biológica; y la meiosis, sus fases e importancia en la reproducción sexual y en la evolución.

Como tema CTS (Ciencia, Tecnología y Sociedad) se hace hincapié en el estudio del cáncer: relación con las mutaciones y con la alteración del ciclo celular: correlación entre el cáncer y determinados hábitos perjudiciales y la importancia de los estilos de vida saludables.

En la enseñanza de la biología celular surgen diversas estrategias educativas innovadoras, a los microscopios virtuales y al uso de los mapas conceptuales se unen: las redes sociales, la realidad aumentada, la gamificación y modelos 3D, que buscan personalizar y dinamizar el aprendizaje[228].

10.1. Desarrollo de la teoría celular

La teoría celular fue formulada por primera vez a mediados del siglo XIX, según la cual los organismos vivos están formados por células, que son la unidad estructural y funcional básica de todos los organismos, y que todas las células provienen de células preexistentes. Desde la historia de la biología y su ense-

---

[228] Se recogen diversas propuestas en: Mario Durán, M.ª Micaela Molina y Xavier Ponsoda, *La docencia de la Biología Celular en la universidad. Un recorrido a través de distintas experiencias* (Valencia, Universitat de València, 2025).

ñanza nos interesa mucho cómo se ha ido desarrollando y, pese a ser universalmente aceptada, es importante recordar que el estudio de la célula es algo que no está cerrado y se encuentra en permanente actualización.

Como ya vimos, a principios del siglo XIX los microscopios mejoraron de forma considerable, sobre todo en la resolución de aberraciones, lo que permitió obtener una visión cada vez más clara de las relaciones estructurales más finas. Al igual que en los inicios de la investigación microscópica, en el que el estudio de los tejidos vegetales precedió al de los animales, también el estudio de la célula vegetal precedió al de la célula animal. Esta preferencia no obedeció a un capricho, fue debido a que la célula vegetal se observaba de forma más nítida debido a la gruesa pared de celulosa y a la estructura más tosca en comparación con el tejido animal. De hecho, para iniciar a los alumnos en las prácticas de microscopía siempre se ha recurrido a hacer cortes de tejidos vegetales como el del meristemo de la raíz de cebolla, con células grandes y en división.

Antes de empezar el recorrido histórico por el desarrollo de la teoría celular, tenemos que indicar que fue un proceso lleno de gran número de resultados individuales de muchos investigadores y de la ingeniosa vinculación intelectual de estas observaciones, fue un ejemplo de cambio acumulado y de comunalismo en ciencia, como un ejemplo de constructo colectivo. También fue un proceso con interdependencia entre ciencia y tecnología.

El destacado biólogo alemán Oscar Hertwig describió la teoría de las células con estas palabras:

> Sin dudarlo, creo que uno de los mayores logros de la biología en el siglo XIX fue la comprensión de que las plantas y los animales están formados por líneas o, para decirlo de forma más general, por innumerables organismos elementales diminutos… Equipados con el microscopio compuesto, con esa maravillosa arma que los excelentes ópticos habían llevado al más alto grado de perfección, los anatomistas estaban ahora en condiciones de descubrir un nuevo mundo de la vida, antes inimaginable[229].

10.1.1. Desarrollo de la teoría celular: primera etapa

Agustín Albarracín fue médico e historiador de la ciencia, y uno de los que mejor estudió el desarrollo de la teoría celular planteando que la primera etapa esta

---

[229] Oscar Hertwig, *Die Entwicklung der Biologie im 19. Jahrhundert* (Jena, G. Fisher, 1908), 5.

teoría fue de aproximación, desde principios de siglo XIX hasta 1825 todo se dijo, nada se aseguró, se confundió la forma de denominar a la célula[230].

G. R. Treviranus (1776-1837) entre otros, se dedicó al estudio de los tejidos vegetales. En su obra sobre la estructura interna de las plantas de 1808, demostró el desarrollo de los vasos a partir de células jóvenes dispuestas en secuencia y cómo estas disuelven sus paredes transversales. Consiguió disgregar tejidos vegetales demostrando que existen «vesículas» (lo que hoy llamamos células) que pueden vivir de forma aislada fruto de la disgregación. En 1805, fuertemente influenciado por la *Naturphilosophie*[231], Lorenz Oken (1779-1851)[232] planteó la idea de «organismo» como la agrupación de células, cada una de las cuales somete su individualidad a favor de una unidad de rango superior.

En 1824 el botánico francés Henry Dutrochet (1776-1847) defendió la diferente funcionalidad de las células según su papel fisiológico y la presencia de células en el reino vegetal y animal. En 1826 Pierre Jean François Turpin (1755-1840) planteó que las «vesículas» (refiriéndose a células) eran las unidades inferiores de la estructura vegetal y que formaban sus centros vitales y de propagación.

El botánico Franz Meyen (1804-1840), en su obra *Phytotomie*, identificó explícitamente las células como los elementos constitutivos del cuerpo vegetal. Basándose en minuciosos estudios microscópicos, reconoció algunos hongos y algas como estructuras unicelulares. Para él, las plantas más organizadas eran una asociación de masas celulares más o menos grandes. Hugo von Mohl (1805-1872), Franz Joseph Unger y Karl Nägeli (1817-1891) también figuran entre los primeros investigadores celulares en el campo de la botánica. Todos ellos aportaron importantes resultados individuales al campo de la teoría celular.

El círculo de estudiantes en torno al fisiólogo Johannes Müller (1801-1858)[233] desempeñó un papel decisivo en la investigación de las relaciones

---

[230] Agustín Albarracín Teulón, *La teoría celular* (Madrid: Alianza Editorial, 1983).

[231] La *Naturphilosophie* o filosofía de la naturaleza fue una corriente de la tradición filosófica del idealismo alemán del siglo XIX ligada al Romanticismo. La *Naturphilosophie* defendió una concepción orgánica de la ciencia en la que el sujeto juega un papel esencial, concibiéndose el mundo como una proyección del observador.

[232] Lorenz Oken estudió historia natural y medicina en la Universidad de Würzburg (Alemania). Privatdozent por la Universidad de Gotinga, con posterioridad llegó a ser rector de la Universidad de Zúrich.

[233] Johannes Müller fue un auténtico soberano en los dominios de la biología, fisiología y anatomía, descubrió que el llamado tejido cordal (bajo el nombre de cuerda se entiende el eje esquelético embrional de los animales superiores) presenta ciertas similitudes con las células vegetales.

estructurales más finas de los tejidos animales. Reconoció, en 1836, las células de la notocorda al microscopio. Su alumno Henle analizó y describió el epitelio intestinal (1837). Por otro lado J. Evangelist Purkinje, en Breslau, y sus alumnos, entre ellos Valentin, adquirieron una visión especialmente buena de las estructuras finas de los animales.

10.1.2. Postulados de Schleiden y Schwann

Los aspectos de la génesis de la célula se convirtieron en decisivos para la fundamentación de la teoría celular, ideas que el naturalista alemán Caspar Friedrich Wolff ya había expresado en 1756, pero que aún no se había podido concluir como consistente debido al todavía inadecuado equipamiento técnico.

En 1831 el botánico escocés Robert Brown observó en las células vegetales, en un punto más o menos central, una estructura a la que denominó núcleo[234]. De forma paralela Müller publicó un manual de suma importancia para la fisiología en el XIX. En esta obra se establecía que en el cordón nervioso embrionario había células (notocorda).

Se fue ganando en precisión en la descripción de los elementos celulares gracias a que los microscopios de investigación fueron siendo progresivamente mejores. Pero no fue hasta 1838 cuando Matthias Jacob Schleiden reexaminó la obra de Robert Brown y confirmó la omnipresencia del núcleo en las células vegetales presentando una hipótesis nueva en la que se proponía que ese núcleo tenía un papel generador en el conjunto de la célula.

Schleiden publicó una teoría de formación general para el tejido celular vegetal de las fanerógamas, planteó que la célula vegetal es la unidad fundamental de la estructura de la planta, un paso más allá de lo que consideraba Bichat, que mantenía que la estructura fundamental eran los tejidos. Schleiden también planteó que el crecimiento de la planta se produce por multiplicación de las células. Recogió parte de sus proposiciones en ocho conferencias que conforman un libro que presenta la botánica con el nuevo enfoque celular y el fisiológico[235] (figura 36).

---

[234] Robert Brown descubrió en 1831 el núcleo de las células de las hojas de las orquídeas. El texto fue publicado en un folleto de distribución privada y fue reimpreso en Londres. Robert Brown, «Observations on the Organs and Mode of Fecundation in Orchideae and Asclepiadeae», *Transactions of the Linnean Society of London* 16 (1833): 685-742.

[235] Matthias Jacob Schleiden, *The plant; a biography. In a series of thirteen popular lectures* (London: Hippolyte bailliere, 1853).

> La base de la estructura de todos los vegetales, tan diferentes entre sí, es una pequeña vesícula cerrada, compuesta de una membrana generalmente transparente e incolora como el agua; los botánicos la llaman «célula» o «célula vegetal». Un examen de la vida de la célula debe preceder necesariamente al intento de comprender toda la planta[236].

Un año después de haber escrito Schleiden sobre la naturaleza celular de las plantas, el mundo de la botánica y la fisiología fijó su atención en las nuevas ideas de otro científico de gran porvenir, Theodor Schwann. Desde el año 1834 trabajó como asistente de Müller en el Instituto Anatómico de Berlín y, en 1839, fue nombrado profesor de fisiología en la Universidad de Leuven.

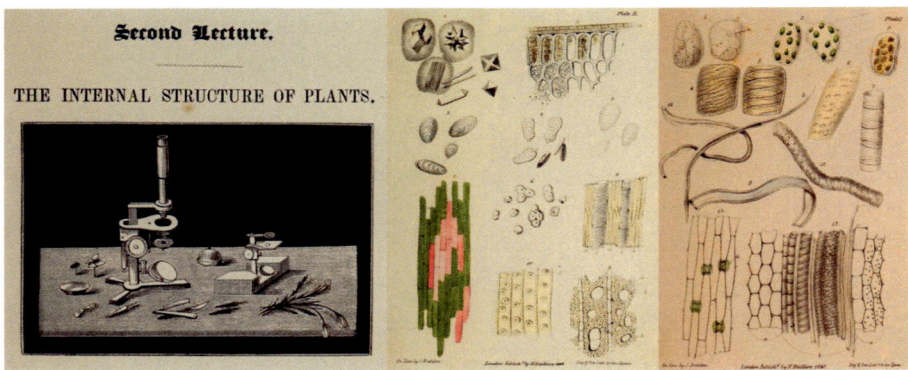

Figura 36. La portada de las ocho conferencias de Schleiden: *Planta*, **una biografía en una serie de trece conferencias populares de Schleiden. Se aprecian los distintos tipos celulares en las láminas[237].**
Fuente: Wellcome Collection.

Cuando Schwann trasladó los conocimientos sobre la célula vegetal y el núcleo al organismo animal, se produjo un paso decisivo. Describió cómo captó la idea de la estructura celular del cuerpo animal y vegetal en un discurso con motivo de su jubileo universitario: durante una cena con Schleiden, este le señaló la importancia del núcleo en el desarrollo de las células vegetales; entonces, recordó haber visto una estructura similar en las células de la cuerda dorsal y comprendió la relevancia de su hallazgo si lograba demostrar que cumplía la misma función. Llevó a Schleiden al Instituto Anatómico, donde

---

[236] Schleiden, *The plant; a biography. In a series of thirteen popular lectures*, 43.

[237] Schleiden, *The plant; a biography. In a series of thirteen popular lectures*, 367-369.

este confirmó la similitud de ambos núcleos. A partir de ese momento, enfocó sus esfuerzos en probar la preexistencia del núcleo en la célula. Al confirmar su papel en la cuerda y el cartílago, extendió esta idea a todos los tejidos, y la observación respaldó brillantemente su hipótesis[238].

En 1839 publicó una memoria titulada: *Investigaciones microscópicas sobre la concordancia de la estructura y del crecimiento de los animales y plantas*, generalizando de esta manera las conclusiones a las que había llegado Schleiden, aportando nuevas observaciones que confirmaban cómo la célula era la estructura unitaria común de todos los seres vivos (animales o vegetales), creando una nueva base para la biología y, por ende, para la medicina.

Es importante enfatizar que, en esta primera formulación de Schleiden y Schwann, la célula se presentó con una doble función: por un lado, como la «unidad anatómica estructural» y, por otro lado, «la unidad funcional de los seres vivos». Por tanto, desde aquel instante se postuló que los seres vivos funcionan en la medida que funcionan sus células.

Inmediatamente después de esta formulación, muchos otros discípulos ligados a la línea de investigación de Schleiden, Schwann y Müller empezaron a estudiar de forma sistemática los diferentes tejidos, llegando a la confluencia de que las células con forma y aspecto similar se agrupaban en tejidos, estos en órganos y estos últimos en aparatos.

En 1837, Jacob Henle (1809-1885), discípulo de Müller, describió con gran detalle la estructura de ciertos epitelios utilizando el microscopio. En 1841, publicó una anatomía general en la que clasificó los tejidos, siendo reconocido como el autor de la fusión entre los postulados tisulares de Bichat y la teoría celular de Schwann. Henle otorgó un papel central a las células en el funcionamiento del organismo, aunque mantuvo una visión vitalista. Concebía al organismo como una estructura formada por sustancias químicas simples y orgánicas, organizadas en células elementales y tejidos dotados de una fuerza vital específica. Según su perspectiva, estas estructuras poseían dos propiedades fundamentales e interconectadas: la irritabilidad y la excitabilidad, expresadas principalmente a través del movimiento[239].

Algunos autores atribuyen la paternidad de la teoría celular a Schleiden y Schwann, pero en realidad, como hemos mostrado, fue el momento de cosechar la floración de argumentos que había producido el paciente trabajo de muchos

---

[238]	C. H. Heinz Graupner, *Investigaciones sobre la vida. Historia de la Biología* (Barcelona: Luis de Caralt, 1967), 147.

[239]	Albarracín Teulón, *La teoría celular*, 153.

antes que ellos, junto a las aportaciones de otros colegas, siendo un constructo colectivo, buen ejemplo de gradualismo en ciencia y de comunalismo en el comportamiento de los científicos. Aunque Schwann y Schleiden habían proporcionado un nuevo y poderoso marco para comprender la estructura, el desarrollo y las funciones de plantas y animales, su teoría difería de la teoría moderna en varios aspectos importantes, principalmente en cuanto a su concepto de formación de células libres y la noción de «citoblasto»[240]. En años posteriores, este concepto fue atacado por varios botánicos, zoólogos y microscopistas, entre ellos Karl Nägeli, Hugo von Mohl y Rudolf Virchow (1821-1902).

10.1.3. Las ampliaciones de la primera teoría celular

Entre las primeras aportaciones a las formulaciones de la teoría celular, encontramos las de los procedimientos de Purkinje y de sus discípulos, que marcaron una nueva forma de trabajar. De una parte, se mejoraron las técnicas histológicas de preparación de los tejidos para la observación microscópica: fijación, corte, tinción, utilizando distintas técnicas para hacer visibles estructuras que no podían ser contempladas en fresco; de otra parte, desarrolló varias herramientas innovadoras, un cuchillo precursor del micrótomo, estableció el uso de preparaciones selladas con bálsamo y adaptó los métodos de Louis J. M. Daguerre (1789-1851) para producir las primeras fotografías de materiales microscópicos. Debido a que las autoridades universitarias no estaban dispuestas a satisfacer sus demandas de espacio y equipar el laboratorio, su enseñanza e investigación se realizaron en gran parte en su casa que pasó a conocerse como la cuna de la histología[241].

Nägeli siguió caracterizando el contenido de las células, descubrió que las algas inferiores eran modelos útiles para estudiar la división celular y observar el movimiento y el comportamiento del protoplasma. Al principio, Nägeli, coeditor con Schleiden de una revista de corta vida, defendió las teorías de Schleiden, pero sus estudios comparativos de la producción de células en diversos grupos de plantas acabaron por convencerle de que las células nuevas surgían de la división de las parentales preexistentes.

---

[240] Schwann pensaba que las células parecían formarse dentro de células previamente existentes, pero también aceptaba la idea de Schleiden de que las células podían formarse a partir de un fluido sin estructura, o citoblastema, mediante un proceso análogo al crecimiento de los cristales.

[241] Lois N. Magner, *A history of the life sciences* (New York: Marcel Dekker, Inc, 1994), 192.

Robert Remak (1815-1865) realizó importantes observaciones sobre la estructura histológica del sistema nervioso: describió el cilindro-eje o axón y estudió el desarrollo embrionario de los vertebrados (describiendo las capas germinativas y detallando el origen embrionario de diversas estructuras al microscopio).

En el primer volumen de los *Archivos de anatomía Patológica*, Virchow revisó las ideas predominantes sobre la organización y el crecimiento de los tejidos reflejando la influencia de Schleiden y Schwann[242]. La concentración de la investigación en la reproducción celular y los avances de la microscopía condujeron a numerosas observaciones de las divisiones celulares en las células vegetales[243] y en un número creciente estudios de tejidos animales, en particular las observaciones de Remak en los óvulos segmentados.

Virchow dio un paso más allá sobre la primera formulación de Schleiden y Schwann, haciendo una pequeña adición, que casi podríamos plantear como una segunda formulación. Virchow extendió esta observación a las células patológicas; estaba convencido de que «no hay vida sino por sucesión directa», es decir, que todas las células derivaban de células preexistentes y formuló el aforismo «*omnis cellula a cellula*» en un artículo sobre «patología celular» publicado en 1855. Virchow y Remak rechazaron la formación de células libres y la generación espontánea.

Otros trabajos importantes en el desarrollo de la nueva fase de la teoría fueron los de Albert von Kölliker (1817-1905)[244]. Pionero en el uso del microscopio para el estudio de la anatomía comparada, destacó como innovador en la técnica histológica, desarrollando procedimientos novedosos de inclusión, corte y tinción. Demostró la naturaleza celular de las fibras musculares lisas, la presencia de estas en las arterias, el estudio la estructura histológica de la piel, hueso, vasos sanguíneos y tejido nervioso. Fue autor de un manual de estudio de los tejidos humanos, editado en 1852, que tuvo sucesivas reediciones en los años siguientes; en este texto describió los procedimientos y protocolos para visualizar las células, con 400 grabados[245]. Kölliker analizó todo tipo de tejidos, en todo tipo de órganos.

---

[242] Magner, *A history of the life sciences*, 203.

[243] Los trabajos de Nägeli en 1845 y Hofmeister en 1849.

[244] Albert von Kölliker, discípulo de J. Müller y Jacob Henle, obtuvo en 1847 la cátedra de fisiología y anatomía comparada de la Universidad de Würzburg.

[245] Albert von Kölliker, *Handbuch der gewebelehre des menschen* (Leipzig: Verlag von Wilhelm Engelmann, 1896).

La histología tradicional fue incorporando nuevas técnicas a su conocimiento, podemos plantear que hacia 1850 ya se tenía información precisa de los distintos tipos celulares que forman los organismos, pero no había un conocimiento igualmente preciso o elaborado de cómo era el proceso de la división celular. Se asumía que los organismos crecían por la división sucesiva de las células, pero no se conocía en detalle este proceso.

Se planteó la hipótesis de que la división celular sucesiva es la que explica las distintas estructuras funcionales que existen en los seres vivos. Remak nos dejó distintas ilustraciones de los diversos estadios del desarrollo embrionario (de un vertebrado) detallando los cambios celulares. Fue Remak también el primero, en el año 1841, en describir el proceso de la reproducción en sangre de un embrión de pollo en su tercera semana de incubación: como pares de células, en forma de pera, unidos por su tallo, y cada uno de ellos en posesión de un núcleo. Respecto de la división celular se manifestó repetidas veces, estimando como muy probable que todas las células animales surjan de las células embrionarias por división progresiva.

10.1.4. La anatomía patológica

Paralelamente a investigadores como Remak, que introdujo la práctica de la microscopía en el estudio de la embriología, aparece la obra del médico alemán Rudolph Virchow que llegaría a dar lugar a una nueva disciplina, la anatomía patológica.

Virchow, al igual que su maestro Müller, utilizó el microscopio para estudiar procesos patológicos. En la primavera de 1838 Müller publicó en Berlín su obra *Sobre la estructura fina y las formas de los tumores patológicos*, con la que creó una base para la patología tumoral[246]. Defendió el nuevo concepto de «dejar de considerar los distintos tumores patológicos como cosas dadas, ontológicamente acabadas, sino como tejidos en proceso de desarrollo». Las investigaciones de Virchow fueron paralelas, cronológicamente, con las de Remak. En el año 1852, como aquel, publicó un artículo titulado «Unidades nutricionales y enfermedad» en el que afirma que la multiplicación celular tiene lugar a partir de las células preexistentes.

A lo largo de la década de 1850 el estudio de tumores le convenció del origen celular de las células neoplásicas. Por otro lado, la actitud de Virchow

---

[246] Johannes Müller, *Über den feineren Bau und die Formen der krankhaften Geschwülste* (Berlin: Reimer, 1838).

hacia la nueva ciencia de la bacteriología era compleja. Era antagonista de la idea de que las bacterias provocaran enfermedades hasta que las evidencias le hicieron cambiar de posición.

Planteó que, si las células son la estructura funcional de los seres vivos, durante la enfermedad, que es un estado funcional anómalo, esa enfermedad deberá tener algún tipo de reflejo en la estructura celular. Publicó su patología fundada sobre la histología fisiológica y patológica, intentando explicar las enfermedades en función de las alteraciones que sufren las células (figura 37).

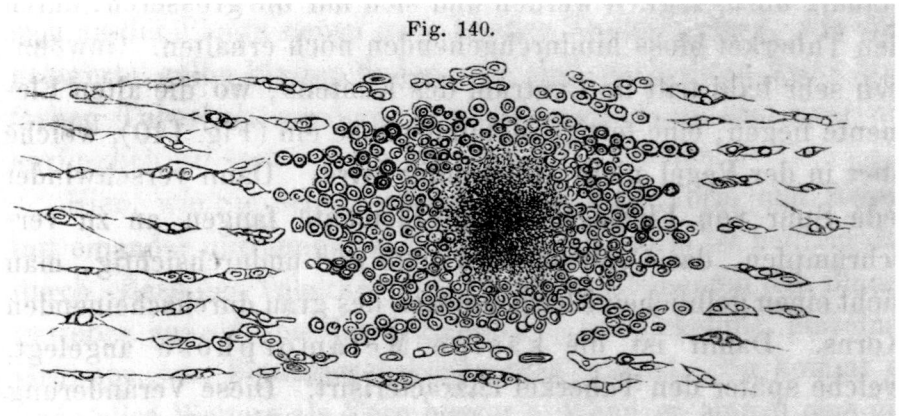

Fig. 140.

Figura 37. Dibujo de Virchow del desarrollo del tubérculo de la tuberculosis a partir del tejido conjuntivo de la pleura. Toda la secuencia desde los simples corpúsculos de tejido conjuntivo, la división de los núcleos y las células hasta la formación del gránulo del tubérculo, cuyas células vuelven a desintegrarse en el centro para formar un detritus graso-nuclear. 300 aumentos. Fuente: Wellcome Collection.

A medida que el microscopio profundizaba en el pensamiento morfológico, también creaba una nueva base para la medicina. La doctrina de la «kranken Zellen» (células enfermas) o la enfermedad como algo celular se convirtió también en la clave para comprender el curso de las enfermedades. Se atribuye a Virchow el inicio de la patología celular, que caracterizó a la medicina moderna.

10.2. El estudio de las neuronas y la neurobiología

Usando las nuevas herramientas de la microscopía, en los años de 1836 a 1838, varios anatomistas describieron las primeras células en el tejido nervioso, como

como Gabriel Gustav Valentin (1810-1863) y Christian Gottfried Ehrenberg (1795-1876). Valentin fue el primero en describir la célula, el núcleo y el nucléolo de las neuronas, en 1836.

Camillo Golgi fue el responsable de crear una técnica de impregnación específica para las neuronas, a la que llamó *la reazione nera* (la reacción negra) en los primeros años de la década de 1880. El proceder de Golgi, descrito por el autor de forma escueta e imprecisa, consistía en la inmersión durante varios días de la pieza a observar en una mezcla de bicromato potásico al 2,5% y ácido ósmico al 1%, y someterla después a un baño de nitrato argéntico. Una de las razones por la que la técnica de Golgi no era fiable era que no teñía todas las neuronas de una preparación y no era eficaz con los axones mielinizados.

Al no poder observar una separación clara entre las ramificaciones de las neuronas adyacentes, Golgi fue un firme defensor de la hipótesis reticularista, sugiriendo una red muy extendida de filamentos que se anastomosan entre sí en toda la materia gris del cerebro.

Sin embargo, cada vez había más pruebas de que las neuronas eran, de hecho, células individuales (teoría neuronal) y que no se continuaban entre sí por medio de fusión protoplasmática (protoplasma fue un término acuñado por Purkinje). Cajal mejoró la técnica de Golgi; utilizó cerebros más jóvenes y cerebros de aves, con axones no mielinizados y más abundantes.

Cuando Cajal comenzó a trabajar en la estructura fina del sistema nervioso, en 1888, utilizando su técnica de Golgi modificada, era prácticamente desconocido para el resto del mundo, principalmente porque optó por publicar en español, y en una revista fundada y apoyada por él. Pronto sintió, sin embargo, que este aislamiento alejaría su trabajo de los ojos de los expertos alemanes en neurociencia. Así, tradujo algunos de sus trabajos al francés, intentando que su trabajo tuviera repercusión. Pero finalmente la asistencia al congreso anual de la sociedad anatómica alemana celebrado en Berlín, en 1889, le abrió muchas posibilidades. Años después el histólogo Van Gehuchten recordaba la presencia de Cajal señalando que la desconfianza era tal que, en el congreso, en el que Cajal se encontraba solo, suscitaba en torno suyo sonrisas incrédulas; sin embargo, el aval de Kölliker y el examen a que este sometió las conclusiones de Cajal contribuyó a dar credibilidad a las aportaciones científicas del español y a convertirle en referente principal en el panorama de la histología[247].

---

[247] Alfredo Baratas, *Ramón y Cajal* (Madrid: Nivola libros y ediciones, 2006), 65.

La meticulosidad de su trabajo y la audacia de sus conclusiones pronto conquistaron a muchos adeptos, incluidos Kölliker y Wilhelm von Waldeyer. Von Kölliker fue un tenaz defensor de la hipótesis reticular, pero se convirtió a los argumentos de Cajal sobre la independencia de las neuronas apoyando su causa. Incluso aprendió español para traducir las obras de Cajal al alemán.

Finalmente, Waldeyer escribió una revisión tremendamente influyente en 1891, poniendo fin al reticularismo y explicando la nueva doctrina neuronal. Se basó en las conclusiones de muchos investigadores, como Forel, His y otros, pero el esfuerzo innovador de Cajal fue evidente en todas partes. Por sus contribuciones, Golgi y Cajal compartieron el Premio Nobel de 1906. Es interesante notar que, en su discurso de aceptación, Golgi optó por defender obstinadamente la hipótesis reticularista, incluso a la luz de toda la evidencia anterior. Golgi se equivocó aún más al sostener que las dendritas no participaban en la comunicación, sino que tenían funciones de soporte nutricional para la neurona. Inmediatamente fue contradicho en todos los puntos por el discurso de Cajal.

Cajal en su conferencia de recepción del Premio Nobel explicó la aplicación del método de Golgi primero en el cerebelo y luego en la médula espinal, el cerebro, el bulbo olfativo, el lóbulo óptico, la retina, etc., de embriones y animales jóvenes. Detallando las observaciones revelaron la disposición terminal de las fibras nerviosas:

> Estas fibras, ramificadas varias veces, se dirigen siempre hacia el cuerpo neuronal, o hacia las expansiones protoplasmáticas en torno a las cuales alrededor de las cuales surgen plexos o nidos nerviosos muy apretados y ricos. Las cestas pericelulares y los plexos trepadores, así como otras estructuras morfológicas cuya forma varía según los centros nerviosos estudiados, confirman que los elementos nerviosos poseen relaciones recíprocas en contigüidad, pero no en continuidad[248].

Cajal fue un científico prodigioso, sin duda el mayor neuroanatomista del siglo XIX, y su depurada técnica y extraordinarios dibujos del tejido neural en la corteza, el cerebelo, el hipocampo, el tálamo, la médula espinal y muchas otras partes del cerebro, convencieron a muchos científicos de que no había base para la hipótesis reticularista (figura 38).

---

[248] Santiago Ramón y Cajal, *The structure and connexions of neurons.* Nobel Lecture, consultado el 11-04-2025, https://www.nobelprize.org/uploads/2018/06/cajal-lecture.pdf

La doctrina neuronal de Cajal tiene los siguientes principios:

- La neurona se compone de tres partes: dendritas, soma (cuerpo celular) y axón.
- El axón tiene varias arborizaciones terminales, que hacen estrecho contacto con las dendritas o el soma de otras neuronas.
- La conducción tiene lugar en la dirección de las dendritas al soma, hasta las arborizaciones finales del axón.

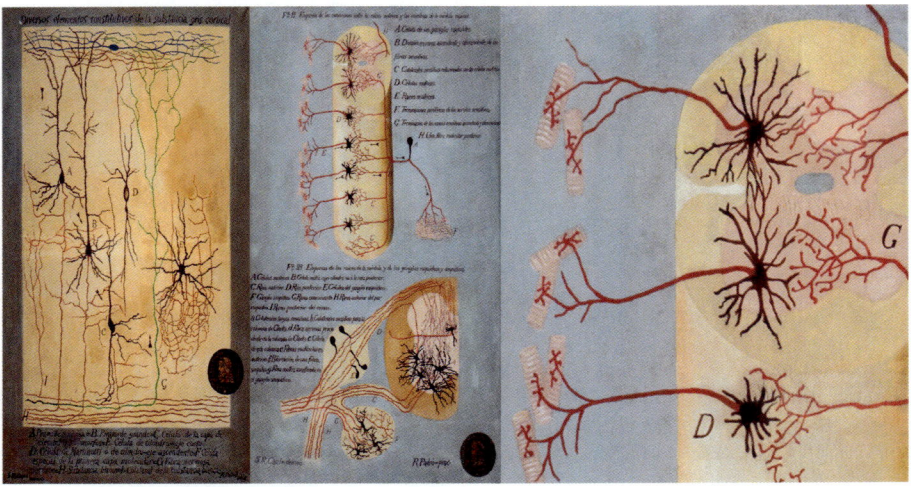

Figura 38. Cuadros originales delineados por Cajal y pintados por Ramón Padró para la docencia de la histología. Se custodian como parte del patrimonio histórico en el Departamento de Biología Celular e Histología en la Facultad de Medicina de la Universidad Complutense de Madrid. Se pueden observar a la izquierda los elementos constitutivos de la corteza cerebral, y en el centro un esquema de las conexiones entre las raíces motoras y sensitivas de la médula espinal; a la derecha se observa en detalle la sinapsis entre neuronas. Fotografías realizadas por trasimagenes.es. Autor: Paco Pimentel. Cortesía del Departamento de Biología Celular e Histología en la Facultad de Medicina.

La demostración de que la neurona es la unidad anatómica y funcional del tejido nervioso tuvo algunas cuestiones derivadas, como la integración de la neurología y la composición citológica del tejido nervioso, por ejemplo, el estudio de algunas enfermedades que se pueden asociar a trastornos celulares del tejido nervioso, como la enfermedad de Alzheimer o el ejemplo español, la enfermedad de Lafora. Discípulos de Cajal, como Nicolás Achúcarro (1880-1918) y Pío del Río Hortega (1882-1945), eran científicos de formación histopatológica y dedicaron el grueso de su investigación al estudio de las células de glía[249].

En 1933, en un artículo titulado «Arte y artificio en la ciencia histológica» afirmaba Río Hortega que «en la ciencia histológica cada descubrimiento importante corresponde a la invención de una técnica fecunda. La ingente obra de Cajal, sus infinitos descubrimientos, son fácil resultado de su genio creador de técnicas»[250]. Identificaba, así, uno de los grandes méritos de Cajal y, por extensión, de la escuela neurohistológica formada en torno a él: la capacidad para hacer visibles estructuras biológicas, y extraer las consecuencias anatómicas y funcionales derivadas de su descripción, gracias al desarrollo de nuevas técnicas de impregnación o tinción.

10.3. El estudio de estructuras celulares y orgánulos

En 1898 se describió el aparato de Golgi, aunque su naturaleza fue debatida debido a la posibilidad de que fuera un artefacto debido a la fijación prolongada. Se localizó mediante impregnación con osmio o plata, y se observó su relación con la secreción celular, ya que su tamaño variaba en células con alta actividad secretora[251]. El aparato de Golgi es el orgánulo central que media en el transporte de proteínas y lípidos dentro de la célula eucariota. Los libros de texto suelen ilustrar el Golgi como una «pila de pan de pita», aunque esta representación no ilustra adecuadamente la naturaleza dinámica de las cisternas del Golgi ni la variedad de morfologías que el Golgi manifiesta en diferentes tipos celulares[252].

También en 1898 se atribuyó el descubrimiento de las mitocondrias, nombre acuñado por Carl Benda, derivado del griego *mitos* (hilo) y *kondrion* (grano), debido a su apariencia filamentosa o granular. Benda las identificó mediante tinciones con alizarina y cristal violeta, aunque antes ya habían sido observadas por otros citólogos. Kölliker las describió en el músculo de insectos una década antes, y en 1890, Altmann notó que sus gránulos se teñían con fucsina, contribuyendo al conocimiento de estos orgánulos esenciales para la célula. En 1948 la centrifuga-

[249] Alfredo Baratas, «La obra neuro-embriológica de Santiago Ramón y Cajal», *DYNAMIS. Acta Hisp. Med. Sci. Hist. Zllus* 17 (1997): 259-279.

[250] Pío del Río Hortega, «Arte y artificio en la ciencia histológica», *Residencia*, año IV, n.º 6 (1933): 196.

[251] Jack D. Burke, *Biología celular* (México: Nueva Editorial Interamericana S. A., 1971), 30.

[252] Pamela L. Connerly, «How Do Proteins Move Through the Golgi Apparatus?», *Nature Education* 3, n.º 9 (2010): 60.

ción diferencial[253] permitió separar las mitocondrias y estudiar su actividad bioquímica viendo que las fracciones mitocondriales catalizaban todas las reacciones del ciclo de Krebs, la oxidación de ácidos grasos y la fosforilación oxidativa.

La aplicación del microscopio electrónico al estudio de la célula permitió obtener mayores aumentos y, en consecuencia, más claridad. Este instrumento eliminó las limitaciones inherentes a la óptica de las superficies curvas, pues en él, fuertes campos magnéticos comprimen en estrechos haces las corrientes de electrones que se dirigen al objeto, y realiza así aumentos casi 50 veces mayores que los del microscopio de luz. Fueron muy pocas las estructuras fundamentales de la célula que se había escapado a la microscopía óptica y que fueron reveladas por el microscopio electrónico.

Para explicar la membrana celular, Danielli y Davson propuesieron el modelo clásico «en emparedado» como resultado de experimentos indirectos sobre tensión superficial y cálculos de espesor. Esta hipótesis dio lugar al modelo de membrana de 1938, de Harvey y Danielli, de la bicapa de lípidos, siendo confirmada por medio de la microscopía electrónica más tarde[254], las micrografías revelaron una capa interna y externa obscuras (osmiófilas)[255], separadas por una capa clara (osmiófoba) a grandes aumentos; con una separación de alrededor de 30 Å de espesor.

Los estudios de Keith R. Porter (1912-1997) en 1953 con microscopía electrónica mostraron que el componente basófilo en el citoplasma correspondía a un sistema de conductos formados por membranas. Estas estructuras recibieron el nombre de retículo endoplásmico. Con el aumento del poder de resolución del microscopio electrónico, y gracias a los cortes de tejidos por congelación, George Emil Palade (1912-2008) identificó pequeñas partículas en el citoplasma en 1955. Estas partículas, ricas en ARN, se denominaron ribosomas. Fueron observados libres en el citoplasma, o agrupados sobre la capa externa de membrana nuclear y del retículo endoplásmico rugoso.

Bajo el microscopio electrónico, también cobró nueva forma el estudio de las mitocondrias. Las funciones de estas empezaron a conocerse al comenzar

---

[253] Se separan componentes de una mezcla celular en base a su tamaño y densidad, mediante la aplicación de distintas velocidades de centrifugación, para mitocondrias se aplican 10.000 g (fuerza relativa de gravedad o aceleración centrífuga relativa).

[254] Burke, *Biología celular*, 53.

[255] La solución fijadora ideal para la microscopía electrónica resultó ser el tetraóxido de osmio. Strangeways y Canti en 1927 demostraron que esta solución no alteraba la organización estructural de las células y Wolpers y Ruska lo utilizaron como fijador para la microscopía electrónica en 1939.

la década de 1950, como resultado de dos series de investigaciones: las anatómicas con microscopía electrónica y la bioquímica, para estudiar el mecanismo
de generación de energía celular. Las micrografías electrónicas de Palade, en
1952, mostraron que la mitocondria tenía una membrana externa y una membrana interna; también en 1959, las micrografías electrónicas permitieron hallar
ADN en la matriz mitocondrial.

10.4. Problemas en la enseñanza de la biología celular

A la hora de enseñar el desarrollo de la teoría celular hay que andar con «pies
de plomo» e indicar una serie de consideraciones: la teoría celular afirma que
todos los organismos están compuestos por células, aunque hay que insistir en
su diversidad estructural y funcional. Existen distintos tipos, como las células
procariotas y eucariotas, y dentro de un mismo organismo hay una gran variedad, cada una con una función específica.

Muchos alumnos perciben las células como estructuras sólidas con límites
definidos, pero en realidad están compuestas principalmente de agua, aseme-
jándose más a bolsas de gel. Además, la teoría celular establece que todas las
células proceden de otras preexistentes, sin que exista un mecanismo artificial
actual para su formación a partir de componentes no celulares, lo que genera
controversia en relación con la generación espontánea y el origen de la vida.
También se cree que el cuerpo humano solo contiene células humanas, cuando
en realidad alberga una gran cantidad de microorganismos, en proporciones
similares a las de las células humanas, desmintiendo la idea errónea de que
todos los microorganismos son patógenos.

10.4.1. Ideas previas erróneas

La identificación de la célula como unidad anatómica de los seres vivos por el
alumnado de la ESO no es algo unívoco. Diversos estudios didácticos muestran
que los alumnos de 14 y 15 años tienen problemas a la hora de contestar a la
pregunta de si tienen células organismos como un mejillón o una planta, o
partes de organismos como los huesos. Idea que parece asociada a la dureza o
la rigidez, que dificulta reconocer que están formados por células[256].

---

[256] Joaquín Díaz y María Pilar Jiménez, «El desarrollo de competencias para usar la noción de
célula en Secundaria», en *Memorias de la Real Sociedad Española de Historia Natural*, ed.

Cuando hacemos referencia al citoplasma, es común entre los estudiantes pensar que las células son espacios vacíos con orgánulos flotantes. Debido a la forma en que a menudo se representan las células en diagramas, muchos estudiantes piensan que las células son como mini sistemas solares con orgánulos flotando libremente en un citoplasma vacío. En realidad, haciendo una analogía, el citoplasma sería un espacio muy concurrido con muchas proteínas (entre ellas el citoesqueleto), iones y otras moléculas en movimiento.

En los libros de texto, los alumnos suelen observar el arquetipo de las células vegetales y animales[257]. Sin embargo, las células pueden tener estructuras y funciones muy diversas, como hemos mencionado. Por ejemplo, una neurona tiene un aspecto y un funcionamiento muy diferentes a los de un glóbulo rojo o una célula de la piel.

Otra idea errónea habitual es la de que las células son estáticas: los diagramas de los libros de texto suelen representar las células como un ente sin movimiento, lo que puede dar a los alumnos la impresión de que no son dinámicas. Pero además de las células con movimiento flagelar, ciliar o ameboide, la mayoría de las células están en continuo cambio, se dividen y reaccionan a su entorno. No están congeladas en el tiempo.

También se puede generar la idea errónea de que el ADN dicta todo en la célula. Sin embargo, el entorno interno y externo de la célula desempeña un papel crucial en el comportamiento celular. Por ejemplo, factores externos a la célula pueden determinar si ciertos genes se expresan o no. Se trata de un sistema complejo e interactivo, no de un camino unidireccional del ADN a la función.

Otra preconcepción errónea es la de considerar que la función de la nutrición es proporcionar energía, ignorando el aporte de materiales. Y en muchas ocasiones, cuando los alumnos tienen en cuenta este aporte, se suele pensar que solo es para el crecimiento; por lo que los docentes deben incidir en que el alumnado reflexione sobre el hecho de que continuamente mueren miles de células de nuestro cuerpo y que su renovación es necesaria[258]. Puede ser útil que realicen un mapa conceptual buscando información en la red con la duración media de algunas células del cuerpo humano.

por Pilar Calvo y José Fonfría (Madrid: Real Sociedad Española de Historia Natural, 2008), 169-186.

[257] Pierre Clément, «Introducing the Cell Concept with both Animal and Plant Cells: A Historical and Didactic Approach», *Science & Education* 16 (2007): 423.

[258] Díaz y Jiménez, «El desarrollo de competencias para usar la noción de célula en Secundaria», 178.

A nivel procedimental sobre la observación al microscopio los conceptos erróneos vienen de la mano del desconocimiento de las técnicas accesorias y de microscopía. Hay que incidir en que, cuando se presenta una preparación, lo que se observa al microscopio no representa necesariamente el estado natural de la célula, ya que muchas técnicas de preparación alteran su aspecto. Por ejemplo, si se tiñen las células para resaltar ciertas estructuras, lo que se modifica es su color e incluso su forma. Algunos alumnos pueden creer que pueden observar todas las partes de una célula con un microscopio óptico, pero muchas estructuras, como el retículo endoplásmico o las mitocondrias individuales, resultan ser demasiado pequeñas para ser visibles sin un microscopio electrónico. Los esquemas y dibujos en los libros, en ocasiones, generan confusión al respecto.

Uno de los contenidos procedimentales a trabajar en este tema es el de la representación mediante el uso de imágenes, dibujos y esquemas: los estudiantes pueden representar gráficamente la célula, y al hacerlo desde la didáctica de la biología es importante fijarnos si las células se representan en dos o en tres dimensiones, si el dibujo es de algún tipo concreto de célula, o si es una célula idealizada; también se estudia qué orgánulos han señalado y cómo los han representado. Hay que tener en cuenta que los ejemplos del libro de texto de células eucariotas, idealizadas tanto de célula animal como de vegetal, no responden a la diversidad de células. Tal y como advierten Jiménez y Díaz, a esta célula prototípica representada se le adjudica un rasgo fundamentalmente de célula animal, en dos dimensiones, y en la mayoría de los casos, siguiendo el modelo de «huevo frito».

11. Desarrollo de la microbiología y el papel de los temas de Ciencia, Tecnología y Sociedad (CTS) relacionados: la construcción social de las enfermedades y la resistencia a los antibióticos

En primero de la ESO se estudia el bloque «Hábitos saludables» donde se analizan qué comportamientos son beneficiosos para la salud. De acuerdo con la edad y madurez de los estudiantes, se introduce el estudio de la salud sexual de forma adecuada a su desarrollo. En tercer curso estos contenidos se profundizan para lograr que estos conocimientos permitan a los alumnos cuidar su cuerpo tanto a nivel físico como mental; en el bloque «Salud y enfermedad», se investigarán los mecanismos de defensa del organismo contra los patógenos; el funcionamiento de las vacunas y antibióticos y la reflexión sobre su importancia en la prevención y tratamiento de enfermedades.

En la asignatura de Biología en segundo de Bachillerato existe un bloque específico de «Inmunología» que trabaja el concepto de inmunidad, sus mecanismos y tipos (innata y adquirida), las fases de las enfermedades infecciosas y el estudio de las patologías del sistema inmunitario[259].

11.1. Desarrollo de la teoría del germen

De la misma manera que la histología, la microbiología tuvo su desarrollo como disciplina a lo largo del siglo XIX, hubo antecedentes ya en el siglo XVIII con

---

[259] Decreto 64/2022, de 20 de julio, de la ordenación y el currículo del Bachillerato (BOCM núm. 176 de 26 de julio de 2022), 49.

https://dx.doi.org/10.5209/docm.006.12
Historia, Enseñanza y Difusión de la Biología. José Pedro Marín Murcia.
© Ediciones Complutense, 2026.

estudios sistemáticos sobre dolencias y posibles remedios para ellas siendo habitual no encontrar una relación entre la causa y la enfermedad. Era habitual el desarrollo de técnicas terapéuticas sin conocer cuál era el factor que determinaba la enfermedad.

Con la viruela pasaba algo parecido, hoy en día es una enfermedad que la comunidad científica y sanitaria conoce, pero en su momento no había razón de la naturaleza vírica, la causa de la viruela. Se sabía que se transmitía de unos humanos a otros y que había una forma de tratar por las campañas de variolización procedentes de China o las de vacunación que introduce el médico inglés Edwar Jener.

Cuando nos ocupamos de los viajeros ilustrados del siglo XVIII, salió a colación la expedición de Balmis, la expedición filantrópica de la vacuna, organizada por la corona española en una parte importante de América y en Filipinas, siendo probablemente la primera gran campaña masiva de salud pública internacional. Pero recalcamos que la última causa era desconocida.

La idea de los microorganismos como agentes patógenos tiene una larga historia. Ya en la antigua Roma, Marco Terencio Varrón (116-27 a. C.), polígrafo, militar y funcionario; expresó la ingeniosa hipótesis de que la fiebre de los pantanos estaba causada por pequeños animales que llenaban el aire cerca de estas zonas húmedas e inhóspitas. En su opinión, se suponía que entraban en el cuerpo a través de los órganos respiratorios y provocaban escalofríos de fiebre. El nombre de la enfermedad, malaria (*aire viciado*), que aún se utiliza, hace referencia a estas viejas ideas.

Antes de conocerse la verdadera causa de la malaria, una enfermedad parasitaria, producida por un protozoo que vive en la sangre y que se transmite por la picadura de un mosquito a los seres humanos, ya se contaba con un tratamiento. El uso de las quinas fue un tratamiento relativamente eficaz.

En el siglo XVII, el jesuita Athanasius Kircher (1602-1681)[260] apuntó en la misma dirección de los gérmenes. Creía haber observado con su microscopio innumerables gusanos en sustancias en fermentación como la leche, el vinagre y similares. También afirmó haber observado esos diminutos animales en el pus de los enfermos de peste. No cabe duda de que Kircher aún no veía bacterias en aquella época, sino que tal vez interpretaba como gusanos fragmentos de tejido en descomposición, glóbulos blancos y rojos o similares.

---

[260] Jesuita, filólogo y físico alemán. Escribió una gran cantidad de obras de las que hoy en día se conserva muy poco. Fue uno de los primeros en sugerir la existencia de un mundo de criaturas microscópicas.

Como ya analizamos en el tema 6, Anton van Leeuwenhoek exploró el mundo microscópico con su sencillo, pero potente, aparato. En sus cartas a la Royal Society, incluyó ilustraciones de lo que llamó infusorios y bacterias. En septiembre de 1675, observó microorganismos en agua de lluvia y otras infusiones, así como en el tracto intestinal de diversos animales. En 1683 describió, con palabras y dibujos, la presencia de bacterias en la placa dental, impresionando a científicos y curiosos. Así, desde el siglo XVII se conocía la existencia de diminutos organismos en el agua, superficies orgánicas y el aire, aunque aún no se les vinculaba con la transmisión de enfermedades.

Durante buena parte de la primera mitad del siglo XIX existió un concepto un poco incierto o borroso de lo que es el contagio de los agentes causales de las epidemias; un ejemplo interesante lo vemos en el vocabulario quirúrgico del médico Manuel de Mendoza, que en 1840 definió infección como toda sensación producida en nuestro olfato por los olores fétidos. Pero en sentido figurado se entendía por la palabra infección la acción producida en la economía animal por las partículas etéreas esparcidas por el aire. No había pues una concepción biológica de la transmisión de la enfermedad, siendo de carácter poco concreto los olores fétidos o las partículas etéreas.

A lo largo de la década de 1830 y 1840 hubo una teoría en auge que planteaba que las enfermedades eran cimóticas, infecciosas e inoculables, con fenómenos comparables a una fermentación; esa idea la planteaba el químico alemán Justus von Liebig (1803-1873) que había estudiado los procesos de fermentación y putrefacción y veía que cuando tenía una sustancia biológica y estaba al aire libre, había una serie de reacciones químicas que producían estos productos. Así que concluyó que algún tipo de compuesto excitador determinaba esos cambios y esas modificaciones en la materia biológica; de alguna manera intentaba explicar la enfermedad en función de esos factores excitadores, fundamentalmente químicos y no biológicos[261].

El paradigma no cambió hasta mediados del XIX, con la aparición del trabajo de Ignaz Philipp Semmelweis (1818-1865) un médico, cirujano y obstetra húngaro que trabajó en la maternidad del Hospital General de Viena (figura 39). A través de precisas observaciones realizó una construcción hi-

---

[261] Liebig rechazó las pruebas de que las levaduras eran organismos vivos y ridiculizó los estudios de fermentación de Schwann y Pasteur. Según Liebig, la levadura era el producto de la fermentación y no la causa. Magner, *A history of the life sciences*, 250.

giénico-sanitaria del proceso de la enfermedad. En 1861 publicó un trabajo titulado *Die Aetiologie, der Begriff, und die Prophylexis des Kindbettfiebers* (De la etiología de la causa última de la enfermedad) introduciendo el concepto y la profilaxis de la fiebre puerperal, es decir, durante la etapa del puerperio (tras dar a luz). En esta fiebre, demostraba la existencia de un factor que no estaba analizado en cuanto a su naturaleza, química, física o biológica, debido a la trasmisibilidad en la ropa de los médicos y en el instrumental que utilizaban y que indirectamente hacía enfermar a las pacientes. Por tanto, se definía por primera vez la patogenicidad de una enfermedad infecciosa.

**Figura 39. Exterior del Hospital General de Viena (*Allgemeiner Krankenhaus*).
Fuente: Wikimedia Commons.**

El caso de Semmelweis fue muy peculiar ya que se enfrentó al conjunto de la profesión médica, siendo muy vehemente. Como resultado final de sus investigaciones dictó una serie de procedimientos o protocolos de hábitos de manipulación de los enfermos que muy rápidamente se reproducen y generalizan en el tratamiento de los enfermos. Lo que interesa es ver cómo Semmelweis introduce de forma sistemática el concepto de infección transmitida por medios físicos concretos de unos enfermos a otros.

Continuando esta línea de pensamiento, entre 1865 y 1885 se construyó un modelo de interpretación de las enfermedades infecciosas basándose en la teoría microbiana. Esta ya no era un factor deletéreo como planteó Semmelweis, sino que ya se habló de microbios, pequeños organismos biológicos. El concepto de enfermedad microbiana fue incorporado al conocimiento biológico, destacando los trabajos del químico Louis Pasteur y del médico Robert Koch, entre otros muchos.

11.1.1. Los trabajos de Pasteur

Louis Pasteur, como hemos mencionado, fue químico de formación; a lo largo de su vida realizó diversas investigaciones sobre la química aplicada a la biología, y sobre la aplicación terapéutica de la química. Descubrió entre 1847 y 1857 los isómeros ópticos, moléculas iguales con la misma composición pero que tienen sus átomos dispuestos de forma distinta y por tanto formas isoméricas que se distinguen en algunos casos porque reorientan la luz polarizada en un sentido o en otro (levógiros o dextrógiros).

Tras su formación como químico orgánico trabajó en el medio rural donde se dedicó al estudio de las fermentaciones del vino y la cerveza. En 1855, en la ciudad industrial de Lille, Pasteur, entonces profesor de química en una escuela normal de maestros, entró en contacto con la actividad de los fermentos vivos. Había problemas con la calidad de la cerveza y el vinagre, y ante la falta de una explicación química, comenzó a examinar las muestras por medio del microscopio. Entre 1857 y 1865, fruto de ese trabajo, logró identificar la existencia de microorganismos como los factores determinantes de esos procesos de fermentación alcohólica y acética. Así se descubrió que cuando la fermentación se producía de forma normal se observaban las pequeñas células redondas de la levadura estudiadas ya en 1839 por Caignard de la Tour[262]. Otros autores ya habían planteado la naturaleza biológica en las fermentaciones, como el caso de Theodor Schwann y Friedrich Traugott Kützing.

En Alemania, Schwann pudo observar de forma independiente la célula de levadura en 1837, en unos experimentos sobre la fermentación del vino y la putrefacción. Fue publicado después de que su tutor, Johannes Müller, realizara una comunicación previa, en nombre de Schwann, en la Sociedad de amigos investigadores de la naturaleza de Berlín, en febrero de ese mismo año. El tercer investigador que descubrió la célula de levadura fue el algólogo Friedrich Traugott Kützing, que también describió el organismo vivo de la llamada «madre del vinagre»[263]; también describió e ilustró un gran número de otros

---

[262] No fue hasta la aparición de los trabajos de Cagniard Latour (1777-1859), hacia 1836, cuando se consideró que la fermentación tenía un aspecto biológico. William Bulloch, *The History of Bacteriology* (London: Oxford University Press, 1938), 163. Pero las observaciones microscópicas sobre la levadura se remontan a Leeuwenhoek, quien en su carta número 32 a la Royal Society, fechada el 14 de junio de 1680, describió lo que había visto cuando observó la cerveza al microscopio.

[263] La espuma que se forma en la superficie durante la elaboración del vinagre a partir del alcohol.

seres vivos microscópicos, en infusiones de diversas plantas y en soluciones de compuestos orgánicos.

De nuevo volvemos a encontrarnos con la estrecha interrelación entre los aspectos tecnológicos e industriales con los de índole científica. Probablemente si Pasteur no hubiese sido un químico no le hubieran pedido analizar los procesos de fermentación, si no hubiera vivido en una Francia volcada en la producción de vino como generador de riqueza económica, no hubiera sido capaz de demostrar el papel de los microorganismos en los procesos de fermentación. Pasteur aplicó sus ideas sobre el vino y la cerveza a las enfermedades. Se preguntó cómo evitar pensar en que algo semejante pudiera ocurrir en el hombre y en los animales[264].

Entre 1865 y 1870, Pasteur centró su investigación en las enfermedades del gusano de seda. En el siglo XIX, la industria de la seda era fundamental para la próspera industria textil francesa. Ante una epidemia que devastaba la cría de gusanos y afectaba gravemente el mercado sericícola, Pasteur aplicó su método de investigación, y descubrió que la enfermedad de los gusanos era causada por microorganismos, específicamente bacterias.

Así, observamos cómo a partir de problemas específicos surgió una nueva forma de trabajo y una disciplina. Desde la Química, se abrió un nuevo campo de conocimiento: el estudio del papel de los microorganismos en los procesos biológicos. Aplicando el mismo método de las fermentaciones, Pasteur investigó las enfermedades infecciosas como el carbunco, el cólera en las gallinas y la disentería del cerdo.

Su legado culminó con el desarrollo de la vacuna contra la rabia, una enfermedad que afectaba de manera devastadora al ser humano. Pasteur, que ya conocía los procesos de atemperación con la vacunación de la viruela, planteó la hipótesis de que se pudiera hacer lo mismo con la rabia. Era una enfermedad tremendamente violenta y traumática para quienes la sufrían y para los de su alrededor. En 1886, Pasteur anunció de forma espectacular que su laboratorio había desarrollado una vacuna terapéutica salvando la vida de dos niños gravemente mordidos por perros rabiosos:

> El 6 de julio de 1885, Joseph Meister, de 9 años, fue llevado a Pasteur después de que el ataque de un perro rabioso le causara heridas profundas en manos, piernas y muslos. Aconsejado por los médicos que el caso era irremediable, Pasteur comenzó una serie de inoculaciones. Meister se recuperó

---

[264] José Miguel Sáez Gómez, *Un benefactor universal Pasteur* (Madrid: Nivola, 2004).

completamente y en un año más de 2000 personas habían recibido la vacuna antirrábica de Pasteur[265].

La vacuna antirrábica dio a Pasteur fama internacional. En 1888 se inauguró el Instituto Pasteur, gracias a la intensa recaudación de fondos y la rápida construcción del edificio, inaugurado en 1888. Ambos hechos fueron reflejo del notable éxito de Pasteur en la formación de coaliciones con otros grupos importantes de la sociedad francesa (por ejemplo, agricultores, veterinarios, médicos, higienistas) e indican cómo la ciencia iba a desempeñar a partir de entonces un papel clave en la medicina y la salud pública. El uso creciente de la palabra «inmunidad» en la literatura médica y científica tras los descubrimientos de Pasteur indica que varios bacteriólogos, patólogos, higienistas y zoólogos pensaban que se ocupaban de un fenómeno natural general[266].

Dentro de la institucionalización de la ciencia es importante el caso de la creación del Instituto Pasteur (figura 40) dedicado a la etiología y tratamiento de importantes enfermedades infecciosas. Incluso bien entrado el siglo xx, los investigadores del Instituto tuvieron un papel fundamental con investigaciones sobre la regulación de las proteínas, o a finales del xx con la identificación del virus del sida.

Al igual que ocurría con la vacuna de la viruela, en el caso de la rabia Pasteur tuvo que diseñar un tratamiento para una enfermedad de la que no se conocía el agente causal último, en este caso un virus, fuera del rango de observación y por tanto del estudio en la época. No obstante, quedémonos con el cambio de concepción de Pasteur de enfermedad como alteración química a enfermedad como alteración biológica y cómo sentó las bases del papel que juegan los microorganismos en los procesos vivos.

Estos trabajos significaron, en cierta manera, la fundación de la medicina científica. En los siglos anteriores no se podía ir más allá de la utilización inteligente de descubrimientos casuales o de tradiciones como medidas preventivas, como la cuarentena y la vacunación, o la fatídica cura mercurial para la sífilis y la quina para la malaria. Sin la teoría de los gérmenes era imposible comprender lo que ocurría en las enfermedades infecciosas, y los médicos tenían que dejarlas seguir su curso o incluso contribuían involuntariamente a su difusión.

---

[265] Magner, *A history of the Life Sciences*, 281.

[266] Thomas Söderqvist, Craig Stillwell y Mark Jackson, «Inmunology», en *The Cambridge History of science. Volume 6. The modern biological and Earth sciences*, ed. por Peter J. Bowler y John V. Pickstone (Cambridge University Press, 2009).

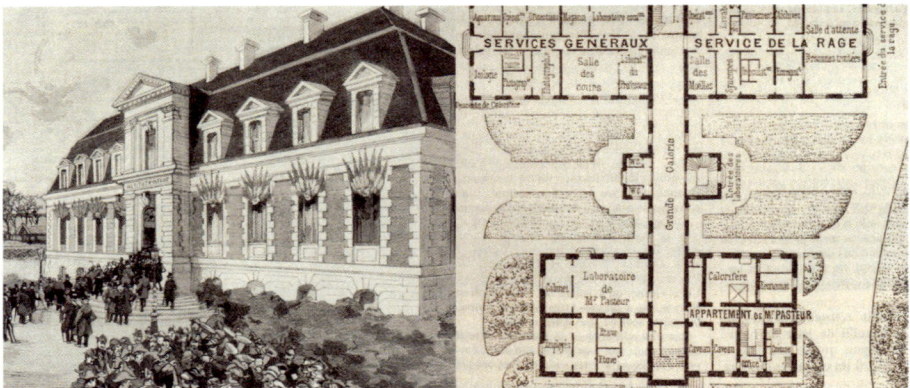

Figura 40. A la izquierda, detalle del grabado de la inauguración del Instituto Pasteur en 1888 en París. *Le Monde Illustré*, 24 de noviembre de 1888. A la derecha, detalle del plano general del Instituto aparecido en la revista *Le Génie civil: revue générale des industries françaises et étrangères*. 24 de noviembre de 1888. Fuente: Bibliothèque Nationale de France/gallica.bnf.fr.

11.2. Las grandes epidemias de los siglos xix y xx

Cuando la teoría de los gérmenes fue aceptada, el estudio de las enfermedades infecciosas pasó a tener un doble objetivo: primero, identificar el agente microbiano responsable y, segundo, combatir la enfermedad mediante sueros inmunizadores o curativos; en paralelo se desarrollaron medidas preventivas para evitar el contagio y las epidemias. Las mejoras en higiene y el fortalecimiento del sistema sanitario comenzaron a dar resultados, reduciendo la incidencia de enfermedades como el cólera, la peste y la malaria, excepto en aquellas regiones donde la pobreza impedía la implementación de estas medidas[267].

11.2.1. El mal del siglo xix

También conocida como tisis, peste blanca o consunción, la tuberculosis está con nosotros desde la antigüedad, a menudo en forma de epidemia. Las pruebas más antiguas del paso de esta enfermedad por humanos se remontan al Neolítico, probablemente una micobacteria que habría pasado de algunos animales al hombre. El estudio de momias del antiguo Egipto deja patente lesiones óseas

---

[267] Bernal, *Historia social de la ciencia I,* 504.

debidas a la tuberculosis vertebral, lo que permite inferir la existencia de tuberculosis pulmonar, gangliolar e intestinal[268]. Seguir la pista de la enfermedad es complicado y solamente hay ciertas referencias en escritos como el *Corpus Hippocraticum* con descripciones clínicas compatibles con la tuberculosis pulmonar. Más precisa pareció la medicina hindú con la referencia en el *Atawa-Veda* (ca. 1200 a. C.) en el que se describe la escrófula, y también en el *Ayur-Veda*, con referencias sobre la consunción y sus causas, pronóstico y curación[269].

Durante la primera mitad del siglo XIX la tuberculosis siguió siendo una enfermedad mortífera, para la que apenas funcionaban las medidas profilácticas y, menos aún, los remedios galénicos (sangrías, purgantes y eméticos) y una regulación de la dieta, además de recomendar el aire puro del campo y del mar o el ejercicio.

Figura 41. A la izquierda, una mujer joven y enferma se sienta tapada en un balcón; la muerte (un esqueleto fantasmal) está a su lado; representa la tuberculosis. A la derecha, una niña sufre la asfixia de la muerte representando la difteria. Acuarelas de R. Cooper. Fuente: Wellcome Collection.

Lejos de ser un problema, la imagen de la tuberculosis durante el periodo del Romanticismo era la de una enfermedad de moda; un estímulo para muchos intelectuales y artistas románticos, que encontraban la aliada perfecta para desarrollar la creatividad, extremando la sensibilidad hasta la muerte[270]. Y así

[268] María José Báguena, *La tuberculosis y su historia. Colección histórica de ciencias de la salud* (Barcelona: Fundación Uriach, 1992), 21.

[269] Se conoce como escrófula a la infección tuberculosa de los nódulos linfáticos.

[270] Raúl Rodríguez Nozal, «La epidemia romántica: reseña histórica de la tuberculosis», en *Epidemias* ed. por Francisco Javier Puerto Sarmiento, Alberto Gomis, Antonio González

lo reflejaron en sus obras distintos escritores, en sus textos la muerte es vista como una liberación y el suicidio o el abandono total hasta contraer la tuberculosis y morir. También fue la enfermedad tema habitual en la pintura de la época (figura 41).

A mediados del siglo XIX se produjo un cambio de actitud de la sociedad que se atemorizó ante ella. El tísico pasó a ser un marginado social; su tos, su sudor, sus palabras y aquello que tocaba era considerado contagioso. Las familias, avergonzadas de tener en su seno un enfermo tuberculoso, escondían la causa de su muerte.

11.2.2. El cólera: paradójicamente gran aliado del desarrollo sanitario

Hay descripciones de una enfermedad parecida al cólera en el *Sushruta Samshita* de la India, escrito en sánscrito entre el 500 y el 400 a. C. Registros históricos de hace 2000 años, tanto en griego como en sánscrito, describen enfermedades similares al cólera[271]. Durante siglos la enfermedad se limitó a la región oriental de Bengala. El llamado «terror azul» se extendió por toda la India –y más allá– a medida que los británicos ampliaban su dominio sobre el territorio. Llegó a ser la principal causa de muerte entre las tropas británicas en la India, ganando la reputación de enemigo insidioso y violento, siempre al acecho.

Gracias a las nuevas vías de comunicación, el cólera se dispersó fuera de la India. Cuando la primera de las cuatro grandes epidemias de cólera asoló Gran Bretaña en 1831, perecieron cerca de 30.000 personas, creando una gran preocupación y debate acerca de su etiología. Durante muchos años la opinión se dividió entre los que creían que el cólera se propagaba por contacto y los que culpaban al aire viciado y/o a los efectos de la temperatura del suelo.

Los esfuerzos por comprender la enfermedad llevaron a la publicación de más de 700 libros relacionados con el cólera solo en Londres. Estos estudios sirvieron como herramientas epidemiológicas y de desarrollo de la higiene a

Bueno, Raúl Rodríguez Nozal y Cecilio J. Venegas Fito (Madrid: Real Academia Nacional de la Farmacia, 2022), 29.

[271] Rita R. Colwell, «Global Climate and Infectious Disease: The Cholera Paradigm», *Science* 274 (1996): 2025.

nivel educativo. De gran importancia fue el estudio del Dr. Snow sobre el contagio del cólera por agua potable; la perseverancia y energía con la que buscó hechos para corroborar esa teoría[272].

Con el desarrollo de la epidemiología, la medicina pasó de analizar el comportamiento de los individuos a investigar cuestiones relacionadas con poblaciones enteras. Estas cuestiones iban desde la preocupación del suministro de agua en zonas concretas de una ciudad hasta la creación de mapas de distribución (figura 42). El caso del cólera fue de gran interés, en cierto modo se ha llegado a decir que esta enfermedad ha sido la gran aliada del desarrollo de los controles sanitarios de aguas.

El agente microbiano productor del cólera fue descubierto por Koch en 1884 y bautizado con el nombre de «bacilo coma». Posteriormente los bacteriólogos estimaron que esta forma era lo suficientemente específica como para definirla con un nombre distinto: «vibrio».

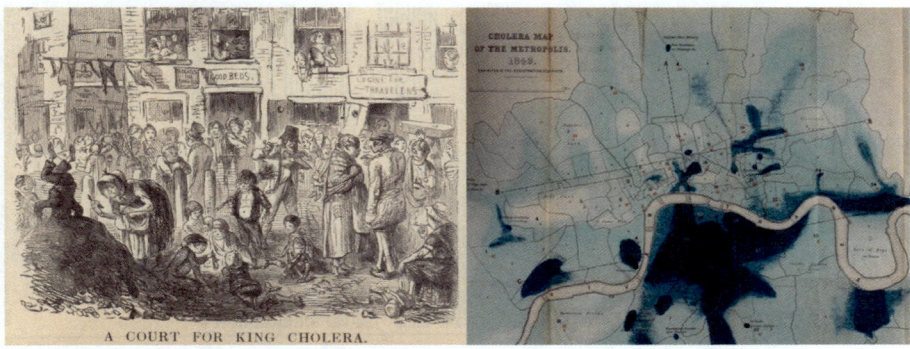

**Figura 42. A la izquierda, una caricatura satírica titulada: «Una corte para el Rey Cólera». Ilustración de John Leech; y a la derecha, un plano con la distribución de la enfermedad en Londres del informe del comité de investigaciones científicas en relación con la epidemia de cólera de 1854.
Fuente: Wellcome Collection.**

11.3. El desarrollo de la metodología de Koch

Otros trabajos importantes para el desarrollo de la microbiología del siglo XIX fueron los de Robert Koch (1843-1910), microbiólogo y médico alemán. Estableció la formulación de los principios y técnicas de la bacteriología moder-

---

[272] Colwell, «Global Climate and Infectious Disease: The Cholera Paradigm»: 2024.

na; abordó su estudio como médico. Describió en 1876 el ciclo biológico del *Bacillus anthracis*, la bacteria que produce el ántrax[273]. Poco después describió la etiología, las causas biológicas últimas, de enfermedades infecciosas vinculadas a operaciones. Fruto de sus investigaciones fue también la identificación del agente causal de la tuberculosis (figura 43), el llamado bacilo de Koch, *Mycobacterium tuberculosis*[274].

Todos estos avances en el conocimiento de las enfermedades le valieron ser nombrado director del Instituto Imperial de Sanidad Alemán y catedrático de Higiene en Berlín. Aparte de la identificación inequívoca de bacterias vinculadas a enfermedades infecciosas humanas, su contribución crucial para la biología fue la sistematización de la metodología de trabajo microbiológico. Desarrolló procedimientos de tinción y cortes histológicos necesarios para demostrar sus aseveraciones respecto de la naturaleza infecciosa de las enfermedades.

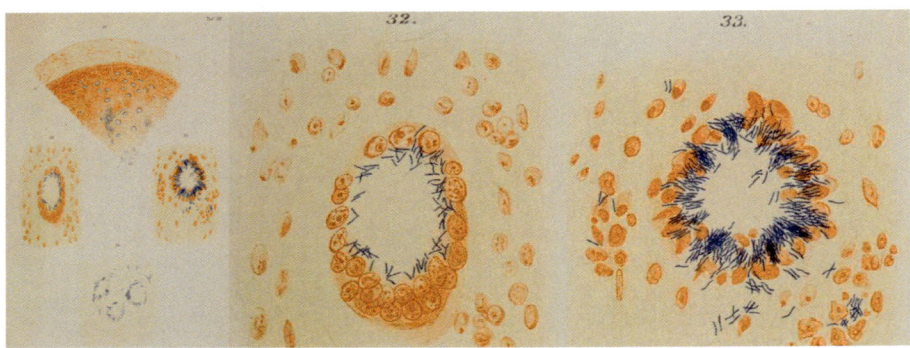

Figura 43. Plancha VII con dibujos de Koch, en el libro *Mittheilungen aus dem Kaiserlichen Gesundheitsamte*, con una sección de tejido pulmonar afectado de tuberculosis (31), los tubérculos en detalle (32 y 33) y en ellos las células gigantes en marrón rodeando a los bacilos coloreados de azul[275].

---

[273] Ferdinand Cohn, botánico y pionero en bacteriología, mostró interés en el trabajo de Koch. Tras invitarlo al Instituto de fisiología Vegetal de la Universidad de Breslau, quedó impresionado por la rigurosidad de sus experimentos y organizó la publicación de su artículo «Etiología del ántrax basada en el ciclo de desarrollo del *Bacillus anthracis*», impulsando así el reconocimiento de Koch en microbiología.

[274] Pese a tener forma de bacilo, taxonómicamente pertenece al género *Mycobacterium*. Un género de bacterias aerobias grampositivas. La mayoría de las especies son de vida libre en la tierra y el agua, pero el mayor hábitat para algunas es el tejido infectado de anfitriones de sangre caliente como la tuberculosis o la peste.

[275] Robert Koch, «Die Aetiologie der Tuberkulose», en *Mittheilungen aus dem Kaiserlichen Gesundheitsamte*, ed. por Heinrich Struck (Berlin: Reichsgesundheitsamt, 1881), 513.

El objetivo de su estudio, en primer lugar, fue la demostración de que un elemento extraño en el cuerpo pudiera ser el agente causal de una enfermedad. Esta prueba fue posible mediante un determinado procedimiento de tinción que permitió descubrir características, previamente no descritas, en órganos alterados por la tuberculosis.

> El material se preparó de la forma habitual para el estudio de bacterias patógenas. Se extendió en cubreobjetos, se secó y se calentó, se cortó en trozos tras deshidratarlo con alcohol. Los cubreobjetos o los trozos se colocaron en una solución colorante que contenía 200 cc. de agua destilada con 1 cc. de una solución alcohólica concentrada de azul de metileno. Se agitaron y a continuación se añadieron 0,2 cc. de hidróxido potásico al 10%. Esta mezcla no debe dar precipitado después de varios días de reposo. El material por teñir debe permanecer en esta solución entre 20 y 24 horas. Calentando esta solución a 40 °C. en un baño de agua, este tiempo puede acortarse a 1 hora. Los cubreobjetos se sumergen en una solución acuosa de vesuvin durante 1-2 minutos y se enjuagan con agua destilada. Cuando se retiran los cubreobjetos del azul de metileno, la película adherida es de color azul oscuro y el tratamiento con vesuvin elimina el color azul y las películas parecen de color marrón claro.
>
> Para demostrar que la tuberculosis se produce por la penetración de los bacilos, y es una enfermedad parasitaria provocada por el crecimiento y reproducción de estos mismos, los bacilos deben ser aislados del cuerpo, y cultivados un tiempo en cultivo puro (…) Después de esto, los bacilos aislados pueden transmitir la enfermedad a otros animales, y causar el mismo cuadro que puede producirse mediante la inoculación de animales sanos con material tuberculoso naturalmente[276].

De forma muy temprana Koch dedicó todas sus fuerzas a lograr cultivos puros mediante un método simple y consistentemente exitoso. Logró comprender las dificultades técnicas y necesidades del problema con claridad. Intentó obtener un buen medio que fuera a la vez estéril, transparente y sólido. Después de muchos intentos se llegó a la conclusión de que era casi imposible lograr un compuesto, una especie de fluido universal que presentara valor nutritivo igual para todas las bacterias. Concentró sus esfuerzos en solidificar un fluido nutritivo de eficacia probada; diseñó un medio con cierta sustancia clara y recomendados

---

[276] Koch, «Die Aetiologie der Tuberkulose», 9.

para este fin, utilizando entre un 2,5 y un 5% de gelatina. El producto fue denominado *Nährgelatine* (gelatina nutritiva). El ingrediente esencial en el fluido nutritivo era 1% de extracto de carne. La siembra (inseminación) de la gelatina se realizaba tomando una cantidad mínima del inóculo, mediante un medio esterilizado, aguja o alambre de platino, y dibujando en varias líneas cruzadas rápida y ligeramente sobre la superficie de la gelatina. Luego se transfería a tubos de ensayo tapados con algodón y que contenían gelatina nutritiva estéril en un posición vertical o inclinada. De esta manera sencilla Koch resolvió un problema que tenía hacía tres años y había sido considerado imposible de solucionar, pero la gelatina a la temperatura estándar de crecimiento bacteriano, 37 °C se licuaba e incluso algunas bacterias llegaban a utilizarla como nutriente.

Pronto se reemplazó la gelatina en los cultivos por agar-agar[277], y se introdujo gracias a Angelina Fanny Eilshemiusl (1850-1934), esposa de Walther Hesse (1864-1911), uno de los primeros compañeros de trabajo de Koch. Obtuvo muestras de esta sustancia que se usaba en aplicaciones medicinales y especialmente en la elaboración de mermeladas. La técnica requería una temperatura alta para fundir el agar, pero una vez fundido y enfriado era térmicamente estable a la temperatura de cultivo como masa sólida rígida y transparente, relativamente resistente a las enzimas microbianas. En su artículo de 1882 Koch habló sobre el hallazgo, pero en ningún momento nombró a Angelina Hesse en el artículo, ni esta tuvo un reconocimiento o beneficio por su contribución.

Julius Petri (1852-1921), un asistente de Koch, introdujo lo que este llamó una «ligera modificación» del método de Koch. Consistió en verter el medio derretido en placa de cristal tapada que permitía el examen repetido de la placa sin riesgo a contaminaciones aéreas. Las placas de Petri reemplazaron inmediatamente a los platos de vidrio de Koch, siendo hoy en día una metodología habitual en microbiología, como vemos, un caso de constructo colectivo en ciencia y adelanto tecnológico. Con las cápsulas de Petri, Koch creó buenos cultivos en entornos meticulosamente controlados y desarrolló técnicas para fotografiar imágenes microscópicas siendo un laboratorio a la vanguardia (figura 44).

Formuló una serie de postulados para establecer la relación causa efecto que relaciona un microorganismo con la enfermedad que produce. Según estos

---

[277] El agar-agar es una sustancia gelatinosa vegetal, obtenida de algas de mares asiáticos, desde Sri Lanka hasta Japón, de las especies del género *Eucheuma* (*E. spinosum*) y el género *Gelidium* (*G. corneum, G. amansii*).

postulados es imprescindible demostrar la existencia de esos microbios en los tejidos de los enfermos, aislando estos microorganismos que han de ser cultivados y luego inoculados.

- Existencia de estructuras extrañas en casos enfermos.
- Estructuras presentes en organismos vivos.
- Distribución de microorganismos en órganos afectados por la enfermedad.
- Posibilidad de hacer cultivos puros fuera del animal enfermo.
- La inoculación de los microorganismos debe provocar la enfermedad.

Figura 44. Grabado que muestra un laboratorio en el que se ve a Koch y dos de sus colaboradores, aparecido en la revista *Die Gartenlaube*[278]. Fuente: Wikisource, https://de.wikisource.org/wiki/Bei_Robert_Koch

Koch pronto ganó fama mundial por la demostración que hizo de su método y sus resultados en el Congreso Médico Internacional de 1881, celebrado en el Laboratorio Fisiológico del King's College de Londres. Según William Bulloch (1868-1941), profesor de Bacteriología de la University of London, en su historia de la disciplina relataba que entre los asistentes a la demostración de Koch se encontraban Lister, Pasteur, Burdon-Sanderson y Chauveau:

> Lord Lister me contó que en el momento en que Pasteur vio los cultivos de Koch se volvió hacia Koch, a quien no conocía de antes, y le dijo: «C'est un grand progress, Monsieur!», un comentario que la historia no tardó en verificar. Fue en el mismo Congreso Médico Internacional cuando el heterogenista inglés, Charlton Bastian, reiteró todas sus antiguas opiniones con

278 Paul Lindenberg, «Bei Robert Koch», *Die Gartenlaube*, 1891.

mayor ardor. Pasteur le preguntó si seguía creyendo en la generación espontánea. Al no recibir respuesta negativa a su pregunta, Pasteur levantó dramáticamente las manos al cielo y exclamó: «Mon Dieu, mon Dieu! Est-ce que nous sommes encore là? Mais, mon Dieu! Ce n'est pas possible![279].

De esta forma, señalaba William Bulloch, ante la incontestable evidencia y la nueva metodología, la vieja doctrina estaba muerta y una joven bacteriología nacía. Bastian fue demolido y Koch fue elevado a un pedestal.

11.4. El desarrollo de la asepsia

En cuanto a la lucha contra las enfermedades infecciosas tenemos la línea de Joseph Lister, que empezó a plantearse que buena parte de la mortalidad vinculada con las enfermedades, infecciosas después de una intervención quirúrgica, pudieran estar relacionadas con procesos de infección microbiológica. Conocedor de los trabajos de Pasteur, en su práctica médica llegó a conclusiones similares, consiguiendo aplicar una metodología antiséptica mejorando los resultados en los quirófanos y salas de hospital.

En 1867 publicó un tratado sobre los principios antisépticos en la práctica de la cirugía, con la generalización de los antisépticos y el aumento del prestigio de los cirujanos y de los procesos quirúrgicos. Fruto de esta metodología sería el aumento de la probabilidad de éxito de las operaciones quirúrgicas, en las que apenas se tocaba el interior del abdomen o el tórax porque prácticamente todas garantizaban la muerte, uno de los únicos casos era la realización de cesáreas.

Su invención de la antisepsia abrió paso al concepto de «asepsia», o ausencia de microbios, como situación más deseable para el enfermo. Pero dicho logro quedaría reservado para otros cirujanos, fundamentalmente E. V. Bergmann, quien en 1886 introdujo el método de esterilización de los instrumentos quirúrgicos mediante vapor (figura 45), y William S. Halsted, que en 1894 utilizó por vez primera unos guantes de goma[280].

Las amputaciones eran las únicas operaciones realizables ante una sepsia de consecuencias fatales, no había intención de esterilizar, los médicos iban

---

[279] Bulloch, *The History of Bacteriology*, 228.

[280] José Camacho Arias, *La prodigiosa penicilina Fleming. Científicos para la historia* (Madrid: Nivola, 2001).

vestidos con mandiles con la única misión de no manchar su ropa. Los éxitos de las políticas de higiene llevaron a la construcción de quirófanos asépticos y a modificaciones sustanciales en el diseño del instrumental quirúrgico, evitando los materiales de madera, recurriendo a instrumental más sencillo y sin recovecos, todo debía ser metálico para ser sometidos a la esterilización química con sustancias esterilizantes o a la física, con calor extremo.

Una observación realizada el 25 de noviembre de 1871 por Lister indicaba que, por una causa desconocida, ciertos hongos (identificado como *Penicilium glaucum*) evitaban la proliferación de bacterias en cultivos, aunque Lister no siguió en esta línea de trabajo[281].

Figura 45. Ernst von Bergmann operando en un anfiteatro. Se observa a los enfermeros realizando la esterilización del instrumental a la derecha de la imagen. Fotograbado, 1907, según F. Skarbina, 1906. Fuente: Wellcome Collection.

11.5. La sueroterapia y la estandarización

En 1888, Roux y Alexandre Yersin aislaron la toxina microbiana responsable de los síntomas asfixiantes de la difteria[282], una enfermedad que azotaba a los niños de todas las grandes ciudades europeas, superpobladas e insalubres. Dos años más tarde, Emil Behring y Shibasaburo Kitasato, que trabajaban en el laboratorio de Koch en Berlín, descubrieron que los animales a los que se administraban dosis bajas de toxina diftérica se volvían «inmunes» a dosis mayores. Como resultado, los sueros de estos animales inmunes eran capaces

---

[281] Arias, *La prodigiosa penicilina Fleming*, 21.
[282] Söderqvist, Stillwell y Jackson, «Inmunology», 468.

de neutralizar la toxina. A fines de 1891, Behring utilizó suero antitóxico de un animal inmunizado para salvar la vida de una niña de diez años que se estaba muriendo de difteria. Las contribuciones de Behring en este nuevo campo de la serología le hicieron merecedor del Premio Nobel de fisiología y Medicina en 1901 (figura 46).

Instituciones como el Instituto Pasteur y el Instituto Lister de Londres (1894) comenzaron rápidamente a producir y comercializar estos sueros anti-toxinas. Otros institutos fueron construidos específicamente para ese propósi-to, como el Instituts für Serumforschung und Serumprüfung dirigido por Paul Ehrlig en Berlín (1896)[283], el Laboratorio comercial Wellcome en Londres (1894) y el Statens Seruminstitut en Copenhague (1901). Aunque la seroterapia prometía armar a los médicos solo en los casos de intoxicación por difteria y tétanos.

Sin embargo, los humores en la sangre no eran la única forma de explicar los fenómenos de inmunidad a las enfermedades infecciosas. En 1883, Ilya Metchnikoff observó, bajo el microscopio, el fenómeno de células ameboides móviles alrededor de una espina clavada en un tejido transparente. Fue el primero en reconocer que el estudio de fisiología comparada podía arrojar luz sobre la naturaleza de la infección y la inmunidad, llamó fagocitos a estas células ameboides, independientemente del organismo en el que se las en-contrara.

Figura 46. **Caricatura mostrando a Behring obteniendo el suero antidiftérico directamente del caballo. Fuente: Wellcome Collection.**

[283] El instituto pasó a denominarse Instituto Paul Ehrlich, Instituto Estatal de Terapias Experi-mentales. En la actualidad es el Instituto Federal Alemán de vacunas y biomedicinas y está subordinado al Ministerio Federal de Salud. Celebraron su 125, aniversario en 2021.

A principios del siglo xx, la mayoría de los investigadores del sistema inmunológico eran humoralistas, excepto los del Instituto Pasteur, donde Metchnikoff respondió a cada descubrimiento con su propia batería de experimentos e interpretaciones, consolidando su posición en su tesis de 1901 *L'immunité dans les maladies infectieuses* (*La inmunidad en las enfermedades infecciosas*).

El uso creciente de la palabra «inmunidad» en la literatura médica y científica, tras los descubrimientos de Pasteur, era indicativo de la opinión de algunos bacteriólogos, patólogos, higienistas y zoólogos que empezaban a considerarlo como un fenómeno natural general.

11.5.1. Estandarización de los métodos

Pese al desarrollo de pruebas serológicas y antitoxinas para enfermedades como la difteria y el tétanos, la falta de métodos estandarizados para medir la potencia de estos sueros obstaculizaba los avances en el diagnóstico y el tratamiento. Aunque el suero de Behring se utilizó para tratar con éxito la difteria, en 1891, fue el médico alemán Paul Ehrlich quien diseñó un protocolo de estandarización para mejorar su eficacia, garantizándose que sus concentraciones pudieran medirse de forma fiable. Comenzó a analizar las proteínas inmunoglobulinas, los anticuerpos producidos en el organismo cuando es invadido por un microorganismo. Comprobando la movilización de estas cuando un microorganismo penetra en el cuerpo y la reacción ante sustancias extrañas como toxinas u otros «antígenos».

Empezaron a surgir nuevos desarrollos y estrategias para luchar contra las enfermedades provocadas por microorganismos, como la sueroterapia o los antibióticos. La sueroterapia fue la aplicación de sueros con anticuerpos para enfermedades bacterianas. Surgieron institutos de higiene al estilo del Instituto Pasteur o el de Koch por todo el mundo, que buscaban la lucha contra enfermedades intentando emular el éxito, con propuestas de mejora de la salud pública, marcando el inicio de la estandarización de protocolos y esfuerzos de acción coordinada a nivel internacional.

El trabajo de Ehrlich demostró que la potencia de una antitoxina podía comprobarse por su capacidad para neutralizar una toxina específica. Sus estudios sobre la estandarización del suero también desempeñaron un papel importante en el desarrollo de vacunas e inmunoterapias. Los esfuerzos por estandarizar el suero tuvieron efectos de gran alcance tanto en la medicina como en la investigación. El suero estandarizado permitió pruebas de diagnóstico fiables que permitieron a los médicos identificar, con mayor precisión, las enfermedades infecciosas. A esto se añadía otra ventaja, el uso de antitoxinas estandarizadas para desarrollar tratamientos eficaces.

Fue Ehrlich quien introdujo por primera vez el término *Wertbestimmung*, con el doble sentido de control de calidad y normalización, punto de partida de los sistemas de control de calidad de la producción industrial de medicamentos a nivel internacional. El trabajo de Ehrlich ayudó a establecer procedimientos estandarizados para preparar, almacenar y utilizar sueros en las aplicaciones diagnósticas mencionadas[284].

En 1921 se estableció un grupo de trabajo en la Organización de Higiene de la Sociedad de Naciones para la normalización de las pruebas serológicas. En 1922 se celebró la primera conferencia internacional de expertos en serología en el Instituto creándose una Comisión Permanente de Estandarización Biológica para vacunas, productos glandulares, vitaminas y sustancias terapéuticas[285]. Pese a aprobar unas normas internacionales en 1935, el conflicto de la Segunda Guerra Mundial truncaría este primer intento de internacionalización y estandarización, así como otros proyectos de la malograda Sociedad de Naciones.

11.6. El descubrimiento y el desarrollo de los antibióticos

El descubrimiento de los antibióticos es considerado como uno de los acontecimientos sanitarios más significativos de los tiempos modernos, y no solo por su repercusión en el tratamiento de las enfermedades infecciosas, también por el cambio social y el aumento de la esperanza de vida en países desarrollados.

Se suele pensar que el descubrimiento de los antibióticos es un hallazgo del siglo XX. Pero solo su purificación química y su introducción en la terapia es desarrollo reciente, ya a principios de siglo XIX la existencia de estas sustancias se había empezado a dilucidar. De hecho, la propia palabra «antibiótico» fue acuñada en 1889 por el francés Paul Vuillemin, quien también propuso el término «antibiota» para el germen causante de la antibiosis. En el siglo XIX, y hasta mediados del XX, el fenómeno de la antibiosis se denominaba comúnmen-

---

[284] Josep Lluís Barona, «Wertbestimmung: normalización, estandarización y control de calidad», *Mètode* 72 (2012): 118.

[285] Barona, «Wertbestimmung: normalización, estandarización y control de calidad»: 119.

te «antagonismo antibacteriano». La primera observación sobre la antibiosis que encontramos fue realizada por el italiano Bartolomeo Bizio, descubridor de *Serratia marcescens,* una bacteria gramnegativa, en 1823, que desaparecía en presencia de moho. La segunda observación de actividad antibiótica se atribuye al inglés John Tyndall que, en 1876, demostró que los tubos de cultivo bacteriano en los que se había desarrollado un moho se volvían muy transparentes[286].

Existe un largo esfuerzo por utilizar compuestos químicos inocuos para el paciente, pero mortales para microorganismos. El estudio de estos compuestos introdujo un moderno sistema de investigación, basado en la síntesis de múltiples estructuras químicas con un necesario cribado farmacológico en modelos animales. Estas aportaciones y metodología fueron decisivas para propiciar el desarrollo de los antibióticos.

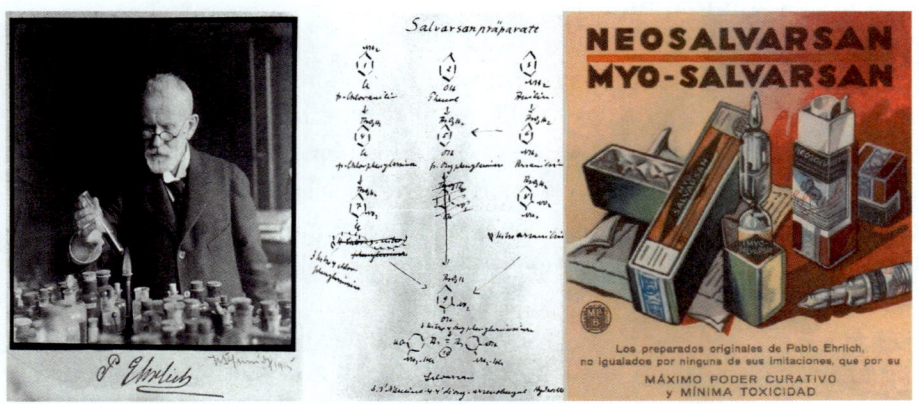

Figura 47. A la izquierda, una fotografía de Paul Ehrlich en su laboratorio, en 1915. En el centro, borrador de Paul Ehrlich con la formulación del «Salvarsanpräparate». Fuente: Wellcome Collection. A la derecha, anuncio de ampolla de Neo-Salvarsan. Fuente: Biblioteca Virtual de la Real Academia Nacional de Farmacia.

Entre las contribuciones más destacadas desde el punto de vista farmacológico, está de nuevo la de Paul Ehrlich, a él se debe la difusión del concepto de «bala mágica» para la síntesis de antibacterianos, y la introducción de conceptos como quimiorreceptor y quimioterapia, y la vinculación de la estructura química de los compuestos con su actividad farmacológica. Apuntó a una solución de tipo química, con derivados del arsénico para obtener el compuesto

---

[286] Penso, *La conquète du monde invisible. Parasites et microbes à Travers les siècles,* 309.

número 606 Salvarsan (en 1909), arma importante en aquellos momentos contra la sífilis, y el anilarseniato de sodio contra las tripanosomiasis (figura 47). Estos medicamentos debían tener una toxicidad selectiva, es decir, deberían ser más tóxicos para el patógeno que para el organismo huésped (el ser humano).

Aunque el Premio Nobel concedido a Paul Ehrlich pretendía reconocer la estandarización de la fabricación del suero antidiftérico, fue el descubrimiento del Salvarsan lo que le valió un mayor reconocimiento internacional.

Los conocimientos médicos facilitaron la cooperación entre la medicina, la industria y el Estado y la interacción entre el laboratorio y la medicina práctica ha sido esencial para el auge de la biomedicina moderna, en la que la investigación fundamental y las aplicaciones terapéuticas son inseparables.

11.6.1. Las sulfamidas

Las sulfamidas surgieron a partir de estudios sobre colorantes y productos químicos derivados de las anilinas, ampliamente utilizados en la industria textil a principios del siglo xx. En 1908, al intentar sintetizar un nuevo colorante, Gelmo obtuvo la sulfanilamida; mientras que en 1913 Einsenberg investigó la acción bactericida de los compuestos del grupo sulfonamida. El avance decisivo llegó en 1932, cuando Gerhard Domagk, trabajando para la farmacéutica Bayer, descubrió las propiedades antimicrobianas del Prontosil. En 1935, Domagk demostró, por primera vez, su efectividad contra infecciones graves, como la septicemia y la neumonía, marcando un hito en la aplicación de las sulfamidas en medicina.

Se prepararon entonces nuevas sustancias a partir de este núcleo sulfamida cuya actividad, modo de absorción y duración de la acción, variaban según la fórmula química, pero prestando siempre grandes servicios en el tratamiento de numerosas enfermedades infecciosas bacterianas. La terapéutica antiinfecciosa pudo entonces alternar y asociar las medicaciones químicas y biológicas, según el germen responsable. De todos modos, tanto en las sulfamidas como en los antibióticos, se empezaron a observar fenómenos de resistencia bacteriana.

En resumen, podemos definir las sulfamidas como antibióticos sintéticos, bacteriostáticos, de amplio espectro. Fueron los primeros agentes antimicrobianos sistémicos eficaces. Su mecanismo de acción se basa en la inhibición de la síntesis del ADN bacteriano. Debido a su toxicidad y elevada resistencia adquirida su uso actualmente es muy escaso.

11.6.2. El desarrollo de la penicilina

El descubrimiento de la penicilina en 1929 ha sido presentado como un ejemplo «icónico» de cómo funciona el método científico a través de la observación, y de la capacidad de interpretar un fenómeno casual. El descubrimiento de la penicilina fue mucho más que un afortunado accidente, aunque empezó con un error. A la vuelta de unas vacaciones, Alexander Fleming, un bacteriólogo que trabajaba en el hospital St. Mary de Londres, se dio cuenta de que una de las placas de Petri con estafilococos que había dejado sobre un banco estaba contaminada.

Fleming constataba que un moho identificado como *Penicilium notatum* impedía el crecimiento *in vitro* del estafilococo, del estreptococo, del bacilo de la difteria, de la bacteria del carbunco. Constató que el medio en que crecían estos cultivos poseía la misma propiedad bactericida; verificando que el líquido del cultivo no era tóxico para los ratones (inyecciones intra-peritoneales) ni para el hombre. Bautizó a esta sustancia con el nombre de penicilina y cotejó la eliminación de bacterias sin alterar los leucocitos (1931-32); pero no llegó a extender sus investigaciones sobre la penicilina.

En 1939, René Dubos descubrió la acción antibiótica de un microorganismo *Bacillus brevis*, contra las bacterias gram +. En 1940-42, descubrió la tirotricina constituida por dos antibióticos, la gramicidina y la tirocidina. A pesar de su gran actividad, la tirotricina solo pudo emplearse en superficie, dada su toxicidad.

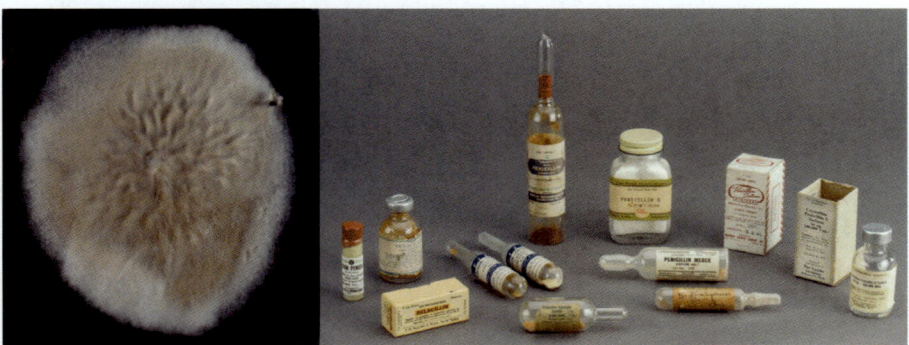

Figura 48. A la izquierda, cultivo de *Penicilium notatum*. A la derecha, la penicilina en diferentes formatos. Fuente: National Museum of American History, Smithsonian Learning Lab Resource[287].

[287] National Museum of American History, *Smithsonian Learning Lab Resource: Crystalline Penicillin G Sodium* (Smithsonian Learning Lab, 2020).

En 1939, un equipo de investigadores del laboratorio de patología de Oxford, dirigido por Howard Florey y Ernst Boris Chain, se ocupó de nuevo del problema de la penicilina y logró obtenerla purificada. El 27 de enero de 1941 se realizó un primer ensayo en un hombre sano; después, al mes siguiente, la penicilina se aplicó a seis enfermos. A partir de entonces, gracias a su fabricación industrial (figura 48), la penicilina inició un recorrido exitoso. Se transformó en tres años, durante la Segunda Guerra Mundial, en un fármaco potente y ampliamente utilizado. Las agencias de los gobiernos de Estados Unidos y Gran Bretaña coordinaron grandes redes de laboratorios académicos y gubernamentales y de fabricantes farmacéuticos.

Fleming, Florey y Chain compartieron el Premio Nobel en 1945. A menudo, la figura de Fleming evoca la épica del descubrimiento, aunque él mismo subrayó el papel del azar en su obra. Desde la historia clásica se ha inflado a menudo el papel de los científicos creando símbolos, en este caso la figura de Fleming tuvo como una especie de aurea gracias a la trascendencia de la penicilina. Al recibir numerosos honores, le gustaba recordar: «Yo no inventé la penicilina. Eso lo hizo la naturaleza»[288]. Debemos considerar que, sin el trabajo de Florey, Chain y docenas, incluso cientos, de técnicos, no se podría haber desarrollado la tecnología de producción en cantidades industriales.

A pesar de lo exageradas que resultaron ser las esperanzas en la conquista de las enfermedades infecciosas, a finales del siglo xx se podía argumentar que los antibióticos hicieron desaparecer el miedo a las enfermedades infecciosas de los países occidentales. En la década de 1950, la penicilina ya estaba disponible en todo el mundo, y este esfuerzo tuvo un impacto que fue más allá del desarrollo y la producción de un único medicamento.

11.7. Un tema de Ciencia, Tecnología y Sociedad en ESO y Bachillerato: la resistencia bacteriana

Como en cualquier campo de estudio biológico, la historia de los antibióticos está repleta de conceptos erróneos e interpretaciones equivocadas. Los antibióticos se han considerado uno de los descubrimientos milagrosos del siglo xx, como auténticas «balas mágicas», siguiendo una analogía bélica. Pero resulta inquietante, y en su momento fue un sorprendente efecto negativo, el aumento

---

[288] Douglas Allchin, «Scientific Myth-Conceptions», *Science Education* 87, n.° 3 (2003): 329 – 351.

de la resistencia a los antibióticos en hospitales. Ante el uso excesivo de antibióticos por parte del ser humano, las bacterias han mostrado toda su capacidad para explotar sus fuentes de genes de resistencia y todos los medios de transmisión horizontal de información, con el fin de desarrollar múltiples mecanismos de resistencia para todos y cada uno de los antibióticos[289].

Desde la introducción de los primeros antimicrobianos eficaces, el desarrollo de mecanismos específicos de resistencia ha estado presente. La resistencia a las sulfamidas se notificó por primera vez a finales de la década de 1930 y el primer signo de resistencia a los antibióticos se hizo patente poco después del descubrimiento de la penicilina. En 1940, Abraham y Chain informaron de que una cepa de *Escherichia coli* era capaz de inactivar la penicilina sobreviviendo al ataque[290].

La posibilidad de que las bacterias se hiciesen resistentes a los antibióticos se reveló ya al final de la Segunda Guerra Mundial, cuando en los hospitales se administró penicilina de manera masiva. Una vez generalizado el uso del antibiótico, empezaron a prevalecer las cepas resistentes capaces de inactivar el fármaco, iniciándose estudios sintéticos para modificar químicamente la penicilina con el fin de evitar su escisión por las penicilinasas (β-lactamasas).

Gran número de genes de resistencia a los antibióticos son componentes de habituales poblaciones microbianas naturales. La resistencia surge porque las bacterias, como todos los organismos, tienen ligeras diferencias genéticas. Estas diferencias pueden surgir de mutaciones, transformaciones o inserción de anillos de ADN, que se conocen como plásmidos. Un antibiótico que interfiera en la formación de proteínas en una bacteria y que sea efectivo para un alto porcentaje de estas en una infección siempre dejará vivos algunos, cuyo mecanismo productor de proteínas sea ligeramente diferente.

Muchos de los patógenos bacterianos asociados a epidemias de enfermedades humanas han evolucionado hacia formas multirresistentes tras el uso de antibióticos. Por ejemplo, la estreptomicina fue introducida en 1944 para el tratamiento de la tuberculosis, pero se observaba que durante el tratamiento de los pacientes surgían cepas mutantes resistentes a las concentraciones terapéuticas del antibiótico. En la actualidad, la tuberculosis es una enfermedad ree-

[289]   Julian Davies y Dorothy Davies, «Origins and Evolution of Antibiotic Resistance», *Microbiology and molecular biology reviews* 74, n.º 3 (2010): 419.

[290]   Mariya Lobanovska y Giulia Pilla, «Penicillin's Discovery and Antibiotic Resistance: Lessons for the Future?», *Yale J Biol Med*. 90, n.º 1 (2017): 135-145.

mergente y un quebradero de cabeza para los sistemas nacionales de salud y para la OMS, se encuentra tanto en países en vías de desarrollo como industrializados. Otras infecciones graves son las infecciones nosocomiales asociadas a hospitales[291].

Antes de 1980 un 99,98% de las variantes del estreptococo causante de la neumonía se combatían con la penicilina, mientras que en los últimos años el número de variantes resistentes está aumentando de manera extraordinaria, sobre todo en las personas que han tomado muchos antibióticos. La estrategia con los antibióticos tradicionales ha entrado en vías de agotamiento (gráfico 2), por lo que se buscan alternativas para combatir la resistencia antimicrobiana (RAM), centrándose tanto en la prevención de infecciones como en el desarrollo de tratamientos innovadores: vacunas, péptidos antimicrobianos, bacteriófagos, anticuerpos monoclonales para bacterias altamente resistentes y sus toxinas como *Clostridioides difficile*.

Gráfico 2. Línea temporal de la aparición de antibióticos y su resistencia

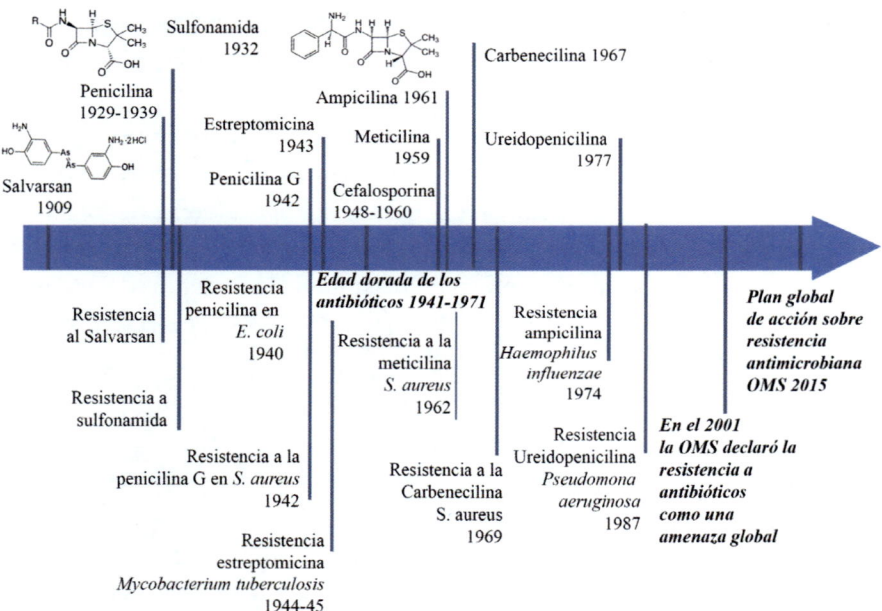

Fuente: elaboración propia, basado en Lobanovska y Giulia Pilla, 2017 y Davies y Davies, 2010.

---

[291] El término «superbacterias» se refiere a microbios con mayor morbilidad y mortalidad debido a múltiples mutaciones que les confieren altos niveles de resistencia a las clases de antibióticos específicamente recomendadas para su tratamiento. Davies y Davies, «Origins and Evolution of Antibiotic Resistance», 420.

Hoy día el uso de antibióticos está restringido: solo se pueden obtener con receta médica y su administración debe estar controlada. Pero no siempre ha sido así y en algunos países en desarrollo todavía no hay un control adecuado sobre su uso. Pero no solo el abuso en medicina humana ha sido la causa de esta crisis. El uso masivo de antibióticos en granjas para producción animal y su aplicación en agricultura son tan responsables o más del problema; el 80% de todos los antibióticos son consumidos por animales, y el 20% restante por el hombre[292]. Por eso hoy los expertos consideran que, para evitar que sigan surgiendo bacterias cada vez más intratables, hay que abordar el problema desde tres perspectivas interrelacionadas: la salud humana, la salud animal y la salud del medio ambiente.

Este triángulo, ilustrado por la visión holística conocida como «estrategia One Health», es la base de la prevención de la propagación de las resistencias a antibióticos y el complemento de un necesario esfuerzo en investigación para el desarrollo de nuevos productos. Cualquier uso innecesario de los antibióticos favorece la aparición de bacterias resistentes. De todos los usos inútiles el más frecuente es tomarlos si las enfermedades están causadas por virus, como la gripe. Hay que recalcar que los antibióticos no matan los virus y cuando los recetan los médicos es porque existen infecciones bacterianas asociadas.

Otra idea que conviene no olvidar, a la hora de impartir este tema o al tratarlo en divulgación, es que el desarrollo de bacterias que presentan resistencia a los antibióticos no se debe solo a la administración clínica a personas, sino también al uso masivo de antibióticos en veterinaria, ganadería, agricultura y piscicultura.

11.7.1. Medidas contra la resistencia bacteriana

En 2015 la Organización Mundial de la Salud (OMS) publicó su primera agenda mundial de investigación para que los científicos del mundo aborden las prioridades más urgentes en materia de salud humana para combatir la resistencia a los antimicrobianos[293].

---

[292] Katrina Browne, Sudip Chakraborty, Renxun Chen, Marc Willcox, David Black, William R. Walsh y Naresh Kumar, «New Era of Antibiotics: The Clinical Potential of Antimicrobial Peptides», *Int J Mol Sci* 21, n.º 19, 2020: 7047.

[293] *Global action plan on antimicrobial resistance*, OMS, consultado el 01-04-2025, https://iris. who.int/handle/10665/193736

La Agenda Mundial de Investigación de la OMS sobre la resistencia antimicrobiana en la salud humana catalizará la innovación y la investigación sobre la aplicación, abarcando la epidemiología y las estrategias específicas para cada contexto, con ánimo de prevenir las infecciones y la aparición de resistencias. También implicará el descubrimiento de nuevas pruebas diagnósticas y regímenes de tratamiento mejorados, la identificación de métodos rentables para recopilar datos y traducirlos en políticas, así como la forma de aplicar las intervenciones actuales de manera más eficiente en entornos con recursos limitados. En última instancia, las pruebas generadas servirán de base a las políticas e intervenciones para reforzar la respuesta a la resistencia a los antimicrobianos, sobre todo en los países de renta baja y media.

11.8. Enfermedades reemergentes y emergentes

Enfermedades emergentes son aquellas que, en una población determinada, no se habían reconocido previamente como tales o aquellas que, por su aparente baja incidencia, no habían sido reconocidas como un peligro real con tendencia a convertirse en global. Al tener baja incidencia se pensaba que podrían ser controladas y que, en cualquier caso, no constituían objeto de preocupación. El sida es un ejemplo prototipo de una enfermedad o síndrome infectivo emergente, con un impacto global no reconocido con anterioridad.

Curiosamente, en el momento de su aparición se catalogó como una enfermedad que podría ser controlada. En la actualidad, su difusión ha alcanzado límites insospechados en países no desarrollados y sin sistemas de salud. La gravedad de este síndrome y su incidencia será mayor cuando comience, como ya lo está haciendo en determinadas zonas, a asociarse con otras infecciones y a potenciarse con ellas. Tal puede ser el caso de la asociación sida-Leishmaniasis. En tales situaciones, una infección concreta, que podría ser controlada por el organismo de forma natural, se convierte en preponderante.

La Organización Mundial de la Salud hace referencia expresa a la tuberculosis como enfermedad reemergente y a su agente causal, *M. tuberculosis*. En este caso, es una enfermedad de la que se tenía noticia y contra la que se había luchado con éxito y que se pensaba que había desaparecido, pero que reaparece de forma más virulenta. No se puede olvidar que, por ejemplo, el patrón en la incidencia de tuberculosis en el siglo xix empezó a cambiar de forma drástica mucho antes de la presencia de los sistemas profilácticos y terapéuticos existentes en la actualidad. El progreso de la sanidad a finales del siglo xix tuvo gran impacto en el control de la tuberculosis, no fue ocasionada por esfuerzos de tipo farmacológico sino a un cambio de cultura y estilos de vida. Por esa razón, la implementación de controles y cuidados de la salud no solo se han de basar en actividades intervencionistas de tipo farmacéutico, sino también educacional. Es probable que esta segunda actividad sea radicalmente más eficaz que la primera, aún referida a enfermedades no infecciosas. El problema de las enfermedades emergentes y reemergentes se puede agudizar si aparecen en un nuevo ambiente epidemiológico. Las pandemias de la influenza de 1918, 1957 y 1969 son ejemplos de enfermedad de este tipo.

12. Teorías de la evolución y de la herencia. Problemas a la hora de su enseñanza y cuestiones bioéticas

La teoría de la evolución es el pilar central de la biología y es esencial para comprender los fenómenos biológicos. La evolución, como concepto, ha sido históricamente objeto de grandes controversias, críticas e interpretaciones. Diversos estudios en la enseñanza de la biología han señalado preconcepciones específicas de los estudiantes que dificultan la comprensión de la evolución. Por ello, su enseñanza requiere tanto una alta capacidad de síntesis como la habilidad de establecer relaciones por parte del docente, además de fomentar en el estudiante un profundo interés por su relevancia.

Aunque en la enseñanza del paradigma evolutivo suele adoptarse una aproximación histórica, esta no debe limitarse a la simple presentación de biografías ni a la memorización de teorías, nombres de científicos o conceptos aislados. Ideas clave como las de Azara, Lamarck, Wallace, Darwin, Margulis y Gould son esenciales en el aprendizaje de la evolución, pero sus aportaciones deben complementarse con el debate crítico. Asimismo, la comprensión del tema y la conexión con los conocimientos previos de los alumnos dependen de la edad y el nivel educativo, condicionando la profundidad y el enfoque.

En la asignatura de Biología y Geología de cuarto curso de ESO se incorpora el tema de la evolución a los contenidos comunes en el bloque de «genética y evolución». En este bloque se estudian también las leyes y los mecanismos de herencia genética, la expresión génica, la estructura del ADN, las teorías evolutivas más relevantes y la resolución de problemas donde se apliquen estos conocimientos.

Como contenidos más detallados tenemos el análisis del proceso evolutivo de una o más características concretas de una especie determinada a la luz de la teoría neodarwinista y de otras teorías con relevancia histórica (reducido al

https://dx.doi.org/10.5209/docm.006.13
Historia, Enseñanza y Difusión de la Biología. José Pedro Marín Murcia.
© Ediciones Complutense, 2026.

lamarckismo y darwinismo); la comprensión del hecho evolutivo, estudio y valoración de los mecanismos de evolución; y, por último, la evolución humana y el proceso de hominización. La legislación también impone unos criterios para la evaluación del aprendizaje de los conocimientos relacionados con la evolución. Los de 4º de la ESO apoyan la memorización de teorías en detrimento de la formación de conexiones y razonamientos elaborados sobre la evolución que ayuden a una mejor comprensión.

Para abordar estos contenidos planteamos aquí un recorrido histórico en el que pondremos de relieve cómo la ciencia es una labor colectiva, interdisciplinar y en continua construcción. Nuestro objetivo es la formación de conexiones y razonamientos elaborados sobre la evolución que ayuden a una mejor comprensión. Marcaremos con precisión los momentos de cambio de paradigma, ahondando en los conflictos, también trabajaremos la cuestión de la prioridad del descubrimiento en ciencia y cómo se comunicaron estos avances. Por último, analizaremos el impacto social y los problemas de comprensión que la teoría de la evolución plantea a los estudiantes y a la sociedad en la actualidad.

12.1. Antecedentes del evolucionismo

Los antecedentes más remotos de la teoría de la evolución cabe localizarlos en el siglo XVIII. Fueron un grupo de científicos que no eran evolucionistas en sentido estricto, pero que no seguían el patrón inmovilista o estable. El primero de estos protoevolucionistas que vamos a tratar es el conde de Buffon, intendente del Jardín del Rey de París, que como vimos en el capítulo sobre la Ilustración siguió en el sentido más estricto la antigua idea de la escala natural de Aristóteles, aunque reconocía que podían existir cambios. Para Buffon hay direccionalidad ascendente y progresiva, de mayor complejidad y que, por supuesto, tiene al ser humano al final de ese proceso. Pero en 1776 publicó un ensayo en el que introducía el concepto de «evolución regresiva» de los animales en función de los factores ambientales, que influye en que ciertos animales deriven a formas degeneradas.

En su libro *Las épocas de la naturaleza* dividió el tiempo en siete periodos, todos estos procesos históricos a los que se refería son secuenciales y culminan en el momento de la creación del hombre, pero introduce una cuestión cronológica o temporal, con el concepto de las épocas de la naturaleza. Introdujo la idea de tiempo geológico y marcó el carácter histórico del proceso de la formación de la vida.

12.1.1. Los trabajos de Félix de Azara en la América Meridional

Félix de Azara (1746-1811), marino, astrónomo y geógrafo español, fue un pionero en el estudio de las concepciones filogenéticas y del mutacionismo (figura 49). En el contexto de sus trabajos geográficos para delimitar las fronteras entre las posesiones españolas y portuguesas en América, fue enviado a las tierras que hoy conforman Paraguay, donde permaneció durante una larga estancia. En sus estudios de campo abordó el análisis de la fauna más allá de la zoología sistemática, destacándose como un naturalista de gran pericia y capacidad de observación. Su aguda mirada le permitió reconocer la naturaleza dinámica del conjunto de los seres vivos.

Azara, basándose en sus observaciones, discrepó de la obra de Buffon en aspectos como la influencia de las condiciones ambientales. En su lugar, enfatizó el papel de las variaciones registradas, como el color del pelaje, la existencia de vacas enanas o el albinismo en animales y seres humanos, atribuyendo estos cambios a una naturaleza interna. En 1809, publicó *Viajes por la América Meridional*, donde documenta múltiples casos de animales singulares:

> ...1770 nació un toro mocho o sin cuernos, cuya raza se ha multiplicado mucho. Debe observarse que los individuos procedentes de un toro sin cuernos carecen de ellos, aunque la madre los tenga, y que si el padre tiene cuernos los descendientes los tendrán también, aunque la madre no los tenga[294].

En la obra de Azara se observa que esos individuos singulares, producidos ocasionalmente por la naturaleza de manera accidental, pueden perpetuarse del mismo modo que los demás, sin que ello dependa del ambiente:

> Yo he hecho en estas regiones algunas observaciones sobre los cambios de color que se ven algunas veces en los hombres, los cuadrúpedos y las aves. Me parecen probar que la causa que las produce es accidental, pasajera, y que el principio reside en las madres; que no altera ni las formas ni las proporciones y que no disminuye la fecundidad; que sus efectos se perpetúan y que no dependen de los climas[295].

---

[294] Félix de Azara [Francisco de las Barras de Aragón], *Viajes por la América Meridional, Tomo I*. (Madrid: Espasa-Calpe, 1941), 312.

[295] Azara. *Viajes por la América Meridional, Tomo I*: 310.

Con respecto a las aves también señaló el hecho de la presencia de especies con gran abundancia y otras con escasa presencia, en las mismas condiciones ambientales:

> Debe causar admiración ver algunas especies muy multiplicadas, mientras que otras lo están tan poco que yo no he encontrado más que uno o dos individuos de algunas de ellas. La admiración aumentará si se considera que otras especies que tienen mucha relación con ellas y que son de la misma familia están muy multiplicadas; que las unas y las otras gozan de la misma libertad, del mismo clima y los mismos alimentos; que tienen las mismas proporciones, y que no se ha observado ninguna ración de diferencia vida en su fecundidad ni en la duración de su vida[296].

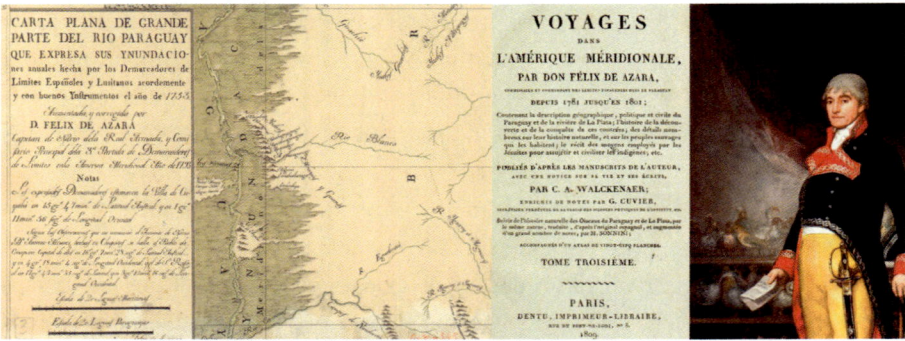

Figura 49. A la izquierda, el resultado de la misión cartográfica de Azara al Paraguay. Fuente: Europeana; en el centro, la portada de la publicación sobre *Viajes por la América Meridional* editada en Francia en 1809; y a la derecha, retrato de Azara realizado por Francisco de Goya. Fuente: cortesía de la Colección Ibercaja – Museo Camón Aznar.

Azara admitió las creaciones separadas y distanciadas en el tiempo y en el espacio, pero no precedidas de ningún cataclismo o evento. En cuanto al impacto de su obra, cabe destacar que fue citada por Darwin tanto en el *Diario del viaje de un naturalista alrededor del mundo* como en *El origen de las especies*. Sin embargo, algunos historiadores han señalado que no se le ha reconocido como uno de los precursores del darwinismo. La cuestión principal es que Azara fue más allá de plantear el evolucionismo, y sus ideas sobre la mutación no fueron retomadas por Darwin ni por otros autores posteriores.

---

[296] Azara, *Viajes por la América Meridional, Tomo I*: 317.

Algunos han querido presentarlo como el primer evolucionista español, aunque lo que realmente hace es reflejar que el patrón de las especies es cambiante. Además, su interés no se limitó a los animales autóctonos, sino que también estudió los domésticos y los llamados cimarrones. Su ensayo *Historia natural de los cuadrúpedos* tuvo gran éxito y fue editado y traducido al francés en 1801.

12.2. Los trabajos del caballero de Lamarck

El sistemático, botánico y filósofo de la naturaleza, Jean Baptiste de Monet de Lamarck, (1744-1829) fue encargado, tras la fundación del Museo de Historia Natural de París en 1793, de clasificar las colecciones de animales inferiores[297]. Los textos en los que fue desarrollando su teoría fueron: *Recherches sur l'organisation des corps vivants* (1802), *Philosophie zoologique* (1809) e *Histoire naturelle des animaux sans vertèbres* 1815-1822.

En el primero de los textos explica ya su teoría:

> No son los órganos, es decir la naturaleza y la forma de las partes del cuerpo de un animal, los que dan lugar a sus hábitos y a sus facultades particulares; sino que, al contrario, son sus hábitos, su forma de vivir y las circunstancias en las que se encuentran los individuos de los que proviene, los que, con el tiempo, han constituido la forma de su cuerpo, el número y el estado de sus órganos, por último, las facultades de las que disfruta[298].

Ese estudio y clasificación culminó con *Histoire naturelle des animaux sans vertèbres*, con sus primeras especulaciones evolucionistas intentando explicar los distintos niveles de complejidad de los invertebrados y su relación con restos fósiles.

Lamarck tropezó con grandes dificultades para separar las diversas especies, dificultades que se hallan probablemente en el origen su teoría. Partidario, hasta aquel momento, del fijismo de las especies, Lamarck adoptó una concepción evolucionista que desarrolló en su obra *Philosophie zoologique* (1809). Para Lamarck, la idea de evolución consistió en convertir la jerar-

---

[297] Tras la Revolución francesa, la Convención fundó el Museo de Historia Natural.

[298] Jean Baptiste de Lamarck, *Recherches sur l'organisation des corps vivants* (París: Maillard, 1802), 50.

quía clasificatoria biológica en una serie jerárquica ordenada en el tiempo, lo que dependía de la existencia de un «principio creativo» o impulso interno hacia la perfección que daría una respuesta del organismo a un cambio de ambiente o de hábito, dicho impulso tendría la capacidad de transformar una vez que los resultados alcanzados se transmitan de padres a hijos.

Esa capacidad del organismo de adaptación la ilustró Lamarck con una serie de ejemplos:

- El ave que es atraída al agua por la necesidad de encontrar alimento separa los dedos para nadar; la piel toma el hábito de extenderse, y así se forma, por transmisión de los efectos del ejercicio repetido durante numerosas generaciones, la palma de las aves acuáticas.
- La jirafa, obligada a comer las hojas de los árboles, se esfuerza por alcanzarlas; este hábito existe desde hace mucho tiempo en todos los individuos de la especie, y ha acarreado modificaciones útiles de la forma; las piernas delanteras se han hecho más largas que las traseras, y el cuello se ha alargado lo suficiente para alcanzar ramas de seis metros de altura.

Lamarck expresó la siguiente conclusión en su obra *Philosophie zoologique*:

> La naturaleza, al producir sucesivamente todas las especies de animales y comenzando por las más imperfectas o las más simples para culminar su obra con las más perfectas, ha ido complicando gradualmente su organización. Estos animales, al dispersarse generalmente por todas las regiones habitables del globo, cada especie ha recibido la influencia de las circunstancias en las que se encuentra. Esto supone además que las circunstancias de los lugares habitados por cada especie de animal han contribuido a su desarrollo y modificaciones[299].

Propuso que, en los animales, los órganos se fortalecen o se debilitan según su uso, y este grado de utilización es transmitido a los descendientes de una generación a la siguiente. Lo justificaba por la acción de fluidos. Lamarck, dejando atrás las ideas vitalistas del siglo XVIII, creyó que la vida era una fun-

---

[299] Jean Baptiste de Lamarck, *Philosophie zoologique, ou Exposition des considérations relatives à l'histoire naturelle des animaux. Tome 1* (París: Dentu, 1809), 266.

ción del movimiento de fluidos ponderables (fluidos corporales) dentro de las partes sólidas que forman parte de un cuerpo organizado[300].

El lamarckismo no provocó entusiasmo; sus propuestas fueron, sobre todo, ahogadas por el prestigio y las críticas de Cuvier. Pese a las críticas pretéritas o actuales que se le pueda hacer a la teoría evolutiva de Lamarck y a su concepción de los caracteres adquiridos heredables, no hay duda de que significó un importante avance en el camino hacia el evolucionismo moderno. Hemos de recordar que las teorías aparecen encuadradas en un marco conceptual (lo que Kuhn denominó «paradigma»), que permite la construcción de nuevas interpretaciones y hallazgos. La acumulación de observaciones permite la contrastación del marco de explicación general y eso ocurrió poco tiempo después con las evidencias recolectadas por Darwin y Wallace. Darwin se vio forzado a publicar su teoría del origen de las especies a toda prisa tras la llegada de una carta escrita por Wallace, un científico casi desconocido, pero que había llegado a sus mismas conclusiones.

12.3. La teoría de la evolución por selección natural: los trabajos de Darwin y Wallace

Es interesante cómo a finales del siglo xviii empezó a haber personas que pusieron en cuestión el paradigma fijo, inmutable y estable que era el habitual hasta el momento.

El abuelo de Charles Darwin, Erasmus Darwin, fue autor de *la Zoonomia, or the laws of organic life* (Zoonomía, o las leyes de la vida orgánica) (2 vols., Londres, 1794-1796), obra en la que presentaba una mezcla de juiciosas concepciones teóricas y sueños metafísicos, no sin analogía con los trabajos de Lamarck. En este libro, a pesar de tener un carácter no científico, más bien ensayo lírico, planteaba que todos los seres se habían formado a partir de uno rudimentario que llamó «filamento orgánico» y, cómo con el tiempo ese organismo primigenio iba desarrollando y perfeccionando de generación en generación. No consistía en una aportación científica, pero presentaba una concepción dinámica del proceso, de la naturaleza y de las especies que pueblan el mundo.

---

[300]   J. Humphreys, «Lamarck and the general theory of evolution», *Journal of Biological Education* 30 n.º 4 (1996): 295-303.

> Bajo las olas sin orilla, la vida orgánica nació y se crió en los abismos del océano haciéndose primero muy pequeños, invisibles con la lente curva, moviéndose en el fango o cruzando la masa de agua. Luego, a lo largo de las generaciones sucesivas, sus aptitudes se diversifican, sus miembros se desarrollan, dando origen a grupos innumerables de vegetales, a reinos que respiran y que tienen aletas, pies y alas[301].

Estas ideas evolucionistas o transformistas se generalizaron en la primera mitad de siglo XIX. Prueba de ello es el libro de Robert Chambers que en *Vestigios de la historia natural de la Creación* planteó puntos de vista convergentes con el pensamiento lamarckiano.

Lo que interesa es que, en este libro, que en primera instancia se publicó de forma anónima, la idea de transformación en el conjunto de la naturaleza empezó a ser expuesta al gran público y comenzó a ser reconocida entre grandes grupos de la sociedad. Cuando Darwin publicó su teoría ya existía un clima de debate previo, primero entre los naturalistas, pero después generalizado en capas más amplias de la población.

Pero en todo caso, tanto en el pensamiento de Chambers como en el de Lamarck, la evolución tiene una dirección y llega al ser humano como culmen del proceso, la aparición del ser humano sobre la tierra y el control que este puede ejercer sobre la naturaleza. Esos son los conceptos que en 1844 había encima de la mesa, antes de la aparición de Darwin el cambio de paradigma del fijismo al evolucionismo estaba en el debate, pero sin poner en duda su carácter teleológico, es decir, teniendo al ser humano en la cúspide del proceso.

12.3.1. El viaje de Darwin en el Beagle

Darwin es, probablemente junto a Mendel, uno de los últimos científicos no profesionales, en el sentido de no estar vinculado a ninguna institución de investigación o académica, sino un personaje que investiga por su cuenta. En el caso de Darwin, no tiene necesidad de trabajar, no se trata de un aristócrata, pero es una persona muy rica por herencia, hijo de un afamado médico, nieto de Erasmus Darwin y nieto de un fabricante de cerámicas. Debido a sus inclinaciones y curiosidad por la naturaleza, comenzó a colaborar con profesores

---

[301] Erasmus Darwin, *The Temple of Nature or The Origin of Society: A Poem, with Philosophical Notes* (London: J. Johnson, St. Paul's Churchyard, 1803).

vinculados a las ciencias naturales como su mentor, el botánico Henslow[302] o el geólogo Lyell. Se formó como naturalista adquiriendo un cierto reconocimiento.

A los 22 años, tras sus estudios en Cambridge, se embarcó en el *HMS Beagle*, por consejo de Henslow. De este recibió una invitación a participar en este viaje de un barco de la Armada británica que tenía la misión de circunnavegar el mundo para completar observaciones cartográficas con vistas a mejorar la navegación y el conocimiento de las tierras australes. En una carta Henslow informaba de esta manera al joven Darwin:

> He dicho que le considero a usted la persona mejor cualificada que conozco para llevar a cabo semejante tarea, y no lo digo suponiendo que usted sea un naturalista consumado, sino por estar ampliamente cualificado para recoger, observar y anotar cualquier cosa digna de mención en historia natural… El viaje durará dos años y, si lleva muchos libros, podrá hacer lo que quiera. Tendrá muchas oportunidades a su disposición[303].

Dotado de un extraordinario talento de observador, Darwin quedó asombrado, durante aquel viaje alrededor del mundo, por cierto número de hechos: comprobó, al viajar de norte a sur, una sustitución de las especies afines; observó la diversidad y el endemismo de las diferentes islas Galápagos, así como el parentesco de las poblaciones de América del Sur con las de las islas próximas a dicho continente; observó los lazos de parentesco entre los mamíferos desdentados vivos y los de las especies extinguidas de los estratos de las Pampas.

El Beagle exploró América del Sur y varias islas del Pacífico durante un viaje que se extendió cinco años (1831-1836), influyendo de manera decisiva en las ideas de Charles Darwin. A su regreso a Inglaterra, se dedicó al estudio de las colecciones que había reunido durante la expedición y llevó a cabo un intenso trabajo de gabinete.

Compiló todas sus anotaciones y analizó la información de forma sistemática. Como resultado de esta labor, publicó el *Journal of Researches into the Geology and Natural History of the Various Countries Visited by H.M.S. Bea-*

---

[302] John Stevens Henslow (1796-1861) fue un naturalista, botánico y geólogo inglés en la Universidad de Cambridge.

[303] *Darwin Correspondence Project, «Letter no. 105»*, consultado el 18-8-2024, https://www.darwinproject.ac.uk/letter/?docId=letters/DCP-LETT-105.xml

gle, cuya edición independiente apareció en 1844. En esta obra, de carácter más científico y detallado, incluyó observaciones geológicas e históricas sobre la naturaleza, en contraste con el diario de viaje, que tenía un tono más divulgativo, cercano a la literatura de aventuras.

A su regreso a Inglaterra, Darwin se instaló en Cambridge y Londres, y comenzó a trabajar en geología, vinculado a la Sociedad Geológica de Londres. Entre 1836 y 1840 publicó en los *Proceedings y Transactions de la Geological Society* estudios sobre la geología sudamericana: el levantamiento de las costas de Chile, la fauna fósil argentina, levantamientos y hundimientos en el Pacífico e Índico, los atolones y arrecifes coralinos. Compendió todos estos trabajos en *Geological observations of South America* (1846). Además del diario de 1844, publicó otras obras específicas sobre atolones del Pacífico. *On the distribution of coral reefs with reference to the theory of their formation* (1842) apoyando las teorías de su amigo Lyell.

Al mismo tiempo que ganó prestigio en sus investigaciones de Geología, comenzó a trabajar sobre los materiales zoológicos recopilados en el *Beagle* y remitidos a la *Zoological Society* y al *British Museum*.

En sus trabajos, describió nuevas especies y certificó la presencia de diversos tipos de pinzones en las Galápagos relacionándolos cada uno con un entorno geográfico distinto. Aunque solía ser un coleccionista cuidadoso, por desgracia se perdió algunas claves importantes en las islas Galápagos, en donde sin prestar suficiente atención a los habitantes, no se enteró de que las tortugas de cada isla se podían distinguir por la forma de su caparazón.

Interesa destacar que, fruto del viaje, tres fenómenos llamaron la atención de Darwin y marcaron su estudio posterior:

- Se preguntó por los restos fósiles de animales gigantes semejantes a armadillos.
- Cayó en la cuenta de la progresiva sustitución de animales semejantes en sentido norte-sur en América.
- El carácter continental de la fauna de las Galápagos y las adaptaciones particulares en cada isla.

De forma que, a partir de 1837, comenzó a realizar anotaciones sistemáticas y reflexiones sobre la transmutación de especies. Concibió entonces estas no como una entidad fija, resultado de una creación arbitraria, sino como entidad que se diversifica progresivamente, sobre todo en medios aislados. Así quedaba formulada la hipótesis de una evolución gradual de las formas animales; buscó entonces el posible mecanismo de dicha evolución.

Simultáneamente, trabajó sobre la obra de su abuelo y prestó atención a los animales domésticos y plantas cultivadas. Encontró que la variabilidad en animales domésticos y plantas cultivadas era indudable, y comprendió la importancia de estas variaciones, y Darwin vio todos los beneficios que sabían obtener de ellas los ganaderos y agricultores gracias a la selección artificial, es decir, mediante la rigurosa elección de los progenitores. Para analizar mejor las variaciones, él mismo se dedicó a criar tórtolas.

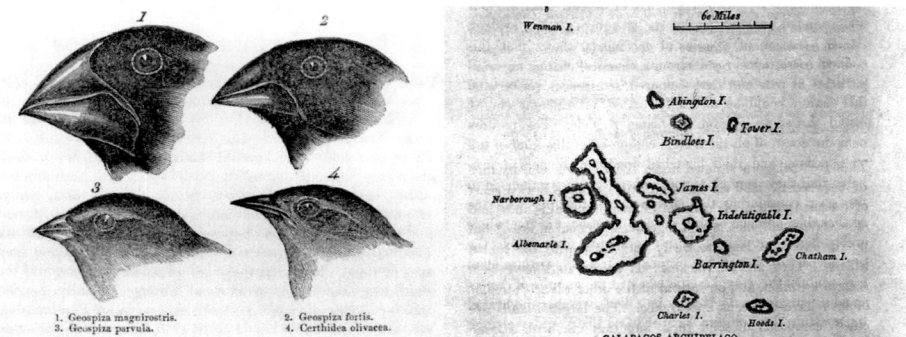

Figura 50. Extractos del *Diario de investigaciones sobre la geología y la historia natural de los diversos países visitados por el H.M.S. Beagle... desde 1832-6 / Charles Darwin.* Fuente: Wellcome Collection.

En 1837 leyó el *Essay on the principle of population* (Ensayo sobre el principio de la población) de Thomas Malthus[304]. Inspirado por el libro concluyó que hay un proceso de competencia entre seres vivos, al que denominó selección natural. En 1842 resumió sus puntos de vista en un resumen inédito de 35 páginas y en 1844 redactó un ensayo, de 230 páginas, también inédito. Circularon entre un selecto grupo de naturalistas (Lyell y Hooker). Lyell insistió a Darwin en que debía publicar su trabajo.

Mientras Darwin esperaba para publicar sus ideas, el problema de las especies se convirtió en tema de un feroz debate público. *Vestiges of the Natural*

[304] La tesis defendida por Malthus sobre la población sostenía que todas las visiones utópicas de las sociedades futuras eran inviables, ya que los defectos de la naturaleza humana constituían la raíz de los principales problemas. Defendió que la capacidad reproductiva de los seres humanos superaba de manera universal el suministro de alimentos, lo que generaba una feroz competencia por los recursos esenciales para la vida.

History of Creation (Vestigios de la historia natural de la creación), del periodista Robert Chambers, publicado en 1844, trasladó la discusión sobre la evolución de las salas de disección médica y la prensa librepensadora radical a los hogares victorianos. Se sugería que una ley de desarrollo podría explicarlo todo, desde los orígenes del sistema solar hasta la mente humana.

12.3.2. La biogeografía de Wallace

Alfred Wallace fue un hábil colector que hacía de ello su medio de supervivencia, partió hacia el Amazonas el 26 de abril de 1848 pensando ya en términos evolucionistas. Los había adquirido a partir de la lectura de dos libros que consideró fundamentales en el desarrollo de sus ideas, entre ellos: *Vestigios de la historia natural de la creación*, de Chambers, de él tomó sobre todo la idea del desarrollo progresivo de las especies[305], y el otro fue los *Principios* de Lyell, cuya geología uniformista le impresionó, haciéndole imaginar la posibilidad de que existieran fuerzas físicas generales que provocasen cambios biológicos progresivos; unas fuerzas que actuaran constantemente y que fueran observables y verificables.

Wallace ha sido considerado como uno de los pioneros de la biogeografía, destacando por sus aportes al estudio de la relación entre la diversidad natural y la geografía. Durante sus expediciones identificó límites geográficos que condicionan la distribución de las especies, lo que plasmó en su artículo *Sobre los monos del Amazonas*. Allí planteó preguntas clave sobre los fenómenos físicos que definen estos límites, el papel de las líneas isotérmicas en la distribución de especies y por qué algunas barreras naturales, como ríos o montañas, delimitan especies mientras otras no[306].

Tras explorar el Amazonas entre 1848 y 1852, y sobrevivir a un naufragio que le hizo perder especímenes, Wallace emprendió un viaje por Malasia e Indonesia (1854-1862), donde recolectó 125.000 especímenes, muchos desconocidos para la ciencia europea. Observó una marcada diferencia entre la

---

[305] De Chambers recogió sobre todo dos aspectos: que la idea de la evolución consiste en una sucesión progresiva de formas animales y el recurso de las leyes de Newton y Laplace, algo que encajaba perfectamente en el pensamiento de Wallace. Si el mundo de la materia inerte funciona según leyes naturales parece lógico pensar que también lo haga la materia animada, incluyendo la creación de nuevas especies. Ver en: José Fonfría. *El explorador de la evolución Wallace* (Nivola libros y ediciones, S.L. 2003).

[306] Fonfría, *El explorador de la evolución Wallace*, 177.

fauna de origen asiático y australiano, lo que lo llevó a definir la línea de Wallace, que divide ambas regiones zoológicas (figura 51). Sus estudios demostraron contrastes significativos, como la abundancia de marsupiales en Australia frente a su ausencia total en la parte asiática.

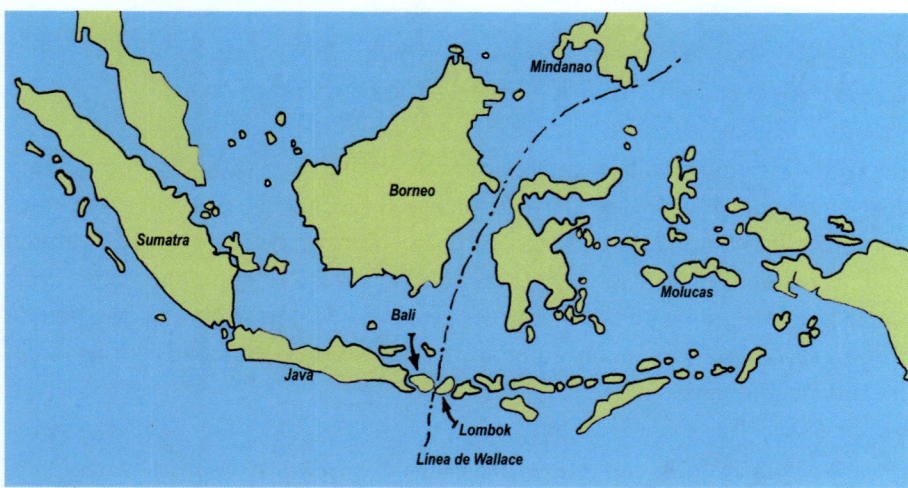

Figura 51. La línea de Wallace, que separa la fauna y flora terrestre del Sudeste Asiático de la región de Australia-Nueva Guinea, es la división biogeográfica mejor estudiada del mundo. Se han documentado subgrupos filogenéticamente distintos de los principales grupos animales y vegetales a ambos lados de la línea de Wallace desde que se propuso por primera vez en 1859[307].
Fuente: elaboración propia, basado en el artículo de Wallace de 1863 «On the Physical Geography of the Malay Archipelago» en las actas de la Royal Geographical Society.

En 1855 Alfred Russell Wallace publicó *On the law which has regulated the introduction of new species* (Sobre la ley que ha regulado la aparición de nuevas especies) que se publicó en *Annals and Magazine of Natural History*. Supuso su primer trabajo teórico sobre las especies, gracias a que consiguió reunir suficientes evidencias de que en cualquier región del mundo existen especies que guardan estrechas relaciones entre sí. Para ello, Wallace se basaba en sus propias observaciones sobre la distribución geográfica del Amazonas y de Indonesia, y en las de Darwin en las islas Galápagos, haciendo una interpretación de cómo se podían poblar las islas.

---

[307] Alfred R. Wallace, «Letter from Mr. Wallace concerning the geographical distribution of birds». *Ibis* 1, (1859): 453.

En su artículo defendía la idea de que las nuevas especies surgían a partir de especies preexistentes estrechamente relacionadas con ellas. La ley que defendió fue que todas las especies empezaban a existir coincidiendo, tanto en el tiempo como en el espacio, con una especie estrechamente relacionada preexistente.

12.3.3. Un pacto por la prioridad del descubrimiento

En 1857 Darwin y Wallace intercambiaron varias cartas sobre la variación y distribución de las especies. Darwin quedó impresionado por las observaciones y la capacidad teórica de Wallace. En una carta del 1 de mayo de 1857 aludía a su propia obra inacabada indicando que ese verano se cumplían veinte años desde que Darwin empezara su primer cuaderno de notas sobre la cuestión de cómo y en qué se diferencian entre sí las especies y las variedades. Más tarde, ese mismo año, comentó:

> Mi trabajo, en el que llevo trabajando más o menos 20 años, no arreglará ni resolverá nada, pero espero que ayude al ofrecer una gran colección de hechos con un fin definido: Avanzo muy lentamente, en parte por mala salud, en parte por ser un trabajador muy lento. Tengo casi la mitad escrito, pero no creo que lo publique antes de un par de años. Llevo tres meses enteros con un capítulo sobre el hibridismo[308].

Puede que fuera este interés compartido por el problema de las especies, junto con las palabras alentadoras de Darwin, lo que llevó a Wallace a enviar un borrador de su propia teoría de la descendencia en 1858. Darwin recibió la carta con el ensayo el 18 de junio de 1858, con la consiguiente turbación, ya que vio reflejadas en el texto sus propias ideas sobre el mecanismo de la evolución.

Según apuntó Wallace, la vida de los animales salvajes era una lucha por la existencia, que requería del ejercicio completo de todas sus facultades, todas sus energías para conservar su propia existencia y cuidar de la de su descendencia. La posibilidad de procurarse alimento durante las épocas menos favorables y escapar a los ataques de sus más peligrosos enemigos eran las condiciones primarias que para Wallace determinaban la existencia, tanto de

---

[308] Darwin Correspondence Project, «Letter no. 2192», consultado el 18/02/2025, https://www.darwinproject.ac.uk/letter/?docId=letters/DCP-LETT-2192.xml

los individuos como de las especies. Darwin escribió a Lyell sorprendido por la gran coincidencia, indicando que si Wallace hubiera tenido su escrito de 1842 no habría podido hacer un resumen mejor.

Esta es una polémica muy interesante que entronca con el principio del comunalismo y de la honestidad científica que analizamos en el primer capítulo. Darwin es consciente de que tuvo la idea primero y sus colegas le aconsejan que, al mismo tiempo que se presenta el trabajo de Wallace, Darwin presente un resumen de sus investigaciones y consideraciones que había hecho a lo largo de su investigación del mecanismo de la selección natural.

Fue lo que se definió como «arreglo delicado» en el que se reconocía el mérito de Wallace y el de Darwin. Se conoce bastante bien cómo fue el desarrollo posterior de los acontecimientos que condujeron a la presentación, en la sesión de la Sociedad Linneana de Londres el 1 de julio de 1858, del ensayo de Wallace junto a dos textos de Darwin, mostrando que ambos habían llegado al descubrimiento de la selección natural de manera independiente, pero adjudicando la prioridad a Darwin. Este acontecimiento crucial impulsó a Darwin a publicar finalmente su propia teoría, inicialmente en el mencionado resumen conjunto con el artículo de Wallace para la Linnean Society, y luego en *El origen de las especies*, al año siguiente.

Darwin reprendió a veces a Wallace por ser demasiado modesto en sus publicaciones y no atribuirse más méritos por su codescubrimiento. Wallace asumió, tanto en privado como en público, un papel subordinado en el descubrimiento. En cuanto a la teoría de la selección natural, escribió Wallace lo siguiente:

> En cuanto a la teoría de la «Selección Natural» en sí misma, siempre mantendré que es realmente suya y solo suya. Usted la había desarrollado en detalles que yo nunca había pensado, años antes de que yo tuviera un rayo de luz sobre el tema, y mi artículo nunca habría convencido a nadie ni se habría considerado más que una especulación ingeniosa, mientras que su libro ha revolucionado el estudio de la historia natural y ha cautivado a los mejores hombres de la era actual. Todo el mérito que reclamo es haber sido el medio de inducirle a escribir y publicar de inmediato[309].

Al regresar a Londres en 1862, Wallace luchó por encontrar un puesto remunerado y se mantuvo escribiendo, dando conferencias y vendiendo especímenes.

[309] Darwin Correspondence Project, «Letter no. 4514», consultada el 18-02-2025, https://www.darwinproject.ac.uk/letter/?docId=letters/DCP-LETT-4514.xml

Rápidamente estableció vínculos con otros naturalistas y sociedades especializadas, trabajó en sus grandes colecciones y publicó artículos sobre zoología, biogeografía y antropología. Wallace se convirtió en uno de los corresponsales más importantes de Darwin, sobre todo en temas teóricos. Aunque ambos se referían el uno al otro en sus trabajos publicados, las cartas eran un espacio en el que discutían los detalles de la teoría evolutiva y aireaban abiertamente sus diferencias.

En la mayoría de los textos de biología de segunda enseñanza, el nombre de Wallace permanece unido al de Charles Darwin pero muy secundariamente[310]. Probablemente, el origen de esta situación sea consecuencia de la diferente relación que en 1858 ambos mantenían con las instituciones científicas de Inglaterra, pero a ello también ha contribuido el comportamiento posterior del propio Wallace.

12.3.4. El origen de las especies

El 24 de noviembre de 1859 se publicó *On the Origin of Species by Means of Natural Selection, or the Preservation of Favoured Races in the Struggle for Life*, una obra densa y documentada que se presentó como un ensayo[311]. En los primeros capítulos, Darwin trazó una analogía con los animales domésticos, estudiando cómo la selección artificial permitió al ser humano generar variedades específicas al reproducir intencionadamente aquellos individuos con características de interés, un proceso aplicado desde tiempos antiguos. Posteriormente, analizó si esta variabilidad también ocurría en la naturaleza y exploró el mecanismo de la selección natural, un concepto amplio que describió cómo la interacción entre los organismos y su entorno determina la supervivencia de determinadas formas biológicas. Más allá de sus aportes biológicos, el libro rompió con la idea de una escala natural jerárquica, proponiendo que los seres vivos no están ordenados según niveles de complejidad o perfección.

Existen variaciones en el conjunto de los seres vivos, esa variación es heredable y confiere ventajas o desventajas adaptativas a la descendencia: la selección natural permitirá la acumulación de caracteres ventajosos en la descendencia.

---

[310] José Fonfría. *El explorador de la evolución Wallace*, 187.

[311] Diferenciándose del formato actual de un trabajo científico (introducción, material y métodos, resultados y discusión) el ensayo es un texto que expone y desarrolla una idea o argumento basado en evidencia científica, pero de forma más libre y menos estructurada que un artículo científico.

La teoría de Darwin tuvo una enorme resonancia; clara y lógica, parecía dar una suficiente explicación de todos los hechos conocidos. *El origen de las especies* no solo afectaba a la biología, sino que ponía en entredicho muchos aspectos del pensamiento filosófico y cultural de la época. La teoría propuesta por Darwin y Wallace suponía:

— Reemplazar el modelo creacionista, que considera a las especies como entidades inmutables, por un modelo evolutivo que las considera entidades mutables.
— Reemplazar la idea de un diseño inteligente, dirigido por una fuerza sobrenatural, por el diseño natural que se produce por selección natural. Esto provocaba la sustitución de un dios creador, como algo necesario, por algo opcional.
— Sustituir el antropocentrismo por una visión del hombre semejante a la de cualquier otra especie, al menos en la concepción de Darwin.
— Reemplazar la concepción teleológica y la visión del cosmos como algo que tiene dirección y propósito por la consideración del mundo como una sucesión de fenómenos sin propósito, al menos también en la concepción de Darwin.

El éxito de ventas de *On the Origin of Species* fue inmediato; la primera edición, de 1.250 ejemplares, se agotó en una semana; se sucedieron rápidamente nuevas ediciones y traducciones. Entre los partidarios acérrimos de los postulados de Darwin estaba el naturalista Tomas Huxley.

Años después, en 1871, Darwin publicó *The descent of man and selection in relation to sex* (La descendencia del hombre y la selección con relación al sexo) en que extendió sus tesis evolucionistas al ser humano. Generó un conflicto entre ciencia y creencia estimulando la creación de instituciones científicas y órganos de expresión para rebatir el darwinismo (figura 52). En este sentido, el historiador británico James Moore nos recuerda que hablar de darwinismo en el siglo XIX era pensar en un «término cargado»[312]. Por otro lado, es importante recalcar que Darwin no se refirió en ningún momento a darwinismo para referirse a sus ideas[313].

---

[312] James Moore, «Deconstructing Darwinism: The politics of evolution in the 1860s», *Journal of the History of Biology* 24, n.º 3 (1991): 353-408.

[313] Ver más en: J. M. Rodríguez Caso, «El darwinismo puro de Alfred Russel Wallace: aportaciones a la teoría evolutiva moderna», *Asclepio. Revista de Historia de la Medicina y de la Ciencia* 72, n.º 2 (2020): 1-13.

Figura 52. A la izquierda, las caricaturas satíricas de la época reflejaban la polémica intensa y la presencia pública de Darwin en los medios a finales del siglo xix, Charles Robert Darwin, como un mono (litografía de F. Betbeder). En el centro, otra caricatura: la evolución de un mono en un niño, representando las teorías de Darwin según C. Bennett, 1863. A la derecha, caricatura de Darwin y su obra por F. Goedecker, 1882. Fuente: Wellcome Collection.

Es importante recordar que no hay que utilizar el término darwinismo para referirnos a la actual teoría de la evolución, ya que esta no se reduce solo a las ideas postuladas por Charles Darwin. Las teorías darwinistas son evolucionistas, pero su aportación clave es el concepto de selección natural considerado determinante para explicar la causa de la evolución.

Debido a que su enfermedad crónica se agravaba con la excitación, la discordia o las discusiones, Darwin no podía entrar en confrontaciones directas con los oponentes de la ciencia evolutiva. Afortunadamente para Darwin, la batalla fue emprendida por algunos naturalistas extremadamente combativos, decididos e ingeniosos. Los principales fueron Thomas Henry Huxley y Ernst Haeckel. Por su papel defensor de las tesis evolucionistas, el incontenible Huxley recibió el título de «bulldog de Darwin». Sin embargo, Huxley era un eminente científico por derecho propio, no era un seguidor servil de las hipótesis darwinistas. De hecho, Darwin consideraba que convertir a Huxley a la teoría evolutiva era uno de sus mayores logros[314].

Huxley se dedicó a la tarea de establecer una nueva moral basada en el conocimiento natural. A pesar de la reputación de Huxley como defensor del

---

[314]   Magner, *A history of the life sciences*, 366.

pensamiento ilustrado y de la educación de las mujeres, sus posiciones sobre la profesionalización de la ciencia, el control de la antropología victoriana y el papel de la mujer revelan la profundidad de su creencia, muy convencional, en la inferioridad femenina[315].

Llegados a este punto, es importante explicar qué fue el darwinismo social. Esta corriente ideológica fue una interpretación errónea y pseudocientífica de las ideas de Charles Darwin sobre la selección natural y la supervivencia del más apto. Se trasladaron conceptos de la biología evolutiva al ámbito social, político y económico, justificando jerarquías sociales, desigualdades y políticas discriminatorias al afirmar que ciertas personas, razas o grupos sociales son intrínsecamente superiores a otros. Herbert Spencer (1820-1903) fue filósofo británico y principal precursor del darwinismo social, popularizó la frase «supervivencia del más apto», que Darwin nunca usó en sus obras originales. Cuestiones como la competencia en lo biológico fueron asociadas en el campo de la economía y la lucha por la posición social. Francis Galton (1822-1911) científico británico y primo de Charles Darwin, promovió la idea de mejorar la «calidad» genética de las poblaciones humanas mediante el control de la reproducción.

12.4. La cuestión de la herencia y el trabajo de los hibridadores

Aunque Darwin no propuso un mecanismo claro para explicar la herencia, agrónomos e hibridadores ya estudiaban cómo se transmitían los caracteres para mejorar variedades vegetales y animales de interés económico. Investigadores como Joseph Gottlieb Kölreuter (1733-1806) observaron patrones de herencia en híbridos y destacaron la importancia de los insectos en la polinización. Antonio Martí y Franqués (1750-1832) demostró la reproducción sexual de plantas como la sandía y promovió la producción artificial, mientras que Mariano La Gasca (1776-1839) y Simón de Rojas Clemente (1777-1827) lograron establecer líneas puras en cereales. Thomas Andrew Knight (1759-1838), por su parte, resaltó las ventajas del guisante como modelo experimental, sentando bases importantes para el estudio de la herencia.

[315] Magner, *A history of the life sciences*, 367.

12.4.1. La herencia mendeliana

La cuestión de la herencia y el trabajo de los hibridadores llegó a su máxima expresión con los trabajos de Gregor Mendel (1822-1884) que planteó la existencia de una herencia discreta e inmutable a lo largo del tiempo, un concepto de herencia que chocaría con el de Darwin. El caso de Mendel es el de otro investigador aficionado o *amateur* que está fuera del panorama científico de la época y su descubrimiento, aunque fue publicado, no fue conocido por el conjunto de la comunidad científica. En 1866, Mendel publicó su artículo «Versuche über Plflanzenhybriden» (Experimentos sobre híbridos de plantas), en el que desentrañaba, de una forma cuantitativa, los fundamentos básicos de la herencia.

Quien haya estudiado genética en el instituto o en los años de universidad habrá conocido las leyes de Mendel: variedades de guisantes de huerta con rasgos dicotómicos bien definidos, como las semillas lisas frente a las arrugadas y amarillas frente a las verdes, o el hábito de crecimiento alto frente al corto. Las explicaciones sobre estos rasgos se han perpetuado en el contexto pedagógico, enmarcándose tradicionalmente en torno a los conceptos de dominancia y recesividad. Mendel se dedicó primero, mediante cultivos normales, a obtener líneas puras constantes recogiendo metódicamente las semillas. Luego cruzaba esas estirpes de dos en dos mediante polinización artificial. Combinaba así distintas variedades de forma precisa.

En cada uno de esos cruzamientos obtenía (como otros hibridadores) una primera generación (F1) uniforme, que reproducía una de las dos formas de los progenitores. Para las generaciones siguientes (F2, F3, F4) dejaba que se realizara la autofecundación natural. Ahora bien: en F2 obtenía así regularmente ¾ de las plantas con uno de los dos tipos iniciales, y ¼ con el otro tipo, el cual reaparecía, mientras que estaba enmascarado en la generación F_1.

La primera ley de Mendel, también conocida como la ley de la segregación, establece que existen un par de factores (hoy conocidos como alelos) para cada característica, y estos se separan durante la formación de los gametos, de manera que cada uno de ellos recibe solo uno de estos factores. La segunda ley, de la segregación independiente, estipula que los diferentes pares de alelos se heredan de manera independiente unos de otros, Mendel descubrió esta ley al estudiar dos características a la vez en los guisantes, el color de la semilla (amarillo o verde) y su textura (lisa o rugosa). Cruzando dos plantas heterocigotas (VvRr x VvRr), se obtiene la proporción fenotípica 9:3:3:1 en la descendencia[316]. Las representaciones de estas leyes se hicieron habituales en los libros de texto de biología general incluyendo los manuales estos esquemas, en los años treinta, en España (figura 53).

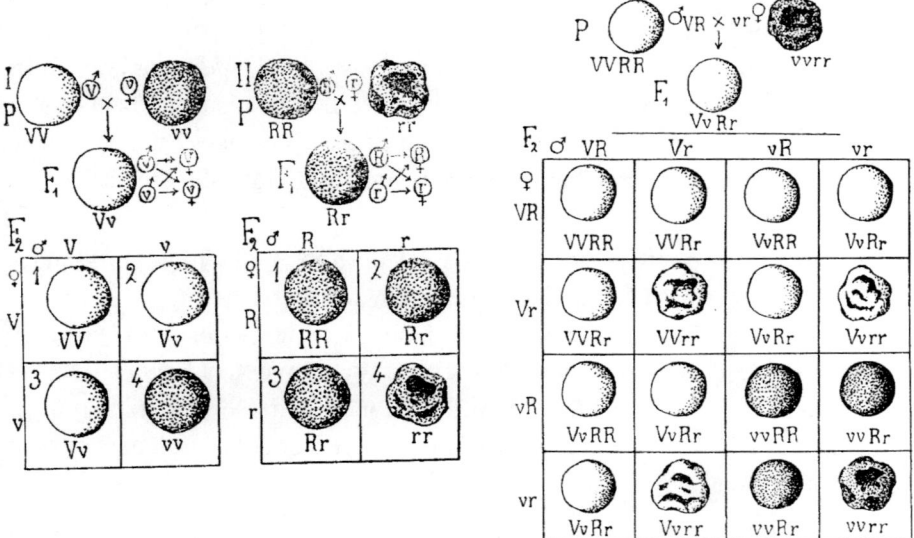

Figura 53. Representaciones de las leyes de Mendel. A la izquierda, resultados del cruzamiento de una variedad pura de guisantes amarillos con otra de guisantes verdes, *idem* entre una variedad de guisantes lisos y otra de rugosos. Los individuos de la segunda generación se representan con el método de tablero, en uno de los lados del cuadro se sitúan las letras que designan los factores de los gametos femeninos y masculinos, en las cuadrículas se anotaban las combinaciones y el aspecto fenotípico. A la derecha, resultados entre variedades que difieren por dos pares de alelos mostrando la segunda ley de la segregación independiente[317].

No sería hasta 1900 cuando tres investigadores biometristas rescatasen casi a la vez el trabajo de Mendel, empezando por el austríaco Erich Tschermak y con la confirmación experimental del botánico holandés Hugo de Vries y el alemán Carl Correns, ratificando su trabajo y dándolo a conocer como las leyes de Mendel.

[316] Recordar que esto ocurre siempre que los genes no estén ligados, es decir, que se encuentren en diferentes cromosomas.

[317] José Loustau, *Principios de Biología General y Genética* (Murcia: Tipografía de José Antonio Jiménez, 1935), 476 y 494.

El trabajo de Mendel no fue automáticamente aceptado por la comunidad científica, especialmente por algunos biometristas, en su mayoría ingleses, que tenían una noción de herencia «no discreta» (variación continua), coherente con la interpretación darwiniana. El valedor de esta posición fue Walter Frank Raphael Weldon (1860-1906); frente a él, el zoólogo inglés William Bateson, como veremos figura clave en la historia de la genética que asumió plenamente los puntos de vista mendelianos publicando, en 1902, *Mendel's principles of heredity* (Los principios mendelianos de la herencia). Los mendelistas como Bateson pensaban en una herencia discontinua de los caracteres; para ello se basaban en numerosas pruebas y experimentos que mostraban, cada vez de forma más precisa, la razón de Mendel.

A ese debate de estos primeros años del siglo xx, mantenido por mendelistas y biómetras, se le ha llamado «la guerra de los treinta años». Pese a ser una de las disputas más intensas en la historia de la ciencia, con posturas irreconciliables, estas discusiones fueron muy provechosas, más que los momentos de gran estabilidad científica, donde nada se discute, y puede imperar el miedo o respeto a contradecir el inmenso poder de quienes parecen poseer la «verdad»[318].

Weldon fue uno de los científicos de principios del siglo xx que criticó las teorías de Mendel por simplistas. También consideraba que su aplicabilidad no sobrepasaba los límites de la experimentación en entornos controlados. Por todo ello, no constituían una explicación válida para un fenómeno tan complejo como la herencia. Sobre este tema profundizaremos a la hora de tratar los problemas de la enseñanza de la genética.

«¡Si se pudiera saber si todo esto no es una maldita mentira!» exclamó Weldon a Pearson. Para Weldon, la mezcla más que la herencia alternativa parecía la que caracterizaba el color incluso el tipo de semillas de guisantes de Mendel. Para Pearson, la confianza del mendelismo en los «elementos» hereditarios intrínsecos violaba la regla epistemológica de tratar solo con fenómenos medibles y observables[319]. No en vano, tanto Pearson como Weldon, albergaban una intensa antipatía por el adalid británico del mendelismo, William Bateson, que no era partidario de la biometría. Al contrario que los mendelistas, los biómetras eran fervientes darwinistas y nada se interponía entre

---

318 Joaquín Fernández y Antonio González Bueno, *Biodiversidad de Linneo a nuestros días* (Madrid, Comunidad de Madrid, 1998), 123.

319 Daniel J. Kevles, *In the name of eugenics. Genetics and uses of human heredity* (Massachusetts, Harvard University Press, 1999), 43.

ellos y la explicación evolucionista. Su mérito fue el desarrollo de una buena parte de la estadística y de algunos de sus principales conceptos.

En resumen, entre 1900 y 1902, Bateson se convenció de que el trabajo de Mendel representaba una nueva base para una ciencia de la herencia, que sería experimentalmente precisa y cuantitativa. Weldon, por el contrario, llegó a pensar que cualquier intento de poner a Mendel en el centro de la comprensión de la herencia era un error, y de hecho un enorme paso atrás para la biología. En 1902, publicó una crítica de la perspectiva mendeliana en la revista *Biometrika* (1902).

12.5. La aparición de una nueva disciplina: la genética

El término «genética» fue acuñado por Bateson en una carta que dirigió en 1905 a Adam Sedgwick, profesor de zoología de la Universidad de Cambridge. En dicha carta, dedicada al estudio de la «herencia y la variación», patrocinada por el benefactor F. J. Quick, proponía que se denominara «Cátedra Quick para el estudio de la herencia». Y apostillaba que no existía ninguna palabra de uso común para designar esa disciplina, pero si hubiese que acuñar una, esta podría ser «genética», del griego *gennētikós*, «que produce o genera».

Bateson ya había publicado, en 1894, un estudio de esas variaciones bruscas discontinuas bajo el significativo título de *Materials for the study of variation treated with special regard to discontinuity in the origin of species* (Materiales para el estudio de la variación, tratados con especial atención a la discontinuidad en el origen de las especies). Y asumió plenamente los puntos de vista mendelianos, como se ha comentado con anterioridad, en *Mendel's principles of heredity* (1902).

En Estados Unidos e Inglaterra, además de Bateson, el mendelismo fue adoptado de inmediato por numerosos estudiosos de la evolución y por fitomejoradores, como William J. Spillman, científico del Washington State College que, en 1902, mientras desarrollaba una variedad de trigo de invierno, descubrió que los resultados de sus cruces mostraban una asombrosa regularidad explicable por la teoría de Mendel. Sin embargo, la teoría también se enfrentó a un gran escepticismo. Lo que era cierto para los guisantes o el trigo no lo era necesariamente para el resto del reino vegetal y animal. Las matemáticas de la herencia mendeliana parecían entrar en conflicto con la proporción uno a uno entre machos y hembras de las especies que se reproducían sexualmente.

En 1902, en la Universidad de Columbia, Walter Sutton, estudiante en el laboratorio del citólogo Edmund B. Wilson, demostró que en la división los cromosomas se comportaban de forma coherente con las leyes de Mendel. Tres años más tarde, trabajando independientemente el uno del otro, Wilson y Nettie M. Stevens, de Bryn Mayr, llegaron a la conclusión de que la determinación del sexo, incluida la proporción de uno a uno entre hombres y mujeres, estaba causada de forma mendeliana por la segregación y la reunión de los cromosomas X e Y.

El botánico danés Wilhelm Johannsen acuñó la palabra «gen» en 1909, para describir las unidades mendelianas de herencia. También estableció la distinción entre la apariencia externa de un individuo (fenotipo) y sus características genéticas (genotipo).

> La palabra gen está completamente libre de cualquier hipótesis; expresa solo el hecho evidente de que, en cualquier caso, muchas características del organismo se especifican en las células germinales por medio de condiciones especiales, fundamentos y determinantes que están presentes de forma única, separada y, por tanto, independiente, en resumen, precisamente lo que queremos llamar genes[320].

El término «genética» de Bateson no comenzó a popularizarse hasta que Wilhelm Johannsen sugirió que los factores mendelianos de la herencia fueran llamados «genes». La palabra propuesta se remonta al término griego *genos*, que significa «nacimiento». Esta palabra dio origen a otras, como «genoma».

12.5.1. La *fly room* de Morgan y el primer Nobel de genética

En el desarrollo de la genética del principio de siglo xx mencionamos la escuela del norteamericano Thomas Hunt Morgan (1866-1945), biólogo experimental del ámbito de la embriología, que no terminaba de estar convencido del esquema mendeliano. Morgan era de la opinión de que quizá esas leyes funcionasen para el caso de los guisantes, pero albergaba dudas de que sirviera para todos los seres vivos y, por ejemplo, señalaba que no explicaban la herencia del sexo. Tampoco consideraba la diferencia entre caracteres dominantes y recesivos, tan taxativa en muchos seres vivos: el otro problema que se planteaba es que no había todavía evidencia física de los factores que explicaban la herencia de una generación a otra.

---

[320] Wilhelm Johannsen, *Elemente der exakten Erblichkeitslehre* (Jena: Verlag von Gustav Fischer, 1909), 124.

Con esas objeciones Morgan decidió poner a prueba las leyes de Mendel y utilizar, a partir de 1911, para su experimentación, un modelo animal manejable como la mosca *Drosophila melanogaster*, primero en la Universidad de Columbia y después en la de California. La elección del modelo animal fue crucial. Las poblaciones que se reproducían rápidamente, como las aves de corral, los roedores y las moscas de la fruta, eran los sujetos más ventajosos para la investigación genética.

Morgan y su equipo sentaron las bases de la experimentación genética en ese verdadero laboratorio de ideas que fue la habitación de las moscas *fly room* (figura 54). En este espacio Morgan y sus colaboradores, C. B. Bridges, A. H. Sturtevant y H. J. Muller, descubrieron la localización cromosómica de los genes y edificaron la genética moderna. Hubo siempre otros muchos trabajando allí, un flujo continuo de estudiantes americanos y extranjeros, doctorandos y postdoctorales. Con la utilización de este modelo buscó la existencia de los factores hipotéticos que había planteado Mendel, focalizando el trabajo en los cromosomas de las células de estas moscas.

Figura 54. Morgan en la *fly room*, en 1916, el laboratorio de *Drosophila* en la Universidad de Columbia, activo a principios del siglo xx. Era una sala (de 16 por 23 pies), en la que había ocho pupitres abarrotados y a pesar de su desorden general, se consideraba un gran lugar para la colaboración, la discusión y la investigación. Fuente: Huettner, Alfred – Photo Collection[321].

Eran años en los que el talento y las ideas constituían prácticamente las únicas herramientas con las que se contaba en el laboratorio. Con moscas,

---

[321] Huettner, Alfred – Photo Collection, consultado el 24-02-2025, https://hdl.handle.net/1912/21011

botes para guardarlas, plátanos para alimentarlas y sencillos microscopios para observarlas.

Un acontecimiento clave en la genética fue la publicación, en 1915, de *Mechanism of Mendelian Heredity*[322], un libro de texto elaborado por el grupo de Morgan donde se sintetizaron descubrimientos de diversas fuentes, especialmente estudios con *Drosophila* y otras especies. En esta obra se estableció que los factores hereditarios propuestos por Mendel residen en los cromosomas, ocupando lugares fijos (*loci*) dispuestos linealmente, y se definieron como las unidades fundamentales de la herencia. Se explicó que cada gen puede tener múltiples alelos, manteniendo su estructura salvo por mutaciones, y que su expresión puede ser influenciada por el ambiente o la interacción con otros genes. A través de cruzamientos biométricos entre mutantes espontáneos de *Drosophila*, el equipo logró mapear genes en los cromosomas (figura 55). Además, descubrieron la herencia ligada al sexo y demostraron que el daltonismo en humanos se debe a un gen recesivo ubicado en el cromosoma sexual.

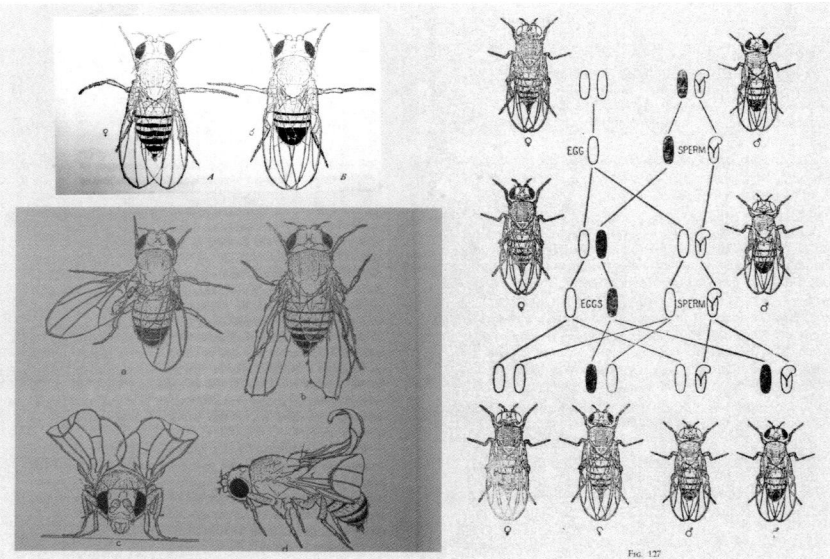

**Figura 55. Representación de los experimentos y observaciones de Morgan[323].
Fuente: Nonídez, 1935.**

---

[322] Thomas Hunt Morgan, Alfred H. Sturtevant, Hermann J. Müller y Calvin B. Bridges, *The Mechanism of Mendelian Heredity* (New York: Henry Holt, 1915).

[323] José F. Nonídez, *La herencia mendeliana. Introducción al estudio de la genética* (Madrid: Junta para Ampliación de Estudios e Investigaciones Científicas, 1935), 36, 228 y 323.

La consolidación de la teoría cromosómica estuvo marcada por un cambio de terminología, ya que Morgan y sus colaboradores aún empleaban el término «factor». Hacia 1920, cambiaron a «gen», haciendo hincapié en los compromisos específicos de la teoría cromosómica. Aunque se produjeron numerosos y reñidos debates sobre perfeccionamientos y cuestiones específicas, esa teoría dominó la genética hasta después de la Segunda Guerra Mundial.

En 1919 Morgan escribió, junto a su equipo, sobre la base física de la herencia desarrollando la teoría cromosómica y en 1926 salió a la luz un libro sobre la teoría del gen o de caracteres que se transmiten de generación en generación. En 1933 Morgan recibió el Nobel de fisiología o Medicina por sus descubrimientos sobre el papel que desempeñan los cromosomas en la herencia. Morgan se hizo un convencido mendeliano. A principios de siglo los científicos empezaron a buscar pruebas de la teoría de Mendel en el ser humano, a pesar de la lentitud de su reproducción.

Morgan estuvo fuertemente influenciado por las ideas y el trabajo de Hugo DeVries, uno de los redescubridores de Mendel y el proponente de la teoría de la mutación. Esta teoría creía que las nuevas especies surgían *de novo* y no por un cambio darwiniano gradual a lo largo de cientos o miles de generaciones.

12.5.2. Muller y las mutaciones

Hermann Joseph Muller pronto decidió unirse al grupo de *Drosophila* de Morgan en la Universidad de Columbia. Obtuvo su doctorado en 1915 por sus investigaciones sobre el *crossing-over*. Contribuyó también de forma decisiva al desarrollo de la teoría cromosómica de la herencia.

La Academia de Ciencias de la Unión Soviética contaba con un programa de genética de *Drosophila* muy desarrollado, y con la colaboración de Muller, en 1922, su laboratorio de Leningrado llegó a ser enormemente productivo. En la década de 1930 se descubrieron cromosomas gigantes en la glándula salival de la *Drosophila*. Muller y su colega soviética Alexandra Prokofieva-Belgovskaya pudieron estimar el tamaño de un gen e iniciar una investigación pionera sobre la organización física de los genes dentro de los cromosomas[324].

Muller presentó su informe sobre las mutaciones inducidas por rayos X en moscas de la fruta en el V Congreso Internacional de genética (figura 56) ce-

[324] Magner, *A history of life sciences*, 423.

lebrado en Berlín en 1927, también fue publicado en la revista *Science*[325]. Mientras trabajaban en Berlín en 1932, Muller y Nicolai Timofeeff Ressovsky (1900-1981) intentaron utilizar la inducción de mutaciones como medio para conocer la identidad del gen utilizando la radiación. Estos experimentos preliminares y discretos dieron lugar más tarde a una exposición conjunta de la teoría de la mutación «hit» o «target» por parte de Timofeeff-Ressovsky y Max Delbrück (1935).

Muller es considerado fundador de los estudios de radiación en genética, dichos estudios le valieron ser Premio Nobel de fisiología o Medicina en 1946.

> Muller, en su primera comunicación, concluyó que la radiación de alta energía es peligrosa no solo para los individuos expuestos, sino también para sus descendientes. Esta conclusión ha llegado a ser entendida y aceptada de forma general, y ahora tiene un gran interés público en lo que tiene que ver con el uso de los rayos X en medicina y odontología, y en la distribución en todo el mundo de los isótopos[326].

Figura 56. Congreso Internacional de genética de 1927, con la foto de los asistentes y un detalle del sello conmemorativo del Congreso dedicado a Gregor Mendel. Fuente: Wiimedia Commons.

Muller llegó a la Universidad de Indiana en el verano de 1945 e instaló un amplio laboratorio de *Drosophila* en Science Hall en Bloomington[327]. El laboratorio de Muller era un lugar bullicioso, con estudiantes de posgrado, técnicos

---

[325] Hermann J. Muller, «Artificial transmutation of the gene», *Science* 46: 84-87.

[326] Alfred Henry Sturtevant, *History of Genetics* (New York: Harper & Row, 1965), 81.

[327] La Universidad de Indiana posee un amplio archivo relacionado con Hermann Muller incluida una exposición virtual que explora su vida y obra a partir de una selección de artícu-

y personal de laboratorio. Las mujeres desempeñaban un papel de enorme importancia en el proceso científico, aunque a menudo no podían alcanzar los niveles profesionales superiores por factores institucionales sexistas y expectativas opresivas de la maternidad. El trabajo con *Drosophila* fue más allá del ámbito de la investigación, siendo también un elemento clave en las prácticas de su docencia al utilizar modelos tridimensionales que él mismo diseñó con piezas intercambiables para representar diversas mutaciones[328].

La genética clásica y los estudios sobre la *Drosophila* fueron perdiendo protagonismo. A partir de la década de 1940, nuevos organismos modelo, como el hongo *Neurospora*, las bacterias y los bacteriófagos (virus que infectan bacterias) cobraron un interés creciente.

12.5.3. La teoría sintética

Durante unos años se produjo lo que algunos autores llaman el eclipse del darwinismo, la aparente incompatibilidad de la teoría genética y evolutiva. Diversos trabajos, iniciados hacia 1920, abordaron el estudio teórico y experimental de la evolución y fueron el origen de una nueva teoría: la teoría sintética.

Esta teoría, también conocida como la síntesis moderna de la evolución, es una actualización más completa y avanzada del neodarwinismo. A lo largo de los años treinta y cuarenta se produjo la conjunción de la selección natural darwiniana, la genética mendeliana, la genética de poblaciones, la sistemática y la paleontología.

En una primera fase, al inicio de la década de 1930, algunos genetistas vinculados al laboratorio de Morgan empezaron a consolidar la genética de poblaciones, intentando responder a la cuestión de cómo se transmite la herencia en las poblaciones de seres vivos con la obra de R. Fisher *The Genetical Theory of Natural Selection* (1930), la de J. B. S. Haldane The Causes of Evolution (1932) y S. Wright *Evolution in Mendelian populations* de 1931.

A pesar de los fundamentos matemáticos que estos autores aportaron a la genética de poblaciones durante las décadas de 1920 y 1930, seguía sin estar claro si la teoría del gen podía conciliarse de manera adecuada con las teorías

los de la colección: *Hermann J. R. Muller: IU Nobelist,* consultado el 13/03/2025, https://collections.libraries.indiana.edu/muller/

[328] El modelo original se encuentra en la colección de la Biblioteca Lilly. Fuente: Lilly Library LMC 1899. Indiana University Bloomington.

naturalistas de la evolución. La llamada síntesis evolutiva no se afianzó realmente hasta los años cuarenta y cincuenta con una segunda fase con los trabajos de Dobzhansky[329], Mayr, Huxley[330] y Simpson que profundizaron en la compatibilidad de la genética y el origen de las especies, armonizando los modernos descubrimientos genéticos con la obra de Darwin.

El texto de E. Mayr, *Systematics and the Origin of Species*, de 1942, se convirtió en un clásico, mostraba el estado de la sistemática en aquellos años. Su definición de especie como población reproductora fue especialmente sugerente.

Huxley, Dobzhansky, Mayr y Simpson[331], con sus cuatro textos fundamentales, son considerados los artífices del neodarwinismo. Este no es otra cosa que la adaptación del darwinismo a los nuevos conocimientos y el rechazo de algunos supuestos darwinistas cuya falsedad había sido demostrada. Todo ello se veía apoyado por una abundante acumulación de pruebas favorables a la explicación de que el proceso en su origen, es decir el causante de la variabilidad, es aleatorio y, por tanto, la selección natural no tiene ningún propósito.

Los principios neodarwinistas se concretan en estos tres: el medio no provoca variaciones deliberadas, por lo que la relación causa-efecto en la variabilidad no existe, los caracteres adquiridos no se heredan y la selección natural no conduce hacia ningún fin.

12.6. Problemas éticos sobre el estudio de la herencia: de la eugenesia a la edición génica a la carta

La eugenesia es una teoría pseudocientífica que sostuvo la posibilidad de «perfeccionar» a las personas y a los grupos mediante la genética y las leyes científicas de la herencia. La palabra «eugenesia» fue acuñada en 1883 por el científico inglés Francis Galton, primo de Charles Darwin. Galton, pionero en el tratamiento matemático de la herencia, tomó la palabra de una raíz griega que significa «bueno de nacimiento» o «noble por herencia». La colaboración internacional eugenista comenzó con el Primer Congreso Internacional de Eugenesia celebrado en Londres en 1912, y luego se consolidaron en el Segun-

---

[329] Dobzhansky publicó en 1937: *Genetics and the Origin of Species*.

[330] Huxley publicó: *The New Systematics* en 1940, y *Evolution: The Modern Synthesis* en 1942.

[331] Simpson publicó: *Tempo and Mode in Evolution* en 1944.

do y Tercer Congreso Internacional celebrados en Nueva York en 1921 y 1932, respectivamente.

En su búsqueda de una sociedad perfecta, desde posiciones eugenistas clasificaron como no aptos a grupos como minorías étnicas y religiosas, personas con discapacidades y personas desfavorecidas. La homosexualidad fue también objeto de incomprensión y persecución.

Los debates sobre la eugenesia comenzaron a finales del siglo XIX en Inglaterra y luego se extendieron a otros países, incluyendo Estados Unidos. Para el final de la Primera Guerra Mundial, la mayoría de los países industrializados contaban con organizaciones dedicadas a promover la eugenesia. Las prácticas eugenésicas fueron llevadas a su máxima expresión de crueldad y genocidio durante el nazismo, como el caso de Spiegelgrund en Viena, pero también en los años 30 con las esterilizaciones forzosas en algunos países anglosajones[332].

A mediados de la década de 1930, los propagandistas nazis afirmaban que su programa de esterilización[333] obligatoria no se diferenciaba en nada de otras legislaciones similares introducidas en países como Estados Unidos y Suecia, y planeadas en Japón y en otros países europeos como Gran Bretaña, Hungría y Polonia. «No estamos solos», decían, con la esperanza de conseguir apoyo internacional para sus planes de eliminar a los que consideraban «defectuosos» de la sociedad (figura 57).

Hoy la palabra «eugenesia» se ha convertido en un término de connotación negativa. En la primera mitad del siglo XX, los objetivos eugenésicos se fusionaron con interpretaciones erróneas de la nueva ciencia de la genética para contribuir a producir resultados sociales cruelmente opresivos.

Desde el punto de vista del *ethos* de los científicos, destacamos que Muller fue un polémico crítico de los abusos de la genética y formó parte de numerosos comités nacionales e internacionales como defensor de la seguridad radiológica. Fue a la vez crítico y defensor de la eugenesia, denunciando el movimiento eugenésico estadounidense por su racismo, elitismo espurio, sexismo y suposiciones erróneas.

---

[332] Interesante línea cronológica para conocer más acerca de la eugenesia en la web del National Human Genome Research Institute, consultado el 15-01-2025, https://www.genome.gov/about-genomics/educational-resources/timelines/eugenics

[333] La esterilización quirúrgica en hombres se realizaba con una operación sencilla que consistía en la ligadura y resección de los vasos o conductos deferentes. En las mujeres era mucho más compleja con la ligadura y resección de los oviductos o trompas de Falopio. También llegó a realizarse la esterilización con rayos X.

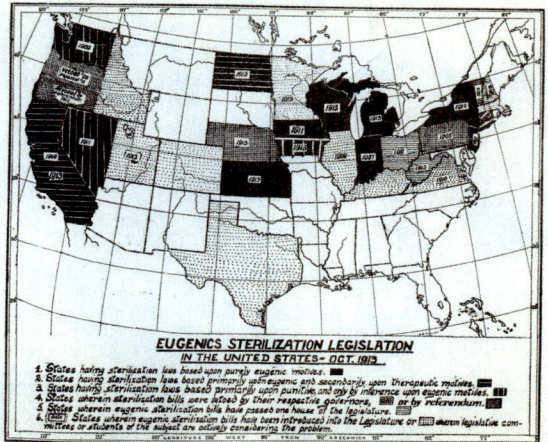

**Figura 57. A la izquierda, el mapa de leyes de esterilización eugenésica en Estados Unidos. Fuente: Boston Medical Library[334].
A la derecha, la imagen propagandística del III Congreso Internacional de Eugenesia de 1932 en Nueva York. Fuente: Wellcome Collection.**

El compromiso de Muller con la eugenesia era muy firme, pero sus ideas eran más sutiles y complejas que las de quienes promovían el «credo principal» basado en prejuicios de raza y clase. Para Muller, el objetivo de la verdadera ciencia de la eugenesia era el, ciertamente lejano, de utilizar la comprensión científica para guiar conscientemente la evolución biológica humana, más que el objetivo inmediato de purgar el mundo de los «no aptos».

En relación con el papel social de la biología, nos interesa traer a colación el tema de que, a pesar de los errores de la eugenesia, en los últimos años, las premisas galtonianas han seguido figurando en el discurso social, sobre todo en las afirmaciones de quienes defienden una base racial de la inteligencia, en ciertos principios de la sociobiología humana y en algunas propuestas de ingeniería genética humana.

12.6.1. Modificaciones genéticas

En la actualidad, existen dos tratados de derechos humanos que regulan directamente las intervenciones genéticas: el Convenio Europeo para la Protección de

---

[334] Boston Medical Library, «Map of eugenic sterilization laws by state», consultado el 24-02-2025, https://collections.countway.harvard.edu/onview/items/show/6230.

los Derechos Humanos y la Biomedicina de 1997 (Convenio de Oviedo)[335] y la Carta de los Derechos Fundamentales de la Unión Europea (Carta de la UE)[336].

Los organismos modificados genéticamente (GMO) son aquellos cuyo ADN ha sido alterado artificialmente. La legislación de la UE regula su uso, comercialización y liberación al ambiente para proteger la salud, el medioambiente y los consumidores, basándose en evaluaciones de riesgo de la Autoridad Europea de Seguridad Alimentaria. También establece normas de autorización, seguimiento, etiquetado y trazabilidad, permitiendo a los Estados miembros restringir su cultivo. A nivel internacional, la UE aplica el Protocolo de Cartagena para regular los movimientos transfronterizos de GMO.

Tanto el término ingeniería genética como el de manipulación génica son difíciles de definir, y a menudo se aplican a técnicas y conceptos diversos. En España se elaboró la ley 8/2003 del 25 de abril, por la que se estableció el régimen jurídico de la utilización confinada, liberación voluntaria y comercialización de organismos modificados genéticamente, a fin de prevenir los riesgos para la salud humana y para el medio ambiente.

Actualmente se habla mejor de «edición genética» en vez de manipulación. Por edición génica se entiende una serie de técnicas científicas del ámbito de la biología que permiten realizar modificaciones muy precisas en el genoma de las células vivas, induciendo una ruptura en la doble cadena del ADN y corrigiéndola, con los mecanismos de reparación que posee la propia célula, a fin de deshabilitar o de introducir una secuencia funcional. Sus posibles aplicaciones son muy amplias y abarcan desde la fabricación de fármacos y las terapias celulares en el ámbito de la salud, a la ingeniería de ecosistemas y a la producción alimentaria.

La necesidad de regular la edición genética es una de las grandes cuestiones planteadas por la bioética. Una de las prioridades de la ingeniería genética está en la prevención de las enfermedades hereditarias con la edición genética de embriones antes de implantarlos para eliminar las causas hereditarias. Otro de

---

[335] Convention for the Protection of Human Rights and Dignity of the Human Being with regard to the Application of Biology and Medicine, Oviedo, 4 April 1997, ETS No. 164, Council of Europe.

[336] Artículo 3: En el marco de la medicina y la biología se respetarán en particular: el consentimiento libre e informado de la persona de que se trate, de acuerdo con las modalidades establecidas en la ley, la prohibición de las prácticas eugenésicas, y en particular las que tienen por finalidad la selección de las personas, la prohibición de que el cuerpo humano o partes del mismo en cuanto tales se conviertan en objeto de lucro y la prohibición de la clonación reproductora de seres humanos. Carta de los Derechos Fundamentales de la Unión Europea, Diario Oficial de las Comunidades Europeas, 2000/C 364/01, consultado el 22-04-2025, https://www.europarl.europa.eu/charter/pdf/text_es.pdf

los campos es el de la producción de vegetales y animales para beneficio humano, incrementando la productividad, reforzando la resistencia a las enfermedades u obteniendo mejoras nutritivas o de otro tipo.

Ahora que los proyectos Genoma Humano y HapMap han concluido, la comunidad científica internacional se centra en el Proyecto 1000 Genomas, una colaboración internacional entre China, Alemania, Reino Unido y Estados Unidos, que tiene como fin descubrir la mayor parte de la variación genética que se produce con una frecuencia poblacional superior al 1%. El campo de la medicina genómica avanza rápidamente, y a medida que se crean nuevas tecnologías y surgen nuevos datos, se establecen aplicaciones clínicas. En este proceso, la consideración de las implicaciones éticas de las tecnologías y los datos genómicos son cruciales para que avances genómicos puedan mejorar la salud humana. En cuanto al acceso a la información, la genómica tiene una cultura de datos abiertos que se remonta a antes del Proyecto Genoma Humano, con los principios de accesibilidad formalizados en el acuerdo de las Bermudas, que condujeron a un principio general según el cual los datos de secuenciación deben ser de dominio público tan pronto como sea posible una vez generados, y al menos antes de su publicación. En el floreciente campo de la secuenciación médica, este principio se ha visto atenuado[337].

12.7. Problemas a la hora de enseñar la evolución y la herencia

La comprensión de la evolución se hace imprescindible para el estudio de la biología, los obstáculos que se presenten a los alumnos a este nivel repercutirán negativamente en etapas educativas posteriores. Probablemente las ideas erróneas en genética y ecología mantenidas por el alumnado son, al mismo tiempo, causa y efecto de los problemas surgidos en el proceso de enseñanza-aprendizaje de la evolución.

Existe una tendencia general de los estudiantes a interpretar los procesos de cambio en las especies según planteamientos erróneos (evolución dirigida, adaptación lamarckiana), tan solo en el Bachillerato, las ideas han de ser sustituidas por concepciones darwinistas o más acordes con las teorías científicas actuales.

A la hora de buscar ayuda en los libros de texto se observa cómo, de forma generalizada, estos solo tratan las teorías evolutivas clásicas, con los ejemplos

---

[337] Rebecca F. Furlong, «Ethical, legal and social issues: out in the open», *Genome Medicine* 4 (2012): 18.

recurrentes que monopolizan la mayoría del temario. No encontramos espacio para tratar las teorías evolutivas actuales como el neutralismo o los equilibrios puntuados. En cuanto a las actividades propuestas, se circunscriben a lecturas de ampliación o de repaso. En este caso, se echan en falta actividades de tipo procedimental como el análisis de imágenes, de diagramas o la interpretación de noticias.

12.7.1. Errores comunes al estudiar la obra de Darwin

Uno de los errores más llamativos en muchos estudiantes y el gran público es la creencia de que Charles Darwin fue el primero en proponer el concepto de evolución. Como ya hemos señalado lo que hizo fue, con un trabajo muy metódico, proponer un mecanismo para explicar cómo se produce la evolución, el de la selección natural, expuesto simultáneamente con Wallace, en la sesión de la Sociedad Linneana de Londres.

Se debe poner atención al error de interpretar que la «supervivencia del más apto» sea que solo sobreviven los individuos más fuertes o agresivos. En términos darwinianos, «el más apto» se refiere al éxito reproductivo, lo que a menudo implica cooperación, no solo competencia. Una idea errónea muy extendida es que la teoría de Darwin afirma que los humanos evolucionaron a partir de los monos. Por el contrario, Darwin propuso que los humanos y los monos comparten un ancestro común y han seguido caminos evolutivos diferentes desde esa divergencia.

En cuanto a los fundamentos de la ciencia, hay que recalcar que las ideas de Darwin son solo teorías, por lo tanto, no están probadas, no son una ley. Ya hemos tratado de las dificultades de la genética de poblaciones y de la teoría sintética. Los estudiantes a menudo malinterpretan el término «teoría», siendo esta una explicación bien fundamentada de algún aspecto del mundo natural, basada en un conjunto de hechos que se han confirmado repetidamente mediante la observación, aunque en este caso difícilmente reproducible en un laboratorio o bajo unas condiciones controladas.

12.7.2. Errores sobre el mecanismo de la selección natural

El error más común es que la selección natural implica que los organismos «intentan» adaptarse, es algo que hasta se escucha en los documentales. Es común la creencia de que los organismos se adaptan o cambian conscientemente sus rasgos en respuesta a su entorno. Hay que remarcar que, en realidad, la selección natural es un proceso que favorece ciertos rasgos existentes que proporcionan una ventaja, y estos rasgos se hacen más comunes en la población a lo largo de las generaciones.

Otro error conceptual es que la selección natural conduce a la perfección a organismos perfectamente adaptados. En realidad, la selección natural solo puede funcionar con variación genética disponible y también se ve influida por compensaciones y entornos cambiantes. Por lo tanto, los organismos no están perfectamente adaptados, sino lo suficientemente bien como para sobrevivir y reproducirse.

Otro concepto erróneo es el de la escala del tiempo, ya que se tiene la percepción de que la selección natural solo puede observarse a lo largo de millones de años, pero ejemplos como la resistencia a los antibióticos en las bacterias demuestran que pueden producirse cambios evolutivos significativos a corto plazo.

12.7.3. Apreciaciones sobre el mecanismo de la herencia

Autores como Annie Jamieson y Gregory Radick, historiadores de la ciencia de la Universidad de Leeds, entre otros, propusieron un modelo que diluye el concepto de dominancia/recesividad, enfocándose en la interacción gen-entorno[338]. El enfoque mendeliano en la enseñanza de la genética ha persistido por su sencillez hasta el siglo XXI a pesar del creciente reconocimiento en muchas disciplinas, como la genética, la biología molecular y las neurociencias, entre otras, de que, contrariamente a la imagen mendeliana de los guisantes, los genes no deben considerarse las únicas causas de los rasgos fenotípicos de los organismos, sino como elementos en una red compleja de factores involucrados en el desarrollo de un organismo[339].

En la actualidad, en cuarto de la ESO se introduce al alumnado a la genética por primera vez, empezando por el concepto de ADN y ARN. Esta estructuración de contenidos está en consonancia con lo que Jamieson y Radick

---

[338] Gregory. M. Radick, «Beyond the Mendel-Fisher controversy», *Science* 350 (2015): 159-160.

[339] Annie Jamieson y Gregory Radick, «Putting Mendel in His Place: How Curriculum Reform in Genetics and Counterfactual History of Science Can Work Together», en *The Philosophy of Biology: A Companion for Educators, History*, ed. por Kostas Kampourakis (Springer, 2013), 577-596.

explican en su artículo, rompiendo con la tendencia clásica de empezar el tema con la genética mendeliana, de esta forma se puede comprender mejor la complejidad de la expresión y regulación genéticas. Y se puede conseguir que el alumnado de Secundaria adquiera un concepto de la genética y la herencia más complejo, permaneciendo las aproximaciones mendelianas como algo menos central.

En 2º de Bachillerato, se empieza desde el nivel molecular: se incluye comprender el ADN como portador de la información genética y el concepto de gen, analizar el mecanismo de replicación del ADN en procariotas y las diferencias con los eucariotas, así como estudiar las etapas de la expresión génica en ambos modelos, abarcando la transcripción y traducción. Se profundiza en los distintos tipos de ARN y sus funciones, el código genético y su aplicación en la resolución de problemas. También se abordan las mutaciones, su papel en la evolución y biodiversidad, los agentes mutagénicos y la regulación de la expresión génica, clave en la diferenciación celular. Asimismo, se exploran estrategias para resolver problemas de herencia genética, considerando la dominancia, recesividad, herencia ligada al sexo, codominancia, dominancia incompleta y alelismo múltiple.

13. El desarrollo de la fisiología y biología experimental

La fisiología es una parte importante del temario dentro de las asignaturas de Biología y Geología en la ESO y en Biología en el Bachillerato. Estudia las funciones de los seres vivos y, concretamente, las referidas al ser humano. Es la enseñanza de la fisiología humana la que tiene por objetivo el conocimiento de las funciones del organismo, la adquisición de la metodología experimental incipiente para su estudio y el desarrollo de actitudes frente al mantenimiento de la salud individual y de la comunidad, así como la prevención y el tratamiento de la enfermedad.

En cuanto a la cuestión del mantenimiento de la salud, el propio currículum integra la enseñanza de la biología fisiológica con las ciencias sociales. Al igual que comentábamos al tratar de las enfermedades infecciosas, el mantenimiento de una sociedad saludable es un constructo colectivo.

Veremos cómo a lo largo de la etapa de secundaria, están repartidos distintos sistemas en un creciente de complejidad. En tercero de la ESO los contenidos conceptuales incluyen el aparato locomotor, donde se estudian los huesos, músculos y articulaciones, así como la fisiología del movimiento y la interacción entre el sistema muscular y esquelético. También se analiza el sistema nervioso, comprendiendo sus componentes (cerebro, médula espinal y nervios), la transmisión de impulsos nerviosos y la coordinación corporal a través de reflejos. En el sistema endocrino, se examinan las glándulas endocrinas y hormonas, destacando su función en el control de procesos fisiológicos. Finalmente, en los sistemas circulatorio y respiratorio, se estudia la circulación sanguínea, el funcionamiento del corazón y vasos sanguíneos, así como la respiración, el intercambio de gases y la fisiología del sistema respiratorio.

En cuarto de la ESO los contenidos conceptuales sobre fisiología incluyen el sistema excretor, donde se estudia la fisiología de los riñones, el proceso de filtración de la sangre y la excreción de desechos; en el sistema digestivo, se

https://dx.doi.org/10.5209/docm.006.14
Historia, Enseñanza y Difusión de la Biología. José Pedro Marín Murcia.
© Ediciones Complutense, 2026.

analizan los órganos del aparato digestivo, la digestión de los alimentos y la absorción de nutrientes. Finalmente, en el sistema inmunológico, se comprende cómo el organismo se protege de infecciones y enfermedades a través de sus mecanismos de defensa.

En segundo de Bachillerato los contenidos conceptuales abarcan la fisiología humana, con un estudio detallado de los sistemas nervioso, circulatorio, respiratorio, digestivo, excretor y endocrino, analizando los procesos fisiológicos esenciales para el funcionamiento del cuerpo. En la regulación del organismo, se profundiza en la homeostasis, los mecanismos de control hormonal y nervioso y la manera en que el cuerpo mantiene su equilibrio interno. Además, en el ciclo celular y la reproducción, se estudian los procesos de mitosis, meiosis y genética, fundamentales para el crecimiento y la división celular. Finalmente, se introduce la fisiología comparada, explorando aspectos básicos de la fisiología animal y vegetal, con el fin de ampliar la comprensión de los sistemas biológicos en diferentes organismos.

13.1. Introducción a la fisiología

El término fisiología está relacionado con el estudio de las funciones y los procesos vitales de los seres vivos. Aunque biología y fisiología están profundamente conectadas, como ya hemos mencionamos en el recorrido histórico.

Las tres orientaciones principales del pensamiento fisiológico a finales del siglo XVIII, vitalismo, empirismo y mecanicismo, fueron asumidas por los investigadores del período romántico.

Entre 1800 y 1848 los principales resultados de la investigación fisiológica se hicieron en el ámbito de la digestión, demostrándose la existencia de ácido clorhídrico libre en la secreción gástrica normal por W. Prout; en 1824, se estudió por primera vez *in vivo* la digestión humana por W. Beumont y se descubrió la pepsina por Theodor Schwann en 1836. Asimismo, fue muy discutido el mecanismo del vómito, aclarándose considerablemente su papel en la digestión intestinal.

Las primeras décadas del siglo XIX estuvieron influenciadas por el idealismo racionalista alemán. Las máximas figuras fueron Friedrich Wilhelm Joseph von Schelling (1775-1854) y Johann Wolfgang von Goethe (1749-1832). Consideraban la existencia de una fuerza vital que regía el funcionamiento íntimo de los seres vivos, sobre los que actuarían tres fuerzas, en función de tres niveles de complejidad de la vida:

- Vida vegetal ← fuerzas reproductoras → crecimiento, nutrición y reproducción.
- Vida animal ← fuerza: irritabilidad → movimiento (muscular, cardiaco, sanguíneo).
- Vida humana ← fuerza: sensibilidad → funciones intelectuales superiores.

Paralelamente, se consolidó la escuela vitalista de Montpellier, representada por Xavier Bichat, Philippe Pinel, etc. El vitalismo planteaba la existencia de una fuerza o impulso vital sin el que la vida no podría ser explicada. Se trataría de una fuerza específica, ajena a la física y química, que actúa sobre la materia organizada y da por resultado la vida.

A partir de 1830 surge una respuesta ante ambas interpretaciones, basada en la defensa de la experimentación analítica como método de conocer la realidad biológica, integrándose la mecánica, la física y la química en el proceso de análisis del funcionamiento de los seres vivos.

13.1.1. Los inicios de la fisiología vegetal

La fisiología vegetal estuvo, en el siglo XVIII, más atrasada que la fisiología animal. En 1743 Calandrini expresó por primera vez la conjetura de que las hojas de las plantas tenían la función de recoger y absorber el rocío. Esto indujo a Charles Bonnet (1720-1793) a sumergir sarmientos de vid en grandes recipientes de cristal; enseguida observó que estos producían burbujas de aire mientras duraba la luz del Sol y, tras la puesta, el fenómeno cesaba. Esta observación abrió la puerta a miles de experimentos de la mano de jóvenes investigadores como Bonnet, Priestley, Senebier y De Saussure.

Stephen Hales (1677-1761) diseñó numerosos experimentos para explicar la actividad de las plantas en función de fuerzas físicas: midió la absorción de agua por las raíces, la evapotranspiración por las hojas, cálculos de velocidad de ascensión de la savia por el tallo, necesidad de aire (CO_2) para el crecimiento. En 1727 publicó *Vegetable Staticks*, en la que recogía el grueso de sus experiencias con vegetales. Hales propuso que el agua y las sales minerales se transportaban por el xilema, mientras que otras sustancias lo hacían por el floema (1727); otros científicos en este campo fueron M. Malpighi, que describió el flujo de sustancias en la planta (1775) y J. Priestley, que sentó las bases para el descubrimiento de la fotosíntesis.

Podemos situar los inicios de la fisiología vegetal como disciplina con los trabajos del suizo Frenchman J. Senebier que editó una monografía en cinco volúmenes titulada *Plant Physiology*, en 1800.

13.2. La fisiología humana y animal experimental

El principal exponente de la nueva generación de fisiólogos fue Claude Bernard (1813-1878) con su *Introducción a la medicina experimental* (París, 1865). La revolución que el método experimental operó en las ciencias consistió en la implantación de un criterio objetivo en sustitución de la autoridad personal. Bernard consideraba que, frente a la observación, la experimentación aporta la capacidad de comprobar analíticamente las condiciones de verificación de los fenómenos, en condiciones previamente establecidas. Consideraba al experimento como una observación provocada con el fin de dar lugar al nacimiento de una idea.

El proceso lógico tiene tres etapas sucesivas: primero, la observación de fenómenos; segundo, comparación de observaciones y elaboración de un juicio hipotético; y tercero, la realización del experimento para la comprobación del juicio hipotético.

Bernard estudió la fisiología de la digestión, aclarando la función del páncreas y la función glucogénica del hígado; analizó la acción de venenos sobre el organismo (curare y otros productos vegetales), estudió el funcionamiento del sistema nervioso autónomo y el de la médula espinal.

A mediados del siglo XIX se consolidan dos escuelas de investigación fisiológica experimental: por un lado, la escuela francesa, y por otro, la alemana, con diferencias fundamentales metodológicas.

13.2.1. La escuela francesa

A finales del siglo XVIII, el desarrollo de la Química influyó profundamente en las investigaciones fisiológicas, particularmente a través de los trabajos de científicos como Antoine Lavoisier, quien contribuyó al avance de la Química mediante el diseño del calorímetro, lo que permitió estudios más precisos sobre la respiración y el metabolismo. Además, J. J. C. Legallois (1770-1814) llevó a cabo un análisis químico de la sangre, lo que abrió nuevas perspectivas sobre su composición y función en el cuerpo. En la misma época, François Magendie (1783-1855), uno de los principales defensores del empirismo fisiológico, se destacó por su enfoque experimental y riguroso; como catedrático de fisiología en el Collège de France y maestro de Claude Bernard, Magendie realizó importantes estudios sobre la absorción tisular, la función de los nervios raquídeos, la acción de los alcaloides y el estudio del líquido cefalorraquídeo, aportando datos fundamentales sobre la fisiología del sistema nervioso y la farmacología.

Por su parte, Pierre Flourens (1794-1867), discípulo de Georges Cuvier en el Museo de Historia Natural de París, realizó investigaciones anatómicas y funcionales sobre el bulbo raquídeo, demostrando su papel crucial en el control de la respiración. También estudió la coordinación motora ejercida por el cerebelo y la importancia de los conductos semicirculares en el sentido del equilibrio, ampliando el conocimiento sobre el control motor y los sistemas sensoriales.

Todos estos científicos, con su enfoque experimental y sus métodos químicos y fisiológicos, contribuyeron significativamente a la comprensión moderna de la fisiología humana.

13.2.2. La escuela alemana

Johannes Müller (1801-1858) tuvo un importante rol en el desarrollo de la fisiología moderna. En su manual de fisiología de 1834, rompió con la interpretación idealista previa y abordó temas como el funcionamiento de los órganos de los sentidos y de la voz. Vinculó estrechamente la fisiología con la anatomía microscópica, así como la fisiopatología con la anatomía patológica. Formó una generación destacada de discípulos, entre ellos Henle, Schwann, Helmholtz, Du Bois-Reymond y Carl Ludwig. Hermann von Helmholtz (1821-1894), físico y médico, destacó por sus contribuciones en termodinámica, formulando el principio de conservación de la energía; inventó el oftalmoscopio y aplicó métodos físicos para medir parámetros biológicos. También midió la velocidad de transmisión del impulso nervioso y estudió la percepción de sonidos.

En la década de 1840 se produjo en Alemania el cambio de paradigma, de un enfoque vitalista-inductivo a otro mecanicista-hipotético-deductivo, en el que el experimento asumió el papel central. El iniciador de este nuevo enfoque fue un joven fisiólogo de Marburgo (Alemania), Carl Friedrich Ludwig (1816-1895); en su tesis de habilitación de 1842, sobre el estudio de la función renal[340], aplicó un nuevo enfoque: el análisis y la explicación de los fenómenos

---

[340] Estudió la secreción renal basándose en el estudio de permeabilidad de membranas, la fisiología de los movimientos cardiacos, la inervación de las glándulas salivares, el intercambio de gases en la sangre y los efectos fisiológicos de la presión arterial.

vivos sobre la base de la física y la química, más que en la anatomía comparada. No obstante, sentía un gran respeto por los estudios morfológicos minuciosos y destacaba el papel complementario que desempeñaban las investigaciones fisiológicas y morfológicas en la elucidación de las funciones de los organismos vivos.

Ludwig desarrolló el quimógrafo, un dispositivo revolucionario para registrar gráficamente diversas funciones fisiológicas, como la presión arterial y la actividad muscular (figura 58). Consiste en un cilindro giratorio cubierto con papel ahumado sobre el cual una pluma o aguja registradora traza líneas que representan variaciones en una función fisiológica a lo largo del tiempo. Permitió medir y registrar datos con mayor precisión y de manera continua.

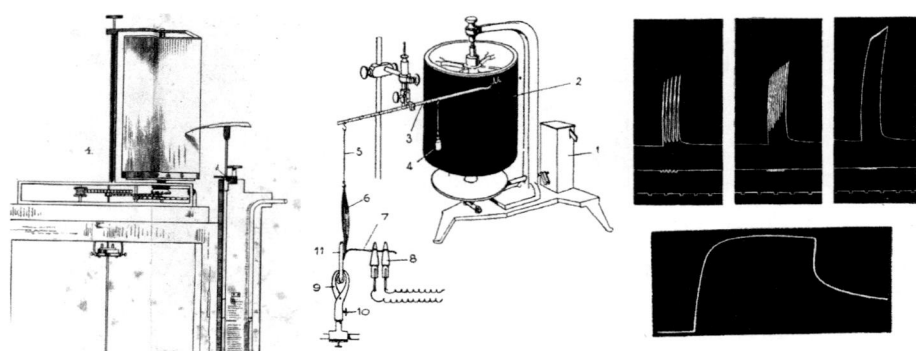

Figura 58. A la izquierda, el quimógrafo de Carl F. W. Ludwig. Fuente: Wellcome Collection. En el centro, un quimógrafo dispuesto para registrar mediante un miógrafo la contracción de un músculo gastrocnémico de una rana. A la derecha, tres miogramas con distintas excitaciones[341].

Ludwig estableció en Leipzig un centro de investigación (en 1869) que se constituyó en modelo de institución de investigación fisiológica. El diseño del instituto reflejaba estas interrelaciones: el edificio tenía forma de E mayúscula, con alas dedicadas a la histología y la química, además de a la fisiología experimental, donde se hacía hincapié en la vivisección[342]. El instituto de Ludwig fue universalmente reconocido como el establecimiento más completo de su clase en Europa.

---

[341] Salustio Alvarado, *Anatomía y fisiología humanas con nociones de higiene* (Barcelona: Talleres gráficos S. G., 1934), 134-136.

[342] Wallace Bruce Fye, «Carl Ludwig and the Leipzig Physiological Institute: "a factory of new knowledge"», *Circulation* 74, n.º 5, 1986: 920-928.

En resumen: hay dos enfoques distintos en la tradición fisiológica francesa y alemana: los primeros tienden a considerar el ser vivo al completo y examinar sus reacciones "globales", mientras los segundos descomponen los problemas y los reducen a sus condicionantes fisicoquímicos primarios. En el continente, en Francia y Alemania, la fisiología estaba más avanzada; en París y Berlín había cátedras establecidas ocupadas por fisiólogos notables.

En el caso de Reino Unido, aunque los cimientos de la fisiología fueron establecidos 200 años antes por William Harvey, y sustancialmente desarrollados por Stephen Hales, John Hunter y William Hewson, no existía una investigación organizada; cada persona trabajaba de forma independiente.

13.3. Periodo fecundo de la fisiología animal y humana como disciplina

Tras la consolidación de los estudios fisiológicos modernos en Francia y Alemania, y por iniciativa de un grupo de fisiólogos, en 1885 se iniciaron las reuniones internacionales regulares de fisiología con el I Congreso Internacional de fisiología en Basilea, Suiza, en 1889. Estas reuniones se celebraron cada tres años (excepto en 1916, 1941 y 1944) y en ellas participaron fisiólogos de Europa y América.

En 1915, la fisiología referida al ser humano era una disciplina plenamente asentada. Las llamadas escuelas francesa y alemana de fisiología estaban firmemente desarrolladas. Hacía casi un siglo que François Magendie, valedor del empirismo fisiológico, había hecho sus trabajos sobre el sistema nervioso, 80 años que Johannes Müller había publicado su primera edición del *Handbuch der Physiologie* y 70 desde que Carl Ludwig había publicado su diseño del quimógrafo. Se cumplían 50 años de la publicación de la *Introducción al estudio de la medicina experimental* de Claude Bernard, donde se desarrolló el concepto de medio interno.

La revista *The Journal of Physiology* se publicó por primera vez en 1878; cuando la Physiological Society adquirió la revista, Charles Scott Sherrington fue nombrado primer presidente del consejo editorial en 1926.

13.3.1. Concepto de homeostasis

En Estados Unidos, el fisiólogo Walter B. Cannon (1871-1945) es reconocido como el primero en utilizar el término «homeostasis» en 1926, para describir las condiciones que mantenían la constancia del medio interior. Según Cannon, el término no significaba algo fijo e inmutable, sino una condición relativamente estable, compleja, bien coordinada y generalmente estable. Reconoció la influencia de los fisiólogos Eduard Pflüger (1829-1910) y Léon Fredericq (1850-1935), así como de Hipócrates, en la formulación del concepto. En 1877, Pflüger afirmó que la causa de todas las necesidades de un ser vivo es también la causa de su satisfacción. Por su parte, Fredericq señaló en 1885 que el ser vivo es una organización capaz de que cualquier influencia perturbadora desencadene una actividad compensatoria que neutraliza o repara el daño.

13.3.2. El cerebro y el comportamiento

A lo largo del último tercio del siglo XIX surgió una tradición de investigación fisiológica "holista", que enfatizaba el funcionamiento del animal (y de su sistema nervioso), frente a la tradición analítica y reduccionista. Los procedimientos experimentales diseñados por estos trabajaban con animales enteros, en los que se practicaban disecciones cuidadosas e intervenciones quirúrgicas, estimando a continuación las respuestas sensitivas o motoras. Los máximos exponentes de esta interpretación fueron los fisiólogos Charles S. Sherrington (1857-1952) e Iván Pavlov (1849-1936).

Con sólida formación anatómica (y sobre la base de los hallazgos de Cajal) Sherrington definió el concepto de «sinapsis» y estudió la transmisión del impulso nervioso, comprobando las vías de transmisión sensitiva a través de la médula y la reacción motora desencadenada, de forma refleja o modulada, por la corteza cerebral.

Sherrington adoptó el nuevo espíritu reinante en el campo de la fisiología: tomar de la tradición mecanicista-reduccionista sus aspectos racionalista y experimental, así como su convicción de que el organismo actuaba de acuerdo con las leyes de la física y de la química, pero rechazar los modelos mecánicos simplistas. En 1906 publicó *Integrative action of the Nervous System*, obra clásica de la interpretación holista en que se detalla cómo las respuestas reflejas son moduladas por combinaciones de estímulos y cómo la recepción de estímulos y respuestas ante estos están regulados por una estructura jerárquica de control.

Sherrington estableció tres niveles de estudio en los procesos neurofisiológicos: nivel físico-químico dentro de cada neurona o neurona-neurona, la integración de los diversos circuitos en un organismo, y un tercer nivel, la integración de mente-cuerpo.

Sherrington era consciente de que los dos primeros niveles de estudio eran asequibles para la indagación. En años sucesivos otros investigadores, Edgar Douglas Adrian (1889-1977) –con quien Sherrington compartió Premio Nobel en 1932–, John Eccles (1903-1997) o Andrew Huxley (1917-) –nobeles en 1963– continuarían esa línea de investigación.

En Rusia, Pavlov se basó en esta nueva comprensión fisiológica de la forma de actuar, destacando una distinción crucial entre lo que se denominó actos reflejos incondicionados y actos reflejos condicionados con perros que salivan y perros que salivan cuando antes se les había puesto carne en polvo (figura 59).

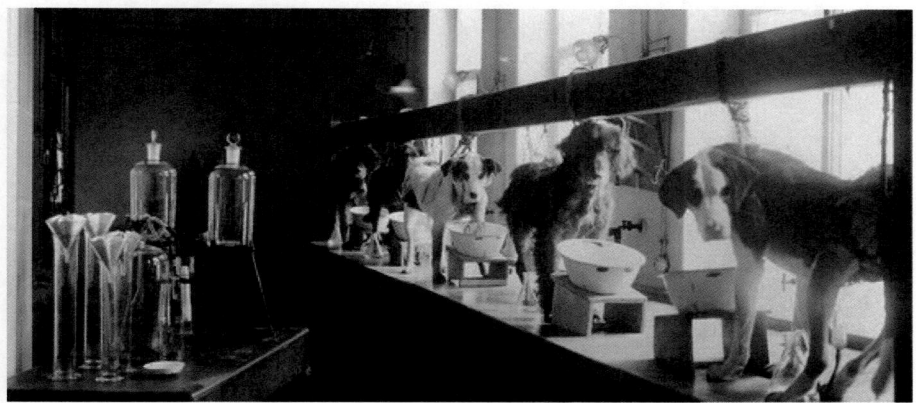

Figura 59. Cinco perros sometidos a experimentos sobre secreción gástrica en el Departamento de Fisiología del Instituto Imperial de Medicina Experimental de San Petersburgo. Fotografía, 1904. Fuente: Wellcome Collection.

13.3.3. Estudios sobre las hormonas y el sistema endocrino: descubrimientos de Starling

La palabra hormona fue utilizada por primera vez por Starling (1905) para describir la naturaleza de la sustancia «secretina» inicialmente descrita por Bayliss y Starling[343]. Así pues, Starling definió «hormona» como una sustancia producida normalmente en las células de alguna parte del cuerpo y transportada por el torrente sanguíneo a partes distantes a las que afecta para el bien del cuerpo en su conjunto. De esta manera, la hormona debía provocar alguna

---

[343] Leicester, *Development of Biochemical Concepts from Ancient to Modern Times*, 227.

alteración metabólica en el órgano diana, o más concretamente en la célula diana, sobre la que actúa para que pueda lograr una respuesta fisiológica final.

Las vivisecciones fueron práctica habitual en la experimentación y en las clases de fisiología (figura 60). Este perro fue utilizado por primera vez en vivisección en diciembre de 1902 por Starling, que le abrió el abdomen y le ligó el conducto pancreático. Durante los dos meses siguientes, el perro vivió en una jaula hasta que Starling y Bayliss volvieron a utilizarlo para dos procedimientos el 2 de febrero de 1903, día en que estaban presentes Lind y Schartau. Las mujeres alegaron que Bayliss diseccionó ilegalmente al perro mientras estaba despierto.

Figura 60. A la derecha, un cuadro de Ernst Henry Starling haciendo una vivisección y, a la izquierda, dirigiendo un experimento que dio lugar a la disputa sobre la vivisección del «perro marrón». Fuente: Wellcome Collection.

13.4. El desarrollo de la fisiología vegetal

Los trabajos sobre los procesos de crecimiento y desarrollo en vegetales derivan de las primeras investigaciones que se realizaron a principios de siglo xx. Como la de G. Krebs que trabajó, en 1903, sobre el efecto de los distintos factores ambientales en la fisiología vegetal; el descubrimiento del fotoperiodo de Garner y Allard, en 1920; o la teoría hormonal sobre tropismos del modelo Went-Cholodny propuesto en 1937.

La idea de que el crecimiento de las plantas pudiera estar regulado por hormonas encontró resistencia en la comunidad de fisiólogos vegetales, ya que las evidencias apuntaban más a los efectos de los minerales en el crecimiento. Pero pronto se reconoció la importancia de las hormonas para comprender cómo las plantas regulan su crecimiento y su respuesta a estímulos ambientales. En los años posteriores a la Segunda Guerra Mundial, los artículos dedicados a la auxina, a las hormonas y el desarrollo vegetal llegaron a constituir alrededor del 20% del contenido de la revista *Plant Physiology*[344]. La auxina, la nutrición mineral, el crecimiento vegetal, el desarrollo y la morfogénesis siguen siendo los focos de mucha investigación publicada en la revista, aunque las herramientas disponibles para estudiar estos temas han cambiado. A partir de la determinación de la auxina en 1934, otras hormonas fueron definidas (tabla 13).

Tabla 13. Descubrimientos en hormonas vegetales

Estudio y autores	Fecha
Went y Thimann: Aislamiento del ácido indolacético (AIA), principal auxina natural en plantas. Estudio de la composición de la auxina por F. Kögl.	1933-1937
Propuesta de L. M. Chailakhian sobre la existencia de una hormona de floración, a la que llamó florígeno.	1930-1940
Demostración de H. Bortwick de la inducción floral por luz roja.	1946
Gibberelinas: Aisladas por primera vez en Japón a partir del hongo *Gibberella fujikuroi.*	1955
Hipótesis sobre la naturaleza dual del florígeno.	1958
Miller y Skoog y el estudio de la hormona citocinina promotora de la división celular.	1957
V. O. Kazarian, correlación entre los procesos de senescencia de las hojas y las raíces.	1959
Se empieza a estudiar el etileno como hormona gaseosa que regula la maduración de frutos.	1965

El descubrimiento de las auxinas permitió entender que muchas etapas del desarrollo de órganos vegetales, como la formación de raíces, son reguladas por estas sustancias. Investigadores como Sachs, Van der Lek, Went, Bouillenne y Thimann aportaron pruebas y lograron aislar e identificar la auxina como el compuesto responsable[345]. Además, hormonas como las giberelinas, citoquininas, el ácido abscísico y el etileno juegan roles importantes en la germinación, la floración, el ciclo de vida y la respuesta a estrés de las plantas. Went y Thimann definieron la hormona como una sustancia que, al ser producida en una parte cualquiera del organismo, se transfiere a otra parte y allí influye en

---

[344] Mike Blatt, «Plant Physiology 90th Anniversary», *Plant Physiology* 171 (2016): 1787-1789.

[345] Frits Warmolt Went, y Kenneth Vivian Thimann, *Plant hormones, Growth (Plants)* (New York: The Macmillan Company, 1937), 14-15.

un proceso fisiológico específico. Pusieron énfasis en la idea de que no es necesario que la hormona se produzca en órganos específicos, sin embargo, especificaron que los puntos de producción y respuesta debían estar espacialmente separados[346].

En 1939, Robert Hill (1899-1991) demostró que los cloroplastos aislados podían liberar oxígeno al ser iluminados en presencia de un aceptor artificial de electrones, como el ferricianuro, confirmando que el oxígeno liberado proviene del agua y no del CO_2. En 1943, R. Emerson observó una disminución en la actividad fotosintética bajo luz de 680 nm, fenómeno conocido como el «efecto Emerson», lo que ayudó a identificar los centros de reacción de los fotosistemas. Finalmente, en 1951, L. Duysens evidenció la transferencia de energía entre pigmentos fotosintéticos[347]. En 1954, Daniel Arnon (1910-1994) y su equipo de Berkeley descubrieron la síntesis de ATP durante la fotosíntesis. En 1961, el británico P. Mitchell, Premio Nobel de Química de 1978, propuso la hipótesis quimiosmótica para explicar este proceso, atribuyéndolo al transporte de electrones. La síntesis de ATP ocurre en el tilacoide y es catalizada por la ATP sintasa.

En el horizonte de la fisiología vegetal está el desarrollo de las técnicas de cultivo *in vitro* y de la ingeniería genética de plantas; lo que hoy conocemos como Biotecnología vegetal. En los últimos años, la biotecnología vegetal ha permitido, no solo la mejora genética de las plantas, sino también conocer muchos de los genes implicados en los procesos de crecimiento y desarrollo vegetal, investigar los mecanismos que controlan su desarrollo y sus respuestas a factores de estrés biótico y abiótico.

---

[346] Went y Thimann, *Plant hormones, Growth (Plants)*, 3.

[347] Ana María Ortuño Tomás, Licinio Díaz Expósito y José Antonio Del Río Conesa, «Evolución de la fisiología Vegetal en los últimos 100 años», *Revista Eubacteria. Cien años de avances en ciencias de la vida* 34 (2015): 79.

14. La bioquímica. Emergencia de la biología molecular (siglo xx). El uso de un lenguaje adaptado (trasposición didáctica) a la hora de enseñar conceptos complejos y abstractos

La bioquímica tiene una importante presencia en la asignatura de Biología en segundo de Bachillerato. En especial en el primer bloque, sobre los contenidos de las biomoléculas.

En primer lugar, interesa la distinción de las biomoléculas orgánicas e inorgánicas: características generales y diferencias; los enlaces químicos y su importancia en biología. En segundo lugar, entender la función del agua y las sales minerales y su relación entre sus características químicas y funciones biológicas.

Analizar la función de las principales biomoléculas, bioelementos y sus estructuras e interacciones bioquímicas, argumentando sobre su importancia en los organismos vivos para explicar las características macroscópicas de estos a partir de las moleculares.

La historia de la ciencia es hilo conductor de la bioquímica en el currículum, este indica que:

> En el siglo xix, la primera síntesis de una molécula orgánica en el laboratorio permitió conectar la Biología y la Química y marcó un cambio de paradigma científico que se fue afianzado en el siglo xx con la descripción del ADN como molécula portadora de la información genética. Los seres vivos pasaron a concebirse como conjuntos de moléculas constituidas por elementos químicos presentes también en la materia inerte. Estos hitos

https://dx.doi.org/10.5209/docm.006.15
Historia, Enseñanza y Difusión de la Biología. José Pedro Marín Murcia.
© Ediciones Complutense, 2026.

marcaron el nacimiento de la Química orgánica, la biología molecular y la bioquímica[348].

Tradicionalmente se comienza a estudiar las biomoléculas orgánicas centrando la atención en las características químicas, isomerías, enlaces y funciones de los monosacáridos (pentosas, hexosas en sus formas lineales y cíclicas), disacáridos y polisacáridos con mayor relevancia biológica.

En cuanto a los lípidos, se hace la distinción entre saponificables y no saponificables: características químicas, tipos, diferencias y funciones biológicas. Las siguientes moléculas en ser estudiadas son las proteínas, analizando características químicas, estructura, función biológica y papel biocatalizador. Las vitaminas y sales: función biológica como cofactores enzimáticos e importancia de su incorporación en la dieta. Los ácidos nucleicos: tipos, características químicas, estructura y función biológica. Por último, se propone establecer la relación entre los bioelementos y biomoléculas y los hábitos de vida saludables.

En la actualidad, la comprensión de los seres vivos se fundamenta en el estudio de sus características moleculares y las herramientas genéticas o bioquímicas son ampliamente utilizadas en las ciencias biológicas. El alumnado de segundo de Bachillerato tiene un mayor grado de madurez para trabajar la competencia específica de analizar la función de las principales biomoléculas. La elección voluntaria de Biología en esta etapa suele estar motivada por el interés científico y la intención de cursar estudios en el ámbito biomédico. Por ello, esta competencia es fundamental para el alumnado de Bachillerato, ya que le permite conectar el mundo molecular con el macroscópico, obtener una visión integral de los organismos vivos y desarrollar habilidades para formular hipótesis y resolver problemas en las disciplinas biosanitarias[349].

Además de explicar las características y procesos vitales de los seres vivos mediante el análisis de sus biomoléculas, de las interacciones bioquímicas y de sus reacciones metabólicas, otro de los criterios de evaluación será aplicar metodologías analíticas en el laboratorio utilizando los materiales adecuados con precisión.

Es también la temática de este capítulo la que más dificultad ofrece a los estudiantes de secundaria por la complejidad y la abstracción que requiere,

---

[348] Decreto 64/2022, de 20 de julio, de la ordenación y el currículo del Bachillerato (BOCM núm. 176 de 26 de julio de 2022), 52.

[349] Decreto 64/2022, de 20 de julio, de la ordenación y el currículo del Bachillerato (BOCM núm. 176 de 26 de julio de 2022), 52.

también por la complejidad de los procesos metabólicos. Desarrollaremos las analogías en la enseñanza de las ciencias naturales y de los recursos didácticos que tenemos al alcance.

14.1. La bioquímica deudora de la química orgánica y la fisiología

Fue en 1903 cuando se utilizó por primera vez el término «bioquímica». En palabras de John Bernal, «la bioquímica ha sido mucho más que la mera aplicación de la química a los procesos biológicos: se trata del intento de descubrir y, en último término, imitar las operaciones químicas mucho más complicadas y controladas que tienen lugar en los organismos vivos»[350]. Se ha desarrollado como una disciplina autónoma no solamente a causa del campo específico en que actúa, sino también por las técnicas específicas que ha desarrollado.

El desarrollo del paradigma molecular dio sus primeros pasos a lo largo del siglo xix dentro de la medicina, en el marco de la fisiología vegetal y animal, y de la «Química fisiológica» con los trabajos de Liebig, Cl. Bernard, Müller y L. Pasteur, así como por el auge experimentado por la Química orgánica con Wöhler, E. Freinkland, A. Kekulé, Hofmann y D. Mendeleyev[351].

La bioquímica es deudora de la Química orgánica que tuvo como uno de sus primeros objetivos el llegar a un pleno entendimiento de los procesos biológicos. La comprensión profunda de los organismos gracias a la mejora de la técnica micrográfica de nada servía si no se profundizaba en la estructura, en los sistemas biológicos a un nivel fundamental. Por tanto, el desarrollo de la Química orgánica del siglo xix tenía que preceder lógicamente a todo intento de formular una biología moderna.

A finales de siglo xix, el interés químico empezó a desplazarse de las síntesis químicas, inmediatamente aprovechables en la industria, hacia una comprensión de la estructura detallada de las sustancias orgánicas formadas naturalmente. Una de las primeras aportaciones es la de August Wilhelm von Hofmann (1818-1892) que produjo distintos tipos de tintes para la industria textil; tinciones que permitieron el desarrollo de la microscopía y de la biología celular y la histología (figura 61). Hofmann trabajó con la anilina y su uso en la industria, siguió

[350] Bernal, *Historia social de la ciencia II*, 156.

[351] Ilse Jahn, Rolf Lother y Konrad Senglaub, *Historia de la Biología. Teorías, métodos, instituciones y biografías breves* (Barcelona: Editorial Labor, 1989), 448.

trabajando mucho el campo de los tintes y fue el creador del magenta, el violeta de Hofmann, etc. Abandonó Alemania en 1845 y, durante 20 años fue profesor de química en el Royal College of Chemistry de Londres[352].

La idea de que las moléculas podían ser imaginadas como configuraciones de átomos en el espacio fue desarrollada por el alemán Friedrich August Kekulé (1829-1896), un químico que planteó que el carbono es un átomo tetravalente (1857), empezando a referirse a enlaces múltiples, dobles o sencillos. Esta particularidad está asociada a la estructura tetraédrica de las moléculas. En 1865, concibió la idea de la molécula del benceno, con un anillo de seis átomos de carbono.

Figura 61. Colorantes para las tinciones histológicas de la colección del Departamento de Biología Celular e Histología de la Facultad de Biología de la Universidad Complutense de Madrid.

En adelante, ya no fue suficiente sobre el número de átomos contenidos en una molécula de una determinada sustancia, una mera descripción cuantitativa, sino que se hizo necesario disponer de una especie de plano, una idea arquitectónica, para ilustrar la posición de los átomos en una fórmula estructural. A lo largo del siglo xix y principios del xx se realizaron progresos considerables en la identificación de los compuestos orgánicos responsables de la constitución de la materia viva, con el establecimiento de sus fórmulas y su síntesis.

Posteriormente, los químicos orgánicos fueron relegados por los químicos fisiológicos asociados a las facultades de medicina de las universidades o las estaciones de experimentación agrícola. En este sentido, surgieron nuevas publicaciones como la revista de F. Hoppe-Seyler (1825-1895) sobre fisiología

---

[352] Tom Johnston, «The discovery of aniline and the origin of the term "aniline dye"», *Biotechnic & Histochemistry* 83, n.º 2 (2008): 83-87.

química: *Zeitschrift für physiologische Chemie* (1877). Hoppe-Seyler propuso un programa de investigación para analizar toda clase de sustancias que cumplieran una función en el organismo de los seres vivos; por ejemplo, se realizaron trabajos sobre la hemoglobina y el contenido de oxígeno en la sangre, y, se aportó una primera clasificación de proteínas[353].

Vinculados a Hoppe-Seyler estuvieron Friedrich Miescher (1844-1895) y Albrecht Kossel (1853-1927). Miescher extrajo núcleos de células de leucocitos de la pus, con núcleo grande, y aisló lo que definió como «nucleína» (ácidos nucleicos) en 1869. Kossel prosiguió con el trabajo entre 1882 y 1897, estudiando la química del núcleo celular y descubriendo que las piezas elementales del ácido nucleico son el ácido fosfórico, una base nitrogenada y un azúcar, definiendo la asociación más simple de esas unidades como nucleótido. Ya se proponía la relación de la «nucleína» con la síntesis de tejidos nuevos.

En el último tercio del siglo xix algunos químicos orgánicos adoptaron la idea de que el conocimiento de las múltiples reacciones orgánico-químicas, que se había adquirido en pocos años en el laboratorio, podía utilizarse directamente como modelo para describir las reacciones en el organismo vivo. Adolf von Baeyer (1835-1917) fue uno de los primeros en pensar en esta línea, y su hipótesis para el mecanismo de la fermentación alcohólica y la fotosíntesis, publicada en 1870, probablemente fascinó a muchos químicos de la época, pero quedó sin realizar debido a las dificultades, aún irresolubles, de verificación experimental.

A caballo entre el siglo xix y el primer tercio del siglo xx encontramos tres líneas de actuación en bioquímica:

- Definir la naturaleza química de las moléculas partícipes en los seres vivos, con estudios de proteínas, caracterización y estudio de sus funciones y, dentro de ellas, el papel de las enzimas.
- Estudiar o analizar las vitaminas, sustancias no proteicas pero imprescindibles para el correcto funcionamiento del organismo (sobre todo se estudiaron por las consecuencias de su déficit).
- Y el estudio de las hormonas endógenas (de naturaleza proteica o esteroidea) responsables del funcionamiento fisiológico.

La explicación de otras sustancias y mecanismos importantes para la vida, en los que se ocupaba la joven bioquímica, vitaminas y hormonas, se logró en

---

[353] Ilse Jahn, Rolf Lother y Konrad Senglaub, *Historia de la Biología*, 447.

fases relativamente largas y en varias etapas, desde su primer descubrimiento hasta la demostración de su composición y forma de actuación, viéndose desde un principio muy influida por la enzimología.

Después de que Eijgkman (1897-1906) demostrara que el *beri-beri* es una enfermedad carencial susceptible de curarse con un componente del arroz soluble en agua, Funk (1911) acuñó el término «vitamina» para designar la sustancia cristalina aislada por él de efectos B-vitamínicos; solo en 1926 pudieron Jansen y Donath aislarla del arroz descascarillado y Kuhn aislar la vitamina B1 (tiamina) y la vitamina B2 en 1933.

Los fenómenos de carencia por falta de vitamina A fueron demostrados por McCollum en 1917 mediante experimentos con ratas, siendo también él quien, en 1922, atribuyó los efectos del raquitismo a la falta de vitamina D; en 1927 logró Windaus descubrir el ergosterol como preparación para la vitamina D y, en 1928, Euler consiguió aislar la carotina y demostrar su actividad como vitamina A. La vitamina C (ácido ascórbico) fue aislada en 1928 por Szent-Gyorgy y sintetizada en 1933 por R. Kuhn.

En torno a 1900 comenzó también la investigación hormonal, considerada una tarea de la bioquímica (tabla 14). Tuvo sus inicios en los estudios neurofisiológicos realizados con animales vertebrados. La primera hormona aislada fue la adrenalina, segregada por la médula suprarrenal (Abel, 1899 y Takamine y Aldrich, 1901-1902); la secretina fue descubierta por los fisiólogos ingleses Bayliss y Starling en sus experimentos sobre los movimientos peristálticos del intestino (1902). Y en 1905 E. H. Starling definió el concepto de hormona.

Tabla 14. Descubrimiento de las primeras hormonas

Autores y fecha	Descubrimiento o avance
J. Abel (1899), J. Takamine y Aldrich (1901-1902)	Aislamiento de la primera hormona adrenalina
Bayliss y Starling (1902)	Aislamiento de la secretina
Fitting (1909)	Observación de la primera acción hormonal en vegetales, en el crecimiento del polen
Kendall (1914)	Descubrimiento de la hormona tiroidea (tiroxina)
Banting y Best (1921)	Descubrimiento de la insulina
Butenandt (1929-1934)	Aísla las hormonas sexuales (con ellas las no proteicas)
Kögl (1931)	Da el nombre de auxina a la hormona del crecimiento en vegetales

14.2. El desarrollo de la enzimología

Acuñada en 1877 por Wilhem Kühne[354] (1837-1900), el término enzima (en griego, *Enzym*) significa «en la levadura», con la idea de denotar aquellos catalizadores que están dentro de la célula de levadura, a diferencia de la propia célula.

En 1897, Eduard Buchner (1860-1917) logró extraer la zimasa, mezcla enzimática compleja de las levaduras que catalizan la glucosa y otros azúcares simples en etanol y dióxido de carbono durante la fermentación alcohólica; esto permitió, por primera vez, estudiar su acción de forma experimental. Los experimentos de Buchner y su hermano Hans, bacteriólogo, estaban destinados a romper las levaduras y obtener un preparado terapéutico, sus observaciones revelaron que la fermentación alcohólica está también causada por un extracto de levadura extracelular, con lo que el «fermento» actuaría independientemente de la actividad viva de los hongos por un proceso puramente químico, en oposición a la teoría de Pasteur. Los primeros descubrimientos sobre la enzimática y las fermentaciones tuvieron lugar entre 1860 y la primera década del siglo xx. Aunque Buchner pensaba que la zimasa era un único enzima, en realidad contenía múltiples actividades enzimáticas. Su descubrimiento abrió una línea clave en la bioquímica: el estudio detallado del metabolismo celular, comenzando con la investigación de la glucólisis mediante la identificación progresiva de enzimas y sustratos.

Durante la primera década del siglo xx, el químico Hermann Emil Fischer (1852-1919) dirigió, en la Universidad de Berlín, un instituto que rivalizaba con el que Baeyer había creado en Múnich. Entre los principales químicos orgánicos de su época, Fischer era excepcional por su interés por la constitución de sustancias biológicamente importantes.

Tras conseguir establecer la fórmula racional de los monosacáridos principales, emprendió y llevó a cabo, a partir de 1906, la demostración de forma experimental de la naturaleza polipeptídica de las proteínas. Al poner en claro la naturaleza química de las proteínas, Fischer sentó otra base importante de la bioquímica, que las proteínas constituían el fundamento químico de las funciones enzimáticas.

Emil Fischer propuso y demostró que las proteínas están formadas por L-α-aminoácidos unidos en cadenas lineales mediante enlaces peptídicos. En

---

[354] Trabajó sobre la fisiología del músculo y nervio, y en el proceso químico de la digestión. También estudió los cambios químicos que ocurren en la retina por exposición a la luz.

1901, junto a Fourneau, sintetizó el dipéptido glicilglicina, marcando el inicio de la química peptídica. Desde entonces, el estudio de los péptidos ha avanzado hasta permitir la síntesis rutinaria de proteínas largas[355]. En 1894 se propuso el principio de la llave y la cerradura para explicar la especificidad de las enzimas, estableciendo que cada enzima se une a su sustrato de forma específica. Esta idea se convirtió en una teoría clave para comprender el mecanismo de acción enzimática[356]. Esta famosa analogía ha proporcionado a sucesivas generaciones de científicos una imagen mental de los procesos de reconocimiento molecular, y por lo tanto ha dado forma a un marcado grado de desarrollo no solo de la Química orgánica, sino, por extensión a los procesos de la biología y la medicina.

La primera observación de la necesidad de una coenzima, la «cozimasa», la realizaron Harden y Young (1905). Entre tanto, en las líneas abiertas por Harden, se hicieron importantes progresos. Hans von Euler (1873-1964) se esforzó en concentrar y en estudiar químicamente los enzimas y su reacción con los substratos, en los enzimas digestivos, y en concentrar y estudiar la composición de la coenzima detectados en los preparados de levadura[357].

El estudio del metabolismo intermedio[358] de Meyerhof (1884-1951) combinaba fisiología, farmacología, física y patología. Tras ganar el Premio Nobel, en 1922, por sus investigaciones sobre la química fisiológica muscular, fue nombrado director del Instituto de fisiología del Kaiser Wilhelm Institute en Berlín-Dahlem, donde desarrolló su carrera más productiva. En 1929, asumió la dirección del Instituto Kaiser Wilhelm de Investigación Médica en Heidelberg.

En la década de 1930, Meyerhof y su equipo descubrieron que la descomposición de carbohidratos y la utilización de glucosa estaban ligadas a la síntesis y uso del ATP, cuya hidrólisis libera la energía necesaria para la contracción muscular. También aislaron coenzimas clave en la glucólisis y lograron identificar más de un tercio de las enzimas involucradas en este proceso. Durante los cinco años siguientes, Meyerhof, junto con Warburg, Jacob Parnas, Carl Neuberg, Gerti y Karl Cori, y Hans von Euler elaboraron los detalles de la glucólisis, que a menudo se conoce como la vía Embden-Meyerhof[359].

[355] Faustino Cordon, *Historia de la bioquímica* (Madrid: Compañía literaria, 1997), 110.

[356] Ilse Jahn, Rolf Lother y Konrad Senglaub, *Historia de la Biología*, 448.

[357] Faustino Cordon, *Historia de la bioquímica*, 185.

[358] El metabolismo intermedio se refiere a la suma de todos los procesos químicos intracelulares por los que el material nutritivo se convierte en componentes celulares. Incluye el anabolismo (síntesis de macromoléculas) y el catabolismo (descomposición de macromoléculas).

[359] Kresge, Simoni y Hill, «Otto Fritz Meyerhof and the Elucidation of the Glycolytic Pathway»: 2.

El ATP, descubierto en 1929, se conoce comúnmente como la «moneda energética» o depósito de energía de la célula y consiste en energía almacenada en enlaces de fosfato de alta energía. La pérdida de un grupo del ATP por hidrólisis forma adenosín difosfato (ADP), que libera la energía necesaria para la mayoría de las reacciones celulares.

La posición de Meyerhof, como judío, se hizo cada vez más precaria bajo la amenaza del régimen nazi después de 1933; no abandonó Alemania hasta cinco años después, cuando se fue a París. La invasión alemana de Francia le obligó a huir a los Estados Unidos continuando su investigación en la Universidad de Pensilvania. En el transcurso de sus investigaciones en Berlín y Heidelberg, Meyerhof llegó a tener una amplia escuela de colaboradores[360].

14.2.1. La cinética enzimática

Dentro de las ecuaciones más recordadas por todos los alumnos que estudian bioquímica se encuentra la de Michaelis-Menten, eje fundamental sobre el que gira la cinética enzimática y que describió la velocidad de reacción de muchas reacciones enzimáticas[361].

Michaelis-Menten eran dos personas: Leonor Michaelis (1875-1949) y Maud Leonora Menten (1879-1960). Este es un caso de gran interés para la historia de la ciencia ya que en la época en la que se desarrolló esta historia, finales del siglo xix y principios del siglo xx, el acceso a la actividad científica por parte de la mujer no era nada fácil y la coautoría supone uno de los primeros casos de reconocimiento e igualdad. La eponimia reconoce el esfuerzo investigador de sus investigaciones por establecer un modelo científico validado y usado actualmente por todos los bioquímicos.

Leonor Michaelis y Maud L. Menten publicaron *Zur Kinetik der Invertinwirkung* en 1913, haciendo una ampliación formal de la ley de acción de masas a la actividad enzimática. La ecuación de Michaelis-Menten describe cómo varía la velocidad de una reacción enzimática según la concentración del sustrato (figura 62). Propone la formación de un complejo enzima-sustrato, cuya existencia se confirmó experimentalmente décadas después mediante técnicas espectroscópicas.

---

[360] Joseph S. Fruton, *Contrasts in Scientific Style. Research Groups in the Chemical and Biochemical Sciences* (Philadelphia: American Philosophical Society, 1990), 273.

[361] José Manuel López Nicolás y Francisco García Carmona, «Los cuatro mosqueteros de la cinética enzimática», *Revista Eubacteria* 34 (2015): 39.

Michaelis determinó la constante de disociación del complejo enzima-sustrato que establece la afinidad entre una enzima y su sustrato. Predijo y explicó la velocidad de reacción, es decir la cantidad de sustrato que se transforma en producto por unidad de tiempo, así como los factores que estimulan o inhiben dicha velocidad de reacción[362]. Autores posteriores denominaron a la constante de disociación «constante de Michaelis» (o «constante de Michaelis-Menten»), convirtiendo el símbolo Km en una parte del lenguaje habitual de la bioquímica moderna. Sin embargo, hay que señalar que el reconocimiento de la importancia del tratamiento matemático de la cinética enzimática de Michaelis no se produjo hasta la década de 1930, y fue promovido especialmente por la aparición del libro sobre enzimas de John Burdon Sanderson Haldane (1892-1964)[363].

Las biografías de Michaelis y Menten nos interesan especialmente desde la historia y la sociología de la ciencia. Maud Leonora Menten se graduó en Medicina en 1907 y fue una de las primeras mujeres de la historia en obtener un doctorado, la primera canadiense, en 1911. Para proseguir su carrera científica se vio obligada a emigrar a los Estados Unidos como investigadora asociada en el Instituto Rockefeller y en la Western Reserve University. Posteriormente, viajó a Alemania, desplazándose a la Universidad de Berlín donde prosiguió sus investigaciones sobre la acción catalítica de las enzimas. Allí fue donde, en 1912, conoció a Leonor Michaelis que había sido director del Laboratorio Bacteriológico del Hospital de Caridad de Berlín.

Leonor Michaelis (1875-1949), de origen judío, realizó sus primeras investigaciones en la Universidad de Berlín y la de Friburgo. Trabajó en el Hospital Municipal de Berlín desde 1906 hasta 1922, fecha esta última en la que decidió marchar a Japón para trabajar como profesor de bioquímica en la Escuela Médica de Nagoya. Cuatro años después se trasladó a Estados Unidos, primero a la Universidad John Hopkins y más tarde al Rockefeller Institute (precisamente uno de los primeros centros en los que desarrolló su investigación Maud Menten), donde permaneció hasta su jubilación en 1941[364].

Maud Menten continuó como patóloga en la Universidad de Pittsburgh a partir de 1918, investigando sobre temas médicos y bioquímicos. Destacó también por descubrimientos relacionados con aspectos como la regulación del azúcar en sangre y la función renal. Además, publicó en 1944 junto a Marie A. Andersch y Donal a. Wilson sobre los coeficientes de sedimenta-

---

[362] López Nicolás y García Carmona, «Los cuatro mosqueteros de la cinética enzimática»: 40.

[363] Fruton, *Contrasts in Scientific Style*, 254.

[364] Fruton, *Contrasts in Scientific Style*, 255.

ción y las movilidades electroforéticas de la hemoglobina adulta y fetal, adelantándose al trabajo de Linus Pauling a quien se ha considerado pionero en ese campo[365].

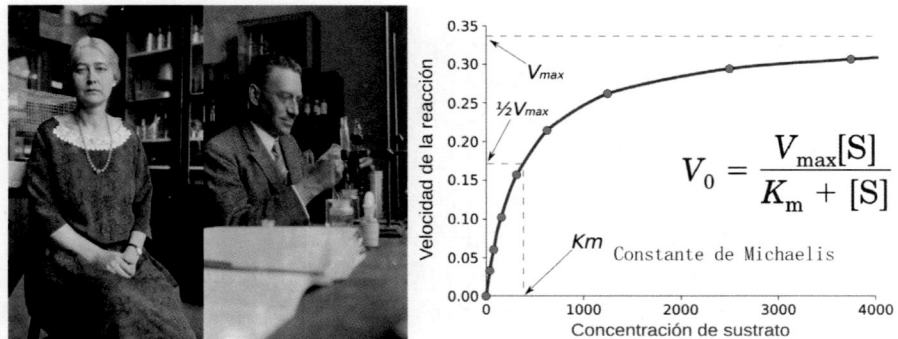

Figura 62. De izquierda a derecha: retrato de Maud Menten[366]; retrato de Michaelis[367] e imagen de la ecuación. Fuente: Wikimedia Commons.

14.3. Estudio de las estructuras de las proteínas

Franz Hofmeister (1850-1922), sucesor de Hoppe-Seyler en Estrasburgo, dirigió un destacado grupo de investigación entre 1896 y 1918. Contribuyó significativamente al estudio de las proteínas, enzimas, hormonas y vitaminas, realizando descubrimientos clave sobre compuestos como la caseína y la albúmina[368]. Hofmeister utilizó la purificación de proteínas con la técnica de precipitación controlada de estas mediante compuestos que fuerzan su precipitación. Estos métodos le sirvieron, por ejemplo, para aislar las proteasas que hidrolizan las proteínas. Pudo deducir que las proteínas se forman por la condensación de los aminoácidos con un enlace de tipo covalente CO-NH y demostró, en 1902, que las proteínas son polipéptidos.

Fischer y Hofmeister, cada uno a su manera, ejercieron una influencia significativa en el desarrollo posterior de las ciencias bioquímicas interesándose

---

365 López Nicolás y García Carmona, «Los cuatro mosqueteros de la cinética enzimática»: 41.

366 National Library of Medicine Digital Collection, consultado el 16-04-2025, https://collections.nlm.nih.gov/catalog/nlm:nlmuid-101423399-img

367 Smithsonian Institution Archives, Science Service Records, Image No. SIA2008-6069, consultado el 16-04-2025, https://learninglab.si.edu/resources/view/3819346

368 Jahn, Lother y Senglaub, *Historia de la Biología*, 448.

por el mismo problema científico, aunque desde puntos de vista diferentes[369]. Ambos presentaron conferencias en el congreso de la Sociedad Alemana de Médicos y Naturalistas, celebrado en 1902 en Karlsbad; Hofmeister ofreció una conferencia plenaria sobre la posible estructura de las proteínas, y a continuación, Fischer trató sobre el aislamiento de aminoácidos a partir de hidrolizados de proteínas, sugiriendo que estas estaban formadas por aminoácidos unidos entre sí. Así nació la teoría Fischer-Hofmeister de la estructura de las proteínas.

Las técnicas de centrifugación, desarrolladas por Theodor Svedberg (1884-1971), fueron clave para purificar y caracterizar proteínas. Su laboratorio también dio origen a la electroforesis, técnica creada por su alumno Arne Tiselius (1902-1971), esencial en el estudio de proteínas (figura 63).

La electroforesis aprovecha la diferente movilidad de moléculas bajo una corriente eléctrica para separarlas (figura 63 y 64). Usando esta técnica, Tiselius descubrió tres nuevas proteínas en el suero sanguíneo (globulinas alfa, beta y gamma), además de la albúmina. Este avance y el desarrollo del equipo de electroforesis le valieron el Nobel de Química en 1948.

Linus Pauling (1901-1994), desde el Instituto Tecnológico de California, completó una investigación sobre las propiedades físicas de la hemoglobina falciforme. El grupo de Pauling empleó la técnica de la electroforesis, llevándola a un alto grado de eficacia en los años treinta. Fue uno de los científicos más influyentes del siglo xx, destacado por sus aportes en biología molecular y activismo por la paz ganador de dos premios Nobel.

Figura 63. El bioquímico sueco Arne Tiselius haciendo una demostración del uso de un aparato de electroforesis en la Universidad de Uppsala, durante una reunión de la Sociedad Americana de Química en 1939. Fuente: cortesía del Science History Institute. Philadelphia[370].

[369] Fruton, *Contrasts in Scientific Style*, 163.

[370] *Science History Institute Philadelphia*, consultado el 22-02-2025, https://digital.sciencehistory.org/works/hq37vp19d

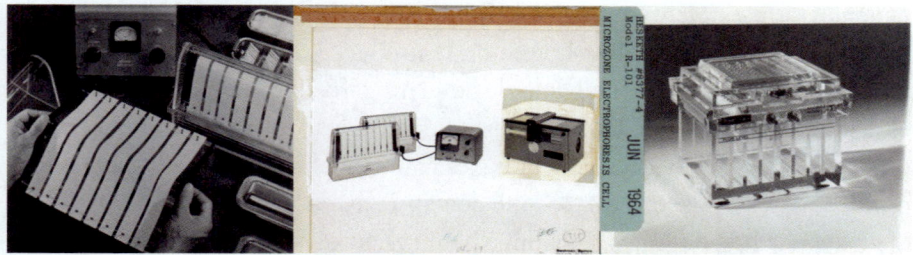

Figura 64. La electroforesis utiliza un campo eléctrico para separar partículas en un medio (gel) en función de su tamaño, carga o afinidad de unión. A la izquierda y en el centro, un modelo R de sistema de electroforesis en papel Spinco de Beckman de 1963; y a la derecha, una célula de electroforesis Microzone Beckman de 1964. Fuente: cortesía del Science History Institute. Philadelphia[371].

14.4. Ciclos metabólicos

Carl Neuberg (1877-1956) fue el primer director del Instituto Kaiser Wilhelm de bioquímica (en 1918), utilizó por primera vez (con motivo de su habilitación como profesor en la Universidad de Berlín en 1903) el término «bioquímica». En ese momento ya se disponía de muchos resultados obtenidos en este campo de la ciencia. También debemos a Neuberg que propusiese la denominación de «ruta metabólica» para expresar el concepto de que, en el interior de la célula, la transformación química de una sustancia en otra se verifica siempre pasando por la misma serie de moléculas intermedias, en virtud de que cada reacción química está determinada por un enzima.

14.4.1. El ciclo de Krebs

Todos los que han estudiado biología conocen el ciclo de Krebs[372], trabajo que llevó a este científico a conseguir el Premio Nobel en 1953 por el descubrimiento del ciclo del ácido cítrico, el ciclo de oxidación-reducción del ácido cítrico, o ciclo de los ácidos tricarboxílicos. Hans Adolf Krebs (1900-1981) también descubrió el primer ciclo metabólico (el de la producción de urea por algunas células

---

[371] Beckman Historical Collection, Science History Institute. Philadelphia, consultado el 22-02-2025, https://digital.sciencehistory.org/works/1v53jx507

[372] Entre 1926 y 1930 trabajó en el Kaiser Wilhelm Institut junto a Otto Warburg.

animales), sin hipotetizar sobre la existencia de ciclos, sino que fue un resultado fruto del intento de precisar la ruta de la producción de la urea[373]. El sistema utilizado fue mediante la metodología de su maestro Otto Heinrich Warburg, con el uso de cortes de tejidos para el estudio del metabolismo celular. Krebs fue ordenando las observaciones acerca de los metabolitos intermedios (arginina, ornitina más amoniaco, etc.); postuló con los contados datos enzimáticos de que disponía una ruta de síntesis continua pero cerrada, su ciclo de la urea.

Tras descubrir el ciclo de la ornitina, Krebs ganó reconocimiento internacional, siendo invitado a conferencias y propuesto para una cátedra. En 1932, sir Frederick Gowland Hopkins, presidente de la Royal Society, destacó su trabajo en su discurso presidencial. Aunque en la Universidad de Freiburg se recomendó otorgarle una titularidad, el ascenso del nazismo truncó su carrera. En 1933, el régimen nazi destituyó a los académicos judíos, incluyendo a Krebs, y le prohibió el acceso a la universidad. Afortunadamente, Hopkins le ofreció un puesto en la Universidad de Cambridge y gestionó una beca de la Fundación Rockefeller, permitiéndole escapar a Inglaterra y continuar su carrera en libertad.

Después de tres años fructíferos en lo científico, pero con dificultades económicas, Krebs aceptó una cátedra de farmacología en la Universidad de Sheffield. Esto le permitió, junto con William Johnson, un estudiante de posgrado, estudiar cómo los alimentos –proteínas, carbohidratos y grasas– se oxidaban a dióxido de carbono y agua para producir la energía necesaria para las numerosas reacciones energéticas características de los organismos vivos.

Krebs, aplicando su capacidad de coordinar rutas de modo objetivo, hizo dos fundamentales innovaciones: el ciclo del ácido cítrico, que tiene lugar en la matriz mitocondrial en las células eucariotas, está constituido por un conjunto cíclico de reacciones que producen la oxidación completa del acetil-coenzima A hasta moléculas de CO_2[374].

En 1937, Krebs y Johnson, en un artículo rechazado inicialmente por *Nature*[375], explicaron el rol del ácido cítrico en el metabolismo de tejidos anima-

---

[373] En 1932 en la Universidad de Friburgo descubrió, junto con el bioquímico Kurt Henseleit, las reacciones químicas hoy conocidas como «ciclo de la urea».

[374] Las coenzimas NAD+ dinucleótido de nicotinamida y adenina y FAD dinucleótido de flavina y adenina recogen los electrones cedidos por las moléculas del ciclo que se oxidan, y ellos se reducen a NADH y FADH2. Posteriormente, estos electrones serán cedidos de nuevo a una cadena de transporte electrónico, regenerándose las moléculas de coenzima oxidada, NAD+ y FAD, para que continúe el ciclo de Krebs.

[375] Hans Kornberg, «Krebs and his trinity of cycles», *Nature Reviews. Molecular Cell Biology* 1, n.° 3 (2000): 225-228.

les[376]. Demostraron de forma concluyente que el ácido cítrico se oxidaría fácilmente en el músculo. Y, lo que es más importante, el cítrico se formaría a partir del oxalacético en el caso de que se añadiera también pirúvico. El descubrimiento de la síntesis del citrato a partir del oxaloacetato y de una sustancia que podía derivar de los hidratos de carbono, como el piruvato, permitió formular un esquema completo de la oxidación de los hidratos de carbono. Otra pieza del rompecabezas, publicada por Krebs en 1937, mostraba que el succinato podía ser sintetizado por los tejidos animales en presencia de piruvato, se especuló que las sales ácidas de cuatro carbonos podrían haberse derivado a través de la oxidación del citrato.

El descubrimiento del ciclo de Krebs no fue un hallazgo instantáneo[377], sino el resultado de un proceso gradual y acumulativo, como Krebs destacó en su discurso al recibir el Nobel. Reconoció los avances bioquímicos de las décadas de 1920 y 1930 en el estudio de las reacciones intermedias de la fermentación anaeróbica del azúcar. Atribuyó el éxito a los esfuerzos conjuntos de científicos como Meyerhof, Embden, Parnas, von Euler, Warburg, los Coris, Harden y Neuberg. Krebs explicó que, a diferencia de las fermentaciones, las reacciones oxidativas no podían replicarse en extractos sin células y enfrentaban el problema de su deterioro al romper tejidos y suspenderlos en soluciones acuosas.

14.4.2. El ciclo de Calvin

Durante la segunda mitad del siglo xix, Julius von Sachs estableció los principios fundamentales de la producción fotosintética de azúcares. A partir de entonces, un número creciente de bioquímicos y fisiólogos se ocuparon del proceso para detectar qué entraba y qué salía de él. El grupo inglés de Frederick Blackman realizó una notable contribución al individualizar la estrecha conexión entre temperatura, luz y concentración de CO_2. Más tarde, la importancia de la luz fue subrayada por Otto Warburg, que evaluó la energía radiante necesaria para el proceso en términos de teoría cuántica. El mecanismo bioquímico de la fotosíntesis fue interpretado por las principales escuelas europeas a partir de la sugerencia de Adolf Baeyer, que planteaba el formaldehído como

---

[376] H. A. Krebs y W. A. Johnson, «The role of citric acid in intermediate metabolism in animal tissues», *Enzymologia* 4 (1937): 148-156.

[377] Ante todo, hay que comprender que el descubrimiento del ciclo no es algo que suceda de golpe, la ciencia es gradual y acumulativa.

núcleo del proceso. La teoría del formaldehído mantuvo ocupados a los bioquímicos durante unos cincuenta años, aunque algunas voces se alzaron en su contra.

Hacia 1945, los químicos estadounidenses A. A. Benson, J. A. Bassham y M. Calvin[378] abordaron la tarea de identificar el primer producto de la fotosíntesis que contenía carbono y que había escapado a toda investigación. Tras la Segunda Guerra Mundial, estos investigadores acababan de adquirir dos nuevos e importantes elementos tecnológicos en la Universidad de Berkeley, California. Cuando el radiocarbono, C^{14} (carbono 14), estuvo disponible en el Laboratorio de Radiación de la Universidad de California, el laboratorio de Calvin desarrolló una metodología para alimentar a las algas con CO_2 y analizar los productos radiactivos transformados en función del tiempo. Las pequeñas cantidades de productos intermedios marcados se detectaron y su concentración se determinó mediante cromatografía en papel. En 1956, identificaron las reacciones de reducción de CO_2 a carbohidratos, el llamado ciclo de Calvin o de Calvin-Benson.

Posteriormente, otros bioquímicos adaptaron metodologías similares y las aplicaron al estudio de muchos sistemas metabólicos. A partir de los patrones de etiquetado observados, se delineó la vía de fijación y reducción del CO_2.

Si recordamos, el ciclo de Calvin (o ciclo fotosintético de reducción del carbono) se produce en tres fases bien diferenciadas: fijación del CO_2 o carboxilación, reducción a hidratos de carbono y regeneración de la ribulosa 1,5-difosfato (RuBP).

Complementaria a esta investigación del ciclo es la del descubrimiento de una de las enzimas más famosas y conocidas por todos, la rubisco. Esta enzima es considerada la enzima más abundante de la biosfera. Rubisco es una carboxilasa, y muchos de los primeros investigadores se refirieron a ella como ribulosa 1,5-difosfato carboxilasa. Una vez demostrada también la función oxigenasa, el nombre se amplió a RuDP carboxilasa/oxigenasa. Aproximadamente al mismo tiempo, se señaló que debía utilizarse *bis* en lugar de *di* para indicar que hay dos grupos fosfato, pero que no están conectados entre sí. Así

---

[378] En 1937, Calvin se incorporó al Departamento de Química de la Universidad de California, en Berkeley, donde fue nombrado catedrático en 1947 y dirigió el Laboratorio Lawrence de Radiaciones del Departamento de Química Biológica. Su intensa curiosidad marcó su carrera científica, destacándose especialmente por sus investigaciones sobre la fijación y reducción fotosintética del dióxido de carbono, trabajo que le supuso el Premio Nobel de Química en 1961. Paul Loach, «Obiturary: A Remembrance of Melvin Calvin», *Photosynthesis Research* 54 (1997): 1-3.

que se convirtió en ribulosa-1,5-bisfosfato carboxilasa/oxigenasa[379]. Hubo muchos aspectos de la rubisco que se descubrieron después de la necesidad de que RuBP carboxilasa fuera establecida por los investigadores que trabajaban en el ciclo de Calvin-Benson[380]. Muchos utilizan los conocimientos de estos pioneros para trabajar en la ingeniería que busca mejorar el rendimiento de las plantas. La productividad de muchos cultivos podría aumentar si se pudiera suministrar más CO_2 a la rubisco para mejorar la fijación del carbono. Además, las propiedades cinéticas de rubisco podrían mejorarse mediante ingeniería genética.

Diferentes investigadores utilizaron la metodología de Calvin para el estudio de la asimilación del carbono en distintas especies vegetales, y observaron diferencias en las primeras etapas del proceso de asimilación de CO_2. Esto permitió, en 1960, que S. E. Karpilov, M. D. Hatch y C. R. Slack descubrieran el ciclo de las plantas C4 de asimilación de carbono, en donde el metabolismo del carbono se produce en dos tipos de células diferentes, las del mesófilo y las de la vaina.

14.5. Biología molecular

La biología molecular estudia las bases de los procesos que dan lugar a la vida. La idea de que estos procesos pudieran ser analizados en base a las leyes fisicoquímicas, estudiando las interacciones de las moléculas, aparece con fuerza a finales del primer tercio de siglo xx, acompañada de un creciente interés por la biología por parte de químicos y físicos teóricos como Bohr, Delbrück o Schrödinger.

La biología molecular se enfoca en el estudio de los ácidos nucleicos (ADN y ARN) y su papel en la expresión génica, la replicación y la regulación. Analiza la forma en que la información genética se transmite y se traduce en proteínas. Incluye procesos como la transcripción, traducción, regulación génica, ingeniería genética y biotecnología. Se apoya en técnicas como la PCR, secuenciación de ADN y clonación genética para estudiar y manipular la información genética. En una primera fase, la biología molecular dirigió su actividad principalmente a la caracterización estructural profunda de las grandes biomo-

---

[379] Thomas D. Sharkey, «The discovery of rubisco», *Journal of Experimental Botany* 74, n.º 2 (2023): 511.

[380] Sharkey, «The discovery of rubisco»: 516.

léculas, sobre todo proteínas y ácidos nucleicos, y al estudio de la relación estructura-función en ellas. Supuso un gran impacto la resolución de la estructura básica del ADN en 1953, y la de las conformaciones tridimensionales de la hemoglobina, por Kendrew y Perutz, en Cambridge en 1960.

En la actualidad, es innegable que estamos inmersos en el paradigma molecular, haciendo un poco de historia del presente, es importante mencionar el Premio Nobel de Química de 2024 que recayó en investigadores que trabajan en dos líneas: por un lado, métodos informáticos para lograr crear proteínas que no existían previamente y que, en muchos casos, tienen funciones totalmente nuevas; y por otro trata de hacer realidad un sueño de cincuenta años: predecir las estructuras de las proteínas a partir de sus secuencias de aminoácidos. Ambos descubrimientos abren enormes posibilidades[381].

14.5.1. La escuela estructural de proteínas y ácidos nucleicos

La escuela estructural consideró que los fenómenos biológicos más complejos están sometidos a las leyes de la física. Su esfuerzo se dirigió a determinar la configuración espacial de las moléculas biológicas y, en particular de las proteínas, pero no se preocupan apenas de la función. La secuenciación de los aminoácidos de proteínas como la insulina o la ribonucleasa[382] fueron un logro clave en biología molecular, pues permitió, por primera vez, conocer con precisión el orden de los aminoácidos en una proteína. Esta información fue crucial tras el posterior desarrollo de la cristalografía de rayos X y la espectrometría de masas, que facilitaron la resolución de las estructuras tridimensionales de muchas más proteínas.

Para principios del siglo xx habían surgido numerosos laboratorios bioquímicos y se habían descrito los tres elementos constitutivos de los ácidos nucleicos. En cuando a los nucleótidos, aunque Miescher aisló el ácido desoxirribonucleico (ADN) 75 años antes[383], fue en 1944, cuando Avery, McLeod y McCarty demostraron que el material transformante de los *Pneu-*

---

[381] NobelPrize.org consultado el 25-01-2025, https://www.nobelprize.org/prizes/chemistry/2024/press-release/

[382] La determinación de la secuencia de aminoácidos de la insulina (por Sanger en 1959), ribonucleasa (por HirsMoore-Stein) y hemoglobina (por Braunitzer y col.) en 1960-63.

[383] A pesar de su ausencia en los relatos populares de la historia de la genética, Miescher aisló en 1869 la «nucleína», a partir de núcleos celulares, específicamente de células de pus. Más tarde, se identificó que la nucleína era en realidad DNA (ácido desoxirribonucleico).

mococos, capaz de conferir un carácter virulento heredable a una cepa no virulenta de esta bacteria, era el ADN, compuesto por nucleótidos. A pesar de estos hallazgos que sugerían que el ADN podría transferir una alteración heredable esto tardó en ser reconocido ya que se seguía apostando por las proteínas como responsables de la herencia[384].

En 1944, Chargaff leyó el informe de Oswald Avery que identificaba al ADN como el material genético, lo que lo motivó a investigar más sobre la química de los ácidos nucleicos[385], clarificando la naturaleza de los nucleótidos con tres componentes: un grupo fosfato, un azúcar de cinco carbonos y una base aromática (pirimidina o purina). Chargaff desarrolló un método para analizar el ADN en tres pasos: separar sus componentes, convertirlos en sales de mercurio e identificarlos mediante luz ultravioleta. Usó este método para estudiar el ADN de levaduras y células pancreáticas. En 1949, descubrió que los nucleótidos del ADN tienen una relación fija: la adenina (A) siempre es igual a la timina (T), y la guanina (G) igual a la citosina (C). Este hallazgo, conocido como las reglas de Chargaff, fue clave para entender la estructura del ADN. El artículo del método analítico de Chargaff fue un clásico en el *Journal of Biological Chemistry*[386].

Después de 1920 se descubrió que había dos tipos de ácidos nucleicos. En uno, llamado ácido ribonucleico (ARN), el azúcar es una ribosa y las bases presentes adenina, guanina, citosina y uracilo. En el otro tipo, a su azúcar (la ribosa) le falta un átomo de oxígeno y se denomina desoxirribosa, de ahí el nombre de ácido desoxirribonucleico (ADN) y las bases son adenina, guanina, citosina y timina; el uracilo ha sido sustituido por timina.

Hasta los años 50-60, la difracción de rayos X no permitía analizar grandes biomoléculas. Mejoras tecnológicas en purificación, cristalización, incorporación de átomos pesados y análisis electrónico e informático impulsaron el avance en la resolución de estructuras tridimensionales. John Bernal fue pionero en aplicar esta técnica a proteínas, logrando en 1934 un experimento clave con cristales de pepsina que marcó el inicio de la cristalografía de proteínas.

Según apunta la historiadora Patricia Fara esta era una especialidad con una importante presencia de mujeres[387], como la cristalógrafa Dorothy Crowfoot Hodgkin, jefa del laboratorio de Oxford y galardonada con el Premio Nobel de

---

[384] Fernández y González Bueno. *Biodiversidad de Linneo a nuestros días*, 150.

[385] Nicole Kresge, Robert D. Simoni, y Robert L. Hil, «Chargaff's Rules: the Work of Erwin Chargaff», *The journal of biological chemistry* 280, n.º 24 (2005): 173.

[386] Kresge, Simoni, y Hil, «Chargaff's Rules: the Work of Erwin Chargaff», 174.

[387] Fara, *Breve Historia de la ciencia*, 475.

Química en 1964. Salvando todos los obstáculos, consiguió cursar sus estudios en la Universidad de Oxford (1928-1932). Decidió especializarse en el nuevo campo de la cristalografía de rayos X, comenzando su tesis con Bernal, un científico que creía con firmeza en la igualdad de oportunidades para las mujeres, quien la acogió gustoso en su laboratorio.

La fotografía de rayos X y su metodología dieron muchos resultados interesantes basados en la cuidadosa manipulación química, mediciones precisas y una interpretación experta, como las imágenes de difracción de rayos X de la molécula de ADN obtenidas por Rosalind Franklin entre los años 1952 y 1953. Dichas técnicas permitieron a James D. Watson y Francis Crick formular su modelo para la estructura del ADN. Según Watson y Crick, estaría constituido por una doble hélice en que las dos cadenas se mantienen unidas por puentes de hidrógeno entre las bases de una manera muy específica; así, la purina adenina solo formaría enlaces de hidrógeno con la pirimidina timina y la purina guanina solo los formaría con la pirimidina citosina.

Si tuviéramos que poner un ejemplo en el que se incumplan el principio de comunalismo científico sería el caso del libro de Watson en el que ensalzaba su propio rol al tiempo que minimizaba la importancia de las aportaciones del equipo de Maurice Wilkins y Rosalind Franklin, que habían publicado sus hallazgos en el mismo número de la revista *Nature*. La fotografía 53 que muestra la difracción de rayos X aplicada al ADN fue tomada por Franklin pero filtrada por Wilkins a Watson dándole la pista fundamental que necesitaba[388].

El establecimiento de la estructura del ADN, dotando al gen de una imagen molecular concreta, marcó el inicio de una verdadera revolución en el estudio de la genética, provocando que la biología haya experimentado un avance tan espectacular. La estructura del ADN era comprendida por primera vez y en ella residían o podían residir todos los secretos de los procesos vivos, sobre todo los que afectan a la diversidad biológica y a las funciones desempeñadas en sus procesos de supervivencia y reproducción[389].

14.6. Dogma central de la biología moderna

Max Delbrück, Premio Nobel de fisiología o Medicina en 1969 por sus trabajos sobre los virus bacteriófagos, opinaba que los genes no podían concebirse

---

[388] Fara, *Breve Historia de la ciencia*, 471.

[389] Fernández y González Bueno, *Biodiversidad de Linneo a nuestros días*, 154.

como moléculas tal como los químicos y físicos las ideaban. Erwin Schrödinger, en su libro *¿Qué es la vida?* (1945), planteaba por primera vez el problema de la transferencia de información de una generación a otra.

A mediados de los años cuarenta del siglo xx, investigadores belgas y suecos concluyeron que el ARN cumplía una función en la síntesis de proteínas. Se encontró ARN en el citoplasma de las células durante el crecimiento celular, etapa en la que la síntesis de proteínas es especialmente intensa. Esto supuso una sorpresa porque los ácidos nucleicos (ARN y ADN) debían su nombre, precisamente, al hecho de haber sido encontrados en el núcleo de las células, no en el citoplasma[390].

En un congreso científico de 1957, Francis Crick formuló el dogma central de la biología molecular, según el cual la información genética fluye del ADN al ARN y de este a las proteínas, sin posibilidad de retroceso. Es decir, el ADN dirige la síntesis de ARN, que a su vez guía la producción de proteínas. Crick basó su propuesta en algunos resultados experimentales y ciertas suposiciones aún no plenamente verificadas[391]. Inicialmente, su modelo no consideraba la participación de enzimas, pero posteriormente se confirmó que ningún polímero biológico podía formarse sin ellas. Con el tiempo, la comunidad bioquímica aceptó que el ARN se sintetiza en la célula bajo la dirección del ADN, que a su vez coordina la formación de proteínas a partir de los aminoácidos. En torno al estudio de la codificación del ADN hubo dos laboratorios en competencia, el de Severo Ochoa y el de Nirenberg. La competencia entre ambos parece haber sido el principal acicate para que, en 1964, el código genético se conociera ya completo: se sabía cuáles eran los tripletes que codificaban la incorporación de cada uno de los aminoácidos[392].

14.7. Problemas en la enseñanza y la comunicación de la bioquímica: uso de estrategias como las analogías y la trasposición didáctica

Las lecciones de bioquímica están llenas de conceptos abstractos que no son fáciles de entender a menos que se relacionen con algo de nuestra experiencia

---

[390] Alfredo Baratas y M.ª Jesús Santesmases, *Cajal Ochoa, Nobeles españoles, de la neurona al ADN* (Madrid: Nivola, 2001), 102.

[391] Baratas y Santesmases, *Cajal Ochoa, Nobeles españoles, de la neurona al ADN*, 109.

[392] Baratas y Santesmases, *Cajal Ochoa, Nobeles españoles, de la neurona al ADN*, 109.

cotidiana. Las analogías pueden establecer la conexión entre estos conceptos abstractos y otros más concretos con los que los estudiantes ya están familiarizados.

14.7.1. Las analogías en bioquímica

Algunos trabajos en didáctica han demostrado que a la mayoría de los estudiantes de bioquímica les gustan las analogías, les prestan atención y las utilizan para aprender en sus clases[393]. Por ejemplo, la interacción entre sustrato y enzima se compara a menudo con una cerradura y una llave, el ATP se denomina «moneda» celular, o la membrana celular se define como un mosaico fluido. También en investigación y en artículos científicos vemos el uso de analogías: no es raro encontrarlas en la revista *Biochemistry and Molecular Biology*, donde se habla de «la cooperatividad» de las subunidades de hemoglobina, el «reparto de una obra de teatro» para representar un genoma o un proteoma y «la retirada de un guante de látex» para ilustrar la ionización de aminoácidos.

La principal forma en que los estudiantes de bioquímica afirman utilizar las analogías es para comprender la información del aula. Es preciso desarrollar una comprensión inicial de un concepto durante una clase, ampliar los conocimientos incompletos sobre un concepto, comprobar si han entendido la explicación del profesor y organizar sus ideas sobre un concepto integrándolo.

14.7.2. Algunos errores conceptuales de bioquímica

Por ejemplo, al estudiar las macromoléculas necesarias para la vida, muchos estudiantes son de la opinión de que todas las grasas son malas para la salud. De hecho, los lípidos son macromoléculas esenciales para la vida. Proporcionan energía, aislamiento y amortiguación a los órganos, y son uno de los principales componentes de las membranas celulares. Es el tipo y la cantidad de grasa que se consume lo que puede provocar problemas de salud.

Otra idea recurrente es que las proteínas solo sirven para aumentar la masa muscular. Si bien es cierto que las proteínas son un componente fundamental

---

[393] MaryKay Orgill y George Bodner, «Locks and Keys an analysis of biochemistry students' use of analogies», *Biochemistry and molecular biology education*, 35, n.º 4 (2007), 244-254.

de las fibras musculares, hay que recalcar que están en todas las células del cuerpo y su función no es solo estructural. Actúan como enzimas para facilitar reacciones bioquímicas, sirven como moléculas de transporte en la sangre, ayudan en la defensa inmunitaria (anticuerpos) y son fundamentales en la señalización celular. Otra gran asunción por parte del alumnado es que el ADN es la única molécula capaz de transportar información genética. Sin embargo, algunos virus utilizan ARN como su material genético. En cuanto a los hidratos de carbono, aunque sean la principal fuente de energía del organismo, también desempeñan otras funciones. Por ejemplo, intervienen en los procesos de reconocimiento célula-célula, forman parte de la «espina dorsal» del ADN y el ARN, y proporcionan soporte estructural en plantas (celulosa) y artrópodos (quitina).

15. La ecología y el ambientalismo: la diversidad biológica y los proyectos de ciencia ciudadana

En la asignatura de Biología y Geología de la ESO existe un bloque específico de ecología y sostenibilidad, desde el cual se aborda el análisis de los ecosistemas del entorno, identificando sus componentes bióticos y abióticos, así como las relaciones intraespecíficas e interespecíficas. Se estudian los ecosistemas terrestres y acuáticos, destacando la importancia de su conservación y la necesidad de un modelo de desarrollo sostenible.

Se examinan las funciones de la atmósfera y la hidrosfera, su composición y contaminación, incluyendo el efecto invernadero y la importancia del agua para la vida. También se describirán las interacciones entre atmósfera, hidrosfera, geosfera y biosfera, su papel en la formación del suelo y su relevancia como recurso no renovable.

Asimismo, se analizan las causas y consecuencias del cambio climático, relacionando los principales contaminantes con sus efectos ambientales. Se reflexiona sobre la importancia de hábitos sostenibles, como el consumo responsable y la gestión de residuos, y se estudiará la relación entre la salud ambiental, humana y de otros seres vivos bajo el enfoque de «One Health» (una sola salud). Bajo este enfoque integral y unificador se pretende equilibrar y optimizar la salud de las personas, los animales y los ecosistemas. Utiliza los vínculos estrechos e interdependientes que existen entre estos campos para establecer nuevos métodos de vigilancia y control de enfermedades[394].

En la asignatura de Biología, Geología y Ciencias Ambientales, cursable en primero de Bachillerato, se incorpora el bloque «Ecología y sostenibilidad» que estudia los componentes de los ecosistemas, su funcionamiento, la impor-

---

[394] Más sobre el enfoque «One Health» en: Organización Mundial de la Salud, consultado el 08-02-2025, https://www.who.int/es/news-room/fact-sheets/detail/one-health

https://dx.doi.org/10.5209/docm.006.16
Historia, Enseñanza y Difusión de la Biología. José Pedro Marín Murcia.
© Ediciones Complutense, 2026.

tancia de un modelo de desarrollo y la concienciación y el análisis de problemas medio ambientales.

A modo de orientación, el currículum para Bachillerato propone el planteamiento de actividades que traten los distintos bloques de forma simultánea y transversal. Como sugerencia, en relación con el bloque de «ecología y sostenibilidad», podría plantearse que los alumnos abordaran el estudio de la estructura y los factores bióticos y abióticos que afecten a un ecosistema cercano, como puede ser un parque o el propio entorno del instituto, en el que pueda plantearse la realización de un mapa de vegetación de una zona concreta. Este tipo de actividades deberá ser apoyado por el planteamiento de hipótesis, la investigación, la búsqueda de información y la realización de informes y exposiciones por parte de los alumnos. De este modo se contribuirá a desarrollar competencias específicas como: interpretar y transmitir información y datos científicos; localizar y utilizar fuentes fiables para resolver preguntas de investigación; diseñar, planear y desarrollar proyectos de investigación; y utilizar estrategias en la resolución de problemas analizando críticamente las soluciones y respuestas halladas.

En el bloque de «Ecología y sostenibilidad» se tratará la importancia del medio ambiente como motor económico y social, abordando la evaluación de impacto ambiental y la gestión sostenible de recursos y residuos. También se analizará la relación entre la salud ambiental, humana y de otros seres vivos. Se explorará cómo hacer más sostenibles las actividades cotidianas, utilizando indicadores de sostenibilidad y comprendiendo el concepto de huella ecológica. Además, se conocerán iniciativas locales y globales que promueven un modelo de desarrollo sostenible.

Se estudiará la dinámica de los ecosistemas, incluyendo los flujos de energía, los ciclos de la materia y las relaciones tróficas, así como los procesos de sucesión, autorregulación y regresión.

Asimismo, se profundizará en el cambio climático, sus causas y consecuencias, y en las estrategias de mitigación y adaptación. También se abordará la pérdida de biodiversidad y su impacto ambiental y social, además del problema de los residuos, como los compuestos xenobióticos y los plásticos, destacando la importancia de su gestión adecuada.

15.1. Antecedentes de la ecología

El reconocimiento de las interacciones entre los diversos organismos que habitan un área se remonta, al menos, al naturalista sueco Carl Linneo. Sin embargo, un trabajo más sistemático no comenzó hasta principios del siglo XIX, con el científico prusiano Alexander von Humboldt (1869-1859) y su percepción de la naturaleza en conjunto, poniendo gran atención a la unidad paisajística, algo que tiene mucho que ver con el movimiento romántico alemán.

Antes de su expedición científica por América (1799-1804), Humboldt permaneció en España recopilando información botánica y geográfica, obteniendo un salvoconducto de la Corona y estableciendo valiosos contactos científicos, políticos y diplomáticos. Gracias a la influencia del embajador de Sajonia, accedió al Real Gabinete de Historia Natural[395]. Durante este tiempo, realizó estudios científicos empleando novedosos instrumentos de medición, lo que le permitió aportar importantes avances en la geografía del país, como la determinación de la latitud y longitud de Madrid y otras localidades[396]. En 1799, solicitó permiso al rey Carlos IV para explorar América, destacando su interés en la Tierra y las conexiones entre los seres vivos, además de presentarse como consejero de Minas.

Humboldt y el botánico francés Emile Bonpland zarparon de A Coruña en 1799, a bordo de la corbeta Pizarro, haciendo escala en las Islas Canarias, donde estudiaron el vulcanismo y la geografía de las plantas en el Teide. Durante su estancia, Humboldt describió la violeta del Teide y representó la geografía vegetal en un dibujo publicado en su atlas de viaje. El 16 de julio de 1799 llegaron a Cumaná, Venezuela, iniciando su exploración por el Orinoco, el Río Negro y otras regiones. Posteriormente, viajaron por el Caribe y el Virreinato de la Nueva Granada, recorriendo el río Magdalena hasta Santa Fe de Bogotá, donde Humboldt cartografió la región y conoció a José Celestino Mutis. En enero de 1802, arribaron a Quito y estudiaron los volcanes del Quindío. El 23 de junio de ese año, Humboldt realizó su ascensión al Chimborazo, alcanzando los 6072 metros de altura. A partir de esta experiencia, estableció relaciones entre botánica, clima y geología para explicar la distribución de las plantas.

El viaje de Alexander von Humboldt y el conocimiento de las expediciones científicas españolas fueron condición necesaria para explicar su gran síntesis sobre el mundo natural americano: «Viaje a las regiones equinociales del Nue-

---

[395] Miguel Ángel Puig-Samper, «La estancia de Humboldt en España», en *Alexander von Humboldt. Estancia en España y viaje americano*, ed. por Mariano Cuesta y Sandra Rebok (Madrid: CSIC, 2008), 70.

[396] Puig-Samper, Miguel Ángel y Rebok, Sandra. «Un sabio en la meseta. El viaje de Alejandro de Humboldt a España en 1799». *Revista de Occidente* 254/255 (2000): 95-125.

vo Continente». Entre 1845 y 1847 Humboldt dio a la imprenta los dos primeros volúmenes de *Kosmos*, y entre 1850 y 1858 los dos siguientes volúmenes.
La traducción española apareció en 1874-1875.

Humboldt era un innovador visual. Ahora puede parecernos obvio que los
gráficos permiten a los científicos resumir los hechos y presentarlos de un modo
convincente. Los gráficos, los diagramas de barras y otros métodos similares
se estaban empezando a introducir, y su proceso de aceptación fue lento.

> Las vicisitudes de mi vida y el ardiente deseo de instruirme en muy diferen-
> tes materias, me obligaron a ocuparme durante muchos años, y exclusiva-
> mente en apariencia, en el estudio de ciencias especiales, como la botánica,
> la geología, la química, la astronomía y el magnetismo terrestre. Preparación
> necesaria era ésta, si habían de emprenderse con utilidad lejanos viajes; pero
> también tales trabajos tenían otro objeto más elevado: el de comprender el
> mundo de los fenómenos y de las formas físicas en su conexión y mutua
> influencia[397].

Indicaba Humboldt que cuando la botánica descriptiva, no se circunscribía
a los límites del estudio de las formas y sistemática de géneros y especies, esto
llevaba al observador a estudiar la geografía de las plantas bajo diferentes
condiciones climáticas y espacios, llevando al análisis de las distribuciones de
los vegetales, según la distancia del Ecuador y su elevación sobre el nivel de
los mares.

En el prefacio escribía Humboldt que consideraba el estudio de los seres
vivos enmarcado en el medio físico en que se encuentran.

> Ahora bien, para comprender las complicadas causas de las leyes que regulan
> esta distribución, preciso es penetrar en el estudio profundo de los cambios
> de temperatura del radiante suelo y del Océano aéreo de que nuestro globo se
> halla envuelto. De este modo es como el naturalista ávido de saber se ve
> conducido de una esfera de fenómenos dada a otra segunda que limita los
> efectos de aquella. La geografía de las plantas, cuyo nombre era desconocido
> ha medio siglo, nos ofrecería una árida nomenclatura, desprovista de interés,
> si no recibiese poderoso auxilio de los estudios meteorológicos[398].

---

[397] Alexander von Humboldt, *Kosmos. Ensayo de una descripción física del mundo. Tomo 1. Prefacio* (Madrid: Imprenta de Gaspar Roig, 1874), 7.

[398] Alexander von Humboldt, *Kosmos. Tomo 1. Prefacio*, 8.

Figura 65. Medidas de elevación, condiciones del suelo, vegetación, etc. en tablas a izquierda y derecha del mapa. Humboldt, A.: *Ideas para una geografía de las plantas*. Tubinga, 1807. Fuente: Wikimedia Commons.

Humboldt fue un pionero del trabajo de campo, afirmaba ser un físico terrestre que actuaba de forma muy distinta a los naturalistas. Armado con formidables equipos de instrumentos de gran precisión, demostró que la acumulación de mediciones meticulosas podía poner al descubierto regularidades en los caprichos de la naturaleza. También impuso un orden matemático en fenómenos variables como la presión del aire, el magnetismo o la distribución de la vegetación. En lugar de limitarse a recopilar y describir, su meta era analizar y representar (figura 65).

Además, fue un hábil propagandista de sí mismo. Aprovechó la pujanza de la industria editorial para dar a conocer sus viajes. El uso de diagramas para pensar y comprender la geografía botánica fue potenciado por las nuevas técnicas de impresión. La reproducción barata de imágenes y su incorporación dentro del texto, en lugar de en páginas independientes.

15.2. Definición de ecología y ecosistema

De forma paralela a los trabajos de Humboldt, la botánica de mediados del siglo xix fue consolidando nuevos conceptos, tal es el caso de August Heinrich Rudolf Grisebach (1814-1879) que estableció que hay determinados grupos de plantas que dan un carácter fisionómico definido, definiendo «formación fitogeográfica» de la siguiente manera:

> Se caracteriza a veces por un solo eje gregario, a veces por un complejo de especies predominantes de la misma familia, a veces muestra un agregado de especies que, aunque diversas en su organización, tienen sin embargo

una característica común, como las plantas alpinas constituidas casi exclusivamente por hierbas perennes[399].

A lo largo de la segunda mitad del siglo XIX proliferaron los estudios de geografía botánica como, por ejemplo, los de Grisebach en 1838 sobre la vegetación de la Tierra[400], también una geografía botánica razonada de Alphonse De Candolle de 1855 acerca de la distribución geográfica de las plantas y las leyes que la gobiernan, incorporando a la biogeografía vegetal la componente temporal[401] y la publicación en 1874 de la constitución del reino vegetal por grupos fisiológicos en función de su distribución de la geografía.

En 1866 Ernst Haeckel introdujo, en una nota al pie de página de su *Generelle Morphologie der Organismen*, la palabra «ecología» en el lenguaje científico y dio su una primera definición: «(…) la ecología (…) ciencia de la economía, del modo de vida, de las relaciones vitales externas de los organismos»[402]. En el segundo volumen de su morfología general de los organismos, dio una definición más precisa de ecología como la totalidad de la ciencia de las relaciones del organismo con el medio, que comprende, en sentido amplio, todas las condiciones de existencia.

En enero de 1869, Haeckel propuso una tercera definición similar con referencias explícitas al darwinismo:

> Por ecología se entiende el cuerpo del saber que concierne a la economía de la naturaleza –el estudio de todas las relaciones del animal con su medio orgánico e inorgánico; éste incluye, ante todo, las relaciones amicales u hostiles con los animales y plantas con los que entra en contacto directa o indirectamente– en una palabra, la ecología es el estudio de esas interrelaciones complejas a las que Darwin se refiere mediante la expresión de condiciones de lucha por la existencia[403].

[399] August Heinrich Rudolf Grisebach. «Über den Einfluß des Klimas auf die Begrenzung der natürlichen Floren» *Linnaea* 12 (1838): 159.

[400] August Heinrich Rudolf Grisebach. *Die Vegetation der Erde nach ihrer klimatischen Anordnung. Ein Abriß der Vergleichenden Geographie der Pflanzen*. Tomo I. Leipzig: W. Engelmann. (1872), 12.

[401] Alphonse De Candolle, *Géographie botanique raisonnée; ou, Exposition des faits principaux et des lois concernant la distribution géographique des plantes de l'epoque actuelle* (París: V. Masson, 1855).

[402] Ernst Haeckel, *Generelle morphologie der organismen* (Berlin: G. Reimer, 1866), 8.

[403] Ernst Haeckel, *Generelle morphologie der organismen* (Berlin: G. Reimer, 1869), 286.

La nueva definición aparece en 1874, en *Anthropogénie*:

> El conjunto de las múltiples y diversas relaciones entre animales y plantas, y de éstos con el mundo exterior, todo lo que concierne a la ecología de los organismos, por ejemplo, los interesantes fenómenos del parasitismo, de la vida en familia, de los cuidados de la pollada y del socialismo, etc., todo esto solo se podría explicar de forma simple y natural mediante la teoría de la adaptación y de la herencia genética.

La confluencia de la geografía de las plantas y el término ecología se produce en 1895, con la obra de Eugen Warming (1841-1924), *Plantesamfund*.

En los primeros años del siglo xx, Frederic Clemments (1876-1945) publicó una serie de trabajos que sentaron las bases de la moderna ecología: *Development and Structure of Vegetation* (1904), *Research Methods in Ecology* (1905), *Plant Physiology and Ecology* (1907) y *Plant Succession* (1916).

En 1913 se constituyó la British Ecological Society. El enfoque botánico de la ecología se complementó en los años 1910-1930 con estudios sobre distribución y densidad de especies animales.

15.3. De las sucesiones de plantas a la ecología moderna

Los conceptos de asociación, competencia, migración y asentamiento de una comunidad rápidamente se convirtieron en temas centrales en ecología. Fue esta corriente de investigación la que inspiró las concepciones organísmicas de las comunidades vegetales de Frederic Edward Clements (1874-1945). En su libro sobre métodos en ecología explica el concepto de formación vegetal:

> La formación vegetal es una unidad orgánica. Exhibe actividades o cambios que dan como resultado el desarrollo, la estructura y la reproducción… Según este punto de vista, la formación es un organismo complejo, que posee funciones y estructura, y pasa por un ciclo de desarrollo similar al de la planta[404].

---

[404] Frederic Edward Clements, *Research Methods in Ecology* (Lincoln, Neb.: The University Publishing Co., 1905), 199.

El ecólogo vegetal británico Arthur George Tansley (1871-1955)[405] comenzó casi de inmediato una guerra de treinta años contra el punto de vista organicista de Clements. Al tratar del concepto de ecosistema, sugirió una solución a la crisis iniciada por el esfuerzo de Clements de tratar a las formaciones como si fuera un organismo individual.

Para comprender tanto el proceso de sucesión como su culminación en el clímax, Tansley se vio obligado a integrar los factores bióticos y físicos dentro de esa nueva entidad. La palabra «ecosistema» (del griego *oikos*, que significa «casa» o «hábitat», y sistema, que significa «conjunto») fue acuñada en 1935[406].

En un ecosistema, los organismos y los factores inorgánicos por igual son componentes que se encuentran en un equilibrio dinámico relativamente estable:

> La concepción más fundamental es, como me parece a mí, todo el sistema. (en el sentido de la física), que no solo incluye sino también todo el complejo de factores físicos que forman lo que llamamos el entorno del organismo que forman lo que llamamos el entorno del bioma, los factores del hábitat en el sentido más amplio. Aunque los organismos reclamen nuestro interés primordial, cuando tratamos de pensar fundamentalmente no podemos separarlos de su entorno especial, con el que forman un sistema físico[407].

Como suele ocurrir en el desarrollo de la ciencia, el nuevo concepto ya había sido descrito por otros que trabajaban en el mismo contexto. Aparte del uso temprano del término *microcosmos*, se le llamó *naturcomplex* en 1926 y *holocoen* en 1927. Más tarde, el limnólogo alemán August Thienemann (1882-1960) y el ecólogo soviético V. N. Sukatchev propusieron, respectivamente, las palabras *biosistema* y *biogeocenosis*.

La historia de la biología está llena de epónimos, no solo las especies reciben el nombre de prestigiosas figuras investigadoras, también lo hacen algunas publicaciones científicas como la de la prestigiosa revista botánica *New Phytologist* que publica un artículo especial en cada número llamado el «*Tansley*

---

[405] Además de su cátedra de botánica en la Universidad de Oxford, Tansley se interesó por una amplia gama de temas, incluida la conservación de la naturaleza, la psicología, el psicoanálisis y la filosofía

[406] Pascal Acot, «Ecosystems», en *The Cambridge History of Science,* ed. por Bowler PJ, Pickstone JV. (Cambridge University Press, 2009), 451.

[407] Arthur George Tansley, «The Use and Abuse of Vegetational Concepts and Terms», *Ecology* 16, n.° 3 (1935): 299.

Review». Estos artículos suelen ser una síntesis de las ideas modernas en la botánica, y llevan el nombre de Arthur Tansley.

En 1942 Raymond Lindeman publicó un trabajo, *The trophic-dinamic aspect of Ecology*, que fue el punto de partida para el enfoque trófico-dinámico, que introdujo en la biología de la época los flujos de energía entre los distintos componentes del sistema y que era susceptible, además, de análisis cuantitativo.

15.4. De los ecosistemas a la ecología global

La palabra «biosfera», que denota la zona terrestre que contiene vida, habría sido usada ya por Lamarck, a comienzos del siglo XIX, aunque su difusión viene más propiamente después de su empleo por el geólogo austríaco Eduard Suess (1831-1914) en su obra *Die Emtehung der Alpen* (1875) y, posteriormente, en su libro *Das Antlitzder Erde*. En los orígenes de los Alpes menciona la biosfera:

> La planta que hunde sus raíces en la tierra en busca de alimento y al mismo tiempo se eleva en el aire, respirando, es una buena imagen de la posición de la vida orgánica en la región de interacción de las esferas superiores y la litosfera, y puede distinguirse una biosfera independiente en la superficie del sólido[408].

Sin embargo, biosfera generalmente se asocia con el mineralogista soviético Vladimir Ivanovitch Vernadsky (1863-1945) quien la utilizó en *La Biosfera*, publicado en 1926, para conceptualizar su punto de vista holístico sobre la vida en la Tierra.

> La materia viva está constituida por todos los organismos presentes en la Tierra en un momento dado. Normalmente, esa totalidad es la que tiene importancia, si bien al considerar el efecto del hombre sobre los procesos del planeta puede tener relevancia un individuo por sí solo. Puede considerarse que la materia viva de la Tierra es la suma de la materia viva media de todos los grupos taxonómicamente reconocibles[409].

[408] Eduard Suess, *Die Entstehungder Alpen* (Vienna: W, Braumuller, 1875), 159.

[409] Vladimir I. Vernadsky, *La Biosfera* (Leningrado: Nauchnoe Khimikoteknicheskoe Izdatelstvo, 1926), 205.

Apuntaba Vernadsky que, en términos relativos, la materia viva constituye una parte insignificante de nuestro planeta concentrada en una delgada, aunque más o menos continua, capa de la superficie terrestre, en los bosques y campos, e impregna todo el océano.

Explicaba el ecólogo Ramón Margalef, en el prólogo de la versión en español de la *Biosfera* de Vernadsky, que con la conciencia del carácter global de muchos problemas ambientales, la noción de biosfera podía resultar popular y experimentar el riesgo de trivializarse excesivamente.

El concepto de biosfera, como ente holístico, condujo en 1950 al concepto de «ecología planetaria». En 1969 James Lovelock, un químico especializado en polución, logró hacerse famoso con su hipótesis de Gaia, a pesar de la desaprobación de los científicos ortodoxos. Dicho término servía para referirse a la Tierra como un sistema autorregulado, en la que la interacción de los factores ambientales y los propios seres vivos contribuyen al sostenimiento de la vida.

15.5. Desarrollo de una conciencia ambiental global

En la segunda mitad del siglo xx, surgió una creciente conciencia sobre la crisis ambiental entre amplios sectores de la población. Esta preocupación fue impulsada por los impactos de la actividad industrial, marcada por tres grandes revoluciones científicas –el carbón, la electricidad y el petróleo–, junto con el desarrollo de la industria química y la explotación excesiva de recursos naturales. A esto se sumó el temor al uso de la energía nuclear y la difusión masiva de documentales e imágenes que mostraban la amenaza a los «paraísos» naturales en peligro.

Además, estudios realizados por especialistas contribuyeron a establecer la emergencia sobre ciertos aspectos, como el libro *Silent Spring* (Primavera silenciosa) de Rachel Carson en 1962, que evidenció los efectos devastadores del uso de pesticidas en los ecosistemas. Estos factores impulsaron una mayor atención hacia los problemas ambientales globales. Las externalidades se refieren a las consecuencias imprevistas o no deseadas de la tecnología. Es evidente que todo lo nuevo e innovador puede potencialmente tener efectos negativos, especialmente si se trata de una nueva área de desarrollo. Aunque las tecnologías se inventan y desarrollan para resolver ciertos problemas percibidos, a menudo crean otros problemas en el proceso.

El más ambicioso de los proyectos de desarrollo científico fue la denominada «Revolución Verde». A mediados de la década de 1960, los gobiernos y las organizaciones internacionales decidieron enfrentarse a la pobreza en el mundo mediante la transformación de la agricultura global. El objetivo de este programa era eliminar el hambre y aumentar la producción de comida en las zonas más pobladas, empezaron a sustituir los métodos tradicionales por las últimas técnicas científicas. En este sentido, la propagación de la ciencia de las potencias industriales reforzaba su supremacía, así que los programas de desarrollo filantrópicos eran también una forma disfrazada de imperialismo.

El mundo entero se entregaba a las bondades de esta Revolución Verde y se congratulaba por los millones de personas que el mejoramiento genético y la agrotecnología habían salvado del hambre, por lo que a Norman E. Borlaug, uno de sus principales líderes, le otorgaron el Premio Nobel de la Paz en 1970.

Sin embargo, los aspectos negativos no tardaron en aparecer: el excesivo costo de semillas y tecnología complementaria, la dependencia tecnológica, la pérdida de los cultivos tradicionales o la aparición de nuevas plagas. Por esto, la Rrevolución Verde fue muy criticada desde diversos puntos de vista, desde el ecológico al económico, pasando por el cultural e incluso nutricional.

15.5.1. Ensayos de alarma realizados por especialistas: Rachel Carson y la *Primavera Silenciosa*

En 1948, dos libros ofrecieron perspectivas malthusianas y ecológicas sobre el crecimiento de la población humana en un mundo finito: *Road to Survival* de William Vogt y *Our Plundered Planet* de Fairfield Osborn. Fueron obras que resumieron el estado ecológico global, documentando numerosos casos de los efectos negativos de una población en expansión sobre el medio ambiente, alertando sobre las consecuencias de la sobrepoblación y el agotamiento de los recursos naturales.

Rachel Carson (1907-1964) entró a formar parte del Departamento de Zoología de la Universidad de Maryland en 1932. Sin embargo, tras renunciar a su carrera académica, pasó a trabajar en el servicio de Estados Unidos para la pesca y la vida natural. En 1951 apareció su libro *The Sea Around Us* (El mar en torno a nosotros), convirtiéndose en escritora profesional e instando a los estadounidenses a percibir la belleza que les rodea.

En 1962, publicó *Silent Spring* (Primavera silenciosa) y su mensaje adquirió un tono marcadamente diferente, Carson describió los efectos de los pesticidas en las plantas, los animales y los seres humanos. Planteó que la humanidad forma parte de la naturaleza y su guerra contra ella es, inevitablemente, una guerra contra sí misma. Para Carson, esa guerra se ejemplificaba con el creciente uso del dicloro difenil tricloroetano (DDT), un potente insecticida sintético que fue «venerado» por su capacidad para matar mosquitos portadores de la malaria durante la Segunda Guerra Mundial. Esta «arma» científico-tecnológica moderna salvó a millones de seres humanos a corto plazo, se presentó como la solución a todas las plagas de insectos. Millones de libras fueron rociadas anualmente, aplicándolo a todo, desde vastos bosques y tierras de cultivo a la difusión de extensiones de casas suburbanas estadounidenses.

Carson calificó el DDT como «elixir de la muerte», su ensayo fue didáctico y contundente. Transmitió la idea de que, por primera vez en la historia del mundo, todo ser humano estaba en contacto con productos químicos peligrosos, desde el momento del nacimiento hasta la muerte. Mediante ejemplos conocidos por todos puso de manifiesto la presencia de contaminantes en la cadena trófica.

Primavera silenciosa se convirtió en un gran éxito de ventas, inspirando al movimiento conservacionista o medioambiental, que podría haberse retrasado durante mucho tiempo, por lo que algunos han designado la obra de Carson como uno de los libros más influyente sobre ecología. Líderes políticos y de la industria química unieron sus fuerzas para desprestigiar a Carson, que criticaba a los poderes establecidos presentando información científica de una forma que todos podían comprender. Diversos actores negacionistas, entre los que se destacaron científicos, políticos, gestores, empresas y medios de comunicación, criticaron las observaciones científicas de Carson, su género y su cuestionamiento de la irresponsabilidad de una sociedad industrializada y tecnológica hacia el mundo natural.

Pese a las advertencias y a la repercusión del libro, aún persiste el peligro de los insecticidas y otros contaminantes artificiales de enorme potencia biológica, de su capacidad de penetración y persistencia en la naturaleza y ciclos vitales; la producción y empleo de estos productos sintéticos no ha disminuido.

Carson advirtió también de que inevitablemente la fumigación intensiva con potentes productos químicos solo empeora el problema que pretende resolver. Si dependes de un solo insecticida, tendrás insectos inmunes. En países del oeste de África como Burkina-Faso la prohibición del DDT no tuvo efecto, pese a ello y utilizarse, vemos cómo este país es, en la actualidad, el epicentro de la epidemia mundial de paludismo. Casi el cuarenta por ciento de los habitantes del país acaban contrayendo la enfermedad cada año. Los mosquitos se han vuelto resistentes a los pesticidas que se usan contra ellos, incluido el DDT.

Los mosquitos con propensión genética a metabolizar el DDT sobrevivieron a las fumigaciones y, cada año, esos supervivientes se reprodujeron y multiplicaron. En muchos países africanos, esa resistencia se combinó con décadas de negligencia gubernamental, infraestructuras deficientes y sistemas sanitarios pésimos para convertir la malaria en una tormenta perfecta.

Carson advirtió del auge de los productos químicos industriales como causa de los mayores problemas sanitarios, cuyos efectos, impredecibles y omnipresentes, podrían ser una amenaza para la salud de forma desconocida.

> Los futuros historiadores quizás no comprendan nuestro desviado sentido de la proporción. ¿Cómo pueden los seres inteligentes tratar de dominar unas cuantas especies molestas por un método que contamine todo lo que les rodea y les atraiga la amenaza de un mal e incluso de la muerte de su propia especie? Y, sin embargo, esto es precisamente lo que hemos hecho. Lo hemos hecho, no obstante, por razones que se derrumban en cuanto las examinamos[410].

15.6. La diversidad biológica en el aula

Un proyecto de ciencia ciudadana es una iniciativa en la que personas no especializadas en ciencia colaboran con investigadores profesionales en la recopilación, análisis o interpretación de datos científicos; a menudo con la colaboración o bajo la dirección de científicos profesionales e instituciones científicas.

Estos proyectos permiten la participación de la sociedad en la investigación, promoviendo el aprendizaje y la concienciación sobre diversas áreas del conocimiento. Algunos ejemplos pueden ser los monitoreos de biodiversidad: registro de aves, mariposas o polinizadores para estudiar cambios en los ecosistemas. En el transcurso estos proyectos los voluntarios participantes tienen la oportunidad de adquirir una mejor comprensión de los conceptos biológicos y aumentar sus conocimientos sobre las especies.

En cuanto a la ciencia ciudadana en entornos escolares, el aprendizaje autónomo y el trabajo al aire libre pueden mejorar las actitudes hacia la conservación de la naturaleza y la investigación científica. Sin embargo, esto no se traduce automáticamente en que los alumnos pasen a la acción en su tiempo

---

[410] Rachel Carson, *La primavera silenciosa* (Barcelona: Crítica, 2005), 21.

libre, pero puede influir positivamente en sus actitudes de valoración de la biodiversidad y el interés por la naturaleza a largo plazo. Por tanto, proporcionar aprendizaje al aire libre durante el horario escolar es muy importante para alcanzar estos objetivos de la educación ambiental.

Los proyectos de ciencia ciudadana sobre biodiversidad al aire libre contribuyen de manera efectiva a los objetivos de la educación científica en el contexto de una clase escolar en entornos naturales. La participación en actividades de investigación con animales cercanos ya era promovida por los pedagogos de principios de siglo xx, por ejemplo, el caso de Margarita Comas que recomendaba el estudio y la captura de artrópodos como un objetivo frecuente de las excursiones.

Por otro lado, recientes investigaciones en didáctica[411] muestran el lado afectivo que generan ciertos animales como las aves, mariposas, abejas y erizos, que genera un aumento significativo en el interés, el conocimiento, la motivación, el comportamiento y la actitud de los alumnos hacia diversas cuestiones científicas.

Los proyectos de biodiversidad en ciencia ciudadana fomentan la concienciación, modifican actitudes y, en consecuencia, pueden influir en el comportamiento, por lo que contribuyen al cumplimiento de los objetivos de la Estrategia de Biodiversidad de la UE 2020.

---

[411] Julia Kelemen-Finan, Martin Scheuch y Silvia Winter, «Contributions from citizen science to science education: an examination of a biodiversity citizen science project with school in Central Europe», *International Journal of Science Education* 40, n.º 17 (2018): 2078-2098.

BLOQUE III

16. Museos y colecciones

Los museos son un espacio en el que los biólogos pueden desarrollar su actividad profesional en varios ámbitos: en la custodia, conservación y estudio de una colección, en la planificación de exposiciones o en la realización de campañas de difusión científica.

Es una salida laboral en línea con instituciones de carácter público y privado, por ejemplo, museos nacionales, autonómicos o municipales, centros de interpretación de naturaleza, museos y colecciones universitarios, y los más novedosos, espacios para la enseñanza de las ciencias o *science centers* como CosmoCaixa. En tiempos recientes las colecciones históricas universitarias han pasado a ser objeto de especial interés, tal es el caso de la Universidad Complutense de Madrid y sus museos y colecciones dispersos por sus departamentos.

La Universidad Complutense define como museos universitarios a aquellas estructuras universitarias que adquieren, conservan, investigan, comunican y exhiben, para fines de estudio, educación y contemplación, conjuntos y colecciones de valor histórico, artístico, científico y técnico o de cualquier naturaleza cultural, titularidad de la UCM[412]. Por otro lado, se define como colecciones universitarias las estructuras que no reúnen todas las características de los museos universitarios y que pueden adquirir, conservar, investigar, comunicar y, en su caso, exhibir, para fines de estudio, educación y contemplación, bienes de valor histórico, artístico, científico y técnico o de cualquier otra naturaleza cultural titularidad de la UCM.

Llegados a este punto conviene aclarar dos conceptos básicos que van a servir para organizar este capítulo; por un lado, trataremos de museología, que es la disciplina que se ocupa de los museos, su historia, influencia en la sociedad, técnicas de conservación y catalogación. Y por otro, el concepto de museografía, que es el conjunto de técnicas y prácticas relativas al funcionamiento de un

---

[412] Reglamento del patrimonio cultural histórico-artístico y científico-técnico de la Universidad Complutense de Madrid (Boletín Oficial de la Universidad Complutense núm. 29 de 22 de diciembre de 2021).

https://dx.doi.org/10.5209/docm.006.17
Historia, Enseñanza y Difusión de la Biología. José Pedro Marín Murcia.
© Ediciones Complutense, 2026.

museo; engloba las técnicas de concepción y realización de una exposición y recoge oficios técnicos o científicos (arquitectura, restauración de obras de arte) y artísticos (escenografía, iluminación).

16.1. Inicios de los museos - cámaras de las maravillas

La acumulación de objetos ha sido inherente a la condición humana y a todas las sociedades a lo largo de la historia. El templo de las musas de la antigua Alejandría es una institución prototípica: un centro destinado a la custodia, el estudio y la difusión del conocimiento, cuyo testigo se perdió con el paso del tiempo.

Los museos, tal y como los conocemos en la actualidad, surgieron realmente en la Edad Moderna a partir del Renacimiento entre los siglos XVI y XVII. Conllevó un renacer de las artes y las ciencias, a cuyo desarrollo vincularía la cultura europea su bienestar social y económico. Un grupo de notables, entre la aristocracia europea de la época, encontró en el coleccionismo un modo de aumentar su prestigio social y adquirir relevancia pública, sus objetivos eran distintos de los científicos. Eran gabinetes de maravillas, que albergaban curiosidades del mundo vegetal, animal y mineral (gabinetes de naturaleza) y antigüedades (restos arqueológicos). Algunos de estos coleccionistas tenían también pinturas y esculturas, objetos religiosos o de uso cotidiano de carácter artesanal. Este tipo de gabinetes quedó reflejado en la pintura de la época, como en el caso de la obra de Frans Francken (II) 1636[413].

El interés primordial de estas colecciones fue impactar al observador; el espectáculo primaba sobre el análisis, se preferían las piezas excepcionales o vistosas, por encima de su posible valor naturalista, o a lo conocido o común. El propio nombre que recibieron estas colecciones, gabinete de maravillas, aludía a este carácter sorprendente que perseguía el coleccionista.

El descubrimiento de la naturaleza de nuevos territorios en América, a lo largo del siglo XVI, dio nuevos bríos a este gusto por los objetos exóticos o novedosos: las semillas de plantas desconocidas en Europa, las antigüedades de culturas prehispánicas o las plumas de ricos colores de algunas aves americanas estaban presentes en los gabinetes, erigidos en remedos del paraíso terrenal por descubrir que supuso América en el imaginario europeo[414].

---

[413] Kunsthistorisches Museum Wien, consultado el 25-03-2025, www.khm.at/en/object/751/

[414] Alfredo Baratas Díaz y Antonio González Bueno, «De gabinete a 'science center': 500 años de coleccionismo en historia natural», en *Museos y colecciones de historia natural: inves-*

Si bien, el centro de gravedad científico del Renacimiento se encontraba en Italia, otras regiones periféricas de la Europa del momento contaron con embrionarias instituciones científicas y colecciones de objetos naturales; tal es el caso del Museo Wormiano, establecido por el médico danés Olaf Wormius (1588-1654), cuya rica colección se integró, a su muerte, en el gabinete personal del rey Federico III de Dinamarca; parte de los fondos de ambos gabinetes conforman las actuales colecciones del Statens Naturhistoriske Museum de Dinamarca.

Figura 66. Gabinete de Olaf Wormius de 1655. Fuente: Wellcome Collection.

Esta colección tenía de especial que poseía muchos objetos vinculados a la exploración polar y a las zonas boreales. En el grabado se puede reconocer objetos como el *kayak*, diversos instrumentos de caza, junto a animales naturalizados: oso polar, esturión, rape y tortugas marinas (figura 66).

Otra colección importante fue la del jesuita alemán Athanasius Kircher, en el Colegio Romano, respondía a la misma idea de «curioso universal»; la vas-

tigación, educación y difusión. Memorias de la Real Sociedad Española de Historia Natural, ed. por Antonio González Bueno y Alfredo Baratas (Madrid: Real Sociedad Española de Historia Natural, 2013), 10.

ta red de contactos establecida por la orden jesuita permitió a Kircher disponer de un amplio conjunto de documentos y objetos de la más variada naturaleza, desde libros antiguos y cartografía del Extremo Oriente a instrumentos científicos (microscopios o linternas mágicas), fósiles, restos arqueológicos, instrumentos musicales, etc. La institucionalización y el apoyo de la Iglesia permitió que el Museo Kircheriano tuviera un uso eventual como elemento docente, al menos para la élite jesuita vinculada al Colegio Romano.

Esta situación de apertura de los gabinetes eruditos no fue una excepción a los usos culturales de la época, acabando por convertirse en una norma en la educación de la aristocracia y la alta burguesía, especialmente con la generalización, en la segunda mitad del siglo XVII, del gran *tour*, realizado para ver *in situ* las grandes colecciones.

Al tiempo que el especialista se acercaba a las colecciones, formándolas incluso él mismo, nuevos colectivos sociales adquirieron el hábito de coleccionar: comerciantes acaudalados, especialmente en Reino Unido y Centroeuropa, crearon colecciones como un elemento de aproximación a la realeza y o a los círculos cortesanos. El florecimiento de gabinetes, cada vez más complejos y diversos, conllevó la contratación de técnicos especialistas, encargados de su conservación y custodia y, de manera pareja, de su estudio y enriquecimiento. A lo largo del siglo XVII, vinculados a la alta burguesía comercial, aparece un nuevo oficio, el responsable de la colección, que apunta la creciente especialización que acontece durante la llamada «revolución científica».

16.2. Gabinetes notables en el siglo XVII

16.2.1. El Museo de Historia de las Ciencias de Oxford

Cuando se crea el Ashmolean Museum en 1683, bajo la dirección del naturalista Robert Plot, Oxford era uno de los centros de filosofía natural más importantes de Europa. El Museo nació como un ambicioso proyecto destinado a promover una comunidad científica con un laboratorio u oficina química, la colección de curiosidades en el primer piso y un teatro de ponencias o lecturas en la planta baja[415].

---

[415] Umberto Veronesi y Marcos Martinón-Torres, «The Old Ashmolean Museum and Oxford's Seventeenth-Century Chymical Community: A Material Culture Approach to Laboratory Experiments». *Ambix* 69, n.º 1 (2022): 21.

En la actualidad, el History of Science Museum de Oxford es un centro dependiente de la universidad, una pequeña universidad (en número de profesores y alumnos), pero de enorme prestigio en el panorama intelectual británico y mundial, su público objetivo no es el conjunto de la sociedad, aunque está abierto a visitas públicas, sino los investigadores interesados en la historia de la ciencia a través de sus instrumentos[416].

16.2.2. La colección de Sloane como embrión del British Museum

La otra gran figura influyente de la museología británica fue Hans Sloane, médico de la corte, fue también presidente de la Royal Society, empresario activo y de éxito. Para nuestro caso de estudio nos interesa saber que utilizó parte de sus beneficios para adquirir gabinetes de sus contemporáneos. En su testamento legó su colección a la corona, a cambio de un pago de 20.000 libras a sus herederos. Sloane también legó al colegio de farmacéuticos el espacio para mantener el Jardín Botánico de Chelsea.

En 1759, con el núcleo de la colección de Sloane, se abría el Bristish Museum, que se desglosaría en dos centros: la sección de arqueología y antigüedades y el British Museum (Natural History). Tras su primera instalación oficial, la antigua colección de Sloane sufrió una evolución desigual. A pesar de las aportaciones de los expedicionarios ilustrados británicos, con el capitán Cook (1729-1779) a la cabeza, el Museo enfatizó más el acopio de antigüedades y restos arqueológicos que el acrecentamiento de las colecciones de historia natural.

El creciente interés de la época por las colecciones, la existencia de mayor número de especialistas, la utilidad comercial y económica de lo custodiado y los positivos avances que su conocimiento permitía, determinaron que estos legados se elevaran a la categoría de bien público y que las coronas europeas, ya en la Ilustración, asumieran la promoción, custodia y popularización de estos centros, convertidos en instituciones de patrocinio real.

16.2.3. Museos de ciencia en la España ilustrada

Con la llegada de la dinastía borbónica a España, a comienzo del siglo XVIII, se inició un proceso de renovación de las instituciones y de las ciencias. Con los

[416] *History of Science Museum*, consultado el 23-02-2025, http://www.mhs.ox.ac.uk/

viajes de exploración científicos, la corona española empezó a ser consciente de la necesidad de establecer centros en los que recopilar información del mundo natural; y uno de los primeros fue la Real Casa de la Geografía. Nacida de una propuesta de Antonio de Ulloa (1752) para el estudio universal de ciencias, fue una institución científica con vocación interdisciplinar (historia natural, geografía, astronomía, etc.) y de objetivos académicos variados (investigación, docencia, exhibición).

Antonio de Ulloa, marino y expedicionario en América, creó una colección personal de objetos naturales y curiosidades científicas, planteó en 1762 un estudio universal de ciencias, una formación interdisciplinar que abarcaría las ciencias naturales, la geografía y la astronomía, y con objetivos académicos variados; por un lado, promocionar la investigación, pero también ser un centro de carácter educativo, y al igual que los jardines botánicos, debía disponer un apartado importante dedicado a la exhibición.

En la Real Casa de Geografía la componente utilitaria fue muy importante, la institución contó con presupuesto e instrumental, además de un pequeño gabinete de historia natural. Lamentablemente, en 1755 Ulloa cesaría en su cargo debido a las altas responsabilidades que hicieron imposible la continuidad del proyecto. Termina siendo una entidad de recepción de ejemplares y de préstamo de instrumental para expediciones.

Durante el reinado de Carlos III, hubo un gran espíritu reformista que impactó significativamente en las ciencias naturales, disciplina especialmente apreciada por los ilustrados. Dos de las instituciones más relevantes fundadas en este período fueron el Real Jardín Botánico y el Real Gabinete de Historia Natural, precursor del actual Museo Nacional de ciencias naturales de Madrid. Este gabinete fue establecido por decreto real el 17 de octubre de 1771, teniendo como núcleo inicial la colección personal de Pedro Franco Dávila (1711-1786), un comerciante español originario de Guayaquil, quien cedió su colección a cambio de ser nombrado director.

El Real Gabinete de Historia Natural se estableció como una colección de objetos naturales, en el sentido más amplio del término; el centro, desde sus primeros compases, tuvo una función educativa[417]. La *Gaceta de Madrid* informaba, en su edición del 2 de enero de 1775, de la visita regia a dicho Gabinete, y aseguraba que el mismo tenía como función la instrucción pública. Pero

---

[417] Soraya Peña de Camus Sáez y Carolina Martín Albaladejo, «La evolución biológica en las exposiciones del Museo Nacional de ciencias naturales (1966-2016)», *Revista Evolución* 12, n.º 1 (2017): 73.

no sería hasta 1787 cuando, el conde de Floridablanca, transmitió la instrucción del rey Carlos III de utilizar los instrumentos y colecciones del Gabinete para la enseñanza de las ciencias naturales; en los años siguientes se implementarían enseñanzas de química, de mineralogía, etc.

Abierto al público el 4 de noviembre de 1776, la corona institucionalizó la colección, ampliándola progresivamente con nuevos ejemplares, al igual que ocurrió con museos ingleses de la época. En 1815, pasó a llamarse Real Museo de ciencias naturales de Madrid. Posteriormente, las colecciones se diversificaron: en 1868, las antigüedades y piezas etnográficas se transfirieron al Museo Arqueológico Nacional, y en 1941, las piezas de origen americano dieron lugar al Museo de América. A finales del siglo XVIII, se intentó establecer una Academia de Ciencias en un edificio representativo, pero, aunque se finalizó a fines del siglo, nunca llegó a ocuparse. Tras la Guerra de la Independencia, el edificio quedó muy dañado siendo rehabilitado y finalmente destinado a pinacoteca real.

Figura 67. A la izquierda, un grabado de 1847 de una sala del British Museum dedicada a los corales, en la que se pueden ver ejemplares de cocodrilos sobre las vitrinas. A la derecha, un grabado de 1879 del nuevo edificio monumental para el Natural History Museum en South Kensington. Fuente: Wellcome Collection.

16.3. Institucionalización de los museos

Resultado de la Revolución francesa, a partir de 1793, fue la conversión de estos gabinetes reales en museos de alcance nacional, en las que el técnico subordinado al propietario de la colección se transforma en un funcionario al servicio del Estado; esta transición coincide –significativamente– con otra que afecta a los propios objetos coleccionados: el bien custodiado dejó de ser sujeto de titularidad personal para transformarse en elemento del patrimonio colectivo.

En 1793, en un recrudecimiento de la política revolucionaria, el *Jardin du Roy* (Jardín del Rey) se transformó en el Museum d'Histoire Naturelle, dotado de 12 cátedras independientes, adquiriendo enorme prestigio gracias a sus notables profesores (Lamarck, Cuvier, Saint-Hilaire). En Berlín, la nueva Universidad fue equipada con varias colecciones distintas, establecidas en 1810 como el Museum für Naturkunde, para servir a profesores y estudiantes de Mineralogía, Paleontología y Zoología; muchas otras universidades y ciudades alemanas siguieron su ejemplo.

El logro de París se imitó con mayor eficacia cuando los inquietos naturalistas tuvieron el patrocinio de monarcas altruistas. En Viena, en 1810 Von Schreibers, médico y zoólogo docente, logró convertir el Vereinigten k.k. Naturalien-Cabinet (Gabinete Imperial de Naturaleza) en un instituto de investigación científica.

16.3.1. Museos en el siglo xix. *The museum movement*, 1860-1901

En el siglo xix se construyen nuevos edificios para albergar algunas de las profusas colecciones más emblemáticas, que abarrotaban las antiguas instalaciones (figura 67): ejemplo el British Museum, fue un salto cualitativo la construcción de un nuevo museo separado de las colecciones arqueológicas, una soberbia estructura neogótica, en el barrio londinense de South Kensington (figura 68). Durante el año 1880, los departamentos de Geología, Mineralogía y Botánica fueron dispuestos en sus respectivas secciones del museo, y la parte del museo que contenía estos departamentos fue abierta al público el 18 de abril de 1881. Y se necesitaron tres años más antes de que todas las galerías estuvieran en condiciones de ser expuestas al público[418].

De una u otra manera, a lo largo del siglo xix, los antiguos museos reales se convirtieron en museos estatales, centros que reunían, bajo una misma cobertura institucional, tres funciones básicas que todo museo que se precie debe tener: conservación, investigación y exhibición.

---

[418] [British Museum (Natural History)], *British Museum (Natural History) General Guide* (London: Trustees of the British Museum, 1906).

Figura 68. Detalle de la colección de microscopía del Departamento de Biología Celular e Histología de la Universidad Complutense de Madrid.
Fuente: fotografía del autor

16.4. Exposiciones universales

El xix fue el siglo del progreso, las sucesivas oleadas de la Revolución Industrial aportaron un gran número de innovaciones tecnológicas que llegaron al gran público a través de una prensa que cada vez utilizaba más los grabados y las fotografías[419]. La creciente demanda de periodicos, revistas y libros de divulgación que acontece a lo largo del siglo xix, tiene su paralelo en la evolución de los museos; estos se habían consolidado como "grandes templos" del conocimiento y del estudio para especialistas o aficionados avanzados; pero durante estos años aparece en el panorama social un nuevo público deseoso de contemplar, de manera directa, aquellos objetos, herramientas tecnológicas, lagartos extintos o exóticas aves, a los que la iconografía les había dado acceso a través del papel impreso.

Se impuso otra forma de mostrar la ciencia y la tecnología. La demanda pública por acceder a esta información cultural se plasmó en la organización de exposiciones universales, grandes eventos donde tenían, y siguen teniendo, cabida las innovaciones industriales y tecnológicas de los países participantes, no carentes de una reivindicación de carácter nacional; es el caso de la Gran Exposición organizada en Londres en 1851, para la que se construyó un gigantesco edificio de acero y cristal, el Crystal Palace, en terrenos de Hyde Park.

---

[419]   Baratas, «Iconografía científica: de la xilografía al JPG», 198.

Una vez finalizada la exposición internacional, que justificaba la construcción del edificio, los espacios eran reutilizados, en algún caso, como contenedores de materiales de historia natural. El caso paradigmático es la exposición sobre dinosaurios y otros animales extintos, realizada bajo los auspicios del Gobierno británico, con la asesoría de Richard Owen, encontró acomodo en el edificio y terrenos anejos del Crystal Palace.

El equivalente hispano de esta exposición fue el del Palacio de Cristal, construido en 1887, como un elemento más de la magna exposición sobre Filipinas, promovida por el Gobierno. Al igual que su homólogo inglés, el Palacio de Cristal madrileño se radicó en un parque de acceso público, el Parque del Retiro. Del mismo arquitecto, Ricardo Velázquez Bosco (1843-1923) era el diseño de un edificio próximo, ligeramente anterior, que hoy conocemos como Palacio de Velázquez; en origen se erigió para albergar la «Exposición Nacional de Minería» de 1883, una exhibición significativametne relacionada con la historia natural; el espacio fue reutilizado pocos años después en la mencionada exposición de Filipinas, formando un entorno museográfico.

Estas magnas exposiciones, de carácter temporal, fueron el preámbulo para el establecimiento de exhibiciones con contenido científico estables, donde la participación del público fuera un elemento clave en la concepción del discurso museológico y museográfico.

16.5. Urania y los *science centers*

Una de las primeras manifestaciones de esta nueva tendencia es la constitución de la sociedad Urania, nacida en el Berlín de 1888 con el objetivo de difundir, entre la población, las novedades científicas en el sentido más amplio del término. Su principal valedor fue Wilhelm Foerster (1832-1921), influenciado por las ideas integradoras de Alexander von Humboldt, que impartió 16 conferencias entre 1827 y 1828 describiendo sus viajes para un auditorio de 13.000 personas. En 1863, W. Foerster y E. Schoenfeld retomaron esta idea de para transmitir conocimientos al público mediante conferencias prácticas fundando la sociedad Urania que, más tarde, también sería la denominación para un edificio con función de «teatro científico» que comprendía también otras instalaciones y servicios.

Se ofrecían una serie de adelantos e instrumentos tecnológicos públicos para ser utilizados en demostraciones: un telescopio, espectroscópico y microscópico, así como para una amplia gama de explicaciones científicas mediante palabras e imágenes y, por último, como centro de exposición de instrumentos y aparatos. La idea era mostrar los mecanismos que demostraban los fenómenos físicos de la forma más directamente posible. Se tenía en cuenta, de manera especial, los procesos a través de los cuales las fuerzas de la naturaleza servían al engranaje de la vida cotidiana[420].

Esa idea de lugar de encuentro para científicos y público general se extendió y el instituto de educación pública Urania sirvió de modelo para instituciones similares en Alemania e incluso en otros puntos de Europa: Magdeburgo (1894/1913), Copenhague (1897), Viena (1897), Budapest (1898), Zúrich (1907), Jena (1909), Breslavia (1913), Stettin (1914), Praga (1917), Graz (1919) y en los años veinte en Meran, Chemnitz, Moscú y San Petersburgo.

Viena, en particular, tenía una larga tradición de educación popular, la Asociación de Comercio de la Baja Austria fundó el Urania basado en el modelo berlinés como instituto de divulgación científica. Este centro utilizaba los medios técnicos más modernos en sus programas educativos (fotografías, películas). La inauguración del moderno edificio tuvo lugar, en presencia del emperador Francisco José, el 20 de mayo de 1910.

La búsqueda de un modelo de interacción del público con las investigaciones, sus aportaciones, autores, y los instrumentos, ha inspirado una serie de instituciones dedicadas a la difusión de la ciencia mediante la participación activa del visitante, como en el Exploratorium de San Francisco, fundado en 1969. Estos centros interactivos de ciencia, *science centers*, disponen de medios tecnológicos que permiten un acercamiento lúdico y simplificado a los principios científicos que subyacen en la naturaleza.

Estas casas de ciencia o museos interactivos son un recurso de información para estudiantes y profesores de enseñanza secundaria, presentan exposiciones de libre acceso con posibilidades audiovisuales y recursos como maquetas y modelos; resultando un complemento práctico para los temas impartidos.

Las colecciones de historia natural se integran en estos centros como parte del lenguaje expositivo, quedando el valor patrimonial y científico de la pieza supeditado a su función educativa. Estos centros, y su considerable éxito entre el público infantil y juvenil, han propiciado una rápida evolución de los museos clásicos, temerosos de perder su hilo de unión con la sociedad. Los museos tradicionales han incorporado a su organización, de manera paulatina, las secciones específicas de educación, exposiciones temporales, elementos interac-

---

[420] Gudrun Wolfschmidt, «Die Entwicklung und Verbreitung der Urania zur Popularisierung der Astronomie», *Comm. in Asteroseismology* 149, (2008): 94.

tivos, etc.; en definitiva, han «desdibujado» el cristal de la vitrina para acercar el objeto natural al visitante[421].

El desarrollo de internet y los programas de digitalización han permitido a los museos de historia natural ofrecer sus colecciones de forma virtual, superando la barrera entre el visitante y los objetos. Muchas instituciones ya ofrecen ejemplares tipo en alta resolución, lo que facilita el trabajo de taxónomos y biogeógrafos y aporta valor educativo en la creación de colecciones virtuales. A lo largo de los últimos quinientos años, las colecciones de historia natural han experimentado cambios sustanciales en sus objetivos y sistemas de acceso. En el futuro, seguirán despertando el interés de científicos, niños y adultos, dando lugar a nuevas líneas de investigación y formas de exhibición que contribuirán al ocio cultural. Por ello, los museos y sus colecciones seguirán siendo fundamentales en la vida cultural y científica.

16.6. Diferentes funciones en un museo actual

Atendiendo a las tres funciones básicas de los museos: conservar, investigar y exhibir, podemos distinguir distintas tipologías en función del énfasis que hagan en cada uno de esos tres pilares. Los museos y colecciones de historia natural tienen, indisolublemente ligados a su definición, los roles de difusión del conocimiento y la custodia de los materiales testigo de la investigación científica, que deben ser conservados como parte intrínseca de la actividad investigadora. La espectacularidad de los *science centers* es complementaria del trabajo, más minucioso, perseverante, pero menos vistoso, de los investigadores.

Es importante destacar que los antiguos museos de historia natural han vivido una gran transformación con el avance de las nuevas innovaciones tecnológicas, consolidándose como auténticos centros de investigación y divulgación social de la ciencia.

En definitiva, la parte expositiva y los departamentos de conservación e investigación en un museo de historia natural son las dos caras de una misma moneda. Ambas resultan imprescindibles en un museo moderno; no se puede obviar la componente divulgativa del centro, su papel como promotor de conciencia social, ambiental y como elemento de estímulo de la curiosidad intelectual. Tampoco se puede desconsiderar la componente académico-investigadora

---

[421] Alfredo Baratas Díaz y Antonio González Bueno «De gabinete a "science center": 500 años de coleccionismo en historia natural», 23.

de este; la custodia de ejemplares, su uso responsable como herramienta docente, su naturaleza como testimonio de investigación, etc. Un museo para el siglo xxi debe tener bien equilibradas estas dos extremidades sobre las que apoyarse, la hipertrofia de una sobre la otra impedirá que estas instituciones completen, a buen ritmo, la senda que ha trazado su evolución histórica.

Por tanto, existe una necesidad de profesionales específicos para realizar cualquiera de esas tres tareas: conservadores, investigadores y responsables de difusión.

16.6.1. La gestión y conservación de las colecciones de biología

Una de las figuras esenciales en toda colección que se precie es tener un *curator*, es decir, la persona responsable de la gestión y mantenimiento que, en condiciones normales, debe ser quien dirija al personal técnico especializado en la conservación.

Las colecciones biológicas representan un recurso científico único e irreemplazable de enorme valor probado y un potencial futuro desconocido. Contienen material e información de inmensa importancia medioambiental, histórica y cultural, por lo que constituyen la base de un servicio público de consulta, siendo imprescindible salvaguardar estas colecciones para el uso presente y futuro de la comunidad científica.

Las colecciones de exhibición (montadas o naturalizadas) están compuestas por ejemplares que se presentan al público en posturas naturales y también incluyen los esqueletos montados. Las colecciones científicas están formadas por ejemplares muy bien documentados desde el punto de vista taxonómico y geográfico, y sirven de substrato para la investigación biológica.

El tratamiento de conservación y preservación debe cumplir las normas profesionales más estrictas. Por lo general, el preferible para los especímenes o artefactos de investigación la conservación preventiva. Las técnicas y los materiales seleccionados deben ser los que sean más estables y de mayor longevidad. Además, muchos tratamientos deben supervisarse a lo largo del tiempo para comprender mejor sus efectos.

16.6.2. Futuro de las colecciones de biología

Las colecciones de ciencias naturales constituyen una infraestructura fundamental, los datos contenidos en estas colecciones sustentan un gran número de descubrimientos e innovaciones, entre ellos publicaciones académicas e informes oficiales utilizados para apoyar procesos legislativos y normativos sobre el uso del suelo, las infraestructuras sociales, la salud, la alimentación, la seguridad, la sostenibilidad y el cambio ambiental; inventos y productos esenciales para nuestra economía; bases de datos, mapas y descripciones de observaciones científicas material educativo para estudiantes; y recursos instructivos para el público.

A nivel europeo ha surgido el proyecto DiSSCo (Distributed System of Scientific Collections)[422], concerniente a las colecciones europeas de ciencias naturales. Este programa pretende transformar el panorama actual de las colecciones europeas individuales, proporcionando un acceso sencillo a diversos tipos de datos, a una escala sin precedentes, vinculando todos los datos entre instituciones.

La iniciativa DiSSCo surgió para afrontar el reto más importante al que se enfrentarán los seres humanos en las próximas décadas: la planificación de un futuro sostenible para nosotros y para los sistemas naturales de los que dependemos y responder a cuestiones científicas fundamentales sobre procesos ecológicos, evolutivos y geológicos.

Uno de los posibles nichos laborales de los biólogos está precisamente en la digitalización y en la conservación, siendo interesante buscar experiencias de prácticas en estos museos, buscando estancias y oportunidades a nivel regional, nacional o internacional, oportunidades que puedan enriquecer nuestro currículum desde la base de forma sólida.

16.7. Los museos escolares

En los últimos tiempos se aprecia cómo los antiguos gabinetes, colecciones y laboratorios se han puesto en valor en muchos centros educativos históricos. El creciente interés de la historia de la educación por la cultura material discurre paralelo al de las ciencias naturales en un esfuerzo de reconstrucción de su historia como disciplina de enseñanza[423]. La historia de estos materia-

---

[422] *DISSCO*, consultado el 01-03-2025, https://www.dissco.eu

[423] José Pedro Marín Murcia y María José Martínez Ruiz-Funes, «Categorización de los materiales didácticos para la enseñanza de los seres vivos en los antiguos gabinetes y laboratorios», *Cabas* 21, (2019): 1. José Pedro Marín Murcia. El material científico para la enseñanza de la botánica en la Región de Murcia (1837-1939). Tesis doctoral (Murcia: Universidad de Murcia, 2014).

les no ha sido un camino fácil, en muchos casos los propios científicos habían olvidado su existencia o lo percibían como herramientas de trabajo que habían dejado de ser útiles o estaban anticuadas[424]. Tal es el cambio que no resulta sencillo conocer el número aproximado de lugares dedicados a conservar el patrimonio científico educativo en nuestro país. En un esfuerzo compilatorio, la Real Sociedad Española de Historia Natural publicaba, en una memoria especial que recogía 101 espacios relacionados con la enseñanza de la historia natural en España[425].

Las colecciones universitarias o de instituto tienen un evidente paralelismo con la diversidad observable en la naturaleza. Los objetos diversos que albergan los museos son susceptibles de ser analizados en igual modo que los seres vivos; pueden ser ordenados, categorizados y explicados como aquellos.

La creación de la Sociedad Española para el Estudio del Patrimonio Histórico-Educativo (SEPHE) y la celebración de reuniones científicas, jornadas, congresos y coloquios han permitido seguir explorando la memoria de la educación y de las instituciones educativas. La difusión de trabajos y estudios, la celebración de exposiciones pedagógicas[426] y la publicación, en su caso, de catálogos de dichos eventos, y la celebración anual de las Jornadas de Institutos Históricos, han dejado patente el interés por la cultura material e inmaterial de las instituciones educativas, siendo la memoria histórica de nuestro patrimonio, un campo historiográfico emergente.

Algunas intervenciones sobre la recuperación y revaloración de elementos de la cultura material científica son un recurso valioso en internet. Sirva de ejemplo el Museo Virtual de la Historia de la Educación (MUVHE) un espacio museístico en red que pretende ser un espacio abierto y vivo[427]. Otra de las iniciativas a destacar es la realizada a través del proyecto CEIMES por los institutos históricos más antiguos de Madrid, donde se establecieron criterios

---

[424] José Ramón Bertomeu y Antonio García Belmar, *Abriendo las cajas negras: Los instrumentos científicos de la Universidad de Valencia. Guía didáctica de la exposición* (Valencia: Universidad de Valencia, 2002).

[425] Baratas y González Bueno, «De gabinete a "science center"», 9.

[426] José Damián López, José Mariano Bernal, M.ª Ángeles Delgado, José Pedro Marín Murcia y María José Martínez Ruiz-Funes. *Las ciencias en la escuela. El material científico y pedagógico de la Escuela Normal de Murcia* (Murcia: Editum, 2012).

[427] Museo Virtual de Historia de la Educación, consultado el 07-05-2025, https://www.um.es/muvhe/

comunes de catalogación y preservación de los materiales, diseñando acciones para revalorizar ese patrimonio[428].

Entre las colecciones universitarias relativas a la historia de la biología mencionamos el caso del veterano Museo Loustau en la Universidad de Murcia (figura 70) y las colecciones históricas del Departamento de Biología Celular e Histología de la Universidad Complutense de Madrid en pleno proceso de catalogación y musealización (figura 69).

Figura 69. Museo Loustau, primer gabinete de la cátedra de botánica y Mineralogía de la Universidad de Murcia[429]. Fuente: fotografía del autor.

En cuanto a la definición de los materiales u objetos utilizados en las aulas, se ha recurrido a un símil paleontológico, caracterizándolos como registros fósiles ya que en ellos residen ciertos testimonios de la cultura escolar[430]. Dentro de las prácticas propias de las ciencias naturales estaba la preparación de colecciones científicas, y, por otro lado, la representación científica de objetos y fenómenos naturales. A estas se unieron los instrumentos experimentales para las prácticas de disección o de microscopía: lupas, micrótomos, cámaras y otros

---

[428]   Leoncio López-Ocón y Gabriela Ossenbach, «Introducción: una aproximación multidisciplinar a lugares de la memoria de la enseñanza secundaria desde el programa de I+D CEIMES», en *Aulas con memoria. Ciencia, educación y patrimonio en los institutos históricos de Madrid (1837-1936)*, edit. por Leoncio López-Ocón, Santiago Aragón y Mario Pedrazuela (Madrid: CEIMES / Doce Calles, 2012).

[429]   Para conocer más sobre el amplio catálogo de este Museo consultar: Manuel Acosta Echevarría, José Pedro Marín Murcia y Manuel María García, *Museo José Loustau. Inventario 2019* (Murcia. Editum, 2021).

[430]   Antonio Viñao «La memoria escolar: restos y huellas, recuerdos y olvidos», en *Homenaje al profesor Alfonso Capitán* ed. por Pedro Luis Moreno (Murcia: Universidad de Murcia, 2005), 739.

ingenios; y los aparatos para muestreos y mediciones en el campo o en el laboratorio[431].

Figura 70. A la izquierda, detalle de una litografía de Michael Faraday impartiendo una conferencia navideña en la Royal Institution, ca. 1855. A la derecha, un discurso de viernes por la tarde en la Royal Institution; sir James Dewar sobre el hidrógeno líquido por Henry Jamyn Brooks, 1904. Fuente: Wikimedia Commons.

[431] Marín Murcia y Martínez Ruiz-Funes, «Categorización de los materiales didácticos para la enseñanza de los seres vivos en los antiguos gabinetes y laboratorios», 17.

17. La difusión de la biología

La difusión de la ciencia consiste en el proceso de presentación y distribución de información científica al conjunto de la sociedad desde distintos niveles de especialización. La difusión científica específica a los pares (entre expertos), la divulgación y el periodismo científico son tres enfoques con distintos matices.

Existe, por un lado, una necesidad básica para el fomento de la ciencia en las sociedades desarrolladas, y una serie de cuestiones de cómo y qué debe investigarse, con qué recursos, qué áreas deben ser prioritarias, el equilibrio entre ciencia base, aplicada y el desarrollo tecnológico.

En la difusión de la ciencia existe un primer nivel, que sería la comunicación entre científicos, los llamados pares, sea mediante artículos científicos o conferencias, comunicaciones orales y posters en congresos científicos, seminarios u otros canales de comunicación que este colectivo utiliza para transmitir información dentro de la propia comunidad científica. Esta diseminación de los resultados de investigación no llega al público en general y solo en ciertas ocasiones es recogida por los agentes sociales más o menos preparados para entender esos resultados.

Dentro de las capacidades de la profesión investigadora debe existir la capacidad de publicar, difundir y crear proyectos; así como enseñar y dirigir a nuevos estudiantes e investigadores; con la creación de una propia línea de investigación o mejorar la anterior. En cualquier investigación la parte del impacto social es crucial.

Los científicos tienen sus propios canales de comunicación. La cooperación y la comunicación formal entre científicos de campos afines comenzó a manifestarse definitivamente con la creación de las sociedades científicas durante el siglo XVII y su expansión, abarcando cada área o especialidad de la ciencia.

17.1. Comunicación científica entre los pares

La fundación de las primeras sociedades científicas tuvo una consecuencia muy importante y duradera: convirtió a la ciencia en una institución. Las sociedades

https://dx.doi.org/10.5209/docm.006.18
Historia, Enseñanza y Difusión de la Biología. José Pedro Marín Murcia.

se establecieron como en una especie de tribunal (escepticismo organizado), con autoridad suficiente para excluir de ella a muchos y locos charlatanes difíciles de distinguir de los verdaderos científicos, para el público en general.

También se consolidó la figura de las revistas como un medio clave para la difusión y transmisión del conocimiento, constituyendo una vía preferencial, aunque no única, de comunicación entre científicos. En la actualidad, en las ciencias experimentales, la mayoría de las comunicaciones se realizan a través de artículos científicos, aunque también se incluyen los *proceedings*, los resúmenes de congresos y, en menor medida, los capítulos y libros. La preferencia por artículos y *proceedings* en ciencias biosanitarias y en ciencias naturales se debe a la inmediatez de su publicación y a la rapidez con que se genera la ciencia. Por otro lado, el formato de libro es más complejo y generalmente se reserva para obras de referencia o manuales. Consideremos, por ejemplo, lo rápidamente que un trabajo en bioquímica o biotecnología puede quedar obsoleto. Las revistas de cada disciplina presentan dinámicas de publicación particulares, influenciadas por peculiaridades editoriales y estilos propios.

Existen herramientas como Scimago o MEARC a la hora de encontrar una revista para publicar nuestra investigación y ver su *scopus* (temática y objetivos), además de sus métricas. De forma complementaria a las revistas que conocemos, y que nos han servido de referencia, podemos encontrar otras en nuestro campo que estén abriéndose camino con nuevos enfoques disciplinares.

Para entender la idiosincrasia de las revistas científicas haremos un repaso histórico; sabemos que durante todo el siglo XVII algunas noticias con cierta naturaleza científica comenzaron a publicarse en calendarios o almanaques y en los precursores de los periodicos modernos. Pero fue en 1665 cuando el escritor francés Denis de Sallo (1626-1669) fundó la primera revista científica de la historia, el diario de eruditos, en francés *Journal des sçavans*. Henry Oldenburg, en Londres, fue el primer secretario de la Royal Society, fundó la revista *The Philosophical Transactions*. Los primeros números de ambas revistas contenían numerosas transcripciones de clases magistrales y conferencias que se impartían en sus respectivas sociedades.

En la Royal Society se animaba a los «caballeros» de toda Europa, amantes de las ciencias, a que escribieran cartas a la revista sobre sus descubrimientos, donde eran recibidas y depuradas por sus principales miembros, que las acumulaban en una especie de fascículos y las publicaban junto con: reseñas de libros, nombramientos de la propia institución y noticias sobre sus universidades. Entrecomillábamos la referencia a los caballeros ya que hubo que esperar a las primeras investigaciones científicas de Mary Somerville, con la presentación de experimentos sobre el magnetismo en 1826. Presentó a la Royal Society su trabajo titulado «Las propiedades magnéticas de los rayos violetas del espectro solar». El artículo recibió una acogida favorable y, aparte de las observaciones astronómicas de Caroline Herschel, fue el primer artículo de una mujer leído en la Royal Society y publicado en *The Philosophical Transactions*[432].

Con el continuo aumento de la curiosidad por la naturaleza y la invención de nuevas herramientas y métodos para interrogarla, comenzaron a surgir entusiastas científicos por todo el mundo. Ante tal diversidad de tareas la ciencia se fragmentó y se especializó cada vez más, surgiendo nuevas sociedades científicas que querían también tener sus propias revistas.

Durante la época victoriana aparecieron revistas con ánimo de lucro, semillas de lo que hoy conocemos como editoriales de revistas científicas, algunas dirigidas por una sola persona y otras por grupos de científicos. En 1587 Lodewijk Elsevier fundó su primera tienda de libros, que con el tiempo se convertiría en una de las más potentes editoriales del mundo científico. La moderna editorial Elsevier fue fundada en 1880 y adoptó el nombre y el logo de la empresa holandesa.

¿Qué implicaba e implica publicar en una revista científica? En un principio la revista es un instrumento de comunicación para que los colegas conozcan los avances, siguiendo el principio ético del cooperativismo sobre que la información fuera puesta en común; en un segundo lugar y no menos importante, las publicaciones periódicas permiten acreditar la prioridad y la propiedad intelectual de un descubrimiento. Conviene recordar aquí que la insistencia que hacemos en la correcta citación y referencia de los trabajos responde no solo al reconocimiento de las ideas y resultados de otros autores sino a la necesidad de ofrecer al lector la posibilidad de aumentar la información que se ofrece de un tema.

En 1893 una de las más importantes revistas de medicina, *British Medical Journal*, adoptó por primera vez y de forma reglada el proceso de revisión por pares. Hubo una tendencia cada vez más creciente dentro de la profesión científica a excluir a aquellos que eludían el sistema de revisión por pares de publicación de investigaciones al tratar directamente con la prensa. El editor del *New England Journal of Medicine*, Franz Ingelfinger, declaró que no aceptaría

---

[432] Para conocer más acerca de las mujeres científicas de la Royal Society: Royal Society, consultado el 12-09-2024, https://royalsociety.org/about-us/who-we-are/diversity-inclusion/influential-british-women-science/

ningún artículo de un científico que ya hubiera anunciado su descubrimiento a los medios de comunicación. Estas normas marcaron en adelante la diferencia y la separación entre el científico profesional y el escritor científico.

En 1869 se fundó la semilla de la revista que hoy conocemos como *Nature*, que adoptaría el proceso de revisión por pares bastante tarde, en 1967. Otra poderosa revista, *Science* fue fundada en Nueva York por John Michaels, en 1880, con soporte financiero de Thomas Edison y posteriormente de Alexander Graham Bell; sin embargo, inicialmente no tuvo mucho éxito, finalizando prematuramente su publicación en marzo de 1882. Un año después el entomólogo Samuel H. Scudder recuperó la revista alcanzando un mayor renombre al cubrir las reuniones de las sociedades científicas estadounidenses, incluyendo la Asociación Estadounidense para el Avance de la Ciencia (AAAS en inglés).

Tras la Segunda Guerra Mundial emergieron con fuerza las grandes empresas de comunicación destinadas a la publicación periódica de revistas con contenido científico, que eclipsaron a las sociedades científicas, que habían llevado el peso de la gestión de las mejores editoriales hasta ese momento. Un ejemplo paradigmático fue la compañía *Taylor and Francis*, fundada en 1852 cuando William Francis se unió a Richard Taylor en su negocio editorial. Taylor inicialmente fundó su compañía en 1798 y los temas que cubría eran de Agricultura, Química, educación, ingeniería, geografía, derecho, matemáticas, medicina y ciencias sociales. En la actualidad Taylor and Francis publica más de 1000 revistas y más de 1800 libros nuevos al año, con un catálogo de más de 20.000 títulos.

En definitiva, a lo largo de todo el siglo XVII se consolidó la idea de sociedades o asociaciones científicas y sus revistas como medio de difusión y transmisión del conocimiento. La profesionalización de la ciencia y su progresiva especialización a lo del siglo XIX creó una creciente separación entre expertos y profanos. En las primeras décadas del XX, el carácter científico y el refuerzo de la autoridad del científico profesional ahondaron la mencionada separación. En la actualidad las editoriales y las revistas científicas marcan la tónica en la forma de publicar, y existen fuertes discusiones acerca del sistema de publicación y el pago a las editoriales por publicar en abierto.

La publicación de *preprints* (prepublicaciones), versiones de publicaciones que no han pasado por el proceso de la revisión por pares, tiene la intención de compartir con el resto de la comunidad científica parte de los descubrimientos para acelerar el conocimiento y recibir aportaciones. Sin embargo, la excepcionalidad de la pandemia de COVID-19 supuso un reto para la comunicación pública de la información científica por dar visibilidad pública a investigaciones que se encontraban en este formato, dándose situaciones complejas por ofrecer información no contrastada que llegó al público en general[433].

17.1.1. Cómo evaluar la producción de los científicos

El «factor de impacto» es una medida que evalúa la importancia de una revista científica en función de las citas que reciben sus artículos. Se utiliza para comparar revistas dentro de un mismo campo y predecir el número de citas que podrían recibir los artículos publicados en ellas. Se calcula dividiendo el número de citas recibidas en los dos años anteriores entre el número de artículos publicados en ese mismo periodo, por lo que varía cada año.

Existen herramientas como Journal Citation Reports (JCR), que clasifica revistas según su factor de impacto en la Web of Science, y Scimago Journal & Country Rank (SJR), que utiliza la base de datos *Scopus* con un sistema de ranking diferente.

Dos criterios adicionales para evaluar el impacto son, por un lado, el «cuartil», que clasifica las revistas en cuatro grupos según su factor de impacto, siendo el primer cuartil el de mayor relevancia; y por otro el índice h, propuesto por Jorge Hirsch, que mide la calidad profesional de un investigador según la cantidad de artículos altamente citados que ha publicado. Un índice h = 5 indica que el investigador tiene 5 artículos con al menos 5 citas cada uno.

17.2. La difusión científica al gran público

Que los científicos se comuniquen con los ciudadanos es muy importante. Pero esta difusión es diferente a la que realizan los científicos entre ellos. Para transmitir información y conocimiento al conjunto de la ciudadanía es necesario utilizar mensajes y canales de comunicación diferentes a los que están acostumbrados los científicos. Los ciudadanos al margen del sistema

---

[433] Bienvenido León y Gema Revuelta, «La ciencia de informar», en *Informando de ciencia con ciencia*, ed. por Bienvenido León, Carolina Moreno, Cintia Refojo, Gema Revuelta y Elena Sanz (coord.) (Barcelona: Penguin Random House. Grupo Editorial: 2023), 29.

académico o científico-técnológico no leen artículos científicos ni asisten a congresos. Aparte de los libros de texto de primaria y secundaria, los medios de comunicación se consideran la fuente de información científica más utilizados por la población y, para la mayoría, la única fuente de temas relacionados con la ciencia. Como el público no mantiene contactos fluidos con científicos o profesionales sanitarios, los medios de comunicación y las fuentes fiables son cruciales para mantenerlo informado sobre temas científicos.

Llegados a este punto nos encontramos una bifurcación; por un lado, trataremos de la divulgación científica consistente en transmitir los resultados de investigaciones y actividades científicas al público, adaptando el lenguaje según el nivel de especialización de la audiencia. Por otro lado, trataremos el periodismo científico que analiza en los medios (prensa, radio, internet, televisión) los aspectos sociales del conocimiento, explicando el origen, contexto y consecuencias de la investigación.

El uso de analogías cobrará gran valor en la comunicación de la ciencia, así como el de gráficos y esquemas didácticos. Recordemos uno de los primeros comunicadores de la ciencia, Alexander von Humboldt, y sus estrategias de ilustrar la geografía botánica.

La Fundación Española para la Ciencia y la Tecnología (FECYT), como organización de interfaz entre ciencia y sociedad, tiene un importante papel en la mejora de la comunicación científica y la intermediación de los diferentes actores en la sociedad del conocimiento.

El Science Media Centre (SMC) España es una oficina independiente que ofrece a los medios recursos, contenidos fiables y fuentes expertas para cubrir la actualidad relacionada con la ciencia. Puesto en marcha por FECYT, forma parte de una red internacional de SMC con origen en 2002. El SMC contribuye a que la ciencia llegue a los titulares con rigor y contexto. Piden a los científicos reacciones sobre la actualidad en su campo y participación en las sesiones informativas que organizan. Permiten utilizar también sus recursos sobre comunicación de la ciencia[434]. En la sección de voces expertas presentan un análisis en profundidad sobre los temas de actualidad científica que pueden servir también para el trabajo en la enseñanza[435].

---

[434] *Science Media Centre* (SMC) España, consultado el 14-03-2025, https://sciencemediacentre.es/

[435] *Science Media Centre* (SMC) España, consultado el 14-03-2025, https://sciencemediacentre.es/voces-expertas

17.2.1. El periodismo científico

El periodismo tiene la tarea de penetrar en los laboratorios y estudios científicos, superando las reticencias de los investigadores, para contar no solo los aspectos científicos, sino también la realidad sociológica de lo que ocurre en estos espacios[436]. No obstante, la información sobre los resultados científicos y su contextualización también es fundamental ya que el periodista debe contribuir a desterrar dos fenómenos sociológicos que están en auge: la irracionalidad y la asunción de pensamientos pseudocientíficos. En este asunto es importante la formación científica de los profesionales de la comunicación y el acceso a las fuentes veraces para que la ciencia sea noticia de forma rigurosa y atractiva.

Para escribir una noticia científica, un buen comienzo puede ser un título claro y atractivo que resuma el hallazgo de manera comprensible. La introducción debe captar el interés del lector, destacando la relevancia del tema. A continuación, se explica el estudio de forma clara, detallando los métodos, resultados e implicaciones con un lenguaje accesible pero preciso. Se debe incluir las citas de expertos para dar credibilidad y contexto a la información, y concluir resaltando el impacto y las posibles aplicaciones del descubrimiento en la ciencia, la sociedad o la vida cotidiana.

La Unesco publicó en 2020 un decálogo sobre los pasos que hay que seguir a la hora de publicar una noticia científica. Entre los puntos destacamos el que una noticia científica debe estar, inexorablemente, basada en datos y no en opiniones de personas; otro aspecto a tener en cuenta es que en ciencia no siempre es válido citar las dos posturas de un asunto, la versión correcta siempre es aquella que está respaldada por la evidencia empírica. En relación con este punto, la información científica no es un dogma, es dinámica; los resultados pueden cambiar si surgen nuevas técnicas de estudio o nuevos datos. Se debe recurrir siempre a fuentes especializadas independientes, respaldadas por instituciones o méritos técnico-profesionales[437].

Pongamos un ejemplo, el caso de una noticia sobre una enfermedad infecciosa tropical. Desde el mundo periodístico se haría referencia, en primer

---

[436] Carlos Elías, *La ciencia a través del periodismo* (Madrid: Nivola libros y ediciones, S. L., 2003), 18.

[437] Pampa García Molina y Carolina Moreno, «El método del periodismo científico», en *Informando de ciencia con ciencia*, ed. por Bienvenido León, Carolina Moreno, Cintia Refojo, Gema Revuelta y Elena Sanz (coord.) (Barcelona: Penguin Random House. Grupo Editorial: 2023), 39.

lugar, a la emergencia de la noticia (esa información normalmente estará implícita en el titular), en segundo lugar, se haría mención a la importancia de la enfermedad y a la situación actual política y económica en la que se desarrolla; se debería acudir o hacer referencias a expertos en la materia, como autoridades sanitarias, investigadores, y en ningún caso pulsar la voz de personas no formadas o legos en la materia. Se trata de ofrecer un servicio informativo y no crear sensacionalismo, comunicando lo que se sabe y también lo que no se sabe.

Los Premios Pulitzer no cuentan con una categoría específica dedicada al periodismo científico. Sin embargo, trabajos de periodismo científico han sido reconocidos en categorías como reportaje explicativo, periodismo de investigación y servicio público. Algunos ejemplos de periodistas y reportajes científicos galardonados con el Premio Pulitzer: Ed Yong, periodista de *The Atlantic*, galardonado en 2021 en la categoría de reportaje explicativo por su cobertura exhaustiva de la pandemia de COVID-19; Elizabeth Kolbert, escritora de *The New Yorker*, que recibió el premio en 2015 en la categoría de «no ficción general» por su libro *La sexta extinción*, que aborda la pérdida de biodiversidad en el planeta.

17.2.2. La divulgación científica

La divulgación científica engloba todas aquellas actividades orientadas a difundir información y contenido que no necesariamente tiene que ser novedoso o de actualidad, pero debe contribuir a aumentar el nivel de cultura científica y tecnológica en la ciudadanía. Dicho en otras palabras, la divulgación científica pretende acercar la ciencia al ciudadano de a pie a través de multitud de actividades, con el objetivo de enseñar y formar.

En el caso de querer hablar sobre una enfermedad en un medio de comunicación, en modo divulgación, se intentaría abordar la enfermedad con un tono didáctico para explicar el funcionamiento y los detalles de la investigación. Cobrará importancia la explicación de los investigadores, poniendo esfuerzo en ofrecer una visión completa de las investigaciones realizadas y utilizar la historia como recurso.

En ocasiones la línea entre periodismo y divulgación es muy delgada y la diferencia la marca el ámbito profesional. Los científicos cada día son más conscientes de la importancia de difundir sus resultados en los medios, pero su función no es la de hacer una investigación periodística. De alguna manera se puede considerar a algunos científicos como medios emergentes de comunicación de masas en la red.

En el caso de la biología la divulgación al público no especialista puede ser realizada por investigadores de universidad o técnicos en comunicación de centros como el CSIC o biólogos de hospitales, especialistas en divulgación de las OTRI (Oficina de Transferencia y Resultados de Investigación), divulgadores que trabajan en *science centers* (como Cosmocaixa o Caixaforum) o museos, o divulgadores particulares con sus propios canales de comunicación.

Históricamente la divulgación de la ciencia se ha realizado con diferentes formatos y en distintos espacios, dependiendo de los recursos. Recordemos en el siglo XVII y XVIII cuando comenzó la difusión para clases altas: tertulias y demostraciones. En el siglo XIX comienza su andadura la primera serie de Christmas Lectures de la Royal Institution en Gran Bretaña pronunciada en diciembre de 1825 por el catedrático de mecánica de la Royal Institution (figura 71), John Millington. Dos años más tarde, Michael Faraday pronunció la primera de diecinueve series de conferencias, que culminaron con su serie de 1860/61 «La historia química de una vela», que dio lugar quizá al libro de ciencia más popular publicado[438].

También la actividad enciclopedista, en el siglo XIX las ediciones populares, periodicos y revistas ilustradas, la apertura de museos y la organización de grandes exposiciones internacionales o nacionales; y ya en el siglo XX, con la aparición de modernos medios de comunicación como radio, televisión e internet. Este último con la gran variedad de formatos como páginas web oficiales, blogs, canales de *YouTube*, charlas TED, *reels* o hilos en redes sociales. En este caso cabe destacar como algunos medios de comunicación sobreviven, y con mucho éxito, por ejemplo, las tertulias o los cafés científicos como el que llevan a cabo Enrique J. de la Rosa y Margarita del Val, Ciencia con Chocolate[439]. En el caso de la radio gracias a los *pódcast*.

Con las primeras emisiones de la British Broadcast Company (BBC) en 1936 se consideró que las conferencias de la Royal Institution debían ser candidatas obvias para ser emitidas. En el periodo posterior a 1945 se televisaron varias conferencias, pero no fue hasta la serie de 1966/7 cuando empezaron a emitirse anualmente.

---

[438] *Royal Institution, Christmas Lectures*, consultado el 01-03-2025, https://www.rigb.org/christmas-lectures

[439] *Ciencia con Chocolate, blog de las charlas y tertulias*, consultado el 04-10-2024, http://cienciaconchocolate.blogspot.com/

En cuanto al formato de revistas especializadas sobre divulgación de la ciencia el panorama en España es desolador, salvando el tipo la revista *Quercus* y lamentando la desaparición de *Investigación y Ciencia*, una revista que fue muy popular hasta la irrupción de internet. Su equivalente en Estados Unidos, *Scientific American*, es una revista de divulgación científica que fue fundada por Rufus Porter. *Scientific American* se ha publicado (primero semanalmente, luego mensualmente) desde el 28 de agosto de 1845, siendo la revista de publicación continua más antigua de los Estados Unidos.

En 1872 apareció *Popular Science*, la primera revista del mundo enteramente dedicada a la divulgación científica, especializada en noticias sobre ciencia y tecnología, pero dirigida a un público no especializado. Su objetivo, según los creadores, era descubrir el futuro, desvelar las aplicaciones prácticas del cambio tecnológico, contarlo de manera atractiva y rigurosa mediante imágenes y textos exclusivos. En los años 1970 se centró especialmente en la energía solar y el ecologismo, editando un manual, *Solar Energy Handbook* en el año 1978, incluso editó un artículo sobre las graves deficiencias de seguridad en las centrales nucleares de la URSS, nueve años antes del accidente de Chernóbil.

Las revistas de mediados del siglo XX ya estaban mucho mejor ilustradas que sus predecesoras del siglo XIX, y el advenimiento de la fotografía en color añadió una nueva dimensión a su capacidad para impresionar. Bajo organizaciones exitosas como la National Geographic Society, las revistas podían crear la impresión de que el lector estaba realmente involucrado en la exploración, y este tipo de publicidad inició importantes expediciones. La revista pudo moldear directamente la percepción del público sobre lo que estaba sucediendo, en este caso al promover el trabajo de primatólogas como Jane Goodall.

En 1927 se publicó la primera edición del libro de Julian Huxley *Essays in popular science*. En ella indicaba que la tarea del divulgador es cada vez más difícil si intenta producir algo de buena calidad, mantenía que la divulgación se encuentra con dos dificultades: primero, que la ciencia en sí misma está demasiado especializada, y los resultados logrados en cada pequeño compartimento de estudio son de interés solo a los muy pocos que pueden apreciarlos; y en segundo lugar, que el público culto en su conjunto carece de la formación mental necesaria y la comprensión del método científico que les permitiría asimilar resultados de mayor o general valor.

En 1931 se publicaron los tres volúmenes del libro *The Science of life*, escritos por Herbert George Wells, un estudio de toda la biología: fisiológica, morfología, embriológica y biología evolutiva, escrito para que pudiera ser entendido por el gran público. En 1935 el microbiólogo alemán Ludwik Fleck escribió el libro titulado *Génesis y desarrollo de un hecho científico*, donde, utilizando ejemplos de microbiología, explicaba cómo la evidencia científica, resultado de la observación cuidadosa de la naturaleza, podía llegar incluso a interpretarse de varias maneras o incluso utilizarse de forma fraudulenta. Otro libro de divulgación que contribuyó sobremanera a la reflexión sobre la ciencia y la tecnología, ya lo hemos mencionado, fue *Silent Spring* de la bióloga marina Rachel Carson, que abrió de par en par las puertas de la condenación social a los problemas ambientales.

El astrofísico Isaac Asimov (1920-1992) regó las librerías con libros de divulgación y de otras temáticas durante décadas. Según algunos críticos, publicó más de 400 obras entre relatos, novelas, libros de divulgación histórica y científica. El también astrofísico Carl Sagan (1934-1990) publicó su primer libro superventas en 1977, veinte años después de comenzar su carrera científica. *Dragones en el Edén* llegó a ser el libro de ciencia en inglés más vendido del mundo. En 1976, apareció la primera edición de *El gen egoísta: las bases biológicas de nuestra conducta*, cuyo título en inglés era *The Selfish Gene*. Es una obra divulgativa sobre la teoría de la evolución, escrita por Richard Dawkins, autor que también ha contribuido notablemente a la sociobiología.

En la actualidad el formato libro a modo de ensayo sobre la situación de la ciencia goza de buena salud y hay editoriales que se dedican a producir estos títulos.

17.3. El documental como herramienta educativa

A mediados del siglo XX, el cine se aplicaba cada vez más para presentar una visión científica del mundo natural a través de documentales. En la segunda mitad del siglo, la televisión se convirtió en el medio más poderoso a través del cual se podía popularizar o criticar la ciencia. Los escritores científicos se unieron a los productores de televisión para promover lo que inicialmente se percibió como la comprensión pública de un cuerpo incuestionable de conocimientos científicos.

Hay cadenas de televisión que han tenido interés por la ciencia desde hace décadas. Por ejemplo, la cadena inglesa BBC, ya en 1952, emitió su primer documental científico. En las décadas siguientes comenzaron a aparecer divulgadores como David Frederick Attenborough. Otra cadena pública, la PBS de

Estados Unidos, produjo la serie *Cosmos* en 1980, Sagan fue presentador, coautor y coproductor, junto a Ann Druyan y Steven Soter, de trece capítulos abarcando un amplio espectro de materias científicas que incluían el origen de la vida, la evolución del universo y los avances de la especie humana planteada desde la historia de la ciencia.

En España destaca el caso de Félix Rodríguez de la Fuente, que con sus documentales y series consiguió la atención y el cariño del público. Emitida por Televisión Española, *El hombre y la Tierra* constituye una obra de referencia para documentales sobre naturaleza, tanto en España como en el extranjero, dividida en tres bloques: «Venezolana», «Fauna Ibérica» y «Canadiense».

17.4. La comunicación de la ciencia como herramienta en la enseñanza

Dentro de la ciencia, la comunicación ocupa un importante lugar, pues es imprescindible para la colaboración y la difusión del conocimiento, contribuyendo a acelerar considerablemente los avances y descubrimientos. Desde los inicios, la transmisión de la información ha sido la forma en la que el conocimiento se ha ido acumulando.

La comunicación científica busca, por lo general, el intercambio de información relevante de la forma más eficiente y sencilla posible y apoyándose, para ello, en diferentes formatos como gráficos, fórmulas, textos, informes o modelos, entre otros.

Además, en la comunidad científica también existen discusiones fundamentadas en evidencias y razonamientos aparentemente dispares, es un proceso complejo, en el que se combinan de forma integrada destrezas y conocimientos variados. En el contexto de esta materia, la comunicación científica requiere la movilización no solo de destrezas lingüísticas, sino también matemáticas, digitales y de razonamiento lógico. En la etapa de Bachillerato y en la universitaria el alumnado debe ser capaz de interpretar y transmitir contenidos científicos, así como formar una opinión propia sobre los mismos, basada en razonamientos y evidencias, además de argumentar defendiendo su postura de forma fundamentada, enriqueciéndola con los puntos de vista y pruebas aportados por los demás.

Referencias bibliográficas

Acot, Pascal. «Ecosystems». En *The Cambridge History of Science*, editado por P. J. Bowler y J. V. Pickstone, 451-466. Cambridge: Cambridge University Press, 2009.

Acosta Echevarría, Manuel, José Pedro Marín Murcia y Manuel María García. *Museo José Loustau. Inventario 2019*. Murcia: Editum, 2021.

Aird, William Cameron. «Discovery of the cardiovascular system: from Galen to William Harvey». *Journal of Thrombosis and Haemostasis* 9, n.º 1 (2011): 118-129.

Albarracín Teulón, Agustín. *La teoría celular*. Madrid: Alianza Universidad, 1983.

Aldrovandi, Ulysse. *De animalibus insectis libri septem cum singulorum iconibus ad viuum expressis*. Bolonia: Ferroni, Giovanni Battist, 1638.

Allchin, Douglas. «Scientific Myth-Conceptions». *Science Education* 87, n.º 3 (2003): 329-351.

Alvarado, Salustio. *Anatomía y fisiología humanas con nociones de higiene*. Barcelona: Talleres gráficos S. G., 1934.

Aristóteles [Julio Pallí]. *Investigación sobre los animales (Libro VIII)*. Barcelona: Opera Mundi. Círculo de Lectores, 1996.

Arnold, Thomas y Alfred Guillaume. *El legado del islam*. Madrid: Ediciones Pegaso, 1944.

Azara, Félix de. *Viajes por la América Meridional, Tomo I*. Traducción de Francisco de las Barras de Aragón. Madrid: Espasa-Calpe, 1941.

Báguena, María José. *La tuberculosis y su historia. Colección histórica de ciencias de la salud*. Barcelona: Fundación Uriach, 1992.

Ballart Hernández, Josep. *Manual de museos*. Madrid: Editorial Síntesis, 2008.

Baratas, Alfredo. «Iconografía científica: de la xilografía al JPG». En *Memorias de la Real Sociedad Española de Historia Natural*, editado por Alfredo Baratas, 171-208. Madrid: Real Sociedad Española de Historia Natural, 2004.

Baratas, Alfredo. «La obra neuro-embriológica de Santiago Ramón y Cajal». *DYNAMIS. Acta Hisp. Med. Sci. Hist. Zllus* 17 (1997): 259-279.

Baratas, Alfredo. *Ramón y Cajal*. Madrid: Nivola libros y ediciones. 2006.

Baratas, Alfredo y Antonio González Bueno. «De gabinete a 'science center': 500 años de coleccionismo en historia natural». En *Museos y colecciones de historia natural:*

https://dx.doi.org/10.5209/docm.006.19
Historia, Enseñanza y Difusión de la Biología. José Pedro Marín Murcia.
© Ediciones Complutense, 2026.

investigación, educación y difusión. Memorias de la Real Sociedad Española de Historia Natural, editado por Antonio González Bueno y Alfredo Baratas 9-25. Madrid: Real Sociedad Española de Historia Natural, 2013.

Baratas, Alfredo y M.ª Jesús Santesmases. *Cajal Ochoa, Nobeles españoles, de la neurona al ADN*. Madrid: Nivola, 2001.

Barona, Josep Lluís. «Wertbestimmung: normalización, estandarización y control de calidad». *Mètode* 72 (2012): 118-119.

Beauchamp T. L. y Childress J. F. *Principles of Biomedical Ethics*. Oxford: Oxford University Press, 2001.

Becchi, Alessandro. «Between learned science and technical knowledge: Leibniz, Leeuwenhoek and the school for microscopists». En *Tercentenary Essays on the Philosophy and Science of G. W. Leibniz*, editado por L. Strickland *et al.*, 47-79. Basingstone: Palgrave Macmillan, 2017.

Beckman Historical Collection, Science History Institute. Philadelphia. Consultado el 22-02-2025. https://digital.sciencehistory.org/works/1v53jx507

Bedate, Carlos Alonso. «Investigación y Bioética en el contexto de la biomedicina». *Revista de la Sociedad Internacional de Bioética. SIBI* 10 (2003): 7-26.

Berg, Alexander. *Ernst Leitz optische werke, Wetzlar 1849-1949. Die Bedeutung der Mikroskopie für die Entwicklung der Biologie und Medizin*. Frankfurt am Main: Umschau Verlag, 1949.

Bernal, John. *Historia social de la ciencia, I La ciencia en la historia*. Barcelona: Ediciones Península, 1968.

Bernal, John. *Historia social de la ciencia II, La ciencia en nuestro tiempo*. Barcelona: Ediciones Península, 1976.

Bertomeu, José Ramón y Antonio García Belmar. *Abriendo las cajas negras: Los instrumentos científicos de la Universidad de Valencia. Guía didáctica de la exposición*. Valencia: Universidad de Valencia, 2002.

Blatt, Mike. «Plant Physiology 90th Anniversary». *Plant Physiology* 171 (2016): 1787-1789.

Boccaccio, Giovanni [Mariano Blanch]. *Decamerón*. Barcelona: Biblioteca de la Risa, Barcelona, 1876.

Boletín Oficial de la Comunidad de Madrid. Núm. 176, 26/07/2022. Consultado el 06-01-2025. https://www.bocm.es/boletin/CM_Orden_BOCM/2022/07/26/BOCM-20220726-2.PDF

Boletín Oficial de la Comunidad de Madrid. Consultado el 06-01-2025. https://www.bocm.es/boletin/CM_Orden_BOCM/2022/07/26/BOCM-20220726-1.PDF

Boletín Oficial de la Universidad Complutense de Madrid. Reglamento del patrimonio cultural histórico-artístico y científico-técnico de la Universidad Complutense de

Madrid. (Boletín Oficial de la Universidad Complutense núm. 29, 22 de diciembre de 2021).

Boston Medical Library, «Map of eugenic sterilization laws by state». Consultado el 24-02-2025. https://collections.countway.harvard.edu/onview/items/show/6230

British Museum (Natural History). *British Museum (Natural History) General Guide*. London: Trustees of the British Museum, 1906.

Brown, Olivia. *Microscopy and the amateur. The social History of the Microscope*. Cambridge: Whipple Museum of the History of Science, 1986.

Brown, Robert. «Observations on the Organs and Mode of Fecundation in *Orchideae* and *Asclepiadeae*». *Transactions of the Linnean Society of London* 16 (1833): 685-742.

Browne, Katrina, Sudip Chakraborty, Renxun Chen, Marc Willcox, David Black, William R. Walsh y Naresh Kumar. «New Era of Antibiotics: The Clinical Potential of Antimicrobial Peptides». *Int J Mol Sci* 21, n.º 19 (2020): 7047.

Bud, Robert. «History of Biotechnology». En *The Cambridge history of science volume 6 The Modern Biological and Earth Sciences*, editado por Peter J. Bowler y Fohn V. Pickstone, 524-538. Cambridge: Cambridge University Press, 2009.

Bulloch, William. *The History of Bacteriology*. London: Oxford University Press, 1938.

Bunge, Mario. *La investigación científica: su estrategia y su filosofía*. Barcelona: Siglo XXI Editores, 2000.

Burke, Jack D. *Biología celular*. Méjico: Nueva Editorial Interamericana S. A. 1971.

Camacho Arias, José. *La prodigiosa penicilina Fleming. Científicos para la historia*. Madrid: Nivola, 2001.

de Candolle, Alphonse. *Géographie botanique raisonnée; ou, Exposition des faits principaux et des lois concernant la distribution géographique des plantes de l'epoque actuelle*. Paris: V. Masson, 1855.

Carballo, Jesús. *Prehistoria universal y especial de España*. Madrid: Imprenta de la viuda de L. del Horno, 1924.

Carson, Rachel. *La primavera silenciosa*. Barcelona: Crítica, 2005.

Carta de los Derechos Fundamentales de la Unión Europea, Diario Oficial de las Comunidades Europeas, 2000/C 364/01. Consultado el 22-04-2025. https://www.europarl.europa.eu/charter/pdf/text_es.pdf

Casado, María. «Implicaciones ético-jurídicas de las patentes biotecnológicas». En *Gen-Ética*, editado por Federico Mayor Zaragoza y Carlos Alonso Bedate, 187-206. Barcelona: Editorial Ariel, 2003.

Castillo, Manuel. «Alberto Magno: precursor de la ciencia renacentista». *Thémata* 17 (1996): 91-106.

Ceni, Antonio. *Guida all'imp. regio orto botanico in Padova*. Padova: Tip. A. Bianchi, 1854. Consultado el 26-02-2025. https://phaidra.cab.unipd.it/o:76586

Ciencia con Chocolate, blog de las charlas y tertulias. Consultado el 04-10-2024. http://cienciaconchocolate.blogspot.com/

Clément, Pierre. «Introducing the Cell Concept with both Animal and Plant Cells: A Historical and Didactic Approach». *Science & Education* 16 (2007): 423-440.

Clements, Frederic Edward. *Research Methods in Ecology*. Lincoln, Neb.: The University Publishing Co., 1905.

Colmeiro, Miguel. «Bosquejo histórico y estadístico del Jardín Botánico de Madrid». *Anales de la Sociedad Española de Historia Natural* IV (1875): 241-330.

Colwell, Rita R. «Global Climate and Infectious Disease: The Cholera Paradigm». *Science* 274 (1996): 2025-2031.

Connerly, Pamela L. «How Do Proteins Move Through the Golgi Apparatus?». *Nature Education* 3, n.º 9 (2010): 60.

Cordon, Faustino. *Historia de la bioquímica*. Madrid: Compañía Literaria, 1997.

von Corvin, Otto. *Illustrierte Weltgeschichte für das Volk: Geschichte des Alterthums*. Leipzig: Otto Spamer, 1880.

Crombie, Alistair Cameron. *Historia de la ciencia: de San Agustín a Galileo*. Madrid: Alianza Editorial, 1987.

Czech, Herwig. «Hans Asperger, National Socialism, and "race hygiene" in Nazi-era Vienna». *Molecular Autism* 9 (2018): 1-43.

Cuesta Domingo, Mariano. «Alonso de Santa Cruz, cartógrafo y fabricante de instrumentos náuticos de la Casa de Contratación». *Revista Complutense de Historia de América* 30 (2004): 7-40.

Darwin Correspondence Project, «Letter no. 105». Consultado el 18-8-2024. https://www.darwinproject.ac.uk/letter/?docId=letters/DCP-LETT-105.xml

Darwin Correspondence Project, «Letter no. 2192». Consultado el 18/02/2025. https://www.darwinproject.ac.uk/letter/?docId=letters/DCP-LETT-2192.xml

Darwin Correspondence Project, «Letter no. 4514». Consultado el 18-02-2025 https://www.darwinproject.ac.uk/letter/?docId=letters/DCP-LETT-4514.xml

Darwin, Erasmus. *The Temple of Nature or The Origin of Society: A Poem, with Philosophical Notes*. London: J. Johnson, St. Paul's Churchyard, 1803.

Davies, Julian y Dorothy Davies. «Origins and Evolution of Antibiotic Resistance». *Microbiology and molecular biology reviews* 74, n.º 3 (2010): 417-433.

Davis, Natalie Zemon. *Women on the Margins. Three Seventeenth-Century Lives*. Harvard: Harvard University Press, 1995.

Debus, Alleng G. *Man and Nature in the Reinaissance. Cambridge History oof Science*. Cambridge: Cambridge University Press, 1978.

Decreto 64/2022, de 20 de julio, del Consejo de Gobierno, por el que se establecen para la Comunidad de Madrid la ordenación y el currículo del Bachillerato (BOCM núm. 176 de 26 de julio de 2022).

Decreto 65/2022, de 20 de julio, del Consejo de Gobierno, por el que se establecen para la Comunidad de Madrid la ordenación y el currículo de la Educación Secundaria (BOCM núm. 176 de 26 de julio de 2022).

De Visiani, Roberto. *L'Orto Botanico di Padova nell'anno 1842*. Padova: Tip. A. Sicca, 1842.

Develay, Michel. *De l'apprentissage à l'enseignement*. Paris: ESF éditeurs, 1993.

Díaz, Joaquín y María Pilar Jiménez. «El desarrollo de competencias para usar la noción de célula en Secundaria». En *Memorias de la Real Sociedad Española de Historia Natural*, editado por Pilar Calvo y José Fonfría, 169-186. Madrid: Real Sociedad Española de Historia Natural, 2008.

DISSCO. Consultado el 01-03-2025. https://www.dissco.eu

Durán, Mario, M.ª Micaela Molina y Xavier Ponsoda. *La docencia de la biología Celular en la universidad. Un recorrido a través de distintas experiencias*. Valencia, Universitat de València, 2025.

Ebstein, Erich. «Ein Tragbares Taschenmikroskokop für Ärzte». *Deutsche med. Wochenschrift* 54, n.º 11 (1928): 434-435.

Eisenstein, Elizabeth. *La revolución de la imprenta en la Edad Moderna*. Madrid: Akal, 1994.

Elías, Carlos. *La ciencia a través del periodismo*. Madrid: Nivola libros y ediciones, S. L., 2003.

Fara, Patricia. *Breve historia de la ciencia*. Barcelona: Editorial Ariel, 2009.

Farrington, Benjamin. *Ciencia y filosofía en la antigüedad*. Madrid: Ariel, 1971.

Farrington, Benjamin. *Francis Bacon, filósofo de la revolución industrial*. Madrid: Editorial Ayuso, 1971.

Farrington, Benjamin. *Ciencia griega*. Barcelona: Icaria, 1979.

Feliu y Pérez, Bartolomé. *Curso elemental de Física experimental y aplicada y nociones de Química Inorgánica*. Barcelona: Imprenta de Jaime Jepus, 1886.

Fernández, Joaquín y Antonio González Bueno. *Biodiversidad de Linneo a nuestros días*. Madrid: Comunidad de Madrid, 1998.

Fernández de Oviedo y Gonzalo Valdés. *Historia General y Natural de las Indias, Islas y Tierra-Firme del Mar Océano*. Preparada por José Amador de los Ríos. Madrid: Edición de la Real Academia de Historia, (1851-1855).

Findlen, Paula. «Natural History». En *The Cambridge History of Science Volume 3: Early Modern Science*, editado por Katharine Park y Lorraine Daston, 435-468. Cambridge University Press, 2008.

Finger, Stanley. *Origins of Neuroscience. A history of Explorations into Brain Function*. Oxford: Oxford University Press, Inc., 1994.

Fonfría, José. *El explorador de la evolución Wallace*. Madrid: Nivola libros y ediciones, 2003.

Font Quer, Pio. *Diccionario de botánica*. Barcelona: Editorial Labor, 1993.

Fruton, Joseph S. *Contrasts in Scientific Style. Research Groups in the Chemical and Biochemical Sciences*. Philadelphia: American Philosophical Society, 1990.

Furlong, Rebecca F. «Ethical, legal and social issues: out in the open». *Genome Medicine* 4 (2012): 18.

Fye, Wallace Bruce. «Carl Ludwig and the Leipzig Physiological Institute: a factory of new knowledge». *Circulation* 74, n.º 5 (1986): 920-928.

Galassi, Francesco M., Michael E. Habicht y Frank J. Rühli. «Poliomyelitis in Ancient Egypt?». *Neurological Sciences* 38 (2017): 375.

García Molina, Pampa y Carolina Moreno. «El método del periodismo científico». En *Informando de ciencia con ciencia*, editado por Bienvenido León, Carolina Moreno, Cintia Refojo, Gema Revuelta y Elena Sanz, 36-49. Barcelona: Penguin Random House. Grupo Editorial, 2023.

Global action plan on antimicrobial resistance, OMS. Consultado el 01-04-2025. https://iris.who.int/handle/10665/193736

González Bueno, Antonio. «La flora del paraíso: recepción de las plantas americanas en la literatura científica europea del Renacimiento». En Memorias de la Real Sociedad Española de Historia Natural, editado por Alfredo Baratas, 5-33. Madrid: Real Sociedad Española de Historia Natural, 2004.

González Bueno, Antonio. «La ciencia en la Europa medieval cristiana». En *La humanización de la sanidad a través de la historia: Edad Media*, editado por Francisco Javier Puerto, 117-152. Madrid: Fundación de Ciencias de la Salud, 2023.

González Palencia, Ángel, *Historia de la España musulmana*. Madrid: Editorial Labor, 1945.

Gordon-Childe, Vere. *Qué sucedió en la historia*. Barcelona: Planeta, 1985.

Griffin, Janette y David Symington. «Moving from task-oriented to learning-oriented strategies on school excursions to museums». *Science Education* 81, n.º 6 (1997): 763-779.

Grisebach, August Heinrich Rudolf. «Über den Einfluß des Klimas auf die Begrenzung der natürlichen Floren». *Linnaea* 12 (1838): 159-200.

Grisebach, August Heinrich Rudolf. *Die Vegetation der Erde nach ihrer klimatischen Anordnung. Ein Abriß der Vergleichenden Geographie der Pflanzen*. I. Leipzig: W. Engelmann, 1872.

Guyénot, Émile. *Las ciencias de la vida en los siglos xvii y xviii, el concepto de la evolución*. México: Unión tipográfica editorial hispanoamericana, 1956.

Haeckel, Ernst. *Generelle morphologie der organismen*. Berlin: G. Reimer, 1866.

Haeckel, Ernst. *Generelle morphologie der organismen*. Berlin: G. Reimer, 1869.

Heinz Graupner, C. H. *Investigaciones sobre la vida. Historia de la biología*. Barcelona: Luis de Caralt, 1967.

Hertwig, Oscar. *Die Entwicklung der Biologie im 19. Jahrhundert*. Jena, G. Fisher, 1908.

Hipócrates de Cos [José Alsina]. «Sobre la enfermedad sagrada». *Boletín del Instituto de Estudios Helénicos* 4, n.º 1 (1970).

History of Science Museum. Consultado el 23-02-2025. http://www.mhs.ox.ac.uk/

Homer Haskins, Charles. *Studies in the history of Mediaeval Science*. Harvard University Press, 1924.

Huettner, Alfred – Photo Collection. Consultado el 24-02-2025. https://hdl.handle. net/1912/21011

Humboldt, Alexander. *Kosmos. Ensayo de una descripción física del mundo. Tomo I. Prefacio*. Madrid: Imprenta de Gaspar Roig, 1874.

Humphreys, John. «Lamarck and the general theory of evolution». *Journal of Biological Education* 30, n.º 4 (1996): 295-303.

Indiana University Bloomington. Hermann J. R. Muller: IU Nobelist. Consultado el 13-03-2025. https://collections.libraries.indiana.edu/muller/

Internet Archive, Assyrian Medical Tablet. Consultado el 17/08/2024. https://archive. org/details/McGillLibrary-osl_assyrian-medical-tablet_BibOsl53-20263

Izquierdo, Mercé, Álvaro García, Mario Quintanilla y Agustín Adúriz. *Historia, Filosofía y Didáctica de las Ciencias: Aportes para la formación del profesorado de ciencias*. Bogotá: Universidad Distrital Fco. José de Caldas, 2016.

Jahn, Ilse, Rolf Lother y Konrad Senglaub. *Historia de la biología. Teorías, métodos, instituciones y biografías breves*. Barcelona: Editorial Labor, 1989.

Jamieson, Annie y Gregory Radick. «Putting Mendel in His Place: How Curriculum Reform in Genetics and Counterfactual History of Science Can Work Together». En *The Philosophy of Biology: A Companion for Educators, History*, editado por Kostas Kampourakis, 577-596. Springer, 2013.

Johannsen, Wilhelm. *Elemente der exakten Erblichkeitslehre*. Jena: Verlag von Gustav Fischer, 1909.

Johnston, Tom. «The discovery of aniline and the origin of the term "aniline dye"». *Biotechnic & Histochemistry* 83, n.º 2 (2008): 83-87.

Kelemen-Finan, Julia, Martin Scheuch y Silvia Winter. «Contributions from citizen science to science education: an examination of a biodiversity citizen science project with school in Central Europe». *International Journal of Science Education* 40, n.º 17 (2018): 2078-2098.

Kevles, Daniel J. *In the name of eugenics. Genetics and uses of human heredity.* Massachusetts: Harvard University Press, 1999.

Klein, Richard G. *The human career. Human Biological and Cultural Origins.* Chicago: University of Chicago, 1999.

Krebs, Hans y W. A Johnson. «The role of citric acid in intermediate metabolism in animal tissues». *Enzymologia* 4 (1937): 148-156.

Kresge, Nicole, Robert D. Simoni y Robert L. Hill «Chargaff's Rules: the Work of Erwin Chargaff». *The journal of biological chemistry* 280, n.º 24 (2005): 172-174.

Kresge, Nicole, Simoni, Robert D. y Hill, Robert L. «Otto Fritz Meyerhof and the Elucidation of the Glycolytic Pathway». *J. Biol Chem* 28 (2005): 1-3.

Koch, Robert. «Die Aetiologie der Tuberkulose». En *Mittheilungen aus dem Kaiserlichen Gesundheitsamte*, editado por Heinrich Struck, 1-83. Berlin: Reichsgesundheitsamt, 1881.

Kölliker, Albert. *Handbuch der gewebelehre des menschen.* Leipzig: Verlag von Wilhelm Engelmann, 1896.

Kornberg, Hans. «Krebs and his trinity of cycles». *Nature Reviews. Molecular Cell Biology* 1, n.º 3 (2000): 225-228.

Kuhn, Thomas. *La estructura de las revoluciones científicas.* Madrid: Fondo de Cultura Económica, 1980.

Kunsthistorisches Museum Wien. Consultado el 25-03-2025. www.khm.at/en/object/751/

Laín Entralgo, Pedro y José María López Piñero. *Panorama histórico de la ciencia moderna.* Madrid: Ediciones Guadarrama, 1963.

Lakatos, Imre. *La metodología de los programas de investigación científica.* Madrid: Alianza Universidad, 1983.

Lamarck, Jean Baptist. *Recherches sur l'organisation des corps vivants.* París: Maillard, 1802.

Lamarck, Jean Baptist. *Philosophie zoologique, ou Exposition des considérations relatives à l'histoire naturelle des animaux. Tome 1.* París: Dentu, 1809.

Lázaro e Ibiza, Blas. *Botánica descriptiva. Compendio de la flora española. Tomo I.* Madrid: Imprenta Clásica Española, 1920.

Leicester, Henry M. *Development of Biochemical Concepts from Ancient to Modern Times.* Harvard Monograph in the History of Science. Massachusetts: Harvard University Press, 1974.

León, Bienvenido y Gema Revuelta. «La ciencia de informar». En *Informando de ciencia con ciencia*, editado por Bienvenido León, Carolina Moreno, Cintia Refojo,

Gema Revuelta y Elena Sanz, 36-33. Barcelona: Penguin Random House. Grupo Editorial, 2023.

Lindenberg, Paul. «Bei Robert Koch». *Die Gartenlaube*, 1891.

Linneo, Carl von [Casimiro Gómez Ortega], *Philosophia botánica*. Madrid: P. Marin, 1792.

Loach, Paul. «Obituary: A Remembrance of Melvin Calvin». *Photosynthesis Research* 54 (1997): 1-3.

Lobanovska, Mariya y Pilla, Giulia. «Penicillin's Discovery and Antibiotic Resistance: Lessons for the Future?». *Yale J. Biol Med* 90, n.º 1 (2017): 135-145.

López, José Damián, José Mariano Bernal, M.ª Ángeles Delgado, José Pedro Marín Murcia, y María José Martínez Ruiz-Funes. *Las ciencias en la escuela. El material científico y pedagógico de la Escuela Normal de Murcia*. Murcia: Editum, 2012.

López Nicolás, José Manuel y Francisco García Carmona. «Los cuatro mosqueteros de la cinética enzimática». *Revista Eubacteria* 34 (2015): 39-43.

López-Ocón, Leoncio y Gabriela Ossenbach. «Introducción: una aproximación multidisciplinar a lugares de la memoria de la enseñanza secundaria desde el programa de I+D CEIMES». En *Aulas con memoria. Ciencia, educación y patrimonio en los institutos históricos de Madrid (1837-1936)*, editado por Leoncio López-Ocón, Santiago Aragón y Mario Pedrazuela. Madrid: CEIMES / Doce Calles.

Loustau, José. *Principios de biología general y genética*. Murcia: Tipografía de José Antonio Jiménez, 1935.

Magner, Lois N. *A history of the life sciences*. New York: Marcel Dekker, Inc., 1994.

Marín Murcia, José Pedro. El material científico para la enseñanza de la botánica en la Región de Murcia (1837-1939). Tesis doctoral. Murcia: Universidad de Murcia, 2014.

Marín Murcia, José Pedro y María José Martínez Ruiz-Funes. «Categorización de los materiales didácticos para la enseñanza de los seres vivos en los antiguos gabinetes y laboratorios». *Cabas* 21 (2019): 1.

Merton, Robert K. *La sociología de la ciencia 2. Investigaciones teóricas y empíricas*. Madrid: Alianza Editorial, 1977.

Morales, Ramón, Javier Tardío, Laura Aceituno, María Molina y Manuel Pardo de Santayana. «Biodiversidad y Etnobotánica en España». *Memorias R. Soc. Esp. Hist. Nat*. 9 (2011): 157-207.

Moore, James. «Deconstructing Darwinism: The politics of evolution in the 1860s». *Journal of the History of Biology* 24, n.º 3 (1991): 353-408.

Morgan, Thomas Hunt, Alfred H. Sturtevant, Hermann J. Muller y Calvin B. Bridges, *The Mechanism of Mendelian Heredity*. New York: Henry Holt, 1915.

Muller, Hermann J. «Artificial transmutation of the gene». *Science* 46: 84-87.

Müller, Johannes. *Über den feineren Bau und die Formen der krankhaften Geschwülste.* Berlin: Reimer, 1838.

Museo Virtual de Historia de la Educación. Consultado el 07-05-2025. https://www.um.es/muvhe/

National Human Genome Research Institute. Consultado el 15-01-2025. https://www.genome.gov/about-genomics/educational-resources/timelines/eugenics

National Library of Medicine Digital Collection. Consultado el 16-04-2025. https://collections.nlm.nih.gov/catalog/nlm:nlmuid-101423399-img

National Museum of American History, *Smithsonian Learning Lab Resource: Crystalline Penicillin G Sodium* (Smithsonian Learning Lab, 2020).

Nicaise, Edouard. *La grande chirurgie de Guy de Chauliac.* París: Félix Alcan, Editeur, 1890.

NobelPrize.org. Consultado el 25-01-2025. https://www.nobelprize.org/prizes/chemistry/2024/press-release/

Nonídez, José F. *La herencia mendeliana. Introducción al estudio de la genética.* Madrid: Junta para Ampliación de Estudios e Investigaciones Científicas, 1935.

Organización Mundial de la Salud, consultado el 08-02-2025, https://www.who.int/es/news-room/fact-sheets/detail/one-health

Orgill, MaryKay y George Bodner. «Locks and Keys an analysis of biochemistry students' use of analogies». *Biochemistry and molecular biology education* 35, n.º 4 (2007): 244-254.

Ortuño, Ana María, Licinio Díaz y José Antonio del Río. «Evolución de la fisiología Vegetal en los últimos 100 años». *Revista Eubacteria. Cien años de avances en ciencias de la vida* 34 (2015): 79-82.

Park, Katharine y Lorraine Daston, «Introduction: The Age of the New». En *The Cambridge History of Science. Volume 3: Early Modern Science,* editado por Katharine Park y Lorraine Daston, 1-18. Cambridge University Press, 2008.

Penso, Giuseppe. *La conquète du monde invisible. Parasites et microbes à Travers les siècles.* París: Les Editions Roger Dacoosta, 1981.

Peña de Camus Sáez, Soraya. y Martín Albaladejo, Carolina. «La evolución biológica en las exposiciones del Museo Nacional de ciencias naturales (1966-2016)». *Revista Evolución* 12, n.º 1 (2017): 73-79.

Pérez Moreda, Vicente. «Enfermedad y muerte durante el Renacimiento». En *La humanización de la sanidad a través de la historia: el Renacimiento,* editado por Francisco Javier Puerto Sarmiento, 175-201. Madrid: Fundación de Ciencias de la Salud, 2024.

Puerto Sarmiento, Francisco Javier. «Medicina y terapéutica en la Europa Occidental cristiana. Aspectos científico-culturales». En *La humanización de la sanidad a través de la historia: Edad Media,* editado por Francisco Javier Puerto Sarmiento, 153-212. Madrid: Fundación de Ciencias de la Salud, 2023.

Puerto Sarmiento, Francisco Javier. «Características generales de la ciencia renacentista». En *La humanización de la sanidad a través de la historia: el Renacimiento,* editado por Francisco Javier Puerto Sarmiento, 25-102. Madrid: Fundación de Ciencias de la Salud, 2024.

Puerto Sarmiento, Francisco Javier y Antonio González Bueno. *Compendio de historia de la farmacia y legislación farmacéutica.* Madrid: Editorial Síntesis, 2011.

Puig-Samper, Miguel Ángel. «La estancia de Humboldt en España». En *Alexander von Humboldt. Estancia en España y viaje americano,* editado por Mariano Cuesta y Sandra Rebok, 69-83. Madrid: CSIC, 2008.

Puig-Samper, Miguel Ángel y Sandra Rebok. «Un sabio en la meseta. El viaje de Alejandro de Humboldt a España en 1799». *Revista de Occidente* 254/255 (2000): 95-125.

Radick, Gregory M. «Beyond the Mendel-Fisher controversy». *Science* 350 (2015): 159-160.

Ramón y Cajal, Santiago. *The structure and connexions of neurons.* Nobel Lecture. Consultado el 11-04-2025. https://www.nobelprize.org/uploads/2018/06/cajal-lecture.pdf

Rey, Abel. *La madurez del pensamiento científico en Grecia.* México: Unión Tipográfica Editorial Hispano Americana (UTEHA), 1961.

Ribot, Luis. «Características generales del Renacimiento». En *La humanización de la sanidad a través de la historia: el Renacimiento,* editado por Francisco Javier Puerto, 9-24. Madrid: Fundación de Ciencias de la Salud, 2024.

Río Hortega, Pío. «Arte y artificio en la ciencia histológica». *Residencia* IV, n.º 6 (1933).

Rodríguez Caso, José Manuel. «El darwinismo puro de Alfred Russel Wallace: aportaciones a la teoría evolutiva moderna». *Asclepio. Revista de Historia de la Medicina y de la Ciencia* 72, n.º 2 (2020): 1-13.

Rodríguez Nozal, Raúl. «La epidemia romántica: reseña histórica de la tuberculosis». En *Epidemias,* editado por Francisco Javier Puerto Sarmiento, Alberto Gomis, Antonio González Bueno, Raúl Rodríguez Nozal y Cecilio J. Venegas Fito, 29-50. Madrid: Real Academia Nacional de la Farmacia, 2022.

Roshdi, Rashed. *Histoire des sciences arabes. 3. Technologie, alchimie et sciences de la vie.* París: Éditions du Seuil, 1997.

Rossiter Margaret W. «The Matthew Matilda Effect in Science». *Social Studies of Science* 23, n.º 2 (1993): 325-341.

Royal Institution, Christmas Lectures. Consultado el 01-03-2025. https://www.rigb.org/christmas-lectures

Royal Society. Consultado el 12-09-2024. https://royalsociety.org/about-us/who-we-are/diversity-inclusion/influential-british-women-science/

Ruiz-Castell, Pedro. *Historia de la tecnología a través de veinte objetos.* Valencia: Institució Alfons el Magnànim, 2023.

Sáez Gómez, José Miguel. *Un benefactor universal Pasteur.* Madrid: Nivola, 2004.

Salas, Margarita. «A passion for research». *Cell. Mol. Life Sci.* 66 (2009): 3827-3830.

Samso, Julio. «Dos colaboradores científicos musulmanes de Alfonso X». *Llull* 4 (1981): 171-179.

Sarton, George. *Seis alas. Hombres de ciencia renacentistas.* Buenos Aires: Editorial Universitaria, 1965.

Sarton, George. *Ensayos de historia de la ciencia.* México: Unión Tipográfica Editorial Hispano Americana, 1968.

Sasson, Albert. *Las biotecnologías: desafíos y promesas.* París: UNESCO, 1984.

Schleiden, Matthias Jacob. *The plant; a biography. In a series of thirteen popular lectures.* London: Hippolyte bailliere, 1853.

Science History Institute Philadelphia. Consultado el 22-02-2025. https://digital.sciencehistory.org/works/hq37vp19d

Science Media Centre (SMC) España. Consultado el 14-03-2025. https://sciencemediacentre.es/

Science Media Centre (SMC) España. Consultado el 14-03-2025. https://sciencemediacentre.es/voces-expertas

Semenov, Sergei Aristarkhavich. *Tecnología prehistórica (Estudio de las herramientas y objetos antiguos a través de las huellas de uso).* Madrid: Akal Editor, 1957.

Shapin, Steven. «The man of science». En *The Cambridge History of Science Volume 3: Early Modern Science*, editado por Katharine Park y Lorraine Daston, 179-468. Cambridge: Cambridge University Press, 2008.

Sharkey, Thomas D. «The discovery of rubisco». *Journal of Experimental Botany* 74, n.º 2 (2023): 510-519.

Smith, Pamela. «Laboratories». En *The Cambridge History of Science. Volume 3: Early Modern Science,* editado por Katharine Park y Lorraine Daston, 290-305. Cambridge: Cambridge University Press, 2008.

Smithsonian Institution Archives, Science Service Records, Image No. SIA2008-6069. Consultado el 16-04-2025. https://learninglab.si.edu/resources/view/3819346

Söderqvist, Thomas, Craig Stillwell, y Mark Jackson. «Inmunology». En *The Cambridge History of science. Volume 6. The modern biological and Earth sciences.*

Cambridge, editado por J. Bowler y John V. Pickstone, 467-485. Cambridge: Cambridge University Press. 2009.

Sturtevant, Alfred Henry. *History of Genetics.* Nueva York: Harper & Row, 1965.

Suay-Matallana, Ignacio y José Ramón Bertomeu. «François Bienvenu y la popularización científica en la Ilustración: demostraciones experimentales, entretenimiento y públicos de la ciencia». *Enseñanza de las ciencias* 34, n.º 2 (2016): 167-184.

Suess, Eduard. *Die Entstehungder Alpen.* Vienna: W, Braumuller, 1875.

Tansley, Arthur George. «The Use and Abuse of Vegetational Concepts and Terms». *Ecology* 16, n.º 3 (1935): 284-307.

Tatón, René. *Historia general de las ciencias: Las antiguas ciencias del Oriente.* Barcelona: Ediciones Orbis, 1988.

Tatón, René, *Historia general de las ciencias: La ciencia antigua y medieval.* Barcelona: Ediciones Orbis, 1988.

Tatón, René. *Historia general de las ciencias: el Renacimiento.* Barcelona: Ediciones Orbis, 1988.

Tatón, René. *Historia general de las ciencias. El siglo xviii. Las ciencias de la naturaleza.* Barcelona: Ediciones Orbis, 1988.

Taylor, Harry Francis West. «Obituary J. D. Bernal 1901-1971». *Acta Cryst* 28 (1972): 359-360.

Torres-Prioris, Agustina, Susana Rams y María del Carmen Acebal-Expósito. «Análisis de estrategias de estudiantes de Formación Profesional en prácticas de microscopía». *Ápice. Revista de Educación Científica* 7, n.º 2 (2023): 7-16.

Ulloa, Antonio. *Noticias americanas sobre la América Meridional, y Septentrianal Oriental.* Madrid: Imprenta de Don Francisco Manuel de Mena, 1772.

Vernadsky, Vladimir I. *La Biosfera.* Leningrado: Nauchnoe Khimikotekhnicheskoe Izdatelstvo, 1926.

Vernet, Juan. *Lo que Europa debe al Islam de España.* Barcelona: Acantilado, 1978.

Veronesi, Umberto y Marcos Martinón-Torres. «The Old Ashmolean Museum and Oxford's Seventeenth-Century Chymical Community: A Material Culture Approach to Laboratory Experiments». *Ambix* 69, n.º 1 (2022): 19-33.

Vesalius, Andreas. *De humani corporis fabrica.* Basileae: Officina Ioannis Oporini, 1543.

Viñao, Antonio. «La memoria escolar: restos y huellas, recuerdos y olvidos». En *Homenaje al profesor Alfonso Capitán,* editado por Pedro Luis Moreno, 739-758. Murcia: Universidad de Murcia, 2005.

Wallace, Alfred R. «Letter from Mr. Wallace concerning the geographical distribution of birds». *Ibis* 1 (1859): 449-454.

Went, Frits Warmolt y Thimann, Kenneth Vivian. *Plant hormones, Growth (Plants)*. Nueva York: The Macmillan Company, 1937.

Wolfschmidt, Gudrun. «Die Entwicklung und Verbreitung der Urania zur Popularisierung der Astronomie». *Comm. in Asteroseismology* 149 (2008): 92-103.

Zapata, Agustín. *La generación del conocimiento: la función investigadora*. Comunicación personal (s/f).